Die Schmiermittel
ihre Art, Prüfung und Verwendung

Ein Leitfaden für den Betriebsmann

von

Dr. Richard Ascher

Zweite
verbesserte und erweiterte Auflage

Mit 66 Abbildungen im Text

Berlin
Verlag von Julius Springer
1931

ISBN-13: 978-3-642-89504-3   e-ISBN-13: 978-3-642-91360-0
DOI: 10.1007/978-3-642-91360-0

Alle Rechte, insbesondere das der
Übersetzung in fremde Sprachen, vorbehalten.
Copyright 1931 by Julius Springer in Berlin.
Softcover reprint of the hardcover 1st edition 1931

Aus dem Vorwort zur ersten Auflage.

Die in der letzten Zeit zahlreich erschienenen Broschüren und Bücher über die Schmiermittel lassen die Frage auftauchen, ob es zu rechtfertigen sei, die große Zahl dieser noch um ein weiteres zu vermehren. Indessen ist dieses Buch nicht für den Ölfachmann und Ölhändler im engeren Sinne gedacht, vielmehr war es meine Absicht, dem Betriebsmann, vorzüglich in kleineren und mittleren Betrieben, einen kurzen Leitfaden an die Hand zu geben, durch den er sich zunächst über Ursprung, Entstehung und Gewinnung der verschiedenen Schmierstoffe in ganz kurzen Umrissen Klarheit verschaffen kann. Die anerkannt vorzüglichen Werke von Engler-Höfer, Hefter, Ubbelohde, Holde, Kissling, Marcusson, Benedikt Ulzer, Franz Fischer und anderen sind kostspielig und auch zu umfangreich, um schnell das Notwendigste und Wesentliche aus ihnen zu entnehmen.

Ohne Voraussetzung tieferer Kenntnisse der organischen Chemie und der technischen Physik soll der Betriebsingenieur einen Überblick gewinnen über die verschiedenartigen Schmiermittel, ihre Eigenart und ihre Vor- und Nachteile. Anschließend soll eine Übersicht und Beschreibung der verschiedenen Untersuchungsmethoden den Verbraucher in die Lage versetzen, mit einem geringen Aufwand an Apparaten sich Klarheit zu verschaffen über die Brauchbarkeit der Öle und Fette und soll ihm die Möglichkeit geben zu prüfen, ob das ihm angebotene Produkt den gewünschten Anforderungen entspricht. Zum besseren Verständnis ist es erforderlich, zuvor einen kleinen Einblick zu geben in die Theorie der Reibung und die Methoden zur technischen Erprobung der Schmierstoffe.

Das Bestreben der Großverbraucher, die Schmiermittelwirtschaft sowohl volkswirtschaftlich als auch betriebswirtschaftlich sparsam und im betriebstechnischen Sinne sicher zu gestalten, soll in diesem Buch auch dem kleineren Verbraucher näher gebracht werden. Erst wenn die gesamten Schmierstoff verbrauchenden Betriebe sich des Wertes und der Bedeutung einer rationellen Schmiermittelwirtschaft bewußt geworden sind, ist zu hoffen, daß unsere Volkswirtschaft auch auf diesem Gebiete einer Gesundung entgegengeht. In diesem Sinne zu wirken, hat sich der Verfasser zur Aufgabe gemacht.

Brandenburg a. H., im November 1921.

Richard Ascher.

Vorwort zur zweiten Auflage.

Die zahlreichen wissenschaftlichen und technischen Arbeiten auf dem Gebiete der Schmiermittel, die seit Erscheinen der ersten Auflage im Jahre 1921 geleistet worden sind, ließen es erforderlich erscheinen, das vorliegende Buch einer grundlegenden Umarbeitung zu unterziehen. Wenn auch im Aufbau des Werkes eine prinzipielle Änderung nicht vorgenommen worden ist, so war es doch notwendig, einzelne Kapitel zu vereinfachen, andere jedoch den inzwischen gemachten Erfahrungen anzupassen und entsprechend zu erweitern.

Ohne den Rahmen des Buches wesentlich zu vergrößern, war ich bemüht, auch die in den letzten Jahren bekannt gewordenen Arbeiten mit zu verwerten, die bei der ersten Auflage vorliegenden Mängel zu beseitigen und die vorhandenen Lücken auszufüllen. So wurde das Kapitel ,,Pflanzliche und tierische Öle und Fette'' auf das Notwendigste beschränkt, hingegen die Abschnitte ,,Prüfung und Untersuchung der Schmiermittel'', ,,Technische Prüfung der Schmiermittel'', ,,Schmierapparate und Schmierverfahren'', teils vollkommen neu bearbeitet, teils wesentlich erweitert. Ebenso habe ich das Bildmaterial um ca. 50 Abbildungen vermehrt. Durch die gütige Erlaubnis des Herrn Oberingenieur J. Böge und des Beuth-Verlages GmbH. war es mir möglich, eine größere Zahl der gebräuchlichen Schmierapparate bildlich darzustellen. Ebenso entnahm ich dem jüngst erschienenen Werk von Herrn Dr. H. Burstin ,,Untersuchungsmethoden der Erdölindustrie'' eine Reihe von Abbildungen der Prüfungsapparate.

Den von einigen Seiten empfundenen Mangel, daß die technische Seite der Schmiermittelfrage in der ersten Auflage nicht genügend Berücksichtigung gefunden habe, glaube ich dadurch beseitigt zu haben, daß ich das Kapitel ,,Schmierapparate'' in Anlehnung an das oben genannte Buch von Böge ,,Zweckmäßige Schmierverfahren'' neu aufnahm, und daß ich auch auf die Theorie der Schmierung ausführlich eingegangen bin, wobei ich auf das Buch von Falz ,,Grundzüge der Schmiertechnik'' zurückgegriffen habe.

Bei der großen Fülle der in den letzten neun Jahren erschienenen Arbeiten war es nicht leicht, das Wesentliche vom weniger Wichtigen zu trennen und für den Betriebsmann die richtige Auswahl zu treffen. Ich hielt es für notwendig, bei Behandlung der einzelnen Fragen jeweils die bearbeitete Literatur in den Fußnoten anzugeben, um dadurch den Lesern Gelegenheit zu geben, auf die Originalarbeiten zurückzugreifen.

Neu aufgenommen wurden ferner die Kapitel „Über das Altern der Öle im Gebrauch" sowie „Über die Regeneration und Wiedergewinnung gebrauchter Öle". Das Kapitel „Graphit und Graphitschmiermittel" wurde entsprechend dem heutigen Stande der Wissenschaft und der Abschnitt „Kühl- und Schmiermittel für die Metallbearbeitung" in Anlehnung an das Buch von Gottwein, „Kühlen und Schmieren" vervollkommnet.

Der Verfasser überreicht diese neue, erweiterte und wie er hofft verbesserte Auflage dem Urteil des Betriebsmannes, dem dieser Leitfaden ein Helfer sein möge bei der Auswahl der für seinen Betrieb erforderlichen Schmiermittel und der ihm dabei helfen möge, seinen Betrieb wirtschaftlich und sparsam zu führen, was in diesen Zeiten wirtschaftlicher Not allgemeine Forderung ist.

Berlin-Lankwitz, im November 1930.

Richard Ascher.

Inhaltsverzeichnis.

I. Das Rohmaterial der Schmiermittel.

Seite

A. Die Mineralöle 1
  a) Historischer Rückblick 1
  b) Erdölvorkommen 2
  c) Die chemische Zusammensetzung des Erdöls 4
  d) Der Ursprung des Erdöls 7
  e) Die Geologie des Erdöls 9
  f) Die Eigenschaften und Zusammensetzungen der verschiedenen örtlichen Vorkommen 11
  g) Die Gewinnung der Schmieröle 18
     Destillation 18
     Raffination 24
     Unterschiede zwischen Destillation und Raffination 28

B. Aus Schiefer, Braunkohlen, Steinkohlen und ähnlichen Rohmaterialien gewonnene Produkte 30
  a) Das Schieferöl 30
  b) Braunkohlenteeröle und Montanwachs 31
  c) Schmierölähnliche Produkte aus Steinkohle 35
     1. Teerfettöle 35
     2. Tieftemperaturteer 37
     3. Kohleverflüssigung 40

C. Die pflanzlichen und tierischen Fette und Öle 43
  a) Definition von Öl und Fett 43
  b) Chemische Konstitution der Fette 44
  c) Vorkommen und Gewinnung 46
     1. Mechanische Methoden 47
     2. Gewinnung durch Extraktion 48
     3. Auskochen und Ausschmelzen 48
  d) Reinigung 49
  e) Klassifikation 50
  f) Unterscheidungsmethoden 52
     1. Physikalische Merkmale 52
     2. Chemische Untersuchungsmethoden 54
  g) Besprechung der einzelnen Öle und Fette 57
     1. Pflanzliche Öle und Fette 57
     2. Tierische Öle und Fette 62
     3. Abfallfette 64
     4. Wachse 64
     5. Harze 66
     6. Naphthensäuren und künstliche Fettsäuren 67
  h) Kondensierte Öle und Voltolöl 68

II. Prüfung und Untersuchung der Schmiermittel.

A. Prüfung der reinen Mineralöle 74
   a) Probenahme 75
   b) Prüfung der äußeren Beschaffenheit 78
      1. Farbe 78
      2. Konsistenz 79
      3. Geruch 79
      4. Trübungen 79
   c) Bestimmung der physikalischen Konstanten 82
      1. Spezifisches Gewicht 82
      2. Zähflüssigkeit 87
      3. Kältepunkt und Stockpunkt 104
      4. Schmelzpunkt, Erstarrungspunkt, Tropfpunkt 107
      5. Flammpunkt, Brennpunkt 110
      6. Verdampfbarkeit 116
      7. Kleinanalyse 116
   d) Chemische Prüfungen der Mineralöle 117
      1. Säuregehalt der Öle 117
      2. Alkaligehalt 119
      3. Aschengehalt 120
      4. Harze und asphaltartige Bestandteile 120
      5. Gehalt an Paraffin 128
      6. Ungesättigte und aromatische Verbindungen 128
      7. Gehalt an Schwefel 128
   e) Zusätze fremder Substanzen 129
      1. Zusatz von Seife 129
      2. Zusatz von fettem Öl 130
      3. Zusatz nicht verseifbarer und nicht erdölartiger Stoffe . . 132
          α) Steinkohlenteer 133
          β) Braunkohlenteeröle 133
          γ) Kautschuk 134
          δ) Harz und Harzöle 135
      4. Gebrauchte Mineralöle 135
   f) Untersuchung der halbfesten und festen rein mineralölartigen Produkte 135
      1. natürliches und künstliches Vaselin 136
      2. Paraffin 136
      3. Petrolrückstände, Erdölpech, Goudron usw. 137

B. Prüfungsmethoden der fetten Öle und Fette 138
   a) Die physikalischen Prüfungsmethoden 138
   b) Die chemischen Prüfungsmethoden 139
      1. Feststellung des Unverseifbaren 139
      2. Säure- und Verseifungszahl 140
      3. Reichert-Meißl-Zahl 140
      4. Jodzahl 140
      5. Azetylzahl und Oxyfettsäuren 142

C. Die zusammengesetzten Schmiermittel . . . 143
   a) Reine Mineralölmischungen 143
   b) Kompoundierte Öle 144
   c) Starrschmieren 145
   d) Bohröle und Gleitöle 154

Inhaltsverzeichnis.

Seite

e) Technische Vaseline, Lederfett und ähnliche Produkte . . . 158
f) Graphit und Graphitschmiermittel 158
g) Ersatzstoffe und synthetische Schmiermittel 162

III. Die technische Prüfung der Schmiermittel.

A. Über die Theorie der Reibung geschmierter Maschinenteile 164
B. Ölprüfmaschinen 176

IV. Schmiermittelersparnis.

a) Wahl des richtigen Öles 182
b) Wahl von Ersatzschmierstoffen 184
c) Geeignete Schmierapparate und Schmierverfahren 185
   α) Frischölschmierung 186
   β) Kreislaufschmierung 189
   γ) Fettschmierung 194
d) Über das Altern und die Veränderung der Schmieröle . . . 199
e) Wiedergewinnung und Reinigung 201
f) Organisation im Betriebe 207

V. Verwendungszwecke und Auswahl der Schmierstoffe.

a) Einteilungsschema und 214
   Tabelle der Ölanalysen 216
b) Besprechung der einzelnen Bedingungen bei speziellen Verwendungszwecken 223
   1. Zylinderöl für Lokomotiven und Dampfmaschinen 224
   2. Öle für Zylinder der Explosionsmaschinen 230
      Gasmotore und Dieselmaschinen 230
      Autoöle und Flugmotoröle 235
   3. Kompressorenöle 241
   4. Dampfturbinenöl 245
   5. Transformatoren- und Schalteröl 249
   6. Lagerschmieröle 255
      Elektromotoren- und Dynamoöle 261
      Achsenöle 262
      Spindelöle 263
      Webstuhlöl 264
      Uhrenöle 264
      Fahrradöl 266
   7. Kühl- und Bohröle 267
   8. Härte- und Vergüteöle 269
   9. Kernöle 275
   10. Starrschmieren 276
      ohne Seifengrundlage 276
      verseifte Starrschmieren 281
      Walzenfettbriketts 285
c) Schlußbemerkung 287

Literaturverzeichnis 294
Namenverzeichnis 296
Sachverzeichnis 298

I. Das Rohmaterial der Schmiermittel.
A. Die Mineralöle.
a) Historischer Rückblick.

Mit dem plötzlichen Aufblühen der Industrie, insbesondere mit der Entwicklung von Dampfmaschine, Eisenbahn und elektrischen Maschinen in der Mitte und zu Ende des vergangenen Jahrhunderts, gingen der Verbrauch und die Entwicklung der Schmiermittel Hand in Hand. Ohne geeignete Schmierstoffe hätte der technische Fortschritt nicht so ungeahnte Dimensionen annehmen können. — Reibung vermindern, hohe Geschwindigkeiten erzielen, Kraft ersparen, läßt sich nur durch geeignete Schmierstoffe ermöglichen.

Anfangs waren Tier- und Pflanzenreich die alleinigen Rohstoffquellen. Schweineschmalz, Unschlitt, Talg, Olivenöl, Rüböl, Tran und andere Öle und Fette bildeten die Bestandteile der seinerzeit gebräuchlichen Schmiermittel. Neben den reinen Stoffen wurden auch allerlei Produkte verschiedener Zusammensetzung und Qualität hergestellt.

Durch Verkochen von Palmöl mit Soda und Wasser wurde eine halbfeste Schmiere zubereitet, welche lange Zeit bei den englischen Eisenbahnen verwendet wurde[1]. Diese halbfesten Produkte wurden in die Achsbuchsen eingebracht, hier erweichten sie durch die infolge der Reibung erzeugte Wärme sowie durch die Erschütterungen bei den Umdrehungen der Räder und überzogen die Achsen mit einer dicken, rahmartigen Schicht. Für Winter und Sommer wurde die Zusammensetzung dieser Schmieren geändert, um dem Wechsel der Temperaturverhältnisse der Jahreszeit jeweils angepaßt zu sein. In Deutschland und in den übrigen Ländern wurden auf analoger Grundlage ähnliche Schmieren, „Patent-Antifriktionsschmieren" und wie dergleichen Namen mehr waren, hergestellt. An Stelle des Palmöls trat vielfach Tran oder Rüböl. Der Erstarrungspunkt dieser Schmieren lag etwa zwischen 30—40° C. Bewertet wurden sie nach der Länge des Weges, den ein frisch mit Schmierstoff versehener Wagen zurücklegte, bis das Material ver-

---

[1] Großmann, J.: Die Schmiermittel. Wiesbaden: C. W. Kreidels Verlag 1909.

braucht war. Inwieweit diese Produkte die Reibung minderten, wurde nicht weiter beachtet.

Eine grundlegende Änderung auf dem Schmiermittelgebiet trat in dem Augenblick ein, als im Jahre 1859 in Titusville im Staate Pennsylvanien, U. S. A. die ersten Erdölquellen erbohrt wurden, als man kurz darauf im Jahre 1862 in Schottland aus den bituminösen Schiefern das Schieferöl destillierte und endlich im Jahre 1872 in Rußland die Erdölgewinnung im großen aufgenommen wurde[1]. Die Technik der Erdölaufbereitung und der Gewinnung geeigneter Schmierstoffe nahm eine überraschend schnelle Entwicklung. Die tierischen und pflanzlichen Öle und Fette wurden allerorts durch das Mineralöl verdrängt. Nur für wenige spezielle Zwecke ist das sorgfältig bearbeitete tierische oder pflanzliche Öl nicht zu ersetzen. — Über die Entwicklung der Mineralöltechnik soll an geeigneter Stelle ausführlicher gesprochen werden, ebenso über die Vorzüge und Nachteile von Öl- und Starrschmiere. — Das sorgfältig aus Erdöl bereitete, veredelte „Öl" ist heute das weitverbreitetste Schmiermittel.

Um das Erdöl, das „flüssige Gold", ist unter den Großmächten der Welt ein erbitterter Kampf entbrannt, der allerdings in der Stille geführt wird, ohne daß die große Masse etwas davon erfährt. Demjenigen gehört die Weltmacht, der über die Mehrzahl der Erdölquellen verfügt. Deutschland kann sich an diesem Wettstreit zwar nicht aktiv beteiligen, doch diente es in den letzten Jahren als Ausgleich in dem Kampf der rivalisierenden Parteien. — Deutschlands Bestreben muß es daher sein, die Frage des Erdölersatzes irgendwann einmal zu lösen. Auf dem Gebiete der Kraftstoff- und Treibmittel haben wir bereits nennenswerte Fortschritte erzielt. So steht zu erwarten, daß wir einmal auch auf dem Gebiet der Schmiermittel vom Ausland unabhängig werden[2].

b) Erdölvorkommen.

Das Erdöl ist auf der ganzen Welt verbreitet, jedoch finden sich in einzelnen besonders charakterisierten Gebieten die Fundstellen dicht beieinander und zeigen besonders große Ergiebigkeit. In vielen Gegenden der Welt mutmaßt man reiche Erdölquellen, doch warten diese noch auf ihre Erschließung. Die Bedeutung der einzelnen Fundstellen hat im Laufe der vergangenen Jahrzehnte geschwankt. Hier sind die Quellen plötzlich versiegt, dort ist nach einer glücklichen Bohrung das Öl überreich geflossen.

---

[1] Ost: Technologie. 6. Aufl.
[2] Hoffmann, Karl: Erdölpolitik. Berlin: Ringverlag 1927.

Das Hauptproduktionsland ist auch heute noch der amerikanische Kontinent. Die ersten Funde erfolgten in Pennsylvanien an den Abhängen der Appalachian Mountains. Dann folgten weitere Funde in den Staaten New York, Ohio und Indiana. Im Laufe der Jahrzehnte wurden dann immer weitere Gebiete erschlossen, sowohl gen Süden in Texas, Lousiana und Kansas, als auch gen Westen in Kalifornien, Oklahoma und Wyoming. Die Ergiebigkeit dieser Gebiete ist außerordentlich groß, ebenso gehörte einige Dezennien lang Mexiko zu den reichsten Erdölquellländern der Welt. Doch sind an seine Stelle die nördlichen Staaten von Südamerika getreten, in erster Linie Venezuela, ferner Kolumbien, Trinidad, Peru und Argentinien.

In Europa ist Rußland der Hauptproduzent an Erdöl. Die Ölquellgebiete finden sich im südöstlichen Rußland und zwar in der Hauptsache in den Staaten Georgien, Aserbeidshan, in Nordkaukasien und schließlich an der Nordostküste des Kaspischen Meeres. Die Fundquellen auf der Halbinsel Apscheron waren bereits im Altertum bekannt. Nach dem Kriege und der russischen Revolution hat sich die russische Erdölindustrie ganz bedeutend entwickelt und heute ist das russische Erdöl, speziell auch das russische Schmieröl, auf dem europäischen Markte als Konkurrent des amerikanischen gut vertreten.

Die bekanntesten Quellgebiete sind die von Baku, von Balachany, Bibi-Eybat und Ssurachany, ferner die von Grosny und aus dem Embagebiete.

Als zweitwichtiges europäisches Vorkommen ist Rumänien zu nennen. Dann folgt Polen, während die Quellen in Deutschland, Frankreich, Tschechoslowakei und Italien nur örtliche Bedeutung beanspruchen können

In Asien sind als Hauptproduktionsländer zu nennen: Niederländisch-Indien, Britisch-Indien, Japan und Persien. Besonders in Persien hat in den letzten Jahren die Produktion ganz beträchtlich zugenommen. Die Bedeutung gerade dieser Quellen im Kampf der Erdölvorherrschaft zwischen England und Nordamerika dürfte allgemein bekannt sein. In Afrika sind bisher allein in Ägypten nennenswerte Mengen Erdöl erbohrt worden; Australien hat bisher Erdölmengen nicht zutage treten lassen.

Deutschland speziell produzierte im Jahre 1928 zirka 683 000 Faß Rohöl, gegenüber der Weltproduktion von 1 322 370 000 Faß ein minimaler Prozentsatz. Es gibt in dem alten deutschen Gebiet zwei Hauptfundstellen, im Elsaß in der Gegend von Pechelbronn, das jedoch seit 1918 zu Frankreich gehört und in der Lüneburger

Heide, in der Gegend von Wietze und Nienhagen, sowie in der Gegend von Peine. Auch in der Nähe von Tegernsee gibt es kleinere Erdölvorkommnisse. Während die aus dem Erdöl gewonnenen flüssigen und salbenartigen Öle **natürliche Mineralöle** genannt werden, bezeichnet man die aus Kohle, Schiefer, Torf, durch Destillation, bzw. Vergasung gewonnenen Produkte (Teere) mit **künstliche Mineralöle** (Teeröle). Über die letzteren soll in einem späteren Abschnitt ausführlich gesprochen werden.

c) Die chemische Zusammensetzung des Erdöls.

Bevor auf die Einzelheiten der Schmierstoffe und Erdölprodukte eingegangen wird, ist es von Wichtigkeit, zunächst eine Definition zu geben. Roh-Erdöl ist ein Gemisch verschiedener hochsiedender Kohlenwasserstoffe mit großer Kohlenstoffzahl. Ferner finden sich darin Sauerstoff-, Schwefel- und Stickstoffverbindungen, jedoch in verhältnismäßig geringer Menge. Das Erdöl ist meistens von dunkler Farbe, dunkel-bläulichgrün, dunkelbraun bis tief braunschwarz gefärbt, einzelne, z. B. pennsylvanische Öle sind hellgelb bis rötlichbraun. Es kann alle Flüssigkeitsgrade annehmen, vom dünnflüssigen petroleumartigen bis dickteerigen, zuweilen zeigt es auch salbenartige, pechartige Konsistenz. Der Geruch erinnert an Petroleum, schwefelhaltige Öle zeigen zumeist einen spezifischen Geruch.

Oft quillt das Öl direkt aus der Erde und bildet dann kleine Seen und Tümpel, meist jedoch tritt es nicht bis an die Oberfläche, sondern muß durch tiefe, meist schwierige Bohrungen erschlossen werden. Es steigt dann infolge des auf ihm lastenden Gasdruckes in gewaltigen Springbrunnen empor und wird dann in Gruben, Tanks u. dgl. aufgefangen. Zusammen mit dem Öl wird Wasser und Sand emporgeschleudert, während die in ihm eingeschlossenen Gasmengen entweichen. Praktisch ist somit das Erdöl ein höchst kompliziertes Gemisch, das auseinander zu legen, bzw. zu trennen die allerhöchsten Anforderungen an die Technik stellt. Auch der chemischen Wissenschaft ist es bisher noch nicht gelungen, die einzelnen chemischen Bestandteile des Erdöls zu isolieren, sondern man begnügt sich im allgemeinen damit, eine Trennung der verschiedenen Kohlenwasserstoffgruppen durchzuführen und überdies noch die Sauerstoff-, Schwefel- und Stickstoffverbindungen abzuscheiden. Die Beurteilung der einzelnen Rohöle erfolgt dann auf Grund des prozentualen Anteils der Kohlenwasserstoffgruppen, die sich in diesem Gemische vorfinden.

Man unterscheidet nun in der organischen Chemie folgende Gruppen von Kohlenwasserstoffen:

1. Paraffin- oder Methankohlenwasserstoffe,
2. Olefin- oder Äthylenkohlenwasserstoffe,
3. zyklische, sog. Polymethylenverbindungen, auch Naphthene genannt,
4. aromatische oder Benzolkohlenwasserstoffe.

1. Die Paraffin- oder Methankohlenwasserstoffe der Formel C_nH_{2n+2} sind völlig gesättigt und infolgedessen chemisch außerordentlich widerstandsfähig. Sie überwiegen in den meisten Erdölen, und hierauf ist die verhältnismäßig große Beständigkeit der Erdöle zurückzuführen. Je höher siedend die Erdölfraktion ist, um so länger ist die Kohlenstoffkette, welche beim festen Paraffin bis zu C_{35} und C_{40}, ja bis zu C_{50} heraufgeht. Erdöle mit hohem Gehalt an Methankohlenwasserstoff und hoher C-Zahl werden auch paraffinisch genannt.

2. Wenn auch nur in geringeren Mengen, finden sich die ungesättigten Kohlenwasserstoffe der Olefin- oder Äthylenreihe C_nH_{2n} sowie der Azetylenreihe mit dreifacher Bindung der Formel C_nH_{2n-2} in den meisten Rohölen. Diese Verbindungen lassen sich nach dem Verfahren von Edeleanu durch flüssige schweflige Säure extrahieren, und infolge ihrer chemischen Struktur werden sie auch durch konzentrierte Schwefelsäure leicht angegriffen und zerstört.

3. Mit den Olefinen isomer, aber gesättigt, sind die ringförmig aufgebauten Polymethylenverbindungen der allgemeinen Formel C_nH_{2n} und der Strukturformel:

$$CH_2 \Big\langle \begin{array}{c} CH_2-CH_2 \\ CH_2-CH_2 \end{array} \Big\rangle CH_2$$

Dieses Hexamethylen und seine höheren Homologen finden sich in größeren Mengen im Rohöl — russisch Naphtha — und heißen daher auch Naphthene. Die naphthenhaltigen Erdöle unterscheiden sich von den obengenannten paraffinhaltigen sehr wesentlich, besonders im Stockpunkt, Flammpunkt und spezifischem Gewicht. Über die prozentuale Verteilung der einzelnen Kohlenwasserstofftypen in den an verschiedenen Stellen vorkommenden Erdölen soll später gesprochen werden.

4. In nahe Beziehung zu dem Naphthenringe steht der Benzolring, welcher durch Verlust von 6 Wasserstoffatomen aus dem Hexamethylen gedacht werden kann nach der Formel:

$$CH_2 \Big\langle \begin{array}{c} CH_2-CH_2 \\ CH_2-CH_2 \end{array} \Big\rangle CH_2 - 6H = CH \Big\langle \begin{array}{c} CH-CH \\ CH-CH \end{array} \Big\rangle CH$$

Auch das Benzol und seine Homologen finden sich vereinzelt und oft in nicht unbeträchtlichen Mengen im Rohöl.

Über die im Rohöl überdies noch vorhandenen Sauerstoff-, Schwefel- und Stickstoffverbindungen sei hier nur das Allerwichtigste gesagt. Die **Sauerstoffverbindungen** finden sich zumeist in Form von Säuren, allgemein Petrolsäuren genannt, vor. Säuren der Formel C_nH_{2n-1} · COOH heißen Naphthensäuren, sie leiten sich von den Polymethylenen ab; einzelne konnten isoliert werden, speziell aus dem russischen Erdöl. — Die im Öl vorhandenen Harz- und Asphaltstoffe sind hochkomplizierte Polymerisationsprodukte, welche sowohl Sauerstoff als auch Schwefel enthalten[1].

Schwefel findet sich in schwankenden Mengen im Rohöl. Der Gehalt ist im allgemeinen niedrig, selten über ein Prozent[2]. Hohen Schwefelgehalt haben die Rohöle von Ohio, Kalifornien und Texas. Die pennsylvanischen, russischen, rumänischen und deutschen Öle dagegen sind schwefelarm oder doch nur mäßig schwefelhaltig. Dieses Element kommt entweder als freier Schwefel oder als Schwefelwasserstoff vor, gelegentlich auch als Thiophen und Homologe oder deren Hydroprodukte[3]. Die Beseitigung des Schwefelgehaltes ist für die weitere Verwendung der Erdölprodukte äußerst wichtig und erfolgt in Amerika nach dem Verfahren von **Frash**, das darin besteht, daß man das Öl über Metalloxyde, speziell über Kupferoxyd destilliert[4]. Auch bei dem **Edeleanu-Verfahren** (s. S. 27) findet Entschwefelung statt[5] und die **I. G. Farbenindustrie** schlägt die Verwendung von Ameisensäureester niederer aliphater Alkohole vor[6].

In sehr geringen Mengen findet man auch **stickstoffhaltige Verbindungen** im Erdöl und zwar in Form von Pyridin-, Chinolin- und Isochinolin-Derivaten. Für die Praxis ist der Gehalt von Stickstoffverbindungen ohne Bedeutung.

Die Zusammensetzung der Rohöle schwankt in weiten Grenzen und zwar:

Kohlenstoff 79,5—88,7%,
Wasserstoff 9,6—14,8%,
Sauerstoff 0,1—6,9%,
Stickstoff 0,02—1,1%,
Schwefel 0,01—5,0%.

---

[1] Siehe Kapitel II: Harz und Asphaltstoffe S. 120.
[2] Gurwitsch: Wissenschaftliche Grundlagen der Erdölbearbeitung. Berlin: Julius Springer 1913.
[3] Challenger, Journ. of the society of chem. industry **48**, 622 (1929).
[4] Kissling, Richard: Chemische Technologie des Erdöls. Braunschweig: Vieweg 1924.
[5] Dunstan, Oil & Gas Journ. **27** No. 30, 138 (1928).
[6] E. P. 291 817 u. D. R. P. 471 076.

d) Der Ursprung des Erdöls.

Über den Ursprung des Erdöls existieren eine Anzahl von Theorien. Im allgemeinen unterscheidet man zwischen der Bildung aus Mineralien und dem Ursprung aus organischen Stoffen. Die Hypothese der Erdölbildung aus Mineralstoffen fußt auf den Versuchen von Mendelejeff, wonach bei der Einwirkung von Wasser auf Karbide (das sind Verbindungen von Kohlenstoff mit Metallen) je nachdem, was für ein Karbid vorliegt, die verschiedenartigsten Kohlenwasserstoffe entstehen können. Nach Sabatier und Senderens[1] sowie nach Mailhe erhält man ein erdölähnliches Produkt, wenn man Wasserstoff und Azetylen über Kontaktsubstanzen z. B. feinverteiltes Nickel leitet. Bei dem im Erdinnern vorkommenden sehr hohen Drucken und Temperaturen ist die Bildung derartiger komplizierter Moleküle sehr wohl denkbar. Ramsay[2] will in den Erdölen allergeringste Spuren von Nickel gefunden haben und stützt hierauf seine Hypothese, wonach das Erdöl durch Hydrierung von C, CO, CO_2 — im Erdinnern entstanden sei.

Eine sehr große Anzahl von Tatsachen sprechen indessen gegen diese Hypothesen, vor allem die, daß man im Erdöl optisch aktive Substanzen hat nachweisen können. Bereits 1835 hat Biot diese festgestellt, genauer durchforscht jedoch wurde das Wesen dieser Erscheinung von Rakusin. Es wurde damit der Beweis erbracht, daß als Grundsubstanz nur organische Materie in Frage kommt. Bahnbrechend auf diesem Gebiete waren die Arbeiten von Marcusson nach ihm sind die Sterine, Cholesterin und Phytosterin, die Grundsubstanzen der optischen Aktivität. Diesen Voraussetzungen wird nun die Theorie von Engler-Höfer gerecht, welche annimmt, daß das Erdöl durch Druckdestillation aus organischen Substanzen und zwar in der Hauptsache aus animalischen Lebewesen entstanden sei. Bei der Destillation von Fischsubstanz konnten sie ein Gemisch von Kohlenwasserstoffen gewinnen, welches dem natürlichen Vorkommen außerordentlich ähnlich war. Aber auch aus pflanzlichen Rohstoffen scheint die Bildung von Erdöl möglich zu sein. Dies wird in den Arbeiten von Potonié[3] wie folgt klargelegt. Nach ihm ist die erste Phase der Erdölbildung die Entstehung von „Sapropel". Dieser sog. „Faulschlamm" bildet sich in stehenden Gewässern beim Faulen von Algen, Pflanzen und Kleintieren. Die hier genannten Organismen zeichnen sich durch hohen Fettgehalt aus, und durch leichten Abbau der stick-

---

[1] Compt. rend. 122, 1173 (1899).
[2] J. Soc. Chem. Ind. 42, 282.
[3] Jb. preuß. geol. Landesanst. u. Bergakad. 24, 405, (1903); 25, 342, (1904).

stoffhaltigen Substanzen findet noch eine Anreicherung des Fettes statt. Aus diesem Schlamm bilden sich dann weiterhin ölhaltige Schiefer und Tone, ein Vorgang, den man „Bituminierung" nennt. Solche „bituminösen" Schiefer finden sich z. B. in Schottland, Estland, Amerika und auch in Deutschland. Es ist äußerst wahrscheinlich, daß sich die Mineralöle unter dem Einfluß von Druck und Temperatur im Verlaufe langer Zeitabschnitte aus den tierischen oder pflanzlichen Produkten gebildet haben. Nach Engler läßt sich die Bildung durch folgendes Schema darstellen:

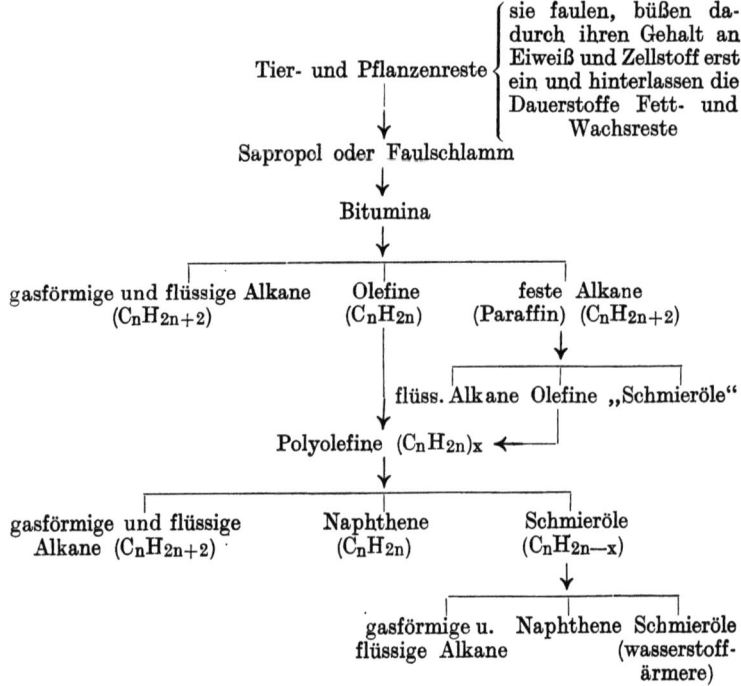

Nach Marcusson[1] und Donath[2] besteht ein genetischer Zusammenhang zwischen Kohle und Mineralölen; denn die Asphaltene zeigen mit den in den Kohlen vorkommenden Karbenen und Karboiden gewisse Verwandtschaft. Neuere Forschungen von Ad. Grün und Th. Wirth[3] über die Zersetzung von Fettsäuren und Seifen, sowie über animalischen Kohlenwasserstoff, wie sie

---

[1] Chem. Ztg. 1918, Seite 437, sowie „Die nat. und künstl. Asphalte. Engelmann 1921.
[2] Chem. Ztg. 1919, S. 497.   [3] Ber. 1920, S. 1301.

Mastbaum[1] sowie Tsujimoto[2] und Chapman[3] in den Leberölen von Haifischen festgestellt haben, scheinen der Englerschen Theorie der Mineralölbildung aus Fetten auf dem Umwege über Ketone eine weitere Stütze zu geben. In Amerika hat sich in der Hauptsache Marbery[4] mit der Theorie der Erdölbildung befaßt. Ferner ist von A. Pictet[5] auf die Ähnlichkeit der Destillationsprodukte der Steinkohle bei niedrigem Vakuum mit den kanadischen und kalifornischen Erdölen als solchen, auf Asphaltbasis einerseits, sowie der Destillationsprodukte von Fetten und Seifen mit pennsylvanischen Ölen, also paraffinischen, andererseits hingewiesen worden, wonach ihm der Beweis erbracht erscheint, daß sowohl tierische wie auch pflanzliche Stoffe an der Entstehung des Erdöls beteiligt sind.

e) Die Geologie des Erdöls.

Nach Höfer[6] hat sich Erdöl in allen Zeitaltern der Erdgeschichte gebildet, in denen bereits organisches Leben vorhanden war. Man unterscheidet primäre (ursprüngliche) und sekundäre Lagerstätten, wohin das Erdöl durch Wanderung gelangt ist. Ist bei den primären Lagerstätten das Sediment aus großporigem Gestein bestehend, so ist die Lagerstätte meist ergiebig. Die sekundären Lagerstätten stellen ausgefüllte Spalten dar, in die das Erdöl eingewandert ist. Für die Ansammlung größerer Mengen ist Vorbedingung, daß das liegende Gestein, d. h. das unter der Erdölschicht liegende möglichst ungestört und für das Öl undurchlässig ist. Daraus ergibt sich, daß Sande und Sandstein erdölführend sein werden, wohingegen Ton und Tonschiefer, auch Gips, sich unter den Öllagern finden werden. Vorteilhaft ist es auch, wenn die darüberliegende Decke eine undurchlässige Schicht bildet, so daß die Öl- und Gasmassen nach keiner Richtung hin entweichen können.

Durch tektonische Veränderungen, Gebirgsdruck, Verschiebung der Schichten, wird das Öl an den Gebirgssatteln, den Antiklinalen, zusammengepreßt. In diesen Sätteln findet man langgestreckte erdölführende Zonen, welche mit dem Hauptgebirgszuge parallel laufen.

Über die Art der Lagerung und die Ansammlung des Öles

---

[1] Chem. Ztg. **39**, S. 889.
[2] J. Ind. and Eng. Chem. **8**, S. 889, **9**, S. 1098.
[3] Soc. **111.** S. 56.
[4] Chem. Umsch. 1920, S. 175. [5] Mat. Grass. 1920, 5792.
[6] Das Erdöl und seine Verwandten. Braunschweig: Vieweg und Sohn, 1912.

geben Abbildung 1 und 2 ein schematisches Bild. Man sieht, wie sich zwischen den Grenzschichten von Sand und undurchlässigem Ton das Öl an der höchsten Stelle des aufgetürmten Sattels angesammelt hat. Darüber lagert das Gas und übt zuweilen einen so starken Druck auf das Öl aus, daß dieses beim Anbohren in gewaltigen Fontänen herausgepreßt wird. Sofern Wasser nicht zu-

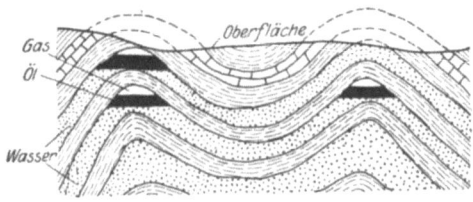

Abb. 1. Antiklinale Lagerung.

gegen ist, kann sich das Öl auch an dem tiefsten Punkt des Sattels, der Synklinalen, ansammeln, wie in Abbildung 2 skizziert ist.

Die jüngeren Erdformationen, besonders die Tertiärzeit, bergen die größten Erdölmengen. Da sich in dieser Zeit die großen Kettengebirge gebildet, welchen die Erdölfelder meist parallel laufen, so ist ein Zusammenhang zwischen diesen beiden Erscheinungen wahrscheinlich. Die besten Öle finden sich in nicht allzu großen

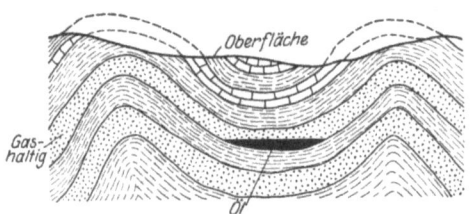

Abb. 2. Synklinale Lagerung.

Tiefen, da die leichten Fraktionen nicht entweichen konnten, also etwa bei 300—1000 Metern unter der Erdoberfläche. Man ist jedoch bis auf weit größere Tiefen vorgedrungen, um auch die dort befindlichen Erdöllager auszubeuten. Die tiefste Bohrung befindet sich in Harrison-Country und beträgt 2311 Meter. Sie übertrifft den tiefsten Schacht, nämlich Schacht 3 der Thamarack Mine in Houghton-Country, Michigan, mit 1586 m um ein beträchtliches.

f) Die Eigenschaften und Zusammensetzungen der verschiedenen örtlichen Vorkommen.

Die Eigenschaften und die Zusammensetzungen des Roherdöls sind je nach dem örtlichen Vorkommen überaus verschieden. Und wenn auch benachbarte Quellen im großen und ganzen aus ähnlichem Material bestehen, so kann man doch häufig selbst bei nahe aneinanderliegenden Bohrlöchern Rohöle finden, welche sich in ihrer chemischen Zusammensetzung deutlich voneinander unterscheiden. Die hierbei auftretende Mannigfaltigkeit ist so unendlich groß, daß es unmöglich ist, alle diese feinen Abstufungen zu charakterisieren. Es sei daher nur auf die prinzipiellen Unterschiede hingewiesen, nach welchen die Ölfunde in den einzelnen Erdteilen eingeteilt werden können.

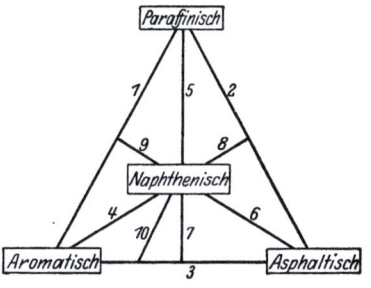

Abb. 3. Erdöldiagramm nach W. A. Gruse.

Eine recht interessante Klassifizierung ist von W. A. Gruse vom Mellon Institute[1] versucht worden. Derselbe unterteilt in paraffinische, naphthenische, aromatische und asphaltische und zwar zählt er zu den naphthenischen die polyzyklischen Verbindungen. Aus diesem Grunde verlegt er die Naphthene in die Mitte des dreieckigen Erdöldiagramms. Auf der Linie 1 liegen mithin die Erdöle, welche sowohl Paraffinkohlenwasserstoffe wie aromatische Kohlenwasserstoffe enthalten, auf der Linie 2 solche, welche auch asphal-

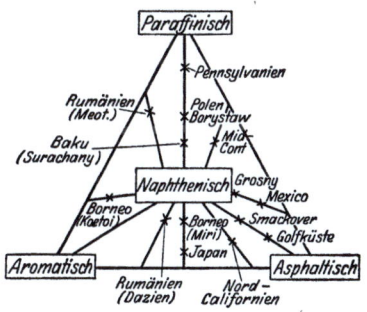

Abb. 4. Erdöldiagramm nach W. A. Gruse (aus Burstin, Untersuchungsmethoden).

tische neben paraffinischen enthalten, auf den Linien 4, 5 und 6 solche, die auch naphthenische Bestandteile aufweisen, während auf den Linien 7, 8, 9 solche Öle verzeichnet sind, die alle drei Komponenten enthalten. In Abb. 4 sind die einzelnen Erdöle

---

[1] Gruse, W. A.: Petr. and its products 1928; H. Burstin: Untersuchungsmethoden der Erdölindustrie, S. 113. Berlin: Julius Springer 1930

nach ihren Quellen geordnet in das Diagramm eingetragen und man kann aus diesem einigermaßen das Verhältnis der in ihnen vorkommenden Kohlenwasserstoffgruppen ablesen.

Die in Rußland erbohrten Erdöle zeigen alle einen sehr hohen Gehalt an Naphthenkohlenwasserstoffen, unterscheiden sich aber voneinander durch den wechselnden Gehalt von Paraffin- oder Grenzkohlenwasserstoffen und anderen bisher noch nicht näher charakterisierten Kohlenwasserstoffen. Der geringe Gehalt an Paraffinkohlenwasserstoffen bedingt eine hervorragende Kältebeständigkeit; beim Behandeln mit konzentrierter Schwefelsäure scheiden sie nur relativ geringe Mengen sogenannter Säureharze ab (zirka 10—12%). Von den russischen Vorkommnissen sind die Funde von Balachany für die Schmiermittelerzeugung von Bedeutung; denn der Gehalt an schweren Fraktionen, die ja für die Schmiermittel allein in Frage kommen, ist hier besonders groß. Bei der Destillation gehen zunächst die leicht siedenden Benzine über, es folgen dann die Kerosine, das heißt die schweren Benzin- und Leuchtölfraktionen, aus denen das Petroleum gewonnen wird, und endlich verbleibt das Rückstandsöl, das sogenannte Masut. Die prozentuale Verteilung dieser Fraktionen ist etwa folgende:

3—4% Rohbenzin,
35% Kerosin,
62% Masut.

Bei der weiteren Destillation wird das Masut wie folgt getrennt in:

25% Solaröle,
7,5% Spindelöle,
24% Maschinenöle,
1,5% Zylinderöle,
40% Ölgoudron oder Rückstand,
2% Verlust.

Das naheliegende Feld von Bibi-Eybat zeigt bereits merkliche Abweichungen. Die ersten Fraktionen sind infolge ihres Gehalts an Paraffinkohlenwasserstoffen wesentlich leichter, das Masut dagegen, das Rohmaterial für die Schmieröle, wesentlich schwerer und gibt beim Behandeln mit Schwefelsäure weit mehr Säureharz.

Das dritte russische Hauptgebiet ist das Feld von Ssurachany. Hier treten Öle zutage, deren Gehalt an leichten Fraktionen besonders hoch ist, während der sogenannte Harzgehalt bei dem sogenannten „weißen" Erdöl fast null ist.

In dem entfernter liegenden Feld von Grosny kann man zwei Arten von Rohöl unterscheiden. Das eine ähnelt in vieler Beziehung dem von Bibi-Eybat. Es hat einen großen Benzingehalt und der Harzgehalt des Masuts ist bedeutend. Charakteristisch ist ferner der Gehalt an aromatischen Kohlenwasserstoffen und an Schwefel (0,1%), der für russische Öle bereits beträchtlich genannt werden muß. Dieser Schwefel verleiht den leichten Fraktionen einen sehr unangenehmen Geruch und bereitet bei der Raffination der Schmierölfraktion gewisse Schwierigkeiten. Das andere bei Grosny sich findende Öl hat einen für russische Öle bemerkenswert hohen Gehalt an Paraffin (4—5%).

Das Maikop-Erdöl ist reich an niedrig siedenden Anteilen und aromatischen Kohlenwasserstoffen. Einen noch höheren Gehalt hieran besitzt das Taman-Erdöl, während das Swjatoi-Ostrow-Erdöl sehr arm hieran ist. Das Tscheleken liefert viel Benzin und ist verhältnismäßig paraffinös. Ihm ähnlich ist das Fergana-Öl. Sie alle sind durchweg ein gutes Rohmaterial zur Herstellung von Schmieröl.

Mannigfacher und weit schwieriger in ein System zu ordnen sind die über ganz Amerika verstreuten Erdölfunde. Ihrer chemischen Zusammensetzung nach kann man jedoch zwei große Gruppen unterscheiden und zwar:
1. Öle mit Paraffinbasis,
2. Öle mit Asphaltbasis.

Unter Ölen mit Paraffinbasis versteht man solche, welche in der Hauptsache aus Paraffinkohlenwasserstoffen zusammengesetzt sind. Diese Öle sind ferner charakterisiert durch ihren geringen Gehalt an Stickstoff und Schwefel und enthalten wenig asphalt- und harzartige Substanzen.

Die Öle auf Asphaltbasis haben demgegenüber durchweg hohen Gehalt an Schwefel und Stickstoff, enthalten zum Teil ungesättigte und aromatische Kohlenwasserstoffe und besitzen einen bedeutenden Prozentsatz an Asphalt und harzartigen Substanzen.

Die Öle aus dem Appalachischen Gebiete (Pennsylvanien, Westvirginia, East-Ohio und East-Kentucky) sind typische Öle mit Paraffinbasis. Sie sind daher ein vorzüglicher Rohstoff für die Schmieröle und infolge ihrer Widerstandsfähigkeit gegen chemische und physikalische Agenzien vielleicht der beste, den wir zurzeit überhaupt kennen. Bei der Destillation dieser Rohöle ergeben sich etwa:

20% Rohbenzin (bis 150° C siedend),
45% Kerosin (bis 320° C siedend),
12% Schmieröl,
Rest Rückstand.

Eine Zwischenstufe zwischen diesen und den Ölen mit Asphaltbasis bilden die Funde von Ohio, Lima und Indiana. Sie enthalten bereits einen größeren Prozentsatz an Naphthenen, besitzen deswegen ein höheres spezifisches Gewicht. Ihr Asphaltgehalt ist relativ gering, jedoch der Schwefelgehalt (0,35—1,1%) bemerkenswert hoch. Nachdem es gelungen, dem Öle den Schwefel zu entziehen, sind auch diese ein höchst wertvolles Rohmaterial für die Schmiermittelherstellung.

Schwierig ist auch die Verarbeitung der Erdöle von Texas und Lousiana. Sie enthalten viel Naphthene und ungesättigte Kohlenwasserstoffe, zeigen hohen Harz- und Asphaltgehalt und sind auch schwefelreich.

Typische Erdöle mit Asphaltbasis sind die Öle von Kalifornien, von Oklahoma und Kansas. Die kalifornischen Öle enthalten keine Grenzkohlenwasserstoffe, dagegen Naphthene, aromatische und andere ungesättigte Kohlenwasserstoffe. Ihr Asphaltgehalt ist bedeutend, sie weisen hohen Schwefel- und bemerkenswerten Gehalt an stickstoffhaltigen Substanzen auf.

Die kanadischen Öle ähneln dem Öl von Ohio, besitzen aber noch mehr Schwefel.

Mexiko. Die hier erbohrten Öle sind asphaltreich, sie ergeben gute, dem Texas-Öl ähnliche Schmieröle und dienen zur Herstellung von künstlichem Asphalt.

Über die südamerikanischen Ölfunde liegen verhältnismäßig wenige abschließende Untersuchungen vor. Es scheinen die Naphthene im allgemeinen vorzuherrschen.

Die asiatischen Erdölfunde liefern in der Hauptsache Benzin und andere leichter siedende Fraktionen. Sie kommen als Rohstoff für Schmieröle weniger in Frage.

Rumänien und Galizien, die neben Rußland zurzeit noch die bedeutendsten europäischen Erdölgebiete darstellen, geben sowohl paraffinreiche, als auch paraffinarme Rohöle. Über die Bedeutung dieser Quellgebiete für die Versorgung der Mittelmächte während des Krieges braucht hier nicht näher eingegangen zu werden.

Im rumänischen Gebiete lassen sich zwei Gruppen unterscheiden und zwar:

1. das Gebiet von Policiori und Glodeni, sowie gewisse Teile von Campina;

2. der übrige Teil von Campina und die Felder von Bustenari und Moreni.

Das Rohöl des ersten Gebietes besteht in der Hauptsache aus Grenzkohlenwasserstoffen und enthält bis zu 6% Paraffin. Der Gehalt an mittleren Fraktionen ist relativ groß (40—60%). Die gewonnenen Schmieröle zeichnen sich durch relativ hohen Paraffingehalt und dadurch bedingten ungünstigen Stockpunkt aus.

Die andere Gruppe der rumänischen Öle zeigt ein höheres spezifisches Gewicht, ist reich an Naphthenen und enthält sehr viele aromatische[1] und ungesättigte Kohlenwasserstoffe. Trotz des hohen spezifischen Gewichtes enthalten diese Öle mehr Benzin, 23—26%, gegenüber 15—17% der paraffinhaltigen. Aus den Bustenari-Ölen lassen sich recht gute Schmieröle gewinnen und zwar in günstiger Ausbeute. Sie sind gegenüber den russischen Ölen, denen sie sonst ähneln, durch ihre hohe Dichte gekennzeichnet. In Galizien liegen die Verhältnisse ähnlich wie in Rumänien. Auch hier kann man zwischen zwei großen Gruppen unterscheiden; die ostgalizischen paraffinreichen Öle von Borislaw-Tustanovice und die westgalizischen paraffinarmen von Schodnica und Krosno. Selbstverständlich finden sich auch viele Mischtypen vor, die sich dem einen oder dem anderen Typus nähern. Das ölführende Gebiet erstreckt sich längs der Karpathen in einer Ausdehnung von etwa 400 Kilometern. Im wesentlichen bestehen die Rohöle aus Paraffinkohlenwasserstoffen, doch fehlen weder Naphthene noch aromatische Kohlenwasserstoffe. Eine allgemeine Charakteristik kann nicht gegeben werden. Ganz allgemein gesprochen, stehen die galizischen Öle in der Mitte zwischen den russischen und den amerikanischen Ölen.

Die ostgalizischen Öle mit einem Gehalt bis 12% Paraffin haben einen geringen Benzingehalt, dagegen zeigt die Schmierölfraktion hohen Flammpunkt und wenig Asphalt; die westgalizischen, paraffinfreien Öle jedoch enthalten viel Benzin, das Schmieröl hat einen niedrigen Flammpunkt und weist einen hohen Asphaltgehalt auf. Der Schwefelgehalt der galizischen Öle ist verhältnismäßig gering.

Über die in Deutschland vorkommenden Ölfunde sei folgendes bemerkt:

Die inländische Produktion ist gering und vermag bei weitem nicht den Bedarf des Landes zu decken. Die nachstehenden Zahlen lassen dieses erkennen.

Schmieröleinfuhr in Tonnen[2].

1913	248 035	16,5%	} der Gesamteinfuhr an Erdölprodukten	100%	} gegenüber 1913
1922	289 593	34,5%		116%	
1923	155 294	28,0%		62%	
1924	250 681	28,9%		101%	
1925	305 500	22,5%		123%	
1926	324 734	19,6%		130%	

Hiervon decken Amerika 52%; Venuzuela 22%; Rußland 20%; Rest übrige Länder[3].

---

[1] Tauß, Jenö: Z. angew. Chem. 1919, S. 175, 361.
[2] Rendte: Die Erdölversorgung Deutschlands. Pet. 1927, 1377 u. 1433.
[3] Faber, A.: Die Versorgung Deutschlands mit natürl. u. künstl. Mineralölen in den Jahren 1914/27. Petr. 1928, S. 644.

Die in Pechelbronn befindlichen Quellen sind seit 1918 im französischen Besitz und kommen für Deutschland nicht mehr in Frage. Geringe Ölmengen werden bei Tegernsee in Oberbayern gewonnen; etwas bedeutendere Mengen in der Lüneburger Heide, bei Ölheim, Wietze und Nienhagen. Der Unterschied dieser Öle voneinander ist sehr bedeutend, das spezifisch leichteste findet sich in Tegernsee, das schwerste in Wietze. Dieses letztere enthält etwa 50% hochsiedender Fraktionen, die zur Herstellung von Schmierölen geeignet sind. Es ist jedoch sehr asphaltreich.

Aus der nachstehenden Übersicht läßt sich der enorme Anstieg der Erdölproduktion in den verschiedenen Ländern erkennen.

Schätzung der Welt-Rohölförderung im Jahre 1929[1]
in 1000 Faß

	1929	1928	1927
U. S. A.	1 010 000	901 474	901 129
Venezuela	135 000	106 000	63 134
Rußland	95 500	87 800	77 018
Persien	43 000	42 080	39 688
Mexiko	42 000	50 150	64 121
Rumänien	32 500	30 600	26 368
Holländisch-Ost-Indien	30 000	28 500	25 967
Kolumbien	20 400	19 900	15 002
Peru	13 000	11 970	10 135
Argentinien	9 000	9 100	8 630
Indien	8 500	8 300	7 878
Trinidad	8 200	7 750	5 712
Sarawak	5 600	5 290	4 943
Polen	5 200	5 530	5 342
Ägypten	1 900	1 840	1 267
Japan	1 800	1 800	1 700
Ecuador	1 300	1 090	537
Kanada	1 000	618	477
Sachalin	880	509	440
Irac	850	650	200
Deutschland		683	663
Frankreich		520	504
Tschechoslowakei	1 370	150	149
Italien		43	44
Andere Länder		23	25
	1 467 000	1 322 370	1 261 073

Die Produktionssteigerung ist in der Hauptsache in Amerika zu verzeichnen. Man beobachtet hier einen ständig wachsenden Export sowohl an Rohöl wie an Raffinaten. Die Ausfuhr ist seit 1913 um 200% gestiegen[2]. Hiervon gehen ca. 50% nach Europa

---
[1] Öl- und Fettzeitung 1929, Nr. 43.
[2] Flemming: Erdölpolitik der Großmächte. Petroleum 1927, S. 64.

und zwar in erster Linie nach England, dann folgen als Importländer Frankreich, Italien und Deutschland. Deutschland ist bis zu 95% seines Bedarfs vom Auslande abhängig. Vor dem Kriege betrug die deutsche Förderung 140 000 t, 1925 nur mehr 79 124 t. Ein großer Verlust bedeutete die Abtretung der Pechelbronner Gruben an Frankreich, besonders, da diese durch das Schachtbauverfahren steigende Ergiebigkeit versprachen.

Der Erdölverbrauch in Deutschland ist übrigens im Vergleich zu anderen Ländern ein geringer. Es verbrauchen, berechnet auf den Kopf der Bevölkerung:

Amerika . . . . . 69,3 Gall.
England . . . . . 11,6 ,,
Frankreich . . . . 5,9 ,,
Deutschland . . . 2,4 ,, [1]

Deutschlands Einfuhr von Erdölerzeugnissen hat in den ersten dreiviertel Jahren 1927 und 1928 folgende Mengen und Werte erreicht: [2]

Artikel	1928		1927	
	dz	1000 RM	dz	1000 RM
Schmieröle	4 111 735	59 863	3 104 222	52 314
Rohöl	389 308	3 116	241 271	2 706
Schwerbenzin	1 110 830	16 922	1 003 876	17 528
Gasöl	2 387 923	15 627	1 972 275	15 826
Leuchtöl	1 014 529	10 285	1 156 371	14 031
Rohbenzin	1 478 726	20 702	1 822 116	37 625
Benzin	4 169 879	60 977	2 758 379	54 016
Asphalt	489 067	3 971	1 050 320	8 888
Paraffin	126 483	6 442	106 484	5 629

Ein Teil des Bedarfs wird neben der Ausbeutung der deutschen Läger durch Verwertung der bituminösen Gesteine (Ölschiefer und Ölkreide) gedeckt, ferner zu einem nicht geringen Anteil durch die Kohle. Durch geeignete Verschwelungs- und Verteerungsverfahren ist es gelungen, Ölderivate in beträchtlicher Menge zu gewinnen. Einen ganz neuartigen Industriezweig stellt die Kohleverflüssigung dar, wovon später noch zu sprechen sein wird.

Da das Erdöl und seine verschiedenen Produkte — Benzin, Treiböl, Heizöl — neben der Kohle zu dem hauptsächlichen krafterzeugenden Grundstoff der Welt geworden ist, bedeutet Weltmacht zugleich Besitz und Verfügung über die Erdölquellen der Welt.

---

[1] Flemming: Erdölpolitik l. c.
[2] Wirtschaftsdienst 1928, Heft 51 vom 21. Dezember.

Der sich hieraus entwickelnde Kampf gehört zu den interessantesten Kapiteln der zeitgenössischen Wirtschaftspolitik. Es würde zu weit führen und den Rahmen dieses Buches überschreiten, auf Einzelheiten einzugehen [1]. Als Hauptrivalen treten die Vereinigten Staaten und England auf. U. S. A. ist vertreten durch die Standard Oil Gruppe, England durch die Royal-Dutch-Shell Gruppe und die mit ihr in naher Beziehung stehenden Anglo-Persian-Burmah-Gruppe. Die nachstehende Tabelle gibt ein anschauliches Bild über die Produktionsmächtigkeit dieser Gruppen[2]:

Standard Oil	25,76%
Royal-Dutch-Shell	9,94%
Anglo-Persian-Burmah	3,8%
Unabhängige	15,78%
Rußland	5,67%
	60,95% der Weltproduktion.

Der Kampf um die Vormacht wird auf erbittertste Weise in den bekannten wirtschaftlichen Formen durchgefochten, greift aber in vielen Fällen auch auf das Gebiet der hohen Politik über; Deutschland steht hierbei als stiller Zuschauer abseits, und ist auch politisch ohne direkten Einfluß, indem es den rivalisierenden Mächten zum Spielball ihrer Interessen dient.

g) Die Gewinnung der Schmieröle.

Destillation.

Das rohe Erdöl, wie es aus dem Erdinnern zutage tritt, ist eine mehr oder minder dick- und zähflüssige, mit Wasser nicht mischbare Flüssigkeit von zumeist dunkler Farbe und eigenartigem, petroleumähnlichem Geruch. Beim Erbohren der Quellen treten häufig neben den entweichenden Gasen auch Sand und Wasser an die Erdoberfläche. Von diesen läßt sich das Erdöl durch Absetzen in großen Behältern trennen. Rohöle, deren Verarbeitung durch ihre eigenartige Zusammensetzung sich unrationell gestalten würde, werden direkt verfeuert. Die geklärten Rohöle werden sodann den Raffinerien zugeführt, entweder in Kesselwagen, zumeist jedoch durch sog. pipe-lines. Dieses sind Rohrleitungen, die oft viele Kilometer weit von der Quelle bis zu den Verarbeitungsstätten reichen. In den Raffinerien wird nun das Rohöl durch Destillation und chemische Raffination auf die unzähligen Produkte verarbeitet. Man trennt zunächst das Rohöl in drei Hauptfraktionen und zwar unterscheidet man Fraktion 1, bis 150°

---

[1] Hoffmann, Karl: Erdölpolitik. Ringverlag Berlin 1927.
[2] Meyer, H.: Berliner Tageblatt, 21. März 1928.

siedend, ergibt das Rohbenzin; Fraktion 2, von 150° bis ca. 300°
siedend das Leuchtpetroleum und Schweröl; Fraktion 3, über 300°
siedend, heißt Rückstandsöl, auch Petroleumrückstand genannt.
In Rußland hat diese dritte Fraktion den Namen Masut, in
Rumänien heißt sie Pacura. Aus ihnen werden durch weitere
fraktionierte Destillationen die verschiedenen Schmierölsorten, das
Paraffin, die Rohvaseline, Asphalt und Koks gewonnen. Die
Zusammensetzung des Rohöls an obigen Fraktionen schwankt
in weiten Grenzen. Die nachstehende Tabelle läßt dieses deutlich
erkennen [1].

Rohöl aus	Spezifisches Gewicht	Benzin	Leuchtöl	Rückstand
Pennsylvanien .	0,79—0,82	10—20%	55—75%	10—20%
Galizien	0,82—0,90	5—30%	35—40%	30—55%
Ohio	0,80—0,85	10—20%	30—40%	35—50%
Baku	0,83—0,90	0—5%	25—35%	55—65%
Celle-Wietze . .	0,88—0,93	0—5%	10—25%	70—90%

Man sieht hieraus, daß die russischen und deutschen Öle die
größten Prozentsätze an Rückstand und damit auch an Schmieröl
besitzen.

Die Destillation selber geschieht zumeist bis 300° mit direkter
Feuerung entweder periodisch oder in neuerer Zeit im kontinuierlichen Betriebe. Zu diesem Zwecke wird das gereinigte, vorgewärmte und wasserfreie Öl — man läßt das Wasser im Tank
sich möglichst vollkommen absetzen — in walzenförmigem Kessel
über freiem Feuer abdestilliert. Bei den höheren Fraktionen über
300°, die durch die Hitze leicht zersetzt werden würden, arbeitet
man indessen unter Einleiten von überhitztem Wasserdampf und
unter Verwendung von vermindertem Druck. Es muß darauf hingewiesen werden, daß die Art, wie die Destillation durchgeführt
wird, sich nach dem Rohstoff richtet und für die Verwendung
wie für die Qualität des resultierenden Produktes von ausschlaggebender Bedeutung ist. Durch stellenweise Überhitzung des Öles
treten tiefgreifende Zersetzungen in der Struktur der Kohlenwasserstoffmoleküle auf; Wasserstoff und kleinere Bruchstücke
der Kohlenwasserstoffe werden abgespalten und entweichen gasförmig, ein Umstand, der natürlich einen Verlust, sowie eine
Verschlechterung der Destillats bedeutet. Dabei werden die hochsiedenden Produkte in leichtersiedende übergeführt und Hand in
Hand hiermit geht eine Verminderung der Zähflüssigkeit, wodurch

---

[1] Ost: Lehrbuch der chem. Techn. 6. Aufl., S. 353.

auch der Wert des Produktes beeinträchtigt wird, sofern man es als Schmiermittel verwenden will. Indessen sei darauf hingewiesen, daß unter Umständen gerade eine derartige destruktive — abbauende — Destillation angestrebt wird. Bei dem sog. Krackingprozeß werden die Öle absichtlich höheren Temperaturen und langandauernder Hitzeeinwirkung ausgesetzt. Je nach der Intensität und der Dauer der Einwirkung erhält man benzinartige Fraktionen oder auch gasförmige Produkte und beim Durchleiten dieser Gase durch rotglühende Rohre kann man beträchtliche Mengen zyklischer Kohlenwasserstoffe wie Benzol und dgl. gewinnen. Bei dem ungeheuren Verbrauch an Treibstoffen, Benzin u. dgl., reichen die natürlich vorkommenden Benzine seit langem nicht mehr aus. Es bestehen in Amerika gewaltige Krack-Anlagen, um aus den hochsiedenden Ölen niedrig siedende Benzine zu gewinnen. Es würde zu weit führen, auf die einzelnen Krack-Methoden hier einzugehen.

Für die Schmiermittel sind aber diese Zersetzungsprodukte von äußerst schädlicher Wirkung. Das Schmieröl soll einen möglichst hohen Flammpunkt, hohe Viskosität und eine gewisse Stabilität, die durch die chemische Zusammensetzung bedingt ist, besitzen. Es soll ein geringes Verharzungsvermögen aufweisen und beim Säuern mit Schwefelsäure, wie es bei der nachfolgenden Raffination notwendig wird, soll die Abscheidung asphaltartiger Stoffe möglichst gering sein. In den modernen Anlagen wird deswegen die Trennung durch kontinuierliche Destillation mit überhitztem Wasserdampf oder überhitztem Gas bei möglichst vermindertem Drucke durchgeführt. Nach dieser Methode arbeitet man sowohl in Rußland, Rumänien, Galizien, wie auch in vielen Teilen von Amerika. Besonders geeignet ist sie für die asphaltreichen amerikanischen Öle. Man erhält dann fast ebenso gute und bessere Öle wie es die russischen Öle sind. Die russischen Rohöle haben nur eine Teerzahl von 0,2 gegenüber 1,1—1,6 der übrigen Erdöle. Nach dem Erhitzen steigt die Teerzahl um 0,72, wohingegen andere Öle einen Zuwachs von 1,4% und mehr aufweisen.

Die abgetriebenen Anteile werden in Luftkühlern gekühlt und die einzelnen Fraktionen nach Siedepunkt und spezifischem Gewicht gesondert aufgefangen und für sich dann weiter verarbeitet. Die Wirkung des überhitzten Dampfes bei der Destillation ist, physikalisch gesehen, sehr kompliziert und soll daher hierauf nicht näher eingegangen werden. Als Ergebnis ist festzustellen, daß durch das Einleiten überhitzter Dämpfe und Gase die Destillationstemperatur eines sonst hochsiedenden Anteils beträchtlich herunter gedrückt wird. In gleicher Weise wirkt auch die Anwendung des Vakuums. Je geringer der Druck, um so niedriger liegt die Siedetemperatur der Flüssigkeit. Man bemüht sich daher den Druck möglichst zu vermindern. Durch Kombination der oben skizzierten Verfahren — und in modernen Betrieben finden beide Anwendung — gelangt man zu möglichst unzersetzten und dadurch wertvollen Destillaten. In den modernen Betrieben werden die gewaltigen Kessel durch Röhren ersetzt, und statt fraktioniert zu destillieren, pflegt man fraktioniert zu kondensieren[1] Die Vorzüge der Röhrendestillation bestehen darin, daß die Wärmeübertragung besser und das Material nur kurze Zeit der Hitze ausgesetzt ist, und Reparaturen der Apparate leichter sind[2].

Nachdem die Mengen des Benzins und des Leuchtpetroleums abdestilliert worden sind, wird nun der verbleibende Rückstand in gesonderten Apparaten wiederum der Destillation unterworfen und in Fraktionen von verschiedenem Gewicht und verschiedener Zähigkeit getrennt. Man erhält der Reihe nach: Gasöl — auch Mittelöl genannt — Spindelöl, leichtes Maschinenöl, schweres Maschinenöl und Zylinderöl; als letztes höchstes Konzentrat das natürliche Vaselin. In der Destillationsblase verbleibt ein harter, pechartiger Rückstand, der sog. Destillationsgoudron. Destilliert man solange, bis auch die letzten Ölanteile verjagt sind, erhält man einen gänzlich aschefreien Koks, der für elektrische Zwecke sehr geeignet ist.

Die Methode der Destillation richtet sich nach der Wesensart des zu verarbeitenden Rohmaterials. Die russischen, naphthenreichen Öle verlangen eine andere Bearbeitung als die paraffinreichen pennsylvanischen oder die leicht zersetzlichen Texasöle.

Bei den russischen Ölen, die nur einen verhältnismäßig geringen Prozentsatz an leicht siedenden Anteilen wie Benzin und Leuchtöl enthalten, arbeitet man im kontinuierlichen Betriebe mit 10—12 Blasen, welche zu einer Batterie vereinigt sind, zugleich. Durch genaue Regelung des Zu- und Abflusses, der Temperatur und des Zutritts des Wasserdampfes läßt sich die Destillation in der Weise führen, daß man nebeneinander leichte und schwere Maschinenöle auffängt, die sich ganz regelmäßig um 0,01 Einheiten in ihrem spezifischen Gewicht voneinander unterscheiden. Infolge ihres hohen Flammenpunktes, ihrer großen Zähigkeit und ihres Mangels an Paraffin gelten diese Öle als besonders geeignet für die Schmierung schwerer Maschinen. Die daneben anfallenden

---

[1] Frank, Petr. **19**, 907 (1922). Z. f. angew. Chem. **34**, 336, (1922).
[2] Birck und Dunstan, Petr. T., 27. Okt. 1928, 741.

Zylinderöle sind nicht so wertvoll und werden auch nur in kleineren Mengen gewonnen.

In Amerika, dessen Rohmaterial durch seinen Paraffinreichtum und Asphaltgehalt sich von dem russischen in wesentlichen Punkten unterscheidet, wird auch die Aufarbeitung nach anderen Gesichtspunkten geleitet. Man unterscheidet hier zwischen **destruktiver oder zersetzender Destillation** und **konservierender oder erhaltender Destillation**. Durch die erstgenannte gewinnt man große Mengen der leichten Fraktionen, wie Benzin, Petroleum und Gasöl; Schmieröl, ein dünnflüssiges Spindelöl, fällt dabei als Nebenprodukt ab. Der verbleibende Rückstand wird in kleinere Kessel übergeführt und nochmals über starkem Feuer destilliert. Das Destillat, von Paraffin befreit, ergibt ein dünnflüssiges, leichtes Maschinenöl. Aus diesem erhält man durch Einleiten von überhitztem Wasserdampf, wodurch leichter flüchtige Anteile abgetrieben werden, ein Öl, das einen ausreichend hohen Flammpunkt besitzt. Über die nachfolgende Raffination mit Schwefelsäure soll später gesprochen werden.

Bei der **konservierenden Destillation** ist man bemüht, neben dem Benzin usw. zur Hauptsache hochviskose und hochflammende Öle zu erhalten. Nachdem man durch Wasserdampf die leichtflüchtigen Produkte entfernt, heizt man weiter unter möglichster Vermeidung örtlicher Überhitzungen mit stark überhitztem Dampf von etwa 450°. Es gehen nun Spindelöl und Maschinenöl über und in der Blase verbleibt als Konzentrat ein sehr hochflammendes Produkt, das als Zylinderöl Verwendung findet. Ist dieses asphaltarm, so wird es durch Filtration über Bleicherde (Fullererde) weitergereinigt. Hierbei werden die letzten Asphaltspuren und färbenden Substanzen herausgenommen und man erhält die hellen, grüngelben „filtrierten" Zylinderöle, auch „mineral jelly" genannt. Bei Behandlung der Konzentrate mit Benzin lösen sich gewisse Anteile leicht, und dekantiert man nun von dem breiigen Bodensatz ab, so gelingt, nachdem man das Benzin abdestilliert hat, eine Trennung, zwischen dem sehr zähen, salbenartigen Naturvaselin und dem relativ kältebeständigen Zylinderöl. Durch nachfolgende Raffination gewinnt man dann fast reinweiße Vaseline und sehr helle Öle. Nach diesem Prinzip werden vor allen Dingen die pennsylvanischen Rohöle verarbeitet, die außerordentlich wertvolle Zylinderöle liefern.

Die Öle der anderen Bezirke, welche sich durch hohen Gehalt an Asphalt und Kohlenstoff und durch leichte Zersetzlichkeit auszeichnen, verlangen andere Fabrikationsmethoden. Man kann auch vor der Destillation Bleicherde zusetzen und erhält dann helle Destillate und rote anstatt schwarze Rückstandsöle. Man destilliert diese Öle unter Berücksichtigung aller Vorsichtsmaßregeln, nämlich unter hohem Vakuum und mit überhitztem Wasserdampf. Auf diese Weise gelangt man zu guten Maschinenölen und dunkelfarbigen, asphaltreicheren Zylinderölen.

Bei den paraffinarmen Ölen wird zuweilen nur der leichtsiedende Anteil abdestilliert, der Gesamtrückstand sodann durch Absitzenlassen oder Filtration gereinigt und das so gewonnene dunkle Öl wird als Vulkanöl oder Eisenbahnachsenöl direkt dem Konsum zugeführt. Nach der Höhe des Stockpunktes teilt man diese Öle ein in Sommeröle und Winteröle.

Aus den stark paraffinhaltigen Ölen bemüht man sich selbstverständlich dieses wertvolle Material zu gewinnen und zwar gelingt dieses durch Ausfrieren. Das paraffinhaltige Öl wird tiefen Temperaturen ausgesetzt, wobei sich das Paraffin in feinen Kristallen abscheidet. Die erstarrte, halbfeste Masse wird durch Filterpressen gedrückt und das Öl von dem halbfesten ,,Gatsch" getrennt. Durch erneutes Anwärmen bewirkt man ein Ausschwitzen des Öles; dasselbe wird unter starkem Druck abgepreßt und hierbei dann ein hochschmelzendes, völlig ölfreies Produkt gewonnen, das in ähnlicher Weise wie die Öle selber noch weiter durch Raffination gereinigt werden kann. Paraffin, das nicht sorgfältig raffiniert wurde und aus Erdölen stammt, das viele ungesättigte Verbindungen enthält, vergilbt schnell und gibt stinkende Oxydationsprodukte. Die Raffination des Paraffins muß über seinem Schmelzpunkt, also bei etwa 70^0 vorgenommen werden. Man verfährt im übrigen ähnlich wie bei den Schmierölen. In der Kerzenindustrie, sowie auch als Ersatz für Bienenwachs, für Wachstuch und Wachspapiere, endlich für die Zubereitung von allerhand Schmieren, Fetten, Salben und Bohnermassen findet das Paraffin weitgehendste Verwendung.

Die eingangs erwähnte ungeheure Mannigfaltigkeit der Öle stellt an die Kunst des Destillateurs die allergrößten Anforderungen; denn fast jede Quelle, zum mindesten jedes Ölgebiet, liefert ein Material, das infolge seiner chemischen Zusammensetzung einen spezifischen Charakter aufweist. Diesem muß natürlich Destillation und Raffination Rechnung tragen. Ganz allgemein gesprochen eignen sich die russischen Rohöle besonders zur Herstellung leichter und mittlerer Maschinenöle, während die ostamerikanischen Quellen gute Zylinderöle und Vaseline ergeben und daneben auch eine gute Ausbeute an Paraffin liefern. Die Verarbeitung der Texasöle sowie der mexikanischen, kalifornischen Öle mit ihrem hohen Gehalt an Asphalt und ungesättigten Verbindungen verursachen gewisse Schwierigkeiten. Einer besonderen Behandlung bedürfen die schwefelhaltigen Öle.

In den letzten Jahren ist es auch gelungen, durch Anwendung von Hochvakuum, d. h. durch Destillation bei außerordentlich niedrigen Drucken zu besonders hochwertigen Produkten zu gelangen [1].

Raffination.

In den wenigsten Fällen können die so erhaltenen Destillate ohne weiteres verwendet werden. Vielmehr enthalten sie Asphalt- und Harzstoffe, Sauerstoff-Schwefel- und Stickstoffverbindungen, sowie auch Zersetzungsprodukte, die sich bei der Destillation gebildet haben. Alle diese Körper sind nicht indifferent und daher für die meisten Verwendungszwecke schädlich. Es ist deshalb eine Reinigung auf chemischer Grundlage erforderlich. Man nennt diese Raffination im eigentlichen Sinne. Es gibt eine große Anzahl verschiedenartiger Raffinationsmethoden. Jedoch ist die am meisten gebräuchliche die Raffination mit Schwefelsäure und nachfolgendem Behandeln mit Laugen. Der Hauptbestandteil der Erdöle, die Paraffine und Naphthene, sind gegenüber Schwefelsäure bei den Temperaturen, bei denen die Raffination zumeist vorgenommen wird, sehr widerstandsfähig, wohingegen die sauerstoff- und schwefelhaltigen Verbindungen vom Charakter organischer Säuren, ferner die harz- und asphaltartigen Produkte, welche die Öle meist braun bis schwarz färben, von der Säure stark angegriffen werden.

Für Öle, welche spezielle Verwendung finden, ist es erforderlich, nach der Vorraffination eine nochmalige intensivere Raffination folgen zu lassen. So werden insbesondere die Transformatorenöle, die Weißöle und das Paraffinum liquidum durch wiederholtes Behandeln mit zum Teil rauchender Schwefelsäure gewonnen. Es sind nämlich auch in den vorraffinierten Ölen noch immer beträchtliche Mengen von Säuren und Harzen enthalten, die nur durch höchstkonzentrierte Schwefelsäure und Oleum mit einem Gehalt von 20% Schwefelsäureanhydrid zerstört werden. Auch die im Öl enthaltenen ungesättigten Verbindungen, welche bei dauernder Verwendung infolge ständiger Berührung mit der Luft und durch Erwärmung sich polymerisieren und verharzen, werden durch die Säure zerstört. Bei der Säureraffination entwickelt sich schweflige Säure, die teils entweicht, teils im Öl sich löst.

---

[1] Steinschneider: Petr., **14**, S. 121; Allner: Petr. 21, S. 5; Kahn: Petr. 20, S. 1689; Singer: Petr. 20, S. 1843; Frank: Petr. 19, S. 907; Z. angew. Chem. 34, S. 336. Jalen, Petr. **25**, 358 (1929); Schulze, Ind. Eng. Chem. **18**, 789. (1926)-

Um die Säurereste und die sich im Öl gebildeten sauren Produkte zu beseitigen, folgt eine Nachbehandlung mit **alkalischen Mitteln**, sei es mit Natronlauge, sei es mit Sodalösung. Hierdurch werden alle sauren Anteile des Öles wie Naphthensäuren, Phenole, die entstandenen Sulfosäuren und endlich die noch im Öl vorhandenen gelösten Schwefelsäuremengen herausgenommen. Die praktische Durchführung der alkalischen Reinigung ist in der Praxis recht schwierig, da sich hierbei äußerst stabile Emulsionen bilden, die schwer zu trennen sind, da die entstandenen Seifen sich beim Versuch sie durch Wasser auszuwaschen leicht hydrolytisch spalten, um sich dann wiederum im Öle zu lösen. Durch gewisse Kunstgriffe, wie Innehaltung erprobter Konzentrationen, Zusatz von Alkohol und Verwendung von Salzlösungen vermag man diesen Übelständen zu begegnen [1]. Um sehr helle, möglichst geruch- und geschmackfreie Öle ohne den typischen blauen oder bläulichgrünen Schein zu erhalten, findet eine weitere Behandlung mit sog. **Bleicherden** statt. Als solche dienen Fullererde, Floridin, Moosburger Erde, Tonsil, Silicagel u. a. Es sind dieses meist Gemische von Magnesium- und Aluminium-Silikaten, welche infolge ihrer kolloidalen Beschaffenheit die Eigenschaften haben, färbende, sowie Geruchs- und Geschmacksstoffe zu absorbieren. Auch Blut- und Knochenkohle zeigen diese Eigentümlichkeit und finden gelegentlich Verwendung.

Im Verlauf dieser Behandlung treten selbstverständlich recht beträchtliche Verluste auf, wodurch der Preis der hochraffinierten Produkte außerordentlich steigt. Man wird daher nicht stärker raffinieren, als gerade für den jeweiligen Verwendungszweck unbedingt erforderlich ist. Dieser Grundsatz gilt um so mehr, als sich gezeigt hat, daß gerade die schmierfähigsten Anteile des Öles bei allzu intensiver Behandlung mit Säuren herausgelöst und zerstört werden. Es sind nämlich die ungesättigten Verbindungen des Erdöls, welche die Oberflächenspannung stark erniedrigen und diese werden verhältnismäßig leicht durch die Schwefelsäure zerstört.

Die Raffination der Erdöle zu Schmierölen u. dgl. findet in besonderen Fabriken statt. Die Anlage einer solchen Fabrik sei im folgenden kurz skizziert:

Die Raffination erfolgt in hohen, stehenden, innen verbleiten Kesseln, den sog. ,,Agitatoren", welche nach unten konisch zulaufen. Dieselben sind entweder mit einer Rührvorrichtung versehen oder aber das Öl wird durch eingepreßte Luft durcheinandergemischt, um mit der von oben zufließenden Säure in innige

---

[1] s. a. Typke Petr. **22**, 751 (1926).

Berührung gebracht zu werden. Bei der Raffination der Schmieröle kann das Material durch einen Dampfmantel oder durch Dampfschlangen, die sich am Boden des Gefäßes befinden, auf die gewünschte Temperatur gebracht werden. Nachdem die Säure eingewirkt hat, läßt man die Masse einige Zeit ruhig stehen, wobei sich der sog. Säureteer in der Spitze des Konus absetzt und von dort abgezogen werden kann. Das Öl selber wird aus einem höhersitzenden Ansatzstutzen seitlich abgelassen und fließt dann in den ein Stockwerk tiefer stehenden Agitator, woselbst die Nachbehandlung mit Lauge und das Waschen des Öles mit Wasser

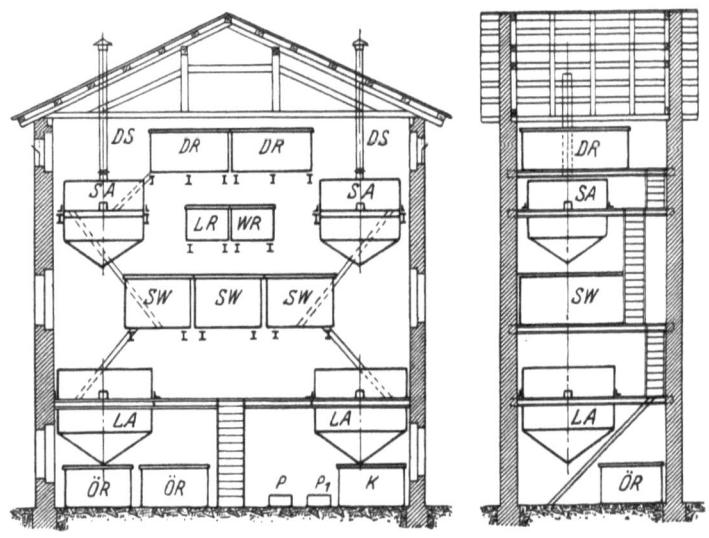

Abb. 5. Schema einer Raffination (aus Kißling, Technologie des Erdöls, 2. Aufl.).

erfolgt. Zur Erzielung heller und geruchsschwacher Öle wird das Produkt nunmehr in einem weiteren Gefäß mit Bleicherde behandelt. Um die Flüssigkeit von der Erde zu befreien, wird das Gemisch durch Filterpressen gedrückt und gelangt nun in die Vorratstanks, wo es nach Qualitäten gesondert aufbewahrt wird.

Dieses in wenigen Worten angedeutete Verfahren erfordert eine außerordentliche Praxis und langjährige Erfahrungen, da jede Provenienz und jedes Rohmaterial einer besonderen Behandlung bedarf. Die Stärke der Säure, die Dauer der Einwirkung, die Höhe der Temperatur und unzählige andere Momente müssen berücksichtigt werden, um zu einem Produkt zu gelangen, das verkaufsfähig und für die gewünschten Verwendungszwecke geeignet ist.

Neben dieser Reinigung mit Schwefelsäure hat man auch auf andere Weise versucht das Rohdestillat auf edlere Produkte weiter zu verarbeiten. Besonders bekannt und erfolgreich ist das **Verfahren von Edeleanu**. Dieser verwendet flüssige schweflige Säure, welche bei einer Temperatur von —10° die Fähigkeit besitzt, aus einem Gemisch die ungesättigten und aromatischen Kohlenwasserstoffe in Lösung zu bringen, während die Paraffinkohlenwasserstoffe ungelöst bleiben und auf diese Weise leicht von-

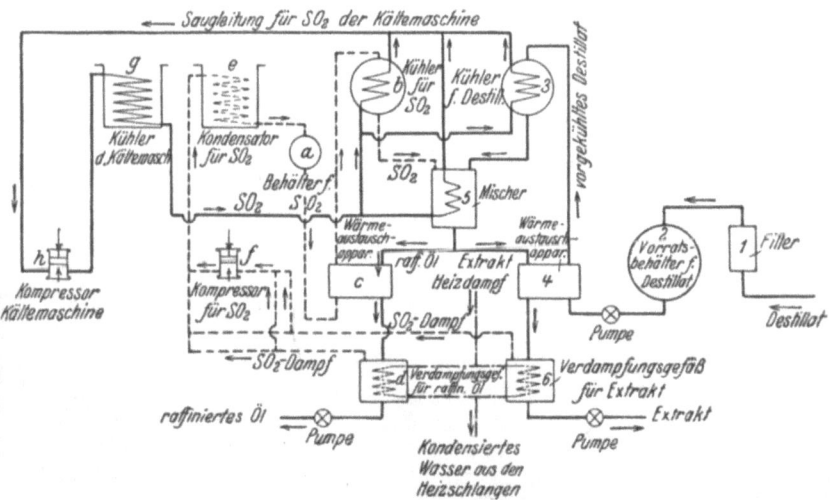

Abb. 6. Schema einer Edeleanuanlage. (Aus Kießling, Technologie des Erdöls.)

einander getrennt werden können. Zu bemerken ist hierbei, daß der Gehalt an in schwefliger Säure löslichen Verbindungen nicht allzuhoch sein darf, um eine möglichst vollkommene Trennung zu bewirken. Um geringe Spuren von schwefliger Säure zu beseitigen werden die Öle im Vakuum erhitzt, Luft und trockenes Ammoniakgas hindurchgeleitet [1].

Man hat auch versucht, andere Lösungsmittel für die Reinigung der Erdöle zu verwenden, indessen haben alle diese Versuche

---

[1] Rosenberg, J.: Petr. XXVI, 1930, S. 137. Lazar, Erdöl u. Teer 1915. H. 26, 9. Neumann, Chem. Fabr., 1, 641 (1928), Brandt, Oil and Gas Journ. 27, 119 (1929).

technisch bisher keinerlei wesentliche Bedeutung erlangt. Es handelt sich hierbei um Produkte wie Alkohol, Amylalkobol, Benzin, Azeton, Eisessig, Tetra-Chlorkohlenstoff, Pyridin Furfurol usw. doch sind alle diese viel zu teuer, um mit ihnen eine ökonomische Ausnutzung der Verfahren zu erzielen.

Wie bereits erwähnt, läßt sich der Grad der Raffination durch die Menge und Stärke der Säuren, sowie durch die Temperatur und die Dauer der Einwirkung in weiten Grenzen modifizieren. Ein allgemeines, wenn auch nicht bindendes Kriterium für die Stärke der Raffination ist die Farbe des Öles und sein Gehalt an organischen Säuren. Bei der Beobachtung des Farbtones jedoch ist zu bedenken, wie hell das Ausgangsmaterial bereits gewesen ist. So kann unter Umständen ein schwach raffiniertes Öl aus einem hellen Rohöl besser erscheinen als ein hochraffiniertes Produkt aus einem dunklen Öl. Ferner ist daran zu erinnern, daß die Behandlung mit Bleicherde die Farbe wesentlch verbessern kann. Durch die Raffination gehen in dem Destillat folgende Veränderungen vor sich. Das spezifische Gewicht nimmt bei der Raffination ab und zwar um so stärker, je höher der Gehalt des Rohöls an hochmolekularen, ungesättigten Verbindungen und Asphaltstoffen ist. Bei der Herstellung von Weißölen fällt beispielsweise das spezifische Gewicht von 0,905 auf 0,885. Der Flammpunkt ändert sich meist wenig, steigt bei den schweren Destillaten etwas an, weil durch die Säure die leichteren Anteile besser herausgelöst werden. Die Zähigkeit nimmt meist beträchtlich ab und zwar um so mehr, je viskoser das Ausgangsmaterial war. Die Wirkungen der absorbierenden Erden sind folgende. Da die Hydrosilikate vorzüglich die färbenden Stoffe aufnehmen, sowie die dunkelfarbigen Harz- und Asphaltstoffe, so tritt eine starke Aufhellung der so behandelten Öle ein. Ferner werden auch die ungesättigten und die aromatischen Verbindungen, die Naphthensäuren, Stickstoff- und Schwefelverbindungen und die festen Paraffine aufgenommen, wohingegen die hochviskosen Kohlenwasserstoffe unverändert im Öl verbleiben, ein Umstand, der für die Praxis von außerordentlicher Wichtigkeit ist. Werden durch die Behandlung mit Bleicherden die festen Paraffine herausgenommen, so steigt die Viskosität, handelt es sich dagegen um die Beseitigung der Asphalte, so ist ein Abfall der Zähigkeit zu beobachten.

Aus der Art der Herstellung und der Behandlung ergeben sich naturgemäß die Unterschiede zwischen Destillaten und Raffinaten. Durch die Destillation wird der chemische Charakter des Ölmoleküls nur insofern geändert, als durch die Erhitzung die sehr labilen Verbindungen zerfallen. Die Zersetzung ist um so geringer, je sorgfältiger und schonender die Destillation geleitet wird. Zweck der Destillation ist ja in der Hauptsache, eine Trennung in einzelne Fraktionen von den leicht siedenden bis zu den schwer flüchtigsten, wobei die Individuen des sehr komplizierten Ölgemisches nur sehr unwesentlich verändert werden. Infolgedessen enthalten die Destillate ein durch gewisse Siedegrenzen umschlossenes Gemisch, das jedoch noch die gesamten Sauerstoffverbindungen, Phenole, Säuren, die stark ungesättigten Verbindungen, sowie die Asphalt- und harzartigen Substanzen enthält. Diese letzteren erleiden bei der Schmierung, wenn also Öl mit Metall und der Luft in Berührung kommt, eine wesentliche Veränderung; sie bilden klebrige Rückstände und machen daher das Schmiermaterial für viele Verwendungszwecke unbrauchbar.

Bei der Raffination hingegen findet durch die Einwirkung der Säuren, durch das Behandeln mit Lauge und mit den Bleicherden eine tiefgreifende chemische Veränderung im Ölmolekül statt, so daß das Raffinat ein chemisch gereinigtes Produkt darstellt. Die ungesättigten Verbindungen werden chemisch abgebaut, die Sauerstoffverbindungen zum Teil in wasserlösliche Form übergeführt und beseitigt, die harz- und asphaltösen Produkte als feste Massen abgeschieden, so daß ein gut raffiniertes Öl keine der bei den Destillaten beschriebenen Nachteile aufweisen soll. Es ist aber bei der Prüfung der Raffinate darauf zu achten, daß auch die letzten Spuren der verwendeten chemischen Agenzien, wie Säuren und Laugen völlig entfernt sind. Raffinate dürfen weder Mineralsäure noch Spuren von Salzen enthalten. Über die Prüfung und Untersuchung der Raffinate siehe Kapitel II, S. 117. Über die bei der Raffination anfallenden Nebenprodukte sei kurz folgendes bemerkt.

Die sauren Abfälle bestehen zur Hauptsache aus unverbrauchter Schwefelsäure, Schwefeldioxyd, und zersetzten schmierölartigen Verbindungen. Sie werden entweder auf die Wiedergewinnung der Schwefelsäure oder auf die Gewinnung des sog. Säuregoudrons, welcher bei der Walzenfettbrikettfabrikation, oder als Asphaltersatz verwendet wird, verarbeitet.

Aus den alkalischen Ablaugen bemüht man sich durch Aussalzen und andere Verfahren die Naphthensäuren bzw. Naphtha-Sulfosäuren zu isolieren, um aus ihnen dann Seifen, Textilseifen, wasserlösliche Öle, Fettspalter, Desinfektionsmittel, Lacke, Beizen u. dgl. zu gewinnen.

B. Aus Schiefer, Braunkohlen, Steinkohlen und ähnlichen Rohmaterialien gewonnene Produkte.

a) Das Schieferöl.

Während die im vorigen Abschnitt beschriebenen Produkte aus natürlich vorkommendem Rohmaterial durch chemische Verfahren veredelt und alsdann dem Gebrauch zugeführt werden, folgt nunmehr die Beschreibung solcher Produkte, die erst bei der Verarbeitung sich bilden und alsdann zu Schmiermitteln weiter verarbeitet werden. Es handelt sich um die Destillationsprodukte des Schiefers, der Braunkohle, der Steinkohle, des Torfs und ähnlicher Rohprodukte.

Auf Seite 2 wurde erwähnt, daß man ein erdölähnliches Produkt bereits im Jahre 1862 durch Destillation der schottischen Schiefer gewonnen hat. Solche sog. bituminösen Schiefer finden sich nicht nur in Schottland zwischen Edinburgh und Glasgow [1] sondern auch in größeren Mengen in Estland [2] sowie in Colorado, Amerika, und schließlich auch in Deutschland bei Messel in der Nähe von Darmstadt und in Württemberg. Die in den Ölschiefern vorhandene organische Substanz rührt aus dem sog. Sapropel her, ein Faulschlamm, der sich aus den absterbenden Kleinlebewesen in den Lagunen und anderen seichten Gewässern ablagert. Das Öl wird gewonnen, indem man den Schiefer in geeignet konstruierten Retorten destilliert, wobei Überhitzung möglichst zu vermeiden ist. Die flüchtigen Bestandteile werden kondensiert, der mineralische Anteil bleibt in der Retorte zurück. Die flüchtigen Bestandteile bestehen aus:

1. nicht kondensierbaren Gasen, welche Heiz- und Leuchtzwecken dienen;
2. Wasser, das beträchtliche Mengen Ammoniak enthält und auf Ammonsulfat verarbeitet wird;
3. dem rohen Schieferöl, einer dickflüssigen, braunen teerartigen Masse.

In der Retorte verbleibt der Rückstand, welcher zu drei Vierteln aus Tonerde und Kieselsäure besteht und da man für ihn keine Verwendung hat auf Halden zusammengetragen wird.

Die Schieferölindustrie ist in den seltensten Fällen gewinnbringend und läßt sich nur dann rationell gestalten, wenn man das Ammoniakwasser zu Ammonsulfat verarbeitet. Berücksichtigt werden muß auch der Umstand, daß es sich bei dem rohen Schieferöl um ein Halbfabrikat handelt, daß erst durch Fraktionierung

---

[1] Lubricating oils, fats & greases by George H. Hurst. 3rd revised edition.
[2] Sander: Petr. 1925, 1775.

und Raffination zu verkäuflichen Produkten führt. Aus diesem Grunde konnte sich die Schieferölgewinnung nicht in dem Maße entwickeln wie die Erdölindustrie, obwohl die Ölschieferlager mächtiger sein sollen als alle bekannten Erdölfelder.

Die im rohen Schieferöl enthaltenen Bestandteile ähneln im allgemeinen denen im Erdöl vorhandenen und zwar sind es:
1. Paraffine von $C_4H_{10} - C_{30}H_{62}$,
2. Olefine von $C_4H_8 - C_{20}H_{80}$,
3. Acetylene C_nH_{2n-2},
4. aromatische Kohlenwasserstoffe Benzol, Naphthalin, Anthrazen u. a.
5. stickstoffhaltige Basen, Ammoniak und Pyridin,
6. sauerstoffhaltige Körper, Säuren und Phenole,
7. schwefelhaltige Körper, — das Öl enthält ca. 0,028% S.

Die chemische Weiterverarbeitung mittels Säuren und Alkalien wird nach denselben Prinzipien wie beim Erdöl vorgenommen. Bei der Destillation gewinnt man aus dem Rohöl verschiedene Fraktionen, die nach spezifischem Gewicht und Siedepunkt unterschieden sind und zwar:

    3— 5% Leichtbenzin,
20—25% Leuchtöl (0,780—0,830),
15—20% Gasöl (0,840—0,870),
15—20% Schmieröl (0,865—0,910),
10—14% Paraffin,
  2— 3% Nebenprodukte, Elektrolytkohle usw.,
25—30% Gas, Wasser und Verluste.

Wie man sieht, ist der Anfall an Schmierölen nicht sehr bedeutend, auf die speziellen Gewinnungsmethoden soll hier nicht besonders eingegangen werden.

Die deutschen Vorkommen in Messel und im Württembergischen sind für den inländischen Konsum ebenfalls nur von untergeordneter Bedeutung. Aus dem Messelschen Schiefer gewinnt man 6—10% Öl, 40—45% Wasser und 40—45% Rückstand; der Württembergische Ölschiefer hat einen Bitumengehalt von ca. 16%[1].

b) Braunkohlenteeröle und Montanwachs.

Ein außerordentlich ergiebiger Rohstoff für die Gewinnung ölartiger Substanzen sind die Braunkohlen.

Die Braunkohlen finden sich in gewaltigen Lagern in Mitteldeutschland und zwar in Sachsen bei Bitterfeld und Weißenfels, bei Senftenberg in der Lausitz und im Erzgebirge.

Da die Fundstellen teilweise dicht unter der Erdoberfläche liegen, kann die Braunkohle in einfacher Weise im Tagebau ge-

---
[1] Gaisser: Chem. Ztg. 1921, S. 837.

32 Aus Schiefer, Braunkohlen, Steinkohlen usw. gewonnene Produkte.

wonnen werden. Die Braunkohle enthält meist sehr viel Wasser (40—60%) und viel Asche, so daß ihr Heizwert nur gering ist; ihr Wert beruht auf ihrem Gehalt an bituminösen Substanzen. Braunkohlen mit hohem Bitumengehalt sind das Rohmaterial zur Gewinnung von Paraffin, erdölähnlichen Produkten und Montanwachs [1].

Die Verarbeitung der Braunkohle wechselt mit der Qualität des Rohmaterials und mit den Produkten, welche man in erster

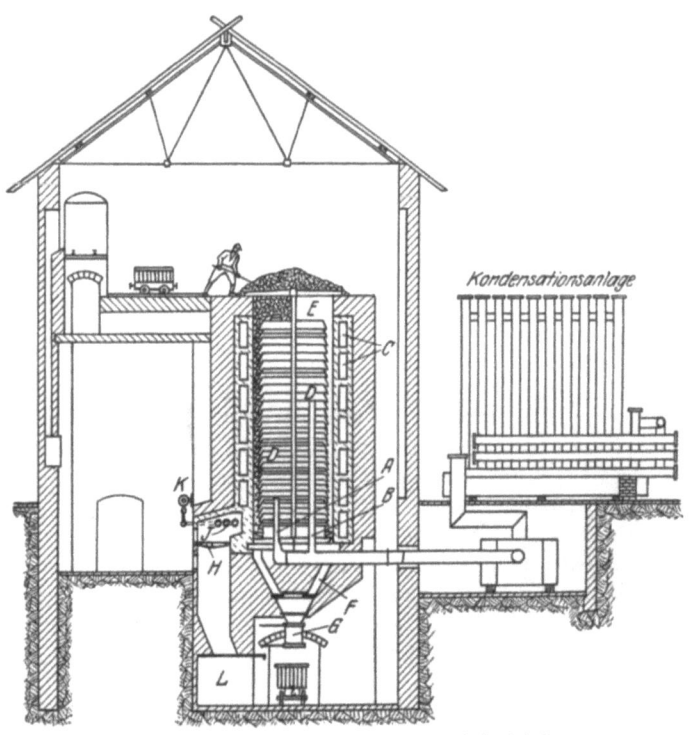

Abb. 7. (Aus Graefe, Die Braunkohlenindustrie.)

Linie zu gewinnen wünscht. Ursprünglich war das Hauptprodukt der sog. Grudekoks, während der anfallende Teer als Nebenprodukt betrachtet wurde. Heute wird das Hauptgewicht auf einen möglichst großen Anfall an Teer gelegt, während der Grude-

---

[1] Zusammenfassende Aufsätze siehe Z. angew. Chem. 1921, Nr. 53; ferner Scheithauer, W.: Die Schweltere. Spamer 1922. Graefe, E.: Die Braunkohlenteer-Industrie. Knapp 1922.

koks zu billigen Preisen zum Verbrauch an die Haushaltungen in Mitteldeutschland verkauft wird. Um einen möglichst wertvollen Teer zu erhalten, ist die Destillation so zu führen, daß die Destillationsprodukte möglichst kurze Zeit der Hitze ausgesetzt sind. Man arbeitet daher in eigens hierfür konstruierten Öfen, sog. Rolleöfen, in neuerer Zeit in noch besser konstruierten Öfen der Kohleveredlungsgesellschaft, in Lurgiöfen u. a.[1]. Die sich aus der Braunkohle entwickelnden Dämpfe werden abgesaugt und möglichst schnell kondensiert, so daß sie nur kurze Zeit mit den heißen Retortenwandungen in Berührung kommen. Die Destillationstemperatur ist niedrig zu halten. Beim Schwelen entwickelt sich ein dicker, unangenehm riechender Teer, aus dem dann das Paraffin und die diversen Braunkohlenteeröle gewonnen werden. Zu diesem Zwecke wird der Braunkohlenteer im Vakuum und mit Wasserdampf bei niedriger Temperatur destilliert, um irgendwelche Zersetzungen infolge Überhitzung tunlichst zu vermeiden. Der Hauptanteil sind leichtsiedende Fraktionen und Paraffin, während schmierölähnliche Fraktionen verhältnismäßig in geringen Mengen anfallen. Jedoch sind diese Schmieröle ein nicht zu übersehender Faktor für die Versorgung Deutschlands mit Schmiermitteln. Von der Bedeutung des Braunkohlenteers zur Gewinnung von Kraft- und Schmierstoffen durch das Hydrierungsverfahren der I. G. Farben soll später gesprochen werden.

Charakteristik der Braunkohlenteeröle. Die Braunkohlenteeröle unterscheiden sich von den entsprechenden Erdölprodukten durch ihren Gehalt an Phenolen und Kresolen, welche dem Rohöl durch wiederholtes Waschen mit Laugen entzogen werden müssen, auch Alkoholextraktion findet Anwendung. Nachweis der Phenole usw. durch die Diazoreaktion S. 133. Das spezifische Gewicht der Braunkohlenteeröle ist meist höher als bei den Erdölen infolge des höheren Gehalts an schweren Kohlenwasserstoffen. Auch die Jodzahl ist hoch, 20—70 nach Hübl, weil ungesättigte Verbindungen zahlreich vorhanden sind. Der Schwefelgehalt kann 0,7—1,4% erreichen.

Aus diesen Kriterien läßt sich schon ersehen, daß die Braunkohlenteeröle in Qualität den Erdölen nicht gleich kommen. Die Destillate, leichte Paraffinöle, finden Verwendung als Gasöle, Putzöle und Spindelöle. Die schwereren Destillate z. B. das Rositzer Öl, können als gutbrauchbare Schmiermittel angesehen werden, da sie in den Anlagen der Deutschen Erdöl-A.-G. einer sorgfältigen Raffination und zwar nach dem Edeleanu-Verfahren

---

[1] Weise: Asphalt und Teer **29**, 180 (1929).

unterworfen werden. Während das Rositzer-Öl nach dem Generatorverfahren hergestellt wird, indem man die brikettierte Braunkohle bei verhältnismäßig niedriger Temperatur verschwelt und dabei einen wenig zersetzten Teer erhält, werden große Mengen Öl auch heute noch durch trockne Destillation gewonnen. Hierbei fallen meist niedrig siedende Produkte an, die durch Raffination, Kristallisation und Filtration auf Solaröl, Putzöl, Paraffinöl, Schmieröl und Paraffin verarbeitet werden. Die Schmieröle enthalten stets hohe Prozentsätze an Paraffin, sie sind daher wenig kältebeständig und den Mineralölen nicht gleichwertig [1].

Beim Behandeln der Braunkohle mit Lösungsmitteln wird das Bitumen ein hochschmelzender, teilweise verseifbarer Ester bzw. Estergemisch extrahiert. Dieses rohe Montanwachs ist ein wertvolles Rohmaterial für eine Reihe von technischen Produkten. Infolge des wechselnden Gehaltes an Bitumen sind nicht alle Braunkohlenvorkommen für die Gewinnung des Montanwachses geeignet. Wirtschaftlich können Braunkohlen mit einem Gehalt von 10—20% Bitumen verarbeitet werden. Nach Pschorr und Mitarbeitern [2] besteht das Montanwachs aus Harz, freier Montansäure (17%) Estern der Montansäure mit aliphaten Alkoholen (53%) und Körpern unbekannter Zusammensetzung ca. 30%. Aus Braunkohle mit genügend hohem Bitumengehalt wird das Montanwachs durch Extraktion mit verschiedenen Lösungsmitteln, wie Benzol, Azetonöl und Gemischen dieser gewonnen. Vor dieser Behandlung sind die Kohlen möglichst vollkommen zu trocknen, damit das Lösungsmittel gut benetzt. Da die letzten Spuren nie völlig entfernt werden können, kann eine quantitative Ausbeute nicht erzielt werden.

Um das rohe, dunkelbraun bis schwarze Montanwachs, das einen Schmelzpunkt von 80—90° aufweist, zu reinigen, wird es entweder mit überhitztem Wasserdampf destilliert, oder aber das mit Wachs und Paraffin verdünnte Produkt mit Schwefelsäure und Bleicherde behandelt. Das rohe Montanwachs findet Verwendung zur Herstellung minderwertiger Fette und von Walzenfettbriketts. Auch in der Kabelindustrie, ebenso in der Schallplattenindustrie und Schuhcremeindustrie werden beträchtliche Mengen verarbeitet. Beim Destillieren des rohen Montanwachses erhält man eine gelbweise, wachsartige Masse vom Schmelzpunkt 74—78°, während das sog. Montanpech zurückbleibt. Durch Nachbehandlung mit Benzin und Entfärbungspulver gelangt man

---

[1] Graefe: Die Braunkohlenindustrie, 1922 bei W. Knapp, Halle; Scheithauer: Die Schwelteere, 1911, Chem. Techn. in Einzeldarstellung.
[2] Z. f. angew. Chem. 1921, S. 334.

zu einer weißen kristallinischen Masse, die in der Hauptsache in der Schuhcremeindustrie Verwendung findet. Es mag noch erwähnt sein, daß man auch zu hochsiedenden, schmierölähnlichen Produkten gelangen kann, wenn man die niedrigsiedenden Braunkohlendestillate mit Chlorzink kondensiert. Die Eigenschaften dieser Öle sowie der nach dem Generatorenverfahren gewonnenen finden sich in nachstehender Tabelle.

Physikalische Konstanten von Maschinenölen aus Braunkohlenteer.

Art des Öles	Äußere Erscheinungen	spez. Gew. bei 15°	Flpt. off. Tiegel	Viskosität n. Engler 20°	50°	Stockpunkt
Maschinenöl aus Urteer	zähflüssig, dunkelbraun und durchsichtig nach Braunkohlenteer riechend	0,970	171	24,1	3,92	+8°
Chlorzink Kondensationsprodukt sog. BaQ-Öl	zähflüssig, dunkelbraun undurchsichtig nach Mineralöl riechend	0,976	198	34,0	5,46	+7°

Bemerkenswert ist das hohe spez. Gewicht und der Viskositätsabfall von 20° auf 50°. Amerikanische und russische Öle mit einer Viskosität von 24 bei 20° haben bei 50° noch eine Viskosität von 4½ bis 5. Auch in ihrer chemischen Zusammensetzung sind diese Produkte vom Erdöl merklich unterschieden. Der Kreosotgehalt im BaQ-Öl beträgt 1%, der Asphalt, gefällt mit Normalbenzin, 1%.

c) Schmierölartige Produkte aus Steinkohle.

1. Teerfettöle.

Die Teerfettöle, auch Steinkohlenschmieröle genannt, sind in der Kriegszeit, der Zeit der Schmiermittelnot, zu Bedeutung gelangt und sind seit dieser Zeit nicht mehr vollkommen vom Markte verschwunden. Bekanntlich werden große Mengen Steinkohlen im Koksofen und in der Gasretorte destilliert und erleiden hierbei infolge der hohen Temperaturen eine tiefgreifende Zersetzung. Der zwischen 300 und 360° siedende Anteil heißt Anthracenöl und aus ihm gewinnt man das Steinkohlenschmieröl. Durch Abkühlen und Filtrieren beseitigt man die festen Bestandteile und die dabei zurückbleibenden, ziemlich zähflüssigen Produkte werden entweder durch Einblasen von Luft oder durch Erhitzen unter Druck, sowie auch durch Zusatz von Erdölpech noch weiter verdickt. Bei sachgemäßer Herstellung und bei zweckmäßiger Verwendung können die Teerfettöle für bestimmte Zwecke sehr wohl die Mineralschmieröle ersetzen. In den „Richtlinien" von 1922 werden die Steinkohlenschmieröle als vollwertiges Schmiermittel bezeichnet. Um mit den Teerfettölen keine Schwierigkeiten zu haben, ist darauf zu achten, daß die zu schmierenden Flächen sich stets in gutem Zustande befinden und auch die Zuführungskanäle stets sauber sind. Grundsätzlich sollen Steinkohlenschmieröle nicht mit Mineralschmierölen vermischt werden. Derartige Mischungen neigen sehr zur Verharzung und Rückstandsbildung und können dann den Maschinen äußerst gefährlich werden und führen den Verbraucher zu einem allgemeinen Vorurteil gegen die Teerfettöle. Sachgemäß hergestellte Steinkohlenschmieröle können zur Schmierung aller Arten von Maschinenlagern und Achsen dienen, sofern nicht allzu hoher Druck, Hitze oder Kälte ihre Benutzung in Frage stellen; für die Schmierung der Zylinder sowie für Kältemaschinen kommen sie also nicht in Frage, wohl jedoch für Transmissionen, Eisenbahnachsen, Pumpen usw.[1].

Die Gewerkschaft Duisburg-Meiderich bringt als Spezialprodukt das Meiderol, die Rütgerswerke das Rütgersol in den Handel. Unter Russinol versteht man ein Teerfettöl, das durch den Zusatz von feinverteiltem Ruß, der wie Graphit wirken soll, erhöhte Schmierkraft besitzt und vor jenen den Vorzug haben soll, nicht so schnell zu Boden zu sinken[2].

L. Singer, Düsseldorf, stellt ein kältebeständiges Teerfettöl her (DRP. 303 786) durch Zusatz von solchen Mineralölanteilen, die durch Extraktion mit schwefliger Säure gewonnen wurden. Diese besitzen ein großes Lösungsvermögen für die festen Anthracenanteile. Man erhält so Teeröle mit einem Stockpunkt von -5^0. Vergleichende Versuche dieses Steinkohlenschmieröls „Ess" mit entsprechend viskosem Mineralöl ergaben sehr günstige Werte. Um die Teerfettöle zu verdicken kann neben dem Durchleiten von Luft bei 200^0 auch die gleiche Behandlung bei Gegenwart von 1—2% Schwefel dienen. Nach Entweichen des Schwefelwasserstoffes erhält man ein verdicktes Produkt, das als Wagenschmiere

---

[1] Baum, G.: Die Verwendung der Steinkohlenschmieröle im Bergbau. Glückauf 1925, Nr. 11, 305/9.
Hamburger, Chem.-techn. Wochensch. 1918, 66.

Verwendung findet. Die Steinkohlenschmieröle werden auch in großen Mengen zu Wagenfetten und Spritzfetten verarbeitet.

2. Der Tieftemperaturteer.

Der Tieftemperaturteer (T-Teer) auch Urteer genannt, verdankt seine Gewinnung der Erkenntnis, daß man zu wesentlich wertvolleren Produkten gelangt, wenn man hohe Temperaturen bei der Destillation und damit verknüpften Zersetzungen vermeidet.

Die ersten Arbeiten in dieser Richtung stammen von Börnstein [1], die bahnbrechenden Forschungen jedoch sind von F. Fischer, W. Gluud und ihren Mitarbeitern ausgeführt und in den ,,Gesammelten Abhandlungen zur Kenntnis der Kohle" niedergelegt. Diese Forscher gewannen den Urteer oder T-Teer durch Destillation der Kohle in einer rotierenden Trommel, wobei die einzelnen Kohleteilchen stets aus der Zone der heißen Wandungen bewegt werden und durch Einblasen von Wasserdampf dafür gesorgt wird, daß die Destillationsprodukte rasch abgeleitet werden.

Die Gewinnung des T-Teers. Wenn man die Kohle bei Temperaturen, die niedriger liegen als wie sie im Koksofen oder in der Gasretorte vorkommen, destilliert, erhält man folgende Produkte: T-Teer, Halbkoks, Teerwasser und Gas. Von Interesse ist für uns nur der T-Teer, weil aus ihm die Schmieröle gewonnen werden. Die Ausbeute an T-Teer ist etwa doppelt so groß wie die an gewöhnlichem Steinkohlenteer. In ihrer chemischen Zusammensetzung weichen die beiden Teerarten wesentlich voneinander ab und zwar zeigt der T-Teer im chemischen Aufbau ähnlichen Charakter wie die Mineralöle und wie die Produkte, die man durch Extraktion der Steinkohle mittels Lösungsmitteln gewonnen hat. Die Vorgänge, die sich bei der gewöhnlichen Steinkohlendestillation abspielen, sind außerordentlich kompliziert. Abspaltung von Wasserstoff, Polymerisation der zersetzten, labilen Verbindungen spielen die Hauptrolle. Man kann sich den Zerfall etwa nach folgendem Schema vorstellen:

Paraffine → Olefine → Diolefine → aromatische Kohlen-
                  ↓   wasserstoffe
         Naphthene → aromatische Kohlen-
                              wasserstoffe.

Gelingt es nun bei der Destillation die Temperatur so zu regulieren, daß sich aus den Diolefinen und Naphthenen keine aromatischen Kohlenwasserstoffe bilden können, so wird damit ein

---
[1] J. Gasbel. **49,** 627/30 und 667/71, 1906.

ganz neues Gebiet zur Gewinnung der in den Steinkohlen vorgebildeten Stoffe erschlossen. Wie schon erwähnt, gelang dies F. Fischer, indem er in einer rotierenden Trommel arbeitete, die er von außen mit Gas beheizte und wobei die an der Wand befindlichen Kohleteilchen durch die Drehung der Trommel immer wieder aus der heißen Zone entfernt wurden. Nach Verdampfen des Wassers und Freiwerden von Kohlensäure setzt bei etwa 450^0 die eigentliche Destillation ein, welche bis maximal 600^0 getrieben wird. Neben dem T-Teer geht viel Wasser über, das sich nur schwer von der öligen Substanz trennen läßt. Man schüttelt daher entweder mit Salzwasser aus oder aber man fängt in getrennten Vorlagen auf, derart, daß man den Teer über 130^0 kondensiert; er enthält dann nur wenige Prozente Wasser. Bei der Gewinnung im großen verwendet man ähnlich konstruierte Drehöfen oder aber man gelangt zu dem T-Teer durch eine verhältnismäßig einfache Konstruktionsänderung in den Generatoren. Der bisher aus diesen der Koksgewinnung anfallende feste Generatorteer war ein lästiges Nebenprodukt, für das man keine Verwendung hatte. Durch Einbau von Röhren in denen die hinab gleitenden Kohlen von den heißen Generatorgasen nur umspült werden, gelang es, die Teerdämpfe möglichst schnell und unzersetzt dem Ofen zu entziehen und man erhält so einen dem T-Teer sehr ähnlichen Generatorteer. Der Heizwert der Generatorgase wird nur unwesentlich gemindert, dagegen ein wichtiges und wertvolles Nebenprodukt gewonnen. Zur Verarbeitung in so umgebauten Generatoren eignet sich am besten Gasflammkohle mit einem Gehalt von 30—40% flüchtiger Bestandteile. Diese Kohle liefert ca. 8—12% Teer. Andere Kohlen wie Anthrazit, Fett- und Magerkohle geben schlechtere Ausbeuten, da sie zusammenbacken. Am besten geeignet ist die oberschlesische Kohle.

Eigenschaften und Charakteristik des T-Teers. Der T-Teer ist eine dunkelbraune, in dünner Schicht goldrote, homogene, zuweilen mit Paraffin durchsetzte Flüssigkeit, gewöhnlicher Teer dagegen ist schwarz. Der T-Teer riecht frisch bereitet nach Schwefelwasserstoff, während gewöhnlicher Teer ausgesprochen nach Naphthalin riecht. Das spezifische Gewicht des T-Teers ist 0,96 bis 1,06, gewöhnlicher Teer dagegen hat ein Gewicht von 1,1 und darüber. In chemischer Beziehung sind die Unterschiede beachtenswert und charakteristisch. T-Teer ist ein Gemenge von Kohlenwasserstoffen und Phenolen und zwar von Paraffinen, Olefinen, Naphthenen, teilweise hydrierten aromatischen und im Kern substituierten Kohlenwasserstoffen. Es fehlen dagegen die im Steinkohlenteer stets vorhandenen niedrigen aromatischen

Verbindungen wie Benzol und Naphthalin, während die höher molekularen aromatischen Verbindungen gelegentlich in geringen Mengen nachgewiesen wurden. Der Nachweis von Naphthalin ist daher entscheidend für die Lösung der Frage, ob ein T-Teer oder anderer Teer vorliegt. Beim T-Teer fällt die Naphthalinprobe negativ aus. Sehr bedeutend ist der Gehalt an Phenolen und zwar hängt er ab von der Art der verarbeiteten Kohle. Mit Bezug auf seinen Phenolgehalt, der bis zu 50% steigen kann, nimmt der T-Teer unter allen erdölähnlichen Produkten eine Sonderstellung ein; mit Bezug auf seine sonstige Zusammensetzung ähnelt er dem russischen Erdöl [1].

Die Verarbeitung und Beseitigung der Phenolmengen sowie die Verwendung des Halbkoks ist für die Entwicklung der T-Teerindustrie von entscheidender Bedeutung.

Verwendung. Der hohe Phenolgehalt verbietet es, den rohen T-Teer direkt als Schmiermittel zu verwenden, weil ein solches Öl zu schnell durch Verharzung seine Schmierfähigkeit einbüßen würde. Man destilliert daher in analoger Weise wie beim Erdöl und Braunkohlenteer und gelangt dabei zu ganz ähnlichen Produkten. So erhält man z. B. bei der Destillation mit überhitztem Wasserdampf und nachfolgender chemischer Behandlung nachstehende Produkte:

		% des Teeres
Kohlenwasserstoffe	Teerbenzin (bis 200° siedend)	10,0
	Brennöl	12,5
	Schmieröl	15,0
	Paraffin	1,5
	Neutrale Harze	10,0
Phenole	Carbolsäure	0,06
	Kresole (hauptsächl. Meta-)	1,2
	Brenzcatechin	0,2
	andere Phenole	33,0
	Saure Harze	10,0
Basen		1,0

Der Kohlenwasserstoffanteil des T-Teers ist einem „paraffinarmen" (10—15% Paraffin) Rohderdöl vergleichbar.

Durch Waschen mit Laugen lassen sich die phenolartigen Anteile von den mineralölartigen trennen. Das gleiche gelingt nach F. Fischer durch Extraktion mit Wasser bei 220° unter Druck [2], sowie durch Behandeln mit 56%igem Alkohol und Einleiten von Ammoniak. Die sich bildenden Schichten werden getrennt destilliert. Die Phenole reichern sich in den höheren Fraktionen an und be-

---

[1] Marcusson und Picard, Petr. **18**, 637 (1922).
[2] Fischer, F.: Z. angew. Chem. 1927, S. 161.

dingen ihre Viskosität. Entfernt man sie, so tritt eine starke Herabminderung der Zähflüssigkeit ein. Da diese sauren Bestandteile das Metall angreifen, sind phenolhaltige Öle nur für untergeordnete Zwecke verwendbar. Für Innenschmierung kommen diese Öle nicht in Frage; wirklich brauchbar wird das Öl erst nach Entfernung der Phenole. Es gelingt jedoch auf andere Weise T-Teere zu veredeln und zwar durch Einwirkung von Glimmentladungen, sog. Voltolisieren (s. Seite 68). Durch Einwirkung der stillen elektrischen Entladungen findet durch Elektronenstoß Wasserstoff-Abspaltung statt, sowie Anlagerung des Wasserstoffs an die ungesättigten Gruppen. Die Restmoleküle polymerisieren sich. Dadurch wird einerseits eine Absättigung der ungesättigten Verbindungen bewirkt, welche sonst zu Verharzungen führen würden und ferner tritt eine bedeutende Erhöhung der Viskosität ein. Nach Eichwald[1] konnte folgende Veränderung festgestellt werden:

T-Teer vor dem Voltolisieren 42% gesättigte Verbindungen,
58% ungesättigte Verbindungen,
Viskosität 2,3 bei 50°;
nach dem Voltolisieren . . . 69% gesättigte Verbindungen,
31% ungesättigte Verbindungen,
Viskosität 37,5 bei 50°.

Der Vorgang läßt sich nach folgender Gleichung erklären:
$$CH_3(CH_2)_6 \cdot CH = CH_2 + C_6H_6 = CH_3(CH_2)_6 \cdot CH_2 \cdot CH_2 \cdot C_6H_5$$
und kann als Aliphatisierung des Urteers bezeichnet werden. Der Anfall an T-Teer ist in Deutschland verhältnismäßig gering und in der Qualität den aus Edöl gewonnenen Schmierprodukten noch nicht absolut gleichwertig.

Zwar bedeuten die aus Schieferöl, Braunkohlenteer und Steinkohlenteer gewonnenen Schmierprodukte eine gewisse Entlastung der Mineralöleinfuhr, aber von dem Ziel bezüglich der Schmiermittel vom Ausland vollkommen unabhängig zu werden, sind wir vorläufig noch weit entfernt. Durch die ständige Zunahme des Automobilverkehrs ist auch der Schmierölverbrauch in den letzten Jahren gewachsen, infolgedessen sind auch die Einfuhrziffern für Schmiermittel von Jahr zu Jahr größer geworden (s. Seite 17).

Kohleverflüssigung.

In diesem Zusammenhang muß noch ein Problem kurz gestreift werden, das unter dem Namen Kohleverflüssigung zusammengefaßt werden kann[2]. Der erste Gedanke zur Veredelung

---

[1] Z. angew. Chem. 1922, S. 305 u. 611; Brennstoffchem. 1924, S. 106.
[2] Laszló: Petr. 1926, 421 ff. Brückmann: Petr. 1928, 26. Bergius: Stahleisen 1926, 1717.

der natürlich vorkommenden Bodenschätze, des Erdöls und der Kohle durch Behandlung mit Wasserstoff, geht auf Emil Fischer zurück, der bereits im Jahre 1912 durch folgende Worte den Weg wies:

„Die Aufgabe der Zukunft wird es sein, aus festen Brennmaterialien durch einen passenden Reduktionsprozeß auf ökonomische Weise flüssige Brennstoffe herzustellen." Ein wesentliches Antriebsmotiv dieses Problem in wenigen Jahren zu lösen, lag in dem Bedürfnis, der steigenden Nachfrage an Benzin und Heizstoffen zu genügen.

Von verschiedenen Seiten ist man an die Lösung dieses Problems herangegangen. Bergius geht bei seinem Berginverfahren davon aus, daß er asphaltreiche Öle und Rückstände, die als solche schwer oder gar nicht verwendbar waren, in leichtsiedende benzinähnliche Produkte verwandelt. Dies gelingt ihm dadurch, daß er die Produkte unter Druck mit Wasserstoff destilliert. Das hochmolekulare Ausgangsmaterial wird ähnlich wie im Krackprozeß zu Bruchstücken aufgesprengt, welche Wasserstoff anlagern und dann die leichtsiedenden, mehr oder weniger gesättigten Benzine bildet. Später ging Bergius dazu über, statt des asphaltreichen Öls, Kohle, die mit dem Öl zu einer zähen Paste angerührt war, direkt zu verarbeiten. Auf diese Weise gelang es auch die Kohle direkt zu verflüssigen. Bis zur technischen Durchführung des Berginprozesses waren sehr langwierige und schwierige Arbeiten nötig; besonders die Fertigstellung der Apparaturen, die sowohl hohen Druck — 150 Atmosphären — wie hohe Temperaturen — 450° C — aushalten müssen, verschlang große Mittel und bedurfte angestrengter technischer Arbeit. Da indessen nach dem Berginverfahren in erster Linie leichtflüssige Öle entstehen, ist es für die synthetische Herstellung von Schmiermitteln von geringerer Bedeutung. Nach Bergius entstehen 60 kg Schmieröl aus 1000 kg Rohkohle und zwar enthält eine Tonne Rohkohle 120 kg Schmieröl, wozu 2,8 Tonnen Kohle insgesamt erforderlich sind, oder, um 1 Tonne Schmieröl herzustellen, sind 23,3 Tonnen Kohle erforderlich. Wenn auch inzwischen die Ausbeuten verbessert sein dürften, so wären doch ungeheure Anlagen nötig, um auf diese Weise den gesamten Schmierölbedarf Deutschlands zu decken [1].

Bessere Aussichten bieten die Verfahren von Franz Fischer und Tropsch [2] und die Hydrierverfahren der I. G. Farben. Nach dem Verfahren von Fischer werden aus Wassergas, also aus einem

---

[1] Die Verflüssigung d. Kohle nach Fr. Bergius v. Dr. W. Friedmann. 1928. Allg. Ind. Verl.
[2] Z. angew. Chem. 1926, S. 1202; Tropsch: Stahleisen 1926, 752.

Gemisch von Wasserstoff und Kohlenoxyd, aliphate Erdölprodukte gewonnen, und zwar ohne Zuhilfenahme von hohem Druck, jedoch unter Verwendung geeigneter Katalysatoren — meist Eisen- und Kobaltverbindungen — bei verhältnismäßig niedrigen Temperaturen. Die Bedingungen müssen so gewählt werden, daß Methanbildung vermieden wird. Die günstigste Temperatur liegt unterhalb 300°, chemisch handelt es sich um eine Kombination von Hydrierung und Polymerisation, welche durch die Basizität gewisser Zusätze beeinflußt wird.

Die Arbeiten der I. G. Farben ähneln denen von Fischer und gehen ebenfalls vom Wassergas aus. Auch bei ihnen war zunächst das Ziel, benzinähnliche Produkte, Treib- und Brennstoffe zu gewinnen, daneben vor allem Methylalkohol und höhere Alkohole; als Nebenprodukte entstehen Aldehyde, Ketone und Säuren. Kennzeichnend für das Verfahren ist die Verwendung hoher Drucke, deren Technik aus der Stickstoff-Wasserstoffsynthese bekannt und geläufig war, sowie durch die Benutzung neuartiger Katalysatoren. Statt Nickel, Platin und Palladium verwendet man Oxyde schwer reduzierbarer Metalle. Durch die Wahl der Bedingungen gelingt es nach Wunsch Methylalkohol, Isopropylalkohol oder Kohlenwasserstoffe zu gewinnen. Wesentlich ist die vollkommene Abwesenheit von Eisen in dem Reduktionsraum, da das Eisencarbonyl ein Kontaktgift bedeutet. In den riesigen Anlagen des Leunawerkes arbeitet die I. G. Farben bereits seit 1923. Zur Verwendung kommen hier statt des Wassergases Braunkohlenteere, die in großen Mengen in dieser Gegend gewonnen werden. Ein wesentlicher Vorteil des Verfahrens der I. G. beruht darauf, daß man es in der Hand hat, niedrigsiedende oder hochsiedende Produkte zu erhalten. Durch Variation der Temperatur, des Wasserstoffdrucks, der Strömungsgeschwindigkeit und der Katalysatoren ist es möglich, nach Wunsch mehr aromatische oder aliphatische Kohlenwasserstoffe zu erzielen und dieses ist insofern wichtig, als man bei der Darstellung künstlicher Brennstoffe in der Lage ist, klopffreie Benzine (Motyl) entstehen zu lassen. Schließlich hat man es auch in der Hand, Schmieröle zu gewinnen. Es ist errechnet worden, daß bei Verarbeitung von nur 2% der Kohlenförderung Deutschlands der gesamte Mineralölbedarf gedeckt werden könnte. Vorläufig jedoch sind die Kosten des Verfahrens noch zu bedeutend, um sich auf dieser Basis von der ausländischen Einfuhr unabhängig zu machen.

Der Vollständigkeit halber sei noch auf die Destillationsprodukte von Holz und Torf hingewiesen, wobei jedoch die hierbei entstehenden Teerprodukte stets nur in ganz geringen Mengen den kompliziert zusammengesetzten Spezialschmiermitteln zugesetzt werden. Man hat auch versucht, Holz und Torf ähnlich wie die Kohle und Braunkohle zu verschwelen [1] und gelangt hierbei zu ähnlichen Produkten.

C. Die pflanzlichen und tierischen Fette und Öle.

Bereits im Eingangskapitel war darauf hingewiesen worden, daß ursprünglich zur Schmierung der Maschinen ausschließlich tierische und pflanzliche Öle und Fette verwendet wurden und daß erst mit dem plötzlichen und überraschend schnellen Aufblühen der Industrie nach einem Ersatz gesucht und in den Mineralschmierölen gefunden wurde. Trotzdem haben die fetten Öle ihre Bedeutung für gewisse Zwecke nicht verloren; teils dienen sie als Zusatz zu den Mineralölen, oder aber sie bilden die Grundlage für die Starrschmieren, die konsistenten Fette, und ähnliche Produkte. Aus diesem Grunde muß in folgendem auch auf diese Stoffe näher eingegangen werden.

a) Definition von Öl und Fett.

Die Bezeichnung Öl und Fett umfaßt eine Gruppe von organischen Substanzen und zwar bezeichnen beide Worte das gleiche, nur kennzeichnen sie die verschiedenen Aggregatzustände der in Frage stehenden Körper. Fette sind bei gewöhnlicher Temperatur fest und zwar unterscheidet man feste oder talgartige, sowie butter- und schmalzartige. Im Gegensatz hierzu stehen die „flüssigen" Öle und Trane. Diese Definition gilt aber nur für normale Temperaturen, denn Stoffe, die in den mitteleuropäischen Klimaten als Schmalz oder gar talgartig bezeichnet werden, sind in den Tropen als Öle anzusprechen. Selbst die festesten Fette schmelzen unter hundert Grad und geben dann ein dünnflüssiges Öl. Die Zähflüssigkeit der Öle ist größer als Wasser. Ihre Oberflächenspannung ist gering. Die Beständigkeit der Öle gegenüber atmosphärischen und anderen chemischen Einflüssen ist verhältnismäßig groß und darauf gründet sich ihre Verwendungsmöglichkeit als Schmiermittel. Auf Papier hinterlassen die Öle und Fette einen bleibenden, durchscheinenden Fleck. Der Ausdehnungskoeffizient ist bedeutend größer als bei den meisten anderen Flüssigkeiten. Es entsprechen z. B. tausend Liter Olivenöl bei 0° einer Menge von 1016,6 Liter bei 20° C.

---

[1] Z. angew. Chem. 1921. Nr. 53.

Die Farbe der Fette und Öle wechselt in weiten Grenzen von weiß-gelblich bei den festen Fetten bis gelb und gelbgrün bei den Ölen, während die Trane meist rot bis rotbraun gefärbt sind. Ebenso schwankt Geruch und Geschmack und jede Art zeigt einen ihr eigentümlichen. An der Luft und im Lichte verändern sich Fette und Öle leichter als die Mineralöle, sie werden sauer und ranzig und viele von ihnen trocknen mehr oder weniger schnell ein.

Im Alkohol sind neutrale Fette unlöslich. — Eine Ausnahme macht das Rizinusöl. Dagegen werden sie leicht von Äther, Chloroform, Benzin, Benzol und Chlorkohlenwasserstoffen aufgenommen.

b) Chemische Konstitution der Fette.

Während die Mineralöle fast ausschließlich aus Kohlenstoff und Wasserstoff bestehen, enthalten die tierischen und pflanzlichen Öle Kohlenstoff, Wasserstoff und Sauerstoff. Wie die Erdöle ein kompliziertes Gemisch darstellen, so sind auch die Fette nicht einheitlich, sondern setzen sich aus zahlreichen chemischen Individuen zusammen.

Die grundlegende Arbeit über die Konstitution der Öle und Fette stammt von Chevreul, welcher von 1810—1823 seine Arbeiten: ,,Recherches sur les corps gras d'origine animale" veröffentlichte. Diese Arbeiten bilden die Grundlage für die weiteren Konstitutionsforschungen. Danach sind die Fette anzusehen als Glyzerinester oder Glyzeride der höheren Fettsäuren.

Glyzerin ist ein dreiwertiger Alkohol der Formel:
$$CH_2OH-CHOH-CH_2OH,$$
er leitet sich ab von Propan $CH_3CH_2CH_3$, einem Grenzkohlenwasserstoff, wobei ein H-Atom an jedem Kohlenstoff durch eine Hydroxylgruppe OH ersetzt ist. Diese Hydroylgruppe nun wiederum geht unter Wasseraustritt mit dem Wasserstoff einer organischen Säure in Reaktion unter Bildung eines Esters. Als organische Säuren kommen gesättigte Karbonsäuren in Betracht, welche sich von der Essigsäure ableiten und zwar hauptsächlich solche mit hoher C-Zahl. Auch einfache und mehrfach ungesättigte Säuren sowie auch hydroxylhaltige Karbonsäuren können mit dem Glyzerin zusammentreten. Der Zusammentritt der drei OH-Gruppen im Glyzerin kann mit drei gleichartigen Säuren stattfinden, etwa wie beim Tristearin,

$$\begin{array}{l} CH_2 \cdot OOC - C_{17}H_{35} \\ | \\ CH \ \cdot OOC - C_{17}H_{35} \\ | \\ CH_2 \cdot OOC - C_{17}H_{35} \end{array}$$

Chemische Konstitution der Fette.

oder aber es können sich sog. gemischte Glyzeride bilden, wobei jedes Hydroxyl durch eine andere Fettsäure verestert ist, etwa wie beim Oleopalmitostearin.

$$\begin{array}{l} CH_2 \cdot OO \cdot C \cdot C_{17}H_{35} \\ | \\ CH \cdot OO \cdot C \cdot C_{15}H_{31} \\ | \\ CH_2 \cdot OO \cdot C \cdot C_{17}H_{33} \end{array}$$

Nach den neueren Forschungen scheinen gerade diese Körper hauptsächlich in der Natur vorzukommen.

Bei den natürlich vorkommenden Fetten finden sich drei Gruppen von Fettsäuren:

I. Einbasisch gesättigte Fettsäuren $C_nH_{2n}O_2$, deren Hauptvertreter die Essigsäure CH_3COOH, Buttersäure C_3H_7COOH, Laurinsäure $C_{11}H_{13}COOH$, Palmitinsäure $C_{15}H_{31}COOH$, und Stearinsäure $C_{16}H_{33}COOH$ sind.

II. Einbasisch einfach oder mehrfach ungesättigte Fettsäuren von der allgemeinen Formel: $C_nH_{2n-2}O_2$; $C_nH_{2n-4}O_2$; $C_nH_{2n-6}O_2$ usw. Hierzu rechnet die Ölsäure mit einer Doppelbindung $C_{17}H_{33}COOH$; die Linolsäure mit zwei Doppelbindungen $C_{17}H_{31}COOH$ die Linolensäure mit drei Doppelbindungen $C_{17}H_{29}COOH$ und endlich die Klupanodonsäure mit vier Doppelbindungen $C_{17}H_{27}COOH$.

III. Einbasisch ungesättigte hydroxylierte Fettsäuren $C_nH_{2n-2}O_3$, zu welcher Gruppe die Rizinolsäure zu rechnen ist.

Die in der Natur sich vorfindenden Fette sind in der Hauptsache Gemische von Glyzeriden der Palmitin-, Stearin- und Ölsäure, während die Glyzeride der anderen Fettsäuren zwar für die Charakteristik der Fette eine bedeutsame Rolle spielen, der Menge nach jedoch gegenüber den erstgenannten zurücktreten. Im Kokosöl und Palmkernöl finden sich größere Mengen Laurinsäure und ihrer Homologen.

Von den Fetten streng zu scheiden sind die Wachse. Dieses sind esterartige Verbindungen der Fettsäuren mit einwertigen aliphaten Alkoholen von hoher Kohlenstoffzahl. Die Rolle des Glyzerins spielen hier hochmolekulare Alkohole wie Cetylalkohol, $C_{16}H_{33}OH$ im Walrat, Myricylalkohol $C_{30}H_{61}OH$ im Bienenwachs, und Cholesterin und Isocholesterin $C_{27}H_{45}OH$ im Wollfett, sowie in den meisten tierischen Fetten. In den Pflanzenfetten findet sich ein ähnlicher Alkohol, das Phytostearin mit ähnlichen jedoch spezifischen Eigenschaften (Kristallform und Schmelzpunkt).

Einem tieferen Eindringen in die Fettchemie kann hier nicht Raum gegeben werden, nur die Begriffe Verseifung und Hydrolyse seien hier kurz definiert.

Unter **Verseifung** versteht man einen chemischen Prozeß, bei dem sich aus den Fetten durch Behandeln oder Kochen mit Alkalien, Erdalkalien oder anderen Basen fettsaures Salz (Seife) und das Glyzerin bilden. Als Formel wird dieser Vorgang folgendermaßen dargestellt:

$$\begin{array}{l} CH_2OOCR \\ | \\ CHOOCR + 3KOH = C_3H_5(OH)_3 + 3R \cdot COOK \\ | \\ CH_2OOCR \end{array}$$

Neutralfett + Alkali = Glyzerin + Seife.

Unter **Hydrolyse** hingegen versteht man die Aufnahme der Elemente des Wassers unter Bildung von Glyzerin und Fettsäure. In der Technik wird diese sog. Fettspaltung im großen durchgeführt und zwar durch Behandeln mit Wasserdampf oder mit Mineralsäuren oder Sulfofettsäuren, schließlich durch gewisse Fermente. Das Reaktionsschema ist dem obigen ähnlich:

$$\begin{array}{l} CH_2OOCR \\ | \\ CH \cdot OOCR + 3H_2O = C_2H_5(OH)_3 + 3RCOOH \\ | \\ CH_2 \cdot OOCR \end{array}$$

Neutralfett + Wasser = Glyzerin + Fettsäure.

Auf die verschiedenen Verseifungs- und Spaltverfahren kann hier nicht näher eingegangen werden.

c) Vorkommen und Gewinnung.

Öle und Fette kommen im Tier- und Pflanzenreich vor. Bei den Pflanzen tritt das Fett im ganzen Gewebe verteilt auf, sammelt sich indessen in der Hauptsache in den Samen, Samenblättern, sowie im Fruchtfleisch an. Diese Teile der Pflanzen bilden die Grundlage der Fettgewinnung. Vor allen Dingen sind es die Samen des Rapses, die Leinsaat, Mohnsamen, Baumwollsaat, Rizinussamen, sowie das Fruchtfleisch der Olive, von Palmkern- und Kokosnuß, welche als Ausgangsmaterial dienen. Der Fettgehalt variiert in weiten Grenzen und kann bis 60% steigen; in den Tropen ist er höher als in den gemäßigten Klimaten.

Im Tierorganismus findet sich das Fett in allen Organen, häuft sich aber an gewissen Stellen des Körpers an, beispielsweise in der Bauchhöhle, an den Nieren, in der Leber; die Milch und das Mark der Knochen sind zumeist sehr fettreich. Im lebenden Körper ist das Fett flüssig, erstarrt aber nach dem Tode.

Man unterscheidet folgende gebräuchliche Gewinnungsmethoden:
1. Das rein mechanische Auspressen,
2. eine physikalisch-chemische durch Herauslösen,
3. das Auskochen und Ausschmelzen.

1. Die mechanische Methode.

Diese Gewinnungsart besteht seit den ältesten Zeiten und hat sich seither wenig geändert. Durch Zerdrücken und Quetschen der Samen oder der ölhaltigen Pflanzenteile wird das Öl herausgepreßt und auf diese Weise gewonnen. Gegenüber den Ölmühlen des Altertums haben sich die modernen Ölpressen im Prinzip wenig, in der technischen Ausführung dagegen weitgehendst geändert. Es gelingt heute nahezu die letzten Anteile dem ölhaltigen Saatgut zu entziehen.

Die eingehende Saat wird zunächst in geräumigen Speichern gelagert, damit die Mühle mit genügend Material für das ganze Jahr versehen ist und um dadurch ökonomischer zu arbeiten. Die Saat wird nun gründlich von Sand und Staub befreit, welche durch Aufsaugen des Öles die Ausbeute verschlechtern würde. Auch Eisenteilchen und Steine müssen beseitigt werden, weil durch diese die Maschinen gefährdet und der verbleibende Ölkuchen, welcher zum Verfüttern dient, für das Vieh unverwendbar wäre. Auch fremde Ölsaaten müssen tunlichst ferngehalten werden. Die Reinigung geschieht durch Sieben, Ventilieren, d. h. Durchblasen von Luft, wodurch die leichteren Anteile, wie Staub, Samenschalen usw. weggeblasen werden. Das Zermahlen geschieht in Walzen und Schleudermühlen. Das ist notwendig, um die Samenhülle und die Zellen, in denen das Öl in feinsten Tropfen eingelagert ist, zu zerreißen. Vor dem Auspressen wird die Saat angewärmt, hierdurch wird das Öl dünnflüssiger und läßt sich dann leichter auspressen. Ferner werden die Eiweiß- und Schleimstoffe zum Gerinnen und zur Ausscheidung gebracht. Ein Nachteil allerdings ist, daß durch das Anwärmen auch Farb-, Geschmack- und Riechstoffe mit in das Öl gelangen, wodurch dieses unter Umständen stark gemindert werden kann. Infolgedessen werden nicht alle Öle warm gepreßt, vielmehr nimmt man diese Operation in mehreren Stufen vor und unterscheidet demgemäß Öle erster, zweiter und dritter Pressung, warm- und kaltgepreßte Öle.

Die Pressung selber erfolgt in hydraulischen Pressen und erreicht Drucke von einigen hundert Atmosphären. Die Dauer der Pressung währt 15—30 Minuten. Es verbleibt der Ölkuchen, der stets noch Ölmengen enthält, und aus diesem Grunde sind diese Rückstände auch infolge ihres Eiweißgehaltes ein vorzügliches Viehfutter.

2. Gewinnung durch Extraktion.

Durch Behandlung der Ölsaat mit Lösungsmitteln gewinnt man hierbei Öl und Fett, wohingegen Zellulose und Eiweiß ungelöst bleiben. Verwendung finden Schwefelkohlenstoff, Benzin, Benzol und die unbrennbaren Chlorkohlenwasserstoffe, z. B. Trichloräthylen und Tetrachlorkohlenstoff. Der Einführung des Extraktionsverfahrens stellten sich anfangs mannigfache Schwierigkeiten entgegen, die teils in der mangelhaften Konstruktion der Apparaturen, teils in der Schwierigkeit der restlosen Wiedergewinnung der Lösungsmittel beruhten. Auch lösen die Lösungsmittel manche Geruchs- und Geschmackstoffe mit heraus; es ist auch schwierig, die letzten Spuren der Extraktionsmittel restlos zu entfernen. Extrahierte Öle sind daher für Genußzwecke nur bedingt verwendbar; für technische Zwecke kann man sie den gepreßten Ölen völlig gleichstellen. Extrahierte Fette enthalten mehr feste Anteile, harzartige Stoffe, sowie auch Kalkseifen. Benzinextrahiertes Knochenfett ist dunkler und weniger rein als das durch Auskochen gewonnene.

3. Das Auskochen und Ausschmelzen.

In wesentlich anderer Weise erfolgt die Gewinnung der tierischen Öle und Fette. Es kommen hier in der Hauptsache in Betracht: Rinder-, Hammeltalg, Schweinefett, Knochenfett und Knochenöl und die verschiedenen Transorten, wie Robbentran, Waltran, Dorsch-, Leber- und Sardinentran. Die eigentliche Fettsubstanz dieser Fette und Trane liegt eingebettet in einem Zellgewebe, aus dem sie sich am besten durch Ausschmelzen resp. Auskochen gewinnen läßt. Gelegentlich kommt jedoch auch das Auspressen und die Extraktion zur Anwendung. Das Ausschmelzen kann durch direktes Feuer, durch siedendes Wasser, durch Dampf und endlich auch unter Druck erfolgen. Die Zweckmäßigkeit der einzelnen Verfahren richtet sich nach der Art des Rohmaterials. Knochen werden beispielsweise vorzugsweise unter Druck im Autoklaven erhitzt und so das Knochenfett bis zu einem verbleibenden Teil von 2 bis 3% gewonnen. Diese restlichen Anteile werden dann noch durch Extraktion herausgezogen. Häufig wendet man in dieser Weise beide Verfahren nacheinander an. Die dann verbleibenden Rückstände können, da sie sehr stickstoffreich sind, als Viehfutter oder als Dünger verwendet werden. Die bei der Gewinnung von Fischölen verbleibenden Rückstände werden als Fischmehl ebenfalls zu Düngezwecken verwertet.

d) Reinigung.

Die so gewonnenen Öle sind nun keineswegs rein und verwendungsfähig, enthalten vielmehr die mannigfachsten Verunreinigungen, und zwar können diese mechanisch beigemengt sein, emulgiert, d. h. im Öl feinst verteilt, oder endlich darin gelöst sein. Die Reinigungsmethoden richten sich nach den jeweils vorliegenden Umständen. Bei mechanischen Beimengungen und wenn Emulsionen vorliegen, wird man physikalische Methoden anwenden, andernfalls bedarf es der Einwirkung chemischer Agenzien, um ein klares, blankes und reines Öl zu erhalten.

Um die Reste der Zellgewebe zu entfernen, läßt man das Öl in geeigneten Gefäßen absitzen oder man reinigt es durch Filtration in Filterpressen oder in Zentrifugen. — Schwieriger ist eine Trennung von Emulsionen. Hierbei ist zumeist auch die Einwirkung von Chemikalien notwendig. Zu den in Fett gelösten Verunreinigungen sind zu rechnen: Eiweiß, Schleimstoffe, Enzyme, Seifen, Harze, Glyzerin, sowie Riech- und Geschmackstoffe. Durch Zusatz von Säuren, Salzlösungen u. dgl. werden jene Stoffe in eine unlösliche Form übergeführt, um dann durch Filtration oder Absitzen beseitigt zu werden. Um ferner die tierischen und pflanzlichen Öle für die Schmierung feinerer Maschinenteile verwendungsfähig zu machen, müssen sie völlig von Mineralsäuren, freien Fettsäuren und sonstigen verharzenden Bestandteilen befreit werden, da diese die Metallteile angreifen und die sachgemäße Schmierung vereiteln würden. Die zu entsäuernden Öle werden mit alkalischen Mitteln, wie Alkalilauge, Sodalösung, Magnesia usta u. dgl. behandelt, hierbei bilden sich Seifen, die sich zum Teil absetzen, zum Teil auch durch Auswaschen mit Wasser entfernt werden. Zur Beseitigung der färbenden Bestandteile verwendet man ähnlich wie beim Erdöl Bleicherden und Knochenkohle. Schleim, Eiweiß und die harzartigen Stoffe werden durch konzentrierte Schwefelsäure zerstört. Hierbei ist aber zu bedenken, daß ein Überschuß an Säure, ferner eine zu lange Einwirkungszeit und zu hohe Temperaturen nicht unbeträchtliche Mengen Öl in Fettsäuren, Fettschwefelsäure und Glyzerin spalten. Bei dem nun folgenden Waschen mit Wasser wird zwar die wasserlösliche Schwefelsäure entfernt, zugleich tritt aber eine hydrolytische Spaltung der Fettschwefelsäure ein, und das nunmehr raffinierte Öl enthält bedeutend mehr freie Fettsäure als das unraffinierte Ausgangsmaterial; z. B. enthalten nach Holde

rohes Rüböl 0,7 bis 1,5% Säure ber. als Ölsäure,
raff. Rüböl bis zu 6% Säure ber. als Ölsäure.

Die Neubildung von Fettsäuren vermeidet man bei der Raffination mit Zinkchlorid sowie mit Alkalilaugen und Ammoniak.

Die Geruchsstoffe werden durch Behandeln mit Wasserdampf entfernt, jedoch gelingt dieses Verfahren nicht bei den sehr stark riechenden Tranen. Hier erzielt man Erfolge durch Erhitzen auf Temperaturen von 150 bis 200° unter Luftabschluß. Neuerdings führt man die ungesättigten Verbindungen durch Anlagerung von Wasserstoff in gesättigte über, wobei der Geruch ebenfalls verschwindet. Bei Anwendung starker Oxydationsmittel, wie Kaliumbichromat, Permanganat, ferner von schwefliger Säure und deren Salzen, endlich durch Einwirkung von Licht vermag man die Geruchsstoffe und die färbenden Bestandteile bei den übrigen Ölen und Fetten zu beseitigen; sehr wirksam ist das Filtrieren über Fullererde.

c) Klassifikation.

Unter der großen Zahl der Fette und Öle kommen im unvermischten Zustande als Schmiermittel nur die nichttrocknenden in Frage, während die halbtrocknenden und trocknenden infolge ihrer großen Veränderlichkeit hierfür wenig geeignet erscheinen. Rüböl und Olivenöl dienten ursprünglich in reinem Zustande als Schmieröl. Heute werden sie neben Knochenöl und Rizinusöl als Zusatz zum Mineralöl verwendet. (Schiffsmaschinenöl, Webstuhlöl.)

Die oben erwähnte Unterscheidung in:

I. nichttrocknende
II. halbtrocknende } Öle
III. trocknende

findet bei den pflanzlichen Fetten seine Begründung in folgenden grundlegenden Eigenschaften.

I. Die nichttrocknenden Öle sind gekennzeichnet durch eine Jodzahl unter 100. — Unter Jodzahl versteht man den Prozentgehalt an Jod, welchen das Fett aufzunehmen vermag. Es bedeutet also die Jodzahl 100 : 100 g Fett vermögen 100 g Jod zu binden. Die Jodzahl ist ein Maß für den Gehalt an ungesättigten Verbindungen im Fette. Je mehr ungesättigte Fettsäuren nun vorhanden, je höher also die Jodzahl, um so mehr ist das Öl den chemischen Veränderungen unterworfen. — Das Olivenöl und Erdnußöl gehören in diese Gruppe, und sie sind ganz hervorragend als Schmierstoff geeignet, da sie sehr geringe Neigung zeigen, sich irgendwie zu verändern.

II. Die halbtrocknenden Öle haben eine Jodzahl bis etwa 130. Hierzu gehören das Rüböl, das Baumwollsaatöl und Soyabohnenöl. Auch diese Gruppe findet als Schmieröl noch vielfache Verwendung. Speziell das Rüböl spielte früher und auch jetzt in Verbindung mit Mineralöl eine nicht unbedeutende Rolle.

III. In purem Zustande fast unbrauchbar sind die Vertreter der dritten Gruppe, die trocknenden Öle, welche durch eine besonders hohe Jodzahl ausgezeichnet sind (130 bis 190). Sie neigen infolge ihres hohen Gehaltes an ungesättigten Verbindungen zum Eintrocknen und Verdicken und zur Bildung von Firnissen. Die Hauptvertreter dieser Gruppe sind das Leinöl, Hanföl und Mohnöl.

IV. Zu erwähnen sind ferner noch die festen Pflanzenfette, wie Kokosfett und Palmkernöl, die sich durch ihren hohen Gehalt an niedrig schmelzenden und leichtflüchtigen Fettsäuren auszeichnen und daher leicht ranzig werden.

V. Feste Fette mit hohem Gehalt an hochschmelzenden, nichtflüchtigen Fettsäuren sind Dikafett und Muskatbutter.

Die tierischen Öle und Fette lassen sich einteilen in:

I. Öle von Landtieren, Klauenöl, Talgöl, mit hohem Ölsäuregehalt und einer Jodzahl unter 100.

II. Öle von Seetieren mit hohem Gehalt an ungesättigten Säuren, demzufolge hoher Jodzahl (ca. 130), Dorschtran, Wal- und Lebertran.

III. Die festen Fette kommen fast ausschließlich bei Landtieren vor, sie enthalten viel feste Fettsäuren und haben die niedrigsten Jodzahlen. Talg, Schmalz und Butterfett.

Aus den Eigenschaften ergibt sich die Eignung der einzelnen Klassen für die diversen Schmierzwecke. Die unter I. genannten Produkte eignen sich infolge ihres niedrigen Gehalts an festen sowie an ungesättigten Fettsäuren ganz besonders zur Schmierung sehr feiner Maschinenteile, wie Uhren- und Präzisionsmaschinen, während die unter II. genannten Fette in der Hauptsache wie die halbtrocknenden pflanzlichen Öle nur in Verbindung mit Mineralöl Verwendung finden. — Die Talgsorten endlich werden selten allein, sondern meistens in verarbeitetem Zustande als Seife, im konsistenten Fett, in Verbindung mit Paraffin bei Lederschmieren u. dgl. verwendet.

Wachse. Von den Ölen und Fetten scharf chemisch unterschieden sind die tierischen und pflanzlichen Wachsarten. Sie enthalten kein Glyzerin, sind vielmehr Ester einer Fettsäure mit hoher Kohlenstoffzahl mit den einwertigen höheren aliphaten, auch aromatischen Alkoholen. Sowohl gesättigte wie auch ungesättigte Fettsäuren können sich mit den Alkoholen vereinen, und je nach der Zusammensetzung bilden sich die verschiedensten flüssigen und festen Wachse. In den natürlich vorkommenden Wachssorten finden sich überdies noch freier Alkohol, freie Fettsäure und hochschmelzende Kohlenwasserstoffe.

Verbindungen von ungesättigten Fettsäuren mit leichtschmelzenden Alkoholen bilden flüssige Wachsarten wie den Döglingstran und das Spermazetöl. Äußerlich ähneln diese den flüssigen Fetten, unterscheiden sich jedoch durch ihr sehr niedriges spezifisches Gewicht von etwa 0,875 bis 0,885.

Die festen Wachse sind Verbindungen aus gesättigten Kohlenwasserstoffen mit hochschmelzenden Alkoholen von hoher C-Zahl Sie sind meist sehr hart und fest, lösen sich nur schwer in Lösungsmitteln und verseifen sich auch schwierig mit Alkalien. Im Pflanzenreich findet sich das Karnaubawachs, von den tierischen sind das Bienenwachs und das Wollfett die bekanntesten.

Die schwierige Verseifbarkeit der Wachse ist zugleich Grund für ihre Widerstandsfähigkeit gegen das Ranzigwerden und gegen sonstige Veränderungen. Infolgedessen eignen sich die flüssigen Wachse wie das Spermazetöl speziell zum Schmieren von feinsten Maschinenteilen, ähnlich wie das Klauenöl. Die festen Wachse finden bei der Fabrikation kompliziert zusammengesetzter Schmierstoffe, wie Schuhcreme, Bohnermassen u. dgl. eine ausgiebige Verwendung.

f) Unterscheidungsmethoden.

Bei der großen Mannigfaltigkeit der in der Natur vorkommenden Fette und Öle einerseits und bei ihrer äußeren Ähnlichkeit andererseits ist es notwendig, die wesentlichen Methoden zu wissen, um wenigstens die einzelnen Gruppen zu unterscheiden. Infolge des sehr gleichartigen chemischen Aufbaus der Fettstoffe ist es hier nicht möglich, wie bei den anorganischen Verbindungen, durch eine genaue prozentuale Analyse einen Einblick zu gewinnen, vielmehr wird hier die Aufgabe darin bestehen, sich darüber klar zu werden, welche Gruppen von Fettsäuren, ob gesättigte, ungesättigte oder hydroxylierte vorliegen, ob ein einheitliches Produkt vorhanden oder ob eine Verfälschung vorgenommen wurde. Zu diesem Zwecke sind bestimmte Verfahren physikalischer und chemischer Art ausgearbeitet worden, die bei sachgemäßer Anwendung eine recht einwandfreie Deutung zulassen.

1. Die physikalischen Merkmale.

Schon die äußere Beschaffenheit läßt Schlüsse auf die Art des Fettes ziehen und ein Urteil zu, ob das Material für den gewünschten Zweck geeignet ist. Unter Ölen versteht man bei gewöhnlicher Temperatur, also bei 20° C, leichtflüssige Produkte, nur das Rizinusöl ist als dickflüssig zu bezeichnen, während man bei den Fetten unterscheidet zwischen salbenartig, schmalzartig, butterartig, talgartig und wachsartig.

Die Farbe der fetten Öle schwankt je nach dem Reinheitsgrad außerordentlich von hellgelb bis dunkelschwarzbraun. Fette Öle fluoreszieren nicht; ist Fluoreszenz zu beobachten, so deutet dieses auf Zusatz von Harz oder Mineralöl.

Geruch und Geschmack ist den einzelnen fetten Ölen eigentümlich und lassen sehr oft Schlüsse zu, was für ein Öl vorliegt. Bemerkenswert ist, daß der Geruch der tierischen Fette meist den der pflanzlichen überdeckt.

Löslichkeit. Alle fetten Öle sind löslich in Äther, Chloroform, Schwefelkohlenstoff, Petroläther und Mineralöl, nur das Rizinusöl macht bezüglich der Löslichkeit in letzteren eine Ausnahme. Unlöslich sind die nicht fettsäurehaltigen Öle in absolutem Alkohol, jedoch nimmt die Löslichkeit hierin mit steigendem Gehalt an Fettsäuren zu, welche ihrerseits wieder darin vollkommen löslich sind. Besonders bemerkenswert ist wiederum die Löslichkeit des Rizinusöles in Alkohol.

Das spezifische Gewicht bewegt sich zwischen 0,910—0,970. Sehr niedriges spezifisches Gewicht haben, wie schon erwähnt (s. S. 52) die flüssigen Wachse. Die nichttrocknenden Öle: Olivenöl, Klauenöl, Rüböl und Senföl, haben niedrige spez. Gewichte, etwa zwischen 0,910 bis 0,920. Das Gewicht steigt mit der Jodzahl. Leinöl hat eine Dichte von etwa 0,935 und die Fischtrane um 0,930. Ausnehmend hoch ist das Gewicht von Rizinusöl mit ca. 0,960, bedingt wohl durch seinen Gehalt an Oxysäuren. Die festen Wachse haben hohe Dichten, 0,960 bis 0,990 Aus Abweichungen von diesen Werten lassen sich Schlüsse ziehen auf Verfälschungen, speziell auf Mineralöl.

Von großer Bedeutung für die festen Fette ist der Schmelz- oder Tropfpunkt resp. der Erstarrungspunkt. Da die Fette durchweg aus Gemischen der verschiedensten Individuen bestehen, ist der Tropfpunkt meist recht unscharf, ebenso auch der Schmelzpunkt, d. h. der Punkt, bei dem die feste Substanz in eine klare Schmelze übergegangen. Aus diesem Grunde legt man mehr Wert auf den Erstarrungspunkt oder Titertest der abgeschiedenen Fettsäuren. Durch Freiwerden von Schmelzwärme, beim Übergang vom flüssigen in den festen Zustand hält sich die Temperatur hier konstant, so daß man diesen Punkt sehr genau ermitteln kann. Zur Bestimmung dieses Punktes sind verschiedene Methoden in Gebrauch, auf die später eingegangen werden soll (s. S. 106 ff.).

Bei den für Schmierzwecke dienenden Ölen ist endlich auch der **Erstarrungspunkt** von einiger Bedeutung. Unter Erstarrungspunkt versteht man die Temperatur, bei der das flüssige Öl in salbenartige Konsistenz übergeht. Dieser Punkt ist insofern von Bedeutung, als das Öl auch nach längerem Verweilen bei niedriger Temperatur noch flüssig bleiben soll. Schmieröle sollen infolgedessen möglichst paraffinfrei sein, und durch Ausfrieren und Abpressen der Stearine in der Kälte gewinnt man beispielsweise hochkältebeständige Knochenöle, die noch bei -20° flüssig sind. Diese finden speziell für Uhrenöle Verwendung.

Eine feines Unterscheidungszeichen für die fetten Öle gibt die **refraktometrische Methode**, durch welche man das Lichtbrechungsvermögen feststellt. Indessen dürfte diese Prüfung im Laboratorium des Betriebsmanns wohl höchst selten vorgenommen werden.

Viel häufiger dagegen mag die **Zähflüssigkeit** untersucht werden, zumal wenn die fetten Öle unvermischt für Schmierzwecke verwendet werden sollen oder wenn es gilt, den Flüssigkeitsgrad eingedickter Öle zu untersuchen Hierfür dient in Deutschland allgemein das Englersche Viskosimeter. (Hierüber Kap. II, S. 87 ff.)

2. Chemische Untersuchungsmethoden.

Durch die chemische Untersuchung wird man vor allem auf die in der Substanz vorhandenen Nichtfettstoffe aufmerksam, die zunächst erkannt sein müssen, bevor man durch spezielle Methoden die Identifizierung des vorliegenden Materials vornimmt. Als Verunreinigungen und Fremdstoffe kommen in der Hauptsache in Frage:

I. **Wasser**, sofern es in größeren Mengen vorhanden, gibt sich durch Trübung des Öles zu erkennen. Beim Erwärmen im trocknen Reagenzglase schäumt das Öl oder bei sehr geringen Mengen hört man ein eigentümliches Knacken.

II. **Mechanische Verunreinigungen** verbleiben beim Lösen der Fettsubstanz in Äther oder Petroläther ungelöst. Es findet sich als Rückstand Schmutz, Haut- und Zellfragmente sowie Beschwerungsmittel, wie Stärke, Ton, Kreide, Sand u. dgl.

III. Sehr wichtig ist die Prüfung auf Vorhandensein von **Mineralsäuren** und **freiem Alkali**. Mineralsäuren können bei mangelhafter Raffination in den Ölen zurückbleiben. Selbst geringe Mengen können beim Schmieren großen Schaden hervorrufen, da die Säure das Metall der Lager heftig angreift. Ebenso wenig erwünscht aber ist das Vorhandensein von freiem Alkali.

Bei ungenügendem Auswaschen bleiben oft Seifen und Alkali im Öl, letzteres verseift noch einen Teil des Neutralfettes, und die Gegenwart von Seife bewirkt, daß das Öl zur Bildung von Emulsionen neigt. Die im Öl aufquellende Seife verursacht ferner ein Verdicken des Öles, wodurch die Schmierfähigkeit natürlich stark beeinflußt wird.

IV. Unraffinierte Öle sind meist durch Eiweiß und Schleimstoffe verschmutzt, welche sich oft erst beim Erwärmen des Öles bemerkbar machen und ihm dann ein trübes Aussehen geben. Gute Schmieröle müssen natürlich gänzlich frei sein von derartigen Verunreinigungen, weil sich die Lager und vor allem die Zuführungskanäle zu ihnen in kurzer Zeit zusetzen würden.

V. Schließlich ist noch auf den Aschegehalt hinzuweisen, welcher, wenn vorhanden, zumeist auf Vorhandensein von Seife deutet, dessen schädliche Wirkung bereits oben beschrieben wurde. Wird das Öl als Brennöl verwendet, so setzen die Aschenbestandteile den Docht zu und verhindern ein weiteres Brennen.

Zur Charakterisierung eines Öles oder Fettes muß dieses zunächst von den oben erwähnten Verunreinigungen völlig befreit werden. Die Kennzeichnung geschieht nun durch Feststellung besonders definierter Kennziffern. Die Bestimmung dieser ist einer der wichtigsten Punkte bei der Analyse der fetten Öle.

Wie bekannt, sind die Fette ein Gemisch von Triglyzeriden der verschiedensten Fettsäuren. Da nun in jedem Fett das Verhältnis der Fettsäuren zum Glyzerin ein relativ konstantes ist, so lassen sich durch Feststellung der Kennziffern gewisse Schlüsse auf die Wesensart der Fette ziehen. Im allgemeinen werden folgende Zahlen festgestellt:

I. Die Verseifungszahl, sie gibt ein Maß für die gesamte im Fett vorhandene Fettsäuremenge.

II. Die Jodzahl, sie gibt einen Anhalt für den Gehalt an ungesättigten Fettsäuren.

III. Die Reichert-Meissl-Zahl ist maßgebend für die im Fett vorhandenen flüchtigen Fettsäuren.

IV. Die Hehnerzahl ergibt die in Wasser unlöslichen Fettsäuren.

V. Die Azetylzahl. Nach ihr kann man den Gehalt an Oxysäuren, Alkoholen und Laktonen bemessen.

VI. Die Säurezahl, sie gibt an, wieviel freie Fettsäuren in der Probe enthalten sind.

VII. Die Ätherzahl, sie ist das Maß für das vorhandene Neutralfett.

VIII. Gehalt an Unverseifbarem schwankt bei den verschiedenen Fetten. Er darf einen gewissen Prozentsatz nicht übersteigen, andernfalls man auf Verfälschung schließen muß.

Die Werte I bis V sind konstante Werte, welche für jedes Fett charakteristisch sind, wohingegen die unter VI bis VIII genannten Zahlen variable sind, welche durch Reinigung, Alter Ranzidität usw. bedingt und für die Qualität maßgebend sind.

Aus der Höhe der Verseifungszahl lassen sich Schlüsse ziehen einerseits auf die Art des Fettes, andererseits, wenn das Fett bekannt ist, läßt sich an ihr erkennen, ob nicht Beimengungen oder Verunreinigungen vorhanden sind.

Fette mit einer Verseifungszahl von 170 bis 183 deuten auf Rüböl und Verwandte, sowie Rizinus- und Traubenöl hin. Wachse, wie Bienenwachs und Wollfett, haben sehr niedrige Verseifungswerte, etwa um 100, da sie ca. 50% unverseifbare Anteile enthalten.

Die größte Mehrzahl der Fette haben Verseifungszahlen zwischen 190 und 200. Die Verseifungszahl steigt über 200 bei den Fetten, welche bedeutende Mengen flüchtiger Fettsäuren enthalten mit niedriger Kohlenstoffzahl, wie Butterfett, Kokosfett und Palmkernfett. Natürlich gelten diese Werte nur für reine Substanzen. Durch Zusatz unverseifbarer Mineralöle u. dgl. lassen sich die Verseifungswerte beliebig herunterdrücken.

Die Jodzahl ist die charakteristischste Konstante eines Fettes. Nach ihr gliedern wir die gesamten Öle und Fette in trocknende, halbtrocknende und nichttrocknende. Über die Klassifizierung hiernach vgl. S. 50.

Die Säurezahl ist außerordentlich schwankend bei ein und demselben Fett. Ein hoher Säurewert deutet auf hohes Alter, weitgehende Zersetzung und starke Ranzidität hin. Freie Fettsäuren verbinden sich mit Metall, greifen also bei längerer Berührung das Lagermetall an, verursachen Korrosionen, geben zu Seifenbildung, Emulsionen, Verdickungen der Öle, ja auch zu Rückstandsbildungen Veranlassung.

Bei der Feststellung des Unverseifbaren erhält man ein Bild, ob es sich um ein reines Fett handelt, oder ob Mineralöl oder sonst irgendein anderer unverseifbarer Stoff zugesetzt ist. Auch Wachse lassen sich an ihrem hohen Gehalt an Unverseifbarem leicht erkennen.

Neben diesen allgemeinen Bestimmungen kennt man noch die Phytosterin- und Cholesterinreaktion zur Unterscheidung des tierischen vom pflanzlichen Fett. Tierische sowohl wie pflanzliche Fette enthalten neben den Triglyzeriden ganz geringe Mengen unverseifbarer Anteile, welche als Alkohole charakterisiert sind. Die im tierischen Fett vorkommenden nennt man Cholesterin, die im pflanzlichen Phytosterin. Diese beiden Körper unterscheiden sich nun durch Kristallform, Schmelzpunkt und die Schmelzpunkte ihrer Verbindungen, speziell ihrer Azetate. Durch

Abscheidung dieser Produkte also und Feststellung ihrer Schmelzpunkte resp. Beobachtung ihrer Kristallform lassen sich tierische und pflanzliche Fette scharf voneinander unterscheiden.

Beachtenswert sind einige Farbreaktionen, welche für gewisse Fette kennzeichnend sind.

I. Die Halphensche Reaktion auf Baumwollsaatöl. 2 ccm Öl in Amylalkohol gelöst, dazu eine 1%ige Lösung von Schwefel in Schwefelkohlenstoff 10 Minuten lang gekocht, verursacht eine rote bis orange Färbung.

II. Schwefelsäurereaktion auf rohes Rüböl. Beim Schütteln von rohem Rüböl sowie auch von Senföl mit Schwefelsäure vom spez. Gew. 1,6 entsteht eine intensive grasgrüne bis blaugrüne Färbung der sich absetzenden Säure. Raffiniertes Rüböl gibt nur eine bräunliche bis schwach gelbliche Färbung. Auf diese Weise lassen sich rohes und raffiniertes Rüböl unterscheiden.

III. Sehr charakteristisch und scharf ist die Reaktion mit Essigsäureanhydrid und konzentrierter Schwefelsäure. Bei Gegenwart von Harz und Harzsäuren entsteht eine sehr typische rotviolette Färbung, welche sofort eintritt (Morawskische Reaktion), während Wollfett und Wollfettprodukte eine langsam eintretende intensive Grünfärbung hervorrufen (Liebermannsche Reaktion), so daß man auch beide Substanzen nebeneinander nachweisen kann. Man muß allerdings diese Prüfung an den abgeschiedenen Fettsäuren vornehmen.

Trocknende Öle mit mehreren Doppelbindungen lassen sich feststellen durch das schwerlösliche Hexabromid, während Trane durch die in ihnen vorhandene Klupanodonsäure mit vier Doppelbindungen durch das Oktobromid gekennzeichnet sind.

g) Besprechung der einzelnen Öle und Fette.

In ganz kurzen Kennworten sei nun noch einiges über das Vorkommen, die Art und die charakteristischen Eigenschaften der einzelnen Öle angeführt.

1. Pflanzliche Öle und Fette. Der Hauptvertreter der nichttrocknenden Öle ist das Olivenöl. Dieses Öl findet sich in großen Mengen in den reifen Früchten des Ölbaumes (Olea europaea var. sativa), welcher in den meisten Mittelmeerländern angepflanzt wird, da nur in den warmen Klimaten die wertvollen Ölfrüchte reifen. Aus den Oliven wird das Öl durch Pressen gewonnen. Es ist dann dünnflüssig, klar, hellgelb-goldgelb, zuweilen leicht grünstichig. Gepreßtes Öl besitzt einen eigentümlichen Geschmack, welcher den extrahierten Ölen fehlt. Bereits

bei $+10^0$ C trübt sich das Öl und ist bei $+6^0$ C fast zur Hälfte erstarrt. In der Hauptsache besteht das Olivenöl aus dem Glyzerid der Ölsäure. (Konstanten s. Tabelle S. 70.) Das Olivenöl gibt keine Farbreaktionen, infolgedessen werden Verfälschungen leicht erkannt. Das beim Pressen zuerst gewonnene Öl ist das beste, es heißt Jungfernöl und dient meist nur zu Speisezwecken. Das im Fleisch verbleibende Öl wird durch Kochen mit Wasser oder durch Auspressen gewonnen und für technische Zwecke verwendet. Die letzten Reste endlich werden mit Schwefelkohlenstoff herausgezogen, sie sind meist stark gefärbt und kommen für untergeordnete Zwecke als Sulfuröl in den Handel.

Früher wurde Olivenöl viel für Maschinenschmierung verwendet, heute jedoch infolge seines hohen Preises nur noch in Verbindung mit Mineralöl für Spindeln und leichtere Lager. Es muß aber dann möglichst frei sein von Fettsäuren, welche mit dem Metall des Lagers Seifen bilden und zu Rückstandsbildungen und erhöhter Reibung Anlaß geben.

Das Erdnußöl, auch Arachisöl, stammt aus den Früchten einer Leguminose, der Arachis Hypogaea. Die Pflanze ist in den tropischen Ländern weit verbreitet und wird hauptsächlich in Südamerika, Asien und Afrika angepflanzt. Aus den Früchten und Samen wird das Öl durch Pressen gewonnen. Im großen und ganzen ähnelt es dem Olivenöl, weswegen es zuweilen zu dessen Verfälschungen verwendet wird. Es neigt etwas mehr als das Olivenöl zum Festwerden, wird daher selten unverschnitten zur Schmierung gebraucht.

Außerordentliche Bedeutung hat das Rizinusöl, welches für gewisse Schmierzwecke ganz besonders geeignet ist. Das Öl findet sich in dem Samen der Rizinusstaude, Ricinus communis. Die Pflanze gedeiht nur in den wärmeren Zonen; speziell in Indien, Java, Nordamerika, Mexiko und den Mittelmeerländern wird sie in großen Mengen angepflanzt. Die purgierende Wirkung des Öles ist bekannt. Reines Rizinusöl ist farblos und durchsichtig, das technische Öl ist schwach grün bis gelbstichig. Beim Stehen an der Luft verdickt sich das Öl, trocknet aber nicht ein. Besonders charakteristisch sind die Löslichkeitsverhältnisse des Öles. Das Rizinusöl ist löslich bei ca. 25^0 C in absolutem Alkohol und Eisessig, worin die übrigen Öle, sofern sie arm sind an Fettsäuren, sich nicht lösen. Unlöslich dagegen ist es in Petroläther, Petroleum und hochsiedenden Kohlenwasserstoffen, worin die übrigen fetten Öle sich wiederum leicht lösen. Bezeichnend sind die relativ niedrige Verseifungszahl und die niedrige Jodzahl. Beim Abkühlen trübt sich das Öl durch Abscheidung von Stearin. Der Hauptbestandteil des Öles ist das Tririzinolein, also das Glyzerid der Rizinolsäure, einer Oxysäure der Formel $C_{17}H_{32}(OH)COOH$. Diesem Gehalt an Oxysäure verdankt das Öl seine besonderen Eigenschaften, zu denen außer den obenerwähnten Besonderheiten noch sein Vermögen kommt, mit Schwefelsäure wasserlösliche Verbindungen, die Türkischrotöle, zu geben. Infolge seiner großen Zähflüssigkeit (Englerviskosität ca. 16,5 bei 50°) sowie seiner Unlöslichkeit in Petroläther wird das Rizinusöl zur Schmierung von schweren, schnellaufenden Wellen für Automobile und für Umlaufmotore bei Flugzeugen verwendet. Seine Schmierfähigkeit ist außerordentlich hoch, und da es in dem Brennstoff (Benzin), welcher zugleich in den Kolben eingespritzt wird, unlöslich ist, so behält es seine Schmierwirkung auch während der Rotation des Motors lange Zeit bei.

Natürlich hat man versucht, das zähflüssige Rizinusöl auf irgendeine Weise mit Mineralöl mischbar zu machen. Die Chemische Fabrik Noerdlinger verkauft unter dem Namen Floricin ein nach dem Deutschen Patent 104 499 hergestelltes Produkt, welches erhalten werden soll, wenn man Rizinusöl auf 300° erhitzt und 5 bis 10% seines Gewichtes abdestilliert. Nach DRP 482 634 der gleichen Firma erhält man lösliches Rizinusöl durch Erhitzen bei vermindertem Druck in Gegenwart von höheren Fettsäuren. Es ist dann in seinen Löslichkeitsverhältnissen gerade umgekehrt und mischt sich nun in jedem Verhältnis mit Mineralöl. Nach einem Patent von R. Dodge und R. R. Nunn gelingt es ebenfalls Rizinus mit Mineralöl zu mischen; diese Mischungen haben im Motor wesentlich bessere Schmiereigenschaften als gewöhnliches Mineralöl[1]. Da das Rizinusöl jetzt reichlich gewonnen wird, findet man Verfälschungen selten, durch die eigenartigen Löslichkeitsverhältnisse sowie durch den hohen Gehalt an Oxysäuren ist es genügend charakterisiert.

Die halbtrocknenden Öle. Der Hauptvertreter dieser Gruppe ist das Rüböl, welches in der Schmiertechnik reichlich Verwendung gefunden hat und auch heute noch findet. Die mannigfach vorkommenden Raps- und Kohlsaaten gehören alle der Gruppe Brassica an. Dieses sind krautartige Pflanzen, welche schotenartige Früchte tragen, in denen die ölhaltigen Samen enthalten sind. Diesen Samen, Raps oder Rübsen genannt, wird meist durch Pressung, seltener durch Extraktion ein Öl entzogen, dessen Qualität je nach der Pressung stark variiert. Die Öle zweiter und dritter Pressung sind dunkler, meist braungrün gefärbt und ent-

---

[1] Öl- und Gas-J. 1925, S. 90.

halten viel Schleimstoffe. Infolgedessen wird das meiste Öl, bevor es in den Handel kommt, nach irgendeiner der früher beschriebenen Raffinationsmethoden gereinigt, und zwar wird es zumeist mit konzentrierter Schwefelsäure behandelt, wodurch Harz und Schleimstoffe verkohlt werden, während das Öl selber unangegriffen bleibt. Das raffinierte Öl ist von hellgelber Farbe und hat einen charakteristischen Geruch und Geschmack. Bezeichnend für Rüböl ist die relativ niedrige Verseifungszahl von etwa 175, sowie eine relativ hohe Jodzahl von etwa 100. Um rohes und raffiniertes Rüböl zu unterscheiden, kann die intensive grüne Farbe dienen, die bei Zugabe von konzentrierter Schwefelsäure zu rohem Öl auftritt.

Seit Einführung der Mineralöle wird Rüböl in reinem Zustande nur wenig, wohl aber als Zusatz in kleinen Portionen zum Schmieröl verwendet. Über die Verwendung von geblasenem Öl s. Seite 68. Die Verwendung als Brennöl sei erwähnt. Bei den Eisenbahnen und für Nachtlampen ist es als Brennöl noch heute im Gebrauch; jedoch ist die frühere allgemeine Anwendung als Lampenöl z. Z. zumeist durch das Petroleum ersetzt worden. Bei der Schmierung ist möglichste Säurefreiheit erwünscht. Das Rüböl dient auch zur Herstellung konsistenter Fette.

Das Baumwollsaatöl (auch Kottonöl) wird in der Speiseölfabrikation, gelegentlich auch in der Schmiermitteltechnik verarbeitet. Der Samen der sehr verschiedenen Baumwollsorten (Gossypium) enthält beträchtliche Quantitäten eines Öles, das zu gewinnen erst nach vielen vergeblichen Versuchen gelungen ist. Die Samen sind nämlich mit kleinen Haaren bedeckt, welche zunächst entfernt werden müssen. Auch ist die Saat leicht verderblich, so daß man sie gleich an Ort und Stelle verarbeiten muß. Die gereinigten, entfaserten und geschälten Samen werden zunächst zerkleinert, dann gewärmt und endlich der Pressung unterworfen. Das rohe Öl, welches rot bis rotbraun von Farbe ist, hat einen eigentümlichen Geruch und schmeckt kratzend. Eine darauffolgende Raffination ist daher stets notwendig, weil das Rohöl stets eine größere Menge Schleimstoffe und harzartige Stoffe absetzt.

Beim Behandeln mit Natronlauge wird das rohe Öl blauschwarz bis violett gefärbt, woran man es auch erkennen kann. An chemischen Individuen enthält das Baumwollsaatöl in der Hauptsache die Glyzeride der Palmitin-, Olein- und Linolsäure. Speziell der Gehalt an dieser letzten bewirkt, daß man das Öl zu den halbtrocknenden Ölen zählt (Jodzahl 100). Bezeichnend ist der hohe Schmelzpunkt der freien Fettsäuren. Durch die Halphensche

Reaktion ist das Kottonöl auch noch in kleinen Mengen nachzuweisen. Die Verwendung des Kottonöles ist ähnlich wie beim Rüböl, meist wird es in geblasenem Zustande dem Mineralschmieröl zugesetzt, um dessen Schmierfähigkeit zu erhöhen. Auch zur Verarbeitung von Seife und konsistenten Fetten werden gewisse Mengen verwendet.

Großes Interesse hat in den letzten Jahren die Soyabohne gewonnen. Ihr Anbau in Europa ist verschiedentlich versucht worden, doch kommen die größten Mengen aus Ostasien, neuerdings werden sie auch in Afrika angepflanzt. Zur Gewinnung des Öles extrahiert man meist mit Lösungsmitteln; der verbleibende Kuchen wird als Dünger verwendet. Das Öl ist von heller Farbe und enthält ungesättigte Säuren, die sich durch hohe Jodzahl (ca. 130) sowie dadurch zu erkennen geben, daß das Öl, in dünner Schicht aufgetragen, langsam unter Bildung einer Haut eintrocknet. Aus diesem Grunde ist das Öl für Schmierzwecke nicht sehr geeignet, dagegen lassen sich aus ihm sehr gute Seifen und Schmierfette herstellen.

Die zur Gruppe der trocknenden Öle gehörigen Fette werden in purem Zustande überhaupt nicht verwendet, da sie infolge ihrer Eigenart, an der Luft zu erhärten, sehr bald die Lager verstopfen würden und durch Bildung eines Lackes die Schmierwirkung illusorisch werden würde. Infolgedessen soll auf Einzelheiten hier nicht eingegangen werden, sondern es sei nur daran erinnert, daß die hierher zu rechnenden Öle — Leinöl, Holzöl, Sonnenblumensamenöl und Mohnöl — durch den Gehalt an ungesättigten Fettsäuren ausgezeichnet sind. Ihre Hauptverwendungsgebiete sind daher die Firnis- und Lackindustrie. Indessen auch bei der Schmierseifenfabrikation werden sie mit verarbeitet, ferner bei manchen ganz speziellen Schmierstoffen, wie z. B. bei Zahnradglätte und ähnlich adhärierend wirkenden Produkten.

Endlich sei noch einiger fester Pflanzenfette Erwähnung getan, und zwar des Kokosfettes, des Palmöles und des Palmkernöles. Alle drei finden in der Hauptsache als Speisefett Verwendung, indes dienen sie auch zur Herstellung von Seifen und sind somit für die Bereitung von Schlichte- und Appreturmitteln von gewisser Bedeutung. Die festen Fette enthalten eine große Menge von Glyzeriden der Fettsäuren mit niedriger Kohlenstoffzahl, wie Myristin-, Laurin- und Kaprylsäure. Hierdurch wird die hohe Verseifungszahl bedingt, die Neigung ranzig zu werden sowie die Eigenart, keine aussalzbaren Seifen zu geben, d. h. die Seife setzt sich nur bei Zugabe von sehr konzentrierter Kochsalzlösung ab. Das Palmöl enthält weniger Fettsäuren mit niedriger Kohlenstoffzahl, ist aber ebensowenig wie das Kokosöl und Palmkernöl für die Herstellung von Schmierfetten geeignet. Das Vorkommen dieser Fette umfaßt die tropischen Länder, woher es in großen Mengen nach Europa eingeführt wird.

Das mit dem irreführenden Namen bezeichnete Japanwachs ist ebenfalls ein echtes Fett, bestehend aus den Glyzeriden der Palmitin- und der Japansäure. Es wird aus dem Fruchtfleisch und den Samen gewisser Sumachbäume in Japan durch Pressen gewonnen und kommt meist in gebleichtem Zustand in den Handel. Es ist sehr hart, wachsartig, von weißer bis gelblichweißer Farbe (Konstanten s. Tabelle S. 71). Für gewisse hochschmelzende Schmierprodukte, ebenso für die Lederkonservierung, Bohnermassen u. dgl. wird das Japanwachs in größeren Mengen verarbeitet.

2. **Die tierischen Öle und Fette.** Die dem Tierreich entstammenden Fette und Öle ähneln in großen Zügen den pflanzlichen. Sie sind chemisch analog gebaut, eine Unterteilung läßt sich auf Grund der Jodzahl vornehmen. Mit Bezug auf diese Kennziffer lassen sich Parallelen ziehen zu den im Pflanzenreich vorkommenden trocknenden, halbtrocknenden und nichttrocknenden Ölen. In dieser Hinsicht entsprechen die Fette der Seetiere den trocknenden, die der Landtiere den nichttrocknenden. Einige Arten können mit den halbtrocknenden verglichen werden. Eine Unterscheidung zwischen tierischen und pflanzlichen Fetten gibt die charakteristische Form sowie der Schmelzpunkt der Sterine, die sich in den unverseifbaren Anteilen finden; kennzeichnend sind auch die Azetate dieser Sterine.

Unter dem Sammelnamen Tran werden die aus den Seetieren gewonnenen Öle zusammengefaßt. Sie zeichnen sich durch ihren eigenartigen, fischähnlichen Geruch aus. Ihr spezifisches Gewicht schwankt zwischen 0,900 bis 0,930. Ihre chemische Zusammensetzung ist sehr verschieden, neben Palmitin- und Stearinsäure enthalten sie eine Reihe von ungesättigten Verbindungen, die indessen nicht mit der Linol- und Linolensäure identisch sind. Infolgedessen trocknen die Trane trotz ihrer hohen Jodzahl (ca. 140) nicht in dem Maße und neigen auch nicht so sehr zum Verharzen wie das schnell trocknende Leinöl. Verwendet werden die Trane zumeist als Grundlage für Lederfette, Schmierfette, selten direkt zum Schmieren.

Nach ihrer Herkunft bzw. nach der Tierklasse, der die Öle entstammen, lassen sich die Trane einteilen in Fischöle, Leberöle und Tran im besonderen. Bei den Fischölen verarbeitet man den ganzen Fischkörper zur Ölgewinnung. Bei den Lederölen dient die besonders fettreiche Leber als Ausgangsmaterial, während die fetthaltigen Teile der warmblütigen Seetiere, speziell der Wale und Robben Tran im eigentlichen Sinne des Wortes liefern.

Zu den Fischölen zählt der Menhadentran, Sardinentran und Heringstran. Sie werden durch Auskochen der ganzen Fischmasse mit Wasser gewonnen. Das Öl tritt an die Oberfläche und wird abgeschöpft. Es ist von hellgelber bis gelbbrauner Farbe, die Dichte ist etwa 0,930. Es enthält wechselnde Mengen fester Anteile, die durch Kühlen und Filtrieren des Öles abgeschieden werden, wobei man ein kältebeständiges Öl erhält. Die bei der Ölgewinnung zurückbleibenden stickstoffhaltigen Rückstände werden als Düngemittel verwendet.

Das Öl aus den Lebern des Dorsches und Hais wird in gereinigtem Zustand als Medizin verwendet. Die unraffinierten Sorten werden in der Lederindustrie sowie zur Herstellung konsistenter Schmiermittel verarbeitet.

Zur Gewinnung des Waltrans, Robbentrans und verwandter Tiere wird deren Speck mit Wasser ausgekocht, wobei die Grieben zurückbleiben. Der so erhaltene Tran wird weiter verarbeitet, indem man ihn raffiniert, entsäuert und bleicht. Die Farbe dieser Trane schwankt stark nach Art der Gewinnung und ob frischer oder alter Speck verarbeitet wurde. Robbentran ist relativ stearinarm, hat daher einen niedrigen Stockpunkt. Bemerkenswert für alle Trane ist der hohe Gehalt an Unverseifbarem, der bis über 1% ansteigt. Ferner bilden die ungesättigten Verbindungen leicht Oxysäuren, welche in Petroläther unlöslich sind.

Die Verwendung der Trane ist durch den ihnen anhaftenden unangenehmen Geruch beschränkt. Es existieren eine Reihe von Verfahren, um Trane geruchlos zu machen. Erfolgreich ist dieser Übelstand erst durch das sog. Härtungsverfahren beseitigt worden. Durch Anlagerung von Wasserstoff an die Doppelbindungen der ungesättigten Verbindungen, und zwar erfolgt diese Reaktion in Gegenwart von sog. Katalysatoren, wie Platin, Palladium oder Nickel, gelingt es, aus den stark riechenden, flüssigen Tranen Produkte zu schaffen, die geruchlos, fest und hellfarbig und selbst für den menschlichen Genuß nunmehr geeignet sind.

Öle der Landtiere. Diese Fette und Öle sind durch eine niedrige Jodzahl charakterisiert. Sie liegt zwischen 40 und 60, ist also noch geringer als die der nichttrocknenden pflanzlichen Öle. Infolgedessen sind alle hierher gehörigen Öle verhältnismäßig unveränderlich und eignen sich demzufolge für gewisse Schmierzwecke.

Das Schmalzöl oder Lardöl ist der flüssige Anteil des Schweineschmalzes und wird aus diesem durch Pressen des abgekühlten Fettes gewonnen. Nach der Intensität des Kühlens und Pressens erhält man mehr oder weniger kältebeständige Öle. Sie bestehen aus wechselnden Mengen Palmitin, Olein und Stearin. Als Schmiermittel für feine Mechanismen wird das Lardöl infolge seiner Kältebeständigkeit sowie wegen seiner geringen Neigung ranzig zu werden, speziell in Amerika, wo es preiswert ist, verwendet.

Das Knochenöl gewinnt man in großen Mengen aus den Knochen von Rind und Pferd. Und zwar werden zwei Methoden angewandt: 1. das Auskochen des ölhaltigen Materials, entweder im offenen Kessel oder im geschlossenen Kessel unter Druck im sog. Autoklaven, mit nachfolgendem Trennen des Öles von der wäßrigen Leimschicht; 2. durch Extrahieren mit Lösungsmitteln, speziell mit Benzin. Das sog. Benzinknochenfett liefert zwar eine wesentlich höhere Ausbeute, indessen hat das Fett einen stark anhaftenden Geruch, zeigt dunklere Farbe und enthält mehr freie Fettsäure. Auch bedingt der hohe Kalkseifengehalt einen größeren Wassergehalt. Durch Umschmelzen und Behandeln mit Wasserdampf wird das Öl gereinigt. Während das Knochenfett meist stearinreich und daher fest bis salbenartig ist, enthält das sog. Klauenöl, das man aus den Klauen von Rind, Schaf und Pferd erhält, in der Hauptsache flüssiges Öl. Bei der Gewinnung, die analog dem Knochenöl ist, resultiert ein hellgelbes, fast geruchloses, angenehm schmeckendes Öl, welches entsprechend seinem Stearingehalt bei höherer oder niedriger Temperatur erstarrt. Das Rinderklauenöl ist von großer Beständigkeit und nach weitgehender Entfernung der Stearine gewinnt man ein Produkt, das zur Schmierung sehr feiner Mechanismen wie Uhren, Präzisionsinstrumente usw. ganz vorzüglich geeignet ist. Auch zur Herrichtung des Leders wird das Klauenöl verwendet.

Rindertalg, Hammeltalg und Schweineschmalz werden infolge ihres hohen Stearingehaltes in unverarbeitetem Zustande kaum als Schmiermittel verwendet. Jedoch dienen sie zur Bereitung von Seifen und zur Herstellung konsistenter Fette.

3. Abfallfette. Hier sind zu nennen das Lederextraktionsfett, das Leim- und Abdeckereifett, sowie die aus den Abwässern und Schlammfängern gewonnenen Fettmassen. Ihre Verwendung ist äußerst beschränkt; infolge ihres hohen Gehalts an Säure, Kalkseifen und Wasser sind sie für Schmierzwecke und auch für die Seifenherstellung fast ungeeignet. In kleineren Mengen dienen sie zur Herstellung von Schmierfetten.

4. Wachse. Die flüssigen Wachse sind als Schmiermittel insofern von Bedeutung als sie im Gegensatz zu den flüssigen fetten Ölen äußerst beständig sind, keine Fettsäuren abspalten und

geringe Mengen fester Anteile enthalten. Ihr spezifisches Gewicht sowie ihre Zähflüssigkeit ist geringer als die der Öle. Zu dieser Gruppe zählen das Spermöl und der Döglingstran. Die genaue Konstitution ist nicht bekannt. In Amerika werden diese Öle als Schmiermittel geschätzt, jedoch sind die in den Handel kommenden Mengen verhältnismäßig gering.

Der Hauptvertreter der festen Wachse ist das Bienenwachs. Dieses Verdauungsprodukt der Bienen ist eine gelbe bis braungefärbte Masse von eigentümlichem, honigartigem Geruch und klebender plastischer Konsistenz. Es kommt in den verschiedensten Sorten in den Handel, gebleicht und ungebleicht, als Extraktionswachs, sehr oft verfälscht durch Zusätze von Zeresin, Paraffin oder raffiniertem Montanwachs. Als Schmiermittel findet das Wachs keine Verwendung, jedoch als Zusatz spezieller Präparate (Bohnerwachs, Schuhcreme usw.). Ähnlichen Zwecken dient auch das Karnaubawachs, ein der Karnaubapalme entstammendes Produkt, das die Fähigkeit besitzt in dünner Schicht Hochglanz zu geben.

Von gewisser Bedeutung für die Herstellung einiger Schmiermittel wie Fette, Walzenfettbriketts und einiger Spezialartikel ist das Wollfett und aus ihm hergestellte Produkte. Das Wollfett entstammt dem Schweiß der Schafe und muß vor Verwendung verschiedenen Reinigungs- und Raffinationsprozessen unterworfen werden. Es entstehen Produkte, von brauner bis hellgelber Farbe, das bestgereinigte ist die sog. Adeps lanae zur Herstellung von Salben. Chemisch ist das Wollfett charakterisiert als ein Gemisch von Estern und höheren Alkoholen. Die in ihm enthaltenen Fettsäuren sind vorwiegend Palmitin- und Cerotinsäure. Alkohole sind bis zu 50% im Wollfett enthalten. Außerdem finden sich in ihm bedeutende Mengen sog. Oxycholesterins. Dieses verleiht dem Wollfett die Eigenschaft große Mengen Wasser in sich aufzunehmen. Durch die charakteristische grüne Farbreaktion mit Essigsäureanhydrid und konzentrierter Schwefelsäure kann dieses Cholesterin nachgewiesen werden. Durch Destillation des rohen Wollfetts mit überhitztem Wasserdampf gelangt man zu verschiedenen Fraktionen: zum Wollfettolein, zum Graisse blanche und Graisse jaune. Das Wollfettolein dient zur Herstellung von konsistenten Fetten und für Textilpräparate. Graisse blanche schmilzt unter 45°, Graisse jaune über 45°, beide Produkte finden in der Fett- oder Brikettfabrikation Verwendung, ebenso zur Herstellung von Lederfetten und Schlichtepräparaten [1].

---

[1] Lifschütz, I.: Z. angew. Chem. 1926, S. 1115 ff.

5. **Harze und aus ihnen gewonnene Produkte.** Die in den Nadelhölzern auftretenden Harze und die aus ihnen gewonnenen Destillationsprodukte werden in gewissen Grenzen zu Schmierzwecken verwendet, so daß eine kurze Besprechung wohl am Platze ist. Die Hauptgewinnungsländer für die Harze sind Frankreich, Spanien und Amerika. Der aus den Rinden der Nadelhölzer entfließende Saft, das Rohharz, wird der Destillation unterworfen; hierbei zerfällt es in Terpentinöl und Kolophonium. Das Terpentinöl wird als Verdünnungsmittel speziell für Lacke und für Bohnermassen und Schuhcreme verwendet. Das Kolophonium oder Harz im engeren Sinne ist eine glänzende, spröde, pulverisierbare Masse von dunkelbrauner bis hellgelber Farbe, je nach dem Grade der Reinigung. Der Schmelzpunkt schwankt in weiten Grenzen von 70—120°. Es löst sich in den meisten organischen Lösungsmitteln. Seinem chemischen Charakter nach besteht es hauptsächlich aus Säuren, die allerdings mit den Fettsäuren nicht identisch sind, sich aber in ihrem Verhalten ähnlich wie diese erweisen. Sie lassen sich mit Alkalien verseifen und geben seifenähnliche Produkte.

Unterwirft man das Kollophonium der Destillation, sei es im Kessel über freier Flamme, sei es mit überhitztem Wasserdampf, so geht neben dem dünnflüssigen Harzspiritus, dem Pinolin, bei einer Temperatur über 300° ein schweres flüssiges Harzöl über. Es verbleibt das sog. Schmiedepech in der Destillationsblase. Bei der Destillation im Vakuum bilden sich folgende Fraktionen: Harzessenz, blondes, blaues und grünes Harzöl. Chemisch stellen die Harzöle ein Gemisch von Kohlenwasserstoffen und Harzsäuren dar, doch überwiegt der Gehalt an Kohlenwasserstoffen. Von den Mineralölen sind sie durch verschiedene Eigenschaften deutlich unterschieden. Teilweise löslich sind die Harzöle in Alkohol, worin die Mineralöle nahezu unlöslich sind. Mit Azeton ist das Harzöl in jedem Verhältnis mischbar, Mineralschmieröl löst sich darin fast gar nicht. Die Verdampfbarkeit ist bei den Harzölen sehr stark, desgleichen liegt der Flammpunkt wesentlich tiefer. Die höhere Jodzahl gegenüber den aus den Erdölen stammenden Produkten, die optische Aktivität, ferner das hohe spezifische Gewicht sind weitere Unterscheidungsmerkmale. Außerdem geben die Harzöle spezifische Farbreaktionen. Mit konzentrierter Schwefelsäure geschüttelt, färbt sich diese blutigrot, sofern Harzöl in der Mischung zugegen ist; ferner geben die Harzöle die Storch-Liebermannsche Reaktion: Rotviolettfärbung beim Schütteln mit Essigsäureanhydrid und konzentrierter Schwefelsäure. Ein etwas genaueres Eingehen auf dieses Produkt war insofern am Platze, als das Harzöl vielfach als Schmieröl resp. als Zusatz zu Schmieröl geliefert wurde, wozu es aber infolge seines starken Verharzungsvermögens durchaus ungeeignet ist. Bei der Herstellung von Wagenfetten sowie von anderen Spezialartikeln, beispielsweise von wasserlöslichen Ölen, findet es gern Verwendung. Erwähnt sei auch noch das bei der Herstellung der Zellulose anfallende Sulfatharz und dessen Destillationsprodukt, das „Tallöl". Diese Produkte werden aus Schweden und Finnland in großen Mengen eingeführt und dienen als Rohstoffe für Schmierseife, Bohröle und als billiger Ersatz für Fettsäuren, woraus sie zu ca. 55% bestehen [1].

6. **Naphthensäuren und künstliche Fettsäuren aus Kohlenwasserstoffen.** Eine kurze Erwähnung müssen noch die bei der Gewinnung und Reinigung des Mineralöls anfallenden **Naphthen-** und **Naphthasulfosäuren** finden, da sie einen den Fettsäuren ähnlichen Charakter besitzen. Bekanntlich entfallen bei der Raffination der Mineralöle beim Laugen des gesäuerten Öles die sog. Abfallaugen, aus welchen durch geeignete Behandlung mit Säuren und Abscheidung der darin enthaltenen Salze das „Seifenöl" erhalten wird. Dieses meist sehr schlecht riechende Produkt wird zur Herstellung von Seifen, für untergeordnete Schmierzwecke, ferner für Bohr- und Schneideöle verwendet. Die Qualität und die äußere Beschaffenheit wechselt außerordentlich stark bei diesem Abfallprodukt und schwankt je nach dem Ausgangsmaterial, aus dem es gewonnen wird. Der Geruch kann durch Oxydation mit Permanganat sowie durch Alkalischmelze beseitigt werden.

Im Anschluß an die natürlichen im Erdöl vorkommenden fettsäureähnlichen Substanzen soll noch kurz erwähnt werden, daß es nicht an Bemühungen gefehlt hat, auf irgendeine Weise die Kohlenwasserstoffe in Fettsäuren überzuführen. Schon Bolley und Tuchschmidt[2], sowie Jacubowitsch[3] beobachteten, daß sich Paraffin beim Erhitzen auf 120 bis 150° braun färbt. Es ist dann seit langem gelungen, Kohlenwasserstoffe durch Oxydation in Fettsäuren zu verwandeln. Die ersten Versuche im großen stammen von Schaal. Späterhin wurden weitere Versuche gemacht, in denen teilweise unter Druck, teilweise bei Gegenwart von Katalysatoren der verschiedensten Art die Oxydation erzwungen wurde. Kelber[4] verwendet Mangan und seine Salze als Katalysator. Frank[5] wendet eine dem Berginverfahren

---

[1] Dittmar, M. Z. f. angew. Chem. 1926, S. 262.
[2] Bolley und Tuchschmidt: C. 1868, S. 500.
[3] Jacubowitsch: Ber. 1875, S. 768.
[4] Kelber: Ber. 53, S. 66. [5] Frank: U. 1920, S. 89, 195.

ähnliche Methode an, indem er unter Druck und in einer Sauerstoffatmosphäre die Öle verkrackt. Hierbei sollen Fettsäuren gewonnen werden, aus denen mit der gewöhnlichen Seife gleichwertige Produkte hergestellt wurden. Auch Franz Fischer und Schneider[1] sowie Adolf Grün[2] und viele andere Forscher haben sich mit diesem Problem eingehend befaßt. Hierher zu rechnen sind auch die Versuche von Harries, Albrecht und Köttschau, welche aus Braunkohlenölen über die Ozonide zu Fettsäuren gelangten. Bislang hat sich allerdings die Durchführbarkeit im Großbetrieb noch bei keinem dieser Verfahren erwiesen.

h) Kondensierte Öle und Voltolöl.

Eine Klasse für sich und in ihren Eigenschaften speziell als Zusatzmittel zum Verbessern der Schmiermittel bilden die „kondensierten" oder „geblasenen" Öle. Man hat nämlich gefunden, daß durch Einblasen von Luft bei Temperaturen zwischen 70 und 120° die Zähflüssigkeit der Öle stark zunimmt, die Eigenschaften dieser Öle sind alsdann sehr stark verändert. Diese geblasenen oder eingedickten Öle beispielsweise Rüböl, Knochenöl, Tran oder Rizinusöl setzt man in Mengen von 5—25% dem Mineralöl zu und bewirkt dadurch eine erhebliche Verbesserung der Schmierwirkung und eine Erhöhung der Viskosität. Durch das Einblasen der Luft findet eine komplizierte chemische Veränderung des Öles statt. Durch den Sauerstoff der Luft wird ein Teil der ungesättigten Fettsäuren oxydiert, ein Teil polymerisiert und zwar bei niedriger Temperatur intramolekular, bei höherer Temperatur polymolekular. Das bedeutet, es bilden sich aus mehreren Fettsäureresten größere Molekülkomplexe, welche die Erhöhung der Viskosität zur Folge haben[3]. Bei dem Kondensieren der Öle wird ein Teil der flüchtigen Fettsäuren abgetrieben, außerdem treten benzinunlösliche Oxysäuren auf. Bei je höherer Temperatur die Öle behandelt werden, um so dunklere Farbe nehmen sie an. Die geblasenen Öle werden nach Gewicht, oder nach Viskosität eingedickt; beispielsweise bis zu einem Gewicht von 0,970 oder zu einer Viskosität von 50° Engler bei 50° C.

Ein äußerst interessantes und wertvolles Verfahren um dünnflüssige Öle in hochviskose zu verwandeln ist das von De Hemptinne und Alexander, Gent, patentierte Voltolverfahren. Dieses Verfahren wird heute in Deutschland von den Deutschen Voltol-

---

[1] Fischer, Franz und Schneider: Ber. 1920, **53,** S. 922.
[2] Grün, Adolf: Ber. 1920, **53,** S. 987.
[3] Marcusson: Z. angew. Chem. 1920, S. 231, 1922, 543 und 782, 1925, 148 und 1926, 476.

werken in Potschappel bei Dresden ausgeführt, und zwar nach einer Reihe von deutschen Patenten, die sich im Besitze der Rhenania-Ossag befinden.

Wenn man dünne Öle von niedriger Viskosität den Glimmentladungen, sog. stillen elektrischen Entladungen, elektrischer

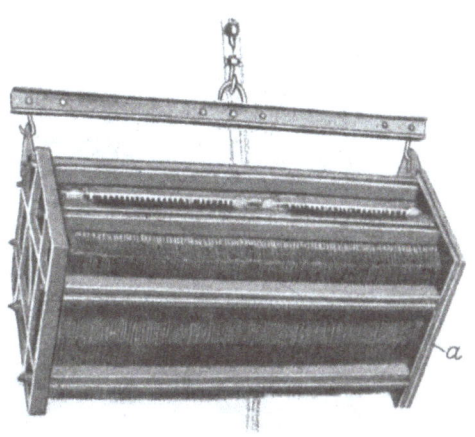

Abb. 8. Elektrodenkörper.

Ströme von relativ hoher Frequenz aussetzt, so wird infolge des Elektronenstoßes Wasserstoff abgespalten und die ungesättigten Verbindungen treten zu hochmolekularen Produkten von hoher Schmierfähigkeit zusammen. Ausführliche Untersuchungen hierüber haben Eichwald und Vogel angestellt[1]. Es konnte nachgewiesen werden, daß beim Voltolisieren von reinem Olein sich Stearinsäure bildet und beim Voltolisieren von Urteer aus den aromatischen ungesättigten Verbindungen hydroaromatische gesättigte Verbindungen (s. S. 40).

Die Fabrikation geschieht in liegenden allseitig geschlossenen Kesseln (Abb 8 u. 9), in denen auf einer drehbaren Welle die Elektrodenkörper angebracht sind.

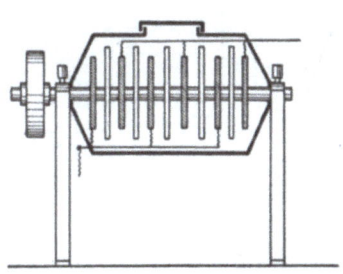

Abb. 9. Voltol-Apparat.

---

[1] Z. angew. Chem. 1922, Nr. 74, 1923, 611, s. a. Wolf, K.: Petr. 1929, S. 95. S. a. Chem. Ztg. 52, 637 (1928).

Tabelle der Konstruktion der meistgebrauchten Öle und Fette.

Art des Öles	Visk. bei 20°	Spez. Gew. 15°	Erstarrungspunkt	V.-Z.	Jodz. des Öles	R.-M.-Z.	Azetylzahl	Hehner-Z.	Titertest. Erstarrungspkt. d. Fette	Bemerkungen
Olivenöl	11—13	0,914—0,919	bei —9° erstarrt, zuweilen bei 0° fest	189—196 meist 190	79—85	0,2—0,8	7,1	94—96	17—24,6	Hauptsächlich Olein und Palmitin, wenig Linolein enthaltend. Bis 1,4% unverseifbare Anteile.
Erdnußöl Arachisöl	10—12	0,916—0,920	bei 0° erstarrt	189—194	86—98	0,4—1,6	3,4	94—96	22—29,5	Hauptsächl. Olein, Palmitin u. Stearin enthaltend, sowie ca. 25% Arachinsäure. Smp. 75°
Rizinusöl	139—140 oder 16—18 b. 50°C	0,961—0,973	—10/—18	176—183	82—88	0,2—0,3	150—154	—	3	Mit 95%igem Alkohol in beliebigen Verhältnissen mischbar, i. Petroläther u. Benzin unlösl. 0,3% Unverseifb. Glyzerid d. Rizinolsäure (Oxysäure).
Rüböl	ca. 13	0,913—0,917	bei 0° talgartig	um 175	97—105	0,5—0,1	6,3	95	11,7—13,6	Rohes Öl hat eigenartigen Geruch, mit konz. $H_2SO_4 \cdot 1,53$. Grünfärbung. Glyzeride der Eruka- und Rapinsäure.
Baumwollsaatöl	9—10	0,922—0,930	um 0°	um 195	102—111	0,2—1	16,6	96	32,2—37,6	Halphensche Reaktion, enthält Linolein, Olein, Palmitin und Stearin.
Sojabohnenöl	8—9	0,925—0,927	—8/—16	um 193	130—135	0,4—0,7	—	96	23—24	Mittelgut trocknend; neben Palmitinsäure Ölsäure, Linol- und Linolensäure. 0,2—0,7 Unverseifbares.

Kondensierte Öle und Voltolöl.

									Bemerkungen
Leinöl	6,8–7,4	0,931–0,936	−15 flüssig, −16/−21 erstarrt	188–192	ca. 175–190	—	8,5	—	19–20,6	Gehalt an Unverseifbarem bis 1,5%. Neben gesättigten Fettsäuren b. 35% Linolsäure und 35–45% Linolensäure.
Palmöl aus Fleisch der Früchte	—	0,921–0,948	Schmp. nach Alt. u. Urspr. 27–42°	196–210	44–58	0,5–1,9	1,8	94,2–97,0	35,8–45,6	Palmitin u. Olein, wenig Linolsäure. Farbe orangegelb-schmutzig-dunkelrot. Viel freie Fettsäure.
Palmkernöl	—	0,941–0,952	Schmp. 23–28°	241–250	10–18	5–6	1,9–4,8	87,6–91,1	20–25,5	Angenehmer Geruch u. Geschmack nußartig. Viel Laurin-, Caprin- und Caprylsäureglyzeride.
Kokosnußöl	—	0,925–0,938	Schmp. 20–28°	246–253	ca. 9	5,6–7,4	0,9–1,2	82,4–92,2	21,2–25,2	Viel Laurin- u. Myristinsäure. Zieml. leicht lösl. in Alkohol.
Muskatbutter	—	0,945–0,996	Schmp. 38, 55–57°	153–161	40–59	1,6–4,2	—	—	40	8,5% Unverseifbares. Viel Myristinsäure.
Japanwachs	—	0,970–0,980	Schmp. 48–53°	217–237	4,2–12,8	1,2	27–31,2	90,6	53–56	Glyzerid d. Palmitin- u. Japansäure; sehr fest, wachsartig.
Knochenöle	12,0	0,914–0,916	um 0° nach Herstellungsart	191–201	nach Stearingeh. v. 44–75	—	—	92–96	26,1–26,5	Olein und Stearin; erkennbar an dem eigentümlichen Geruch.
Rindstalg	—	0,925–0,929	42,5–46°	193–200	35–44	0,25–0,50	2,7–8,6	95–96	37,9–46,3	Palmitin, Olein und Stearin. Beim Abpressen von Hammeltalg erhält man Oleomargarine.
Hammeltalg	—	0,937–0,940	46,5–51°	193–196	35–36	—	—	95,5	43–46	Wird leichter ranzig wie Rindstalg.

Tabelle der Konstruktion der meistgebrauchten Öle und Fette.
(Fortsetzung von Seite 70—71.)

Art des Öles	Visk. bei 20°	Spez. Gew. 15°	Erstarrungspunkt	V.-Z.	Jodz. des Öles	R.-M. Z.	Azetyl-zahl	Hehner- Z.	Thiertest. Erstarrungspkt. d. Fette	Bemerkungen
Schmalz od. Lardoil	—	0,915	10°, auch niedriger	191—196	67—82	—	—	—	—	Olein erhalten durch Abpressen des Schweineschmalzes. Dem Olivenöl ähnlich.
Robbentran	—	0,931—0,940	—2/—3°	189—196	127—152	0,07—0,44	—	93—95,5	15,5—15,9	Geruch bewirkt durch Klupanodonsäure und Amine. Farbe gelblich-dunkelbraun.
Sardinentran	—	0,933 japan. 0,916	—	189—192	193	—	—	94,5	—	Unverseifbares bis 0,6% wird aus Japan in den Handel gebracht.
Dorschlebertran	—	0,922—0,941	0/—10°	182—188	135—168	—	—	95,3—96,5	13,3—24,3	Hellblank, braunblank oder braun. 0,3—1,3 Cholesterin; bis 2,7% Unverseifbares.

Diese Elektrodenkörper bestehen aus Aluminiumplatten von ca. 32 Quadratfuß Fläche und $1/25$ Zoll Dicke und sind voneinander durch Platten aus Preßspahn isoliert. Die totale Arbeitsoberfläche eines Apparates beträgt 750 qm, das Fassungsvermögen beträgt ca. 8000 l, jedoch werden nur 2—3000 kg Öl eingefüllt, so daß nur der untere Elektrodenkörper in das Öl eintaucht. Die Luft wird evakuiert, durch eine Wasserstoffatmosphäre ersetzt und bei einem Unterdruck von ca. 0,9 Atm. gearbeitet. Zur Erzeugung der Glimmentladungen verwendet man Einphasenstrom von 4300—4600 Volt und 500 Perioden, so daß also 1000 Stromstöße pro Sekunde auf das Öl ausgeübt werden. Die Stromstärke beträgt 19—23 Atm. und kann durch die Höhe des Unterdrucks reguliert werden. Das Öl selber wird auf 60—80° erhitzt. In verhältnismäßig kurzer Zeit bilden sich außerordentlich zähflüssige Produkte. Man kann sowohl von fetten Ölen ausgehen als auch Mineralöl voltolisieren. Im allgemeinen wird ein Gemisch von 50 Teilen Fettöl und 50 Teilen reinem Mineralöl mittlerer Viskosität voltolisiert, und zwar bis das Gemisch die gewünschte Zähflüssigkeit angenommen hat. Nachstehende Tabelle zeigt die Werte von voltolisiertem Rüböl und Tran.

	Dichte	Br. Ind.	Visk. bei 100 Grad	S. Z.	J. Z.	mittl. Mol.-Gew.
Rübölvoltol	0,974	1,485	83,6	11,7	52	1200
Tranvoltol	0,982	1,485	74,9	15,4	51	1000

Man hat Zähflüssigkeitsgrade von 170° Engler bei 100° C erreicht. Der Zusatz von Voltol zu Mineralöl bedeutet eine außerordentliche Verbesserung des Schmierwertes, die sog. Viskositätskurve ist sehr flach, d. h. auch bei hohen Temperaturen zeigen die Voltolöle eine bessere Viskosität und höhere Schmierwerte als gewöhnliche Mineralöle. Die Voltolöle haben im Kriege das mangelnde Rizinusöl für die Schmierung der Flugzeugmotore ersetzt. Die Öle sind besonders geeignet für die Zylinderschmierung von Diesel- und Explosionsmotoren, von Hochdruckkompressoren, zum Compoundieren von Dampfzylinderölen und für Marineöle[1].

Eine Methode zur Kennzeichnung der Voltolöle ist bisher noch nicht ausgearbeitet, ebenso ist die Untersuchung von geblasenen Ölen schwierig. Es haftet ihnen ein eigenartiger Geruch an, im übrigen sind sie charakterisiert durch ein hohes spezifisches Gewicht, hohe Verseifungszahl, hohe Reichart-Meißel-Zahl und

---

[1] Biel: V. d. J. Z. 1920, S. 449 ff.

Azetylzahl. Die Jodzahl sinkt beträchtlich, während der Gehalt an Oxysäuren naturgemäß stark ansteigt. Ähnliche neuere Verfahren von Siemens & Halske arbeiten in einer Luftatmosphäre bei hoher Periodenzahl und Anwendung starker Kühlung, DRP 463 643 oder mit Wechselstrom beim Pat. 466 813. Auch die I. G. Farbenind. hat ähnliche Verfahren patentiert E.P. 297 758, 305 553, 313 776.

II. Prüfung und Untersuchung der Schmiermittel.

A. Prüfung der reinen Mineralöle.

Jeder Betriebsingenieur, der der Ökonomie der Schmiermittel seines ihm unterstellten Betriebes einige Aufmerksamkeit zuwendet und bestrebt ist, gute und zugleich preiswerte Schmiermittel einzukaufen, muß sich notwendig auch mit der Prüfung und Untersuchung der von ihm verwendeten Materialien vertraut machen. Nicht als ob er nun eine präzise chemisch-wissenschaftliche Untersuchung anstellen soll, das bleibe den Fachlaboratorien und wissenschaftlichen Instituten überlassen. Indessen mit einem relativ wenig umfangreichen Instrumentarium vermag der Betriebsmann die Schmierstoffe doch soweit zu prüfen, daß er sich darüber Klarheit verschaffen kann, ob tatsächlich das Öl geliefert wurde, welches laut Vertrag angeboten wurde. Auch vermag er im eigenen Laboratorium festzustellen, inwieweit das Öl den von ihm gewünschten Anforderungen genügt und ob es irgendwelche Beimengungen aufweist, die der Schmierung, also den Lagern, Kurbeln und Zapfen nachteilig sein könnten. Es ist ja leider nur zu bekannt, daß gerade im Ölhandel Waren mit Mängeln vertrieben werden, die erst bei längerem Gebrauch zutage treten. Ebenso ist durch den ganzen Aufbau des Ölhandels, dadurch, daß viele und kleine Händler den Markt mit mannigfachen „Spezialprodukten" überschwemmen, eine derartige Unsicherheit und Ungleichmäßigkeit in diesen Handelszweig eingerissen, daß der Verbraucher geradezu genötigt wird, die Kontrolle selber in die Hand zu nehmen, sofern er nicht von anerkannt großen Firmen bezieht.

Im nachfolgenden sollen nun in möglichst gedrängter Form die Methoden dargelegt werden, welche für die Charakterisierung und Erprobung der Schmiermittel hauptsächlich in Frage kommen, und zwar sollen zunächst die für die Mineralöle wichtigsten Prüfverfahren dargelegt werden. Ich folge hier in den Hauptzügen den in den Büchern von Holde[1], Marcusson[2] und Burstin[3], sowie in den „Richtlinien"[4] festgelegten Methoden und zwar seien nur die wirklich wichtigsten und alltäglichsten Untersuchungen aufgeführt. Die letzten Vorschläge für die **Einheitsmethoden zur Prüfung der Schmiermittel** sind Anfang 1930 vom Deutschen Verband für die Materialprüfungen der Technik (Ausschuß 9 für einheitliche Prüfverfahren) niedergelegt worden, und dürfte binnen kurzem Norm werden[5].

a) Probenahme.

Hier ist auch zum ersten Male auf die Notwendigkeit einer sachgemäßen Probenahme hingewiesen worden, speziell der von dem Probenehmer zu verwendenden Probegeräte. Man pflegt aus den einzelnen Gebinden Einzelproben z. B. von oben, aus der Mitte und von unten zu ziehen und aus diesen werden Mischproben hergestellt, denen man dann die Endprobe entnimmt. Sofern man Proben aus Mengen über 5000 kg zu ziehen hat, schöpft man die Oberschichtprobe etwa 10% unterhalb der Oberfläche, die Mittelschichtprobe aus etwa 50% der Gesamthöhe, die Unterschichtprobe aus einer Höhe 10% über dem Boden und schließlich die Bodenprobe aus dem untersten Teile des Behälters. Bei Lieferung eines einheitlichen Stoffes in weniger als vier Gebinden soll man aus jedem Gebinde die Probe ziehen, bei 4—100 Einzelgebinden aus wenigstens 20%, mindestens aber aus vier Gebinden; bei mehr als 100 Einzelgebinden aus wenigstens 10%, mindestens aber aus 20 Gebinden. Die Größe der Einzelprobe ist dem Volumen der Stoffschicht anzupassen. Augenscheinlich gleichartige Einzelproben vereinigt man zu einer Mischprobe. Abweichende Einzelproben sind indessen mit der Mischprobe nicht zu vereinigen.

Aus ölartig flüssigen Stoffen nimmt man die Probe entweder beim **Ausfließen** der Flüssigkeit mit einem Schöpfer oder durch Abzweigen eines Nebenstromes. Beim Ausfließen führt man einen etwa ½ Liter fassenden Schöpflöffel etwa 10mal in gleichen Abständen durch den ganzen Auslaufstrahl. Die Partien werden

---

[1] Holde: Untersuchung der Kohlenwasserstofföle usw. Berlin, Julius Springer 1924.
[2] Marcusson: Laboratoriumsbuch f. d. Industrie der Öle und Fette. Halle 1911.
[3] Burstin: Untersuchungsmethoden der Erdölindustrie. Berlin: Julius Springer 1930.
[4] Richtlinien für den Einkauf und die Prüfung von Schmiermitteln. 5. Aufl. Düsseldorf: Verlag Stahleisen 1928.
[5] Beuth Verlag, Berlin S. 14.

zusammengegossen und gut durchmischt. Man kann jedoch auch durch geeignete Vorrichtung an der Ausflußöffnung oder bei der Pumpe einen dauernd fließenden Nebenstrom abzweigen und in einen gesonderten Behälter leiten und aus diesem dann nach inniger Durchmischung die Endprobe entnehmen.

Bei ruhenden Flüssigkeiten geschieht die Probenahme mit einem offenen Stechheber, wenn es sich um homogene Flüssigkeiten handelt, mit einem Tauchgefäß, bei inhomogenen Flüssigkeiten oder mit einem Verschlußstechheber bei zähflüssigen Stoffen. Vor der Probenahme ist gründliche Durchmischung erwünscht. Der offene Stechheber (Abb. 10[1]) besteht aus

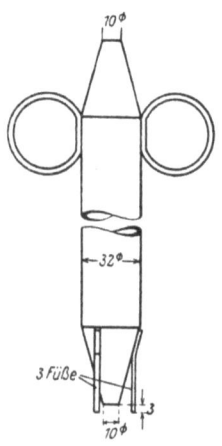

Abb. 10. Stechheber.

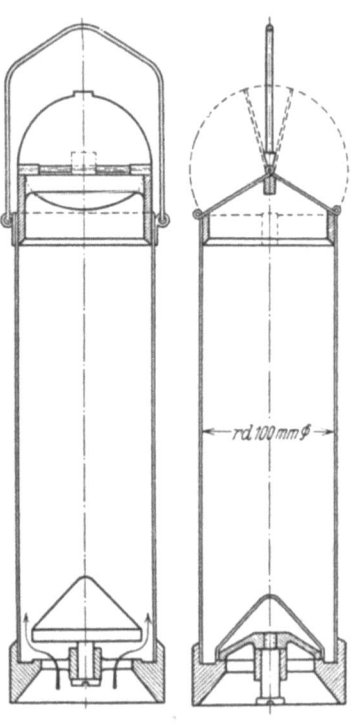

Abb. 11. Tauchgefäß.

einem dickwandigen Glas oder verzinktem oder verzinntem Eisenrohr, an dessen unterer Öffnung drei Metallfüße angebracht sind, um eine Beschädigung beim Aufstoßen auf den Boden zu vermeiden. Die Entleerung geschieht ohne das Gerät außen abzuwischen.

Das Tauchgefäß (Abb. 11) besteht aus einem ca. 1 Liter fassenden zylindrischen Gefäß, dessen Boden beweglich ist und beim Hindurchgleiten durch das Öl angehoben wird. Beim Ruhen

---
[1] Aus „Prüfung der Schmiermittel", Beuth-Verlag, S. 12.

senkt sich der Bodendeckel, schließt das Gefäß am Boden, während sich beim Hinaufziehen auch der obere Deckel herabsenkt und den Eintritt des Öles aus anderen Schichten verhindert.

Der Verschlußstechheber hinwiederum (Abb. 12) besteht aus einem zylindrischen Rohr, an dessen oberem Ende sich ein Handgriff befindet, der mittels einer Spiralfeder eine am Boden befindliche Verschlußscheibe festhält und damit den Heber abschließt. Man senkt diesen Stechheber bis zur gewünschten Tiefe, öffnet kurze Zeit und zieht im geschlossenen Zustand wieder heraus.

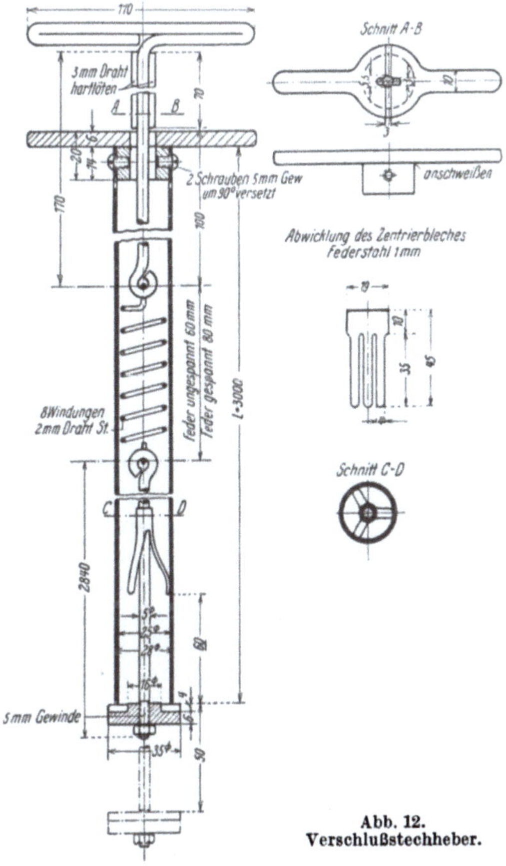

Breiartigen, salbenartigen und fettartig-festen Stoffen entnimmt man die Probe entweder mit einem Metallspatel, sofern man von der Oberfläche die Probe zieht, mit einem Spiralbohrer (Abb. 13) wenn man aus allen Schichten des Gebindes Einzelproben wünscht; mit dem rinnenförmigen Probenstecher (Abb. 14) wenn Schichtproben entnommen werden sollen und schließlich mit dem Probenstecher, Bauart Allen-Auerbach, (Abb. 15), mit dem es gelingt, auch die am Boden befindlichen Schmutzteilchen mit heraus zu nehmen. Die Handhabung ist aus den Abbildungen ohne weiteres ersichtlich.

Für die Untersuchungen sind im allgemeinen Proben von 1 kg ausreichend, es müssen jedoch zwecks Nachprüfung mehrere

Abb. 12. Verschlußstechheber.

derartiger Proben, meist vier, zurückgestellt werden. Die Behälter, Glasgefäße oder auch Blechgefäße müssen dicht verschlossen sein, um Verflüchtigungen zu vermeiden. Salbenartige und festere Stoffe bewahrt man entweder in fest verschließbaren Blechdosen, Weithals-Glasflaschen oder irdenen Behältern auf. Man bewahrt meist Mengen von je ca. 100 ccm.

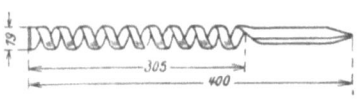

Abb. 13. Spezialbohrer.

b) Prüfung der äußeren Beschaffenheit.

1. Farbe. An der Farbe des Öles läßt sich meistens feststellen, ob es sich um Destillate oder Raffinate handelt. Erstere sind meist undurchsichtig, in der Aufsicht braun bis grünschwarz. Diese Färbung rührt her von den im Öl noch gelösten asphalt- und kohleartigen Bestandteilen, welche erst durch Raffination resp. durch Filtration aus ihnen entfernt werden. Die so erhaltenen Raffinate sind durchsichtig, und zwar je nach der Stärke der Raffination ändert sich die Farbe von dunkelbraunrot über gelb, hellgelb bis wasserhell, wie es das Paraffinum liquidum sein soll. Die raffinierten Öle haben im auffallenden Lichte einen eigenartigen Schein, und zwar zeigen die amerikanischen eine grünliche, die russischen eine mehr bläuliche Fluoreszenz, welche aber durch Zusatz von sog. Entscheinungsmitteln, wie Nitronaphthalin und anderen Anilinfarben zum Verschwinden gebracht werden kann. Fette Öle zeigen hingegen keine Fluoreszenz. Diese Erscheinung beobachtet man am besten gegen einen dunklen Hintergrund, wenn man also das Öl auf eine schwarze Glasplatte bringt. Während in Amerika die Öle nach ganz bestimmten Farbwerten fabriziert und gehandelt werden — zwecks Beurteilung sind eigens gebaute Kolorimeter in Gebrauch — hat sich diese kolorimetrische Messung in Deutschland vorerst noch nicht eingebürgert. Man beschreibt die Farbe einer 3 cm starken Ölschicht in durchfallendem Licht; bei sehr hellen Ölen beobachtet man eine 10 cm dicke Schicht. Man hüte sich übrigens vor der weitverbreiteten Anschauung, daß die Schmierfähigkeit resp. das Öl um so besser sei, je heller es raffiniert.

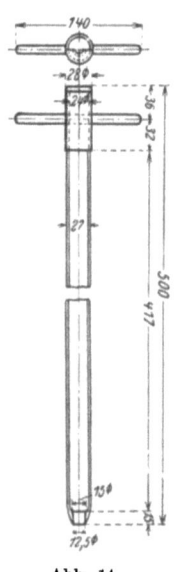

Abb. 14. Probenstecher.

Dieses ist ein schwerer Irrtum; gerade die schmierfähigsten Anteile werden bei zu intensiver Raffination aus dem Öl entfernt.

2. Konsistenz. In der Konsistenz variieren die Öle in den weitesten Grenzen, und nach dem Augenschein unterscheidet man folgende Grade:

> dünnflüssig oder petroleumartig,
> wenig zähflüssig oder spindelölartig,
> mäßig zähflüssig, entsprechend leichten Maschinenölen,
> zähflüssig, entsprechend schweren Maschinenölen,
> dickflüssig, entsprechend flüssigen Zylinderölen,
> salbenartig (dünn- oder dicksalbenartig),
> schmalzartig,
> butterartig,
> talgartig.

Da die Behandlung des Öles vor der Untersuchung große Unterschiede bedingt, so ist man übereingekommen, vor der Beurteilung das Öl in dem 15 mm weiten Reagenzglas zunächst

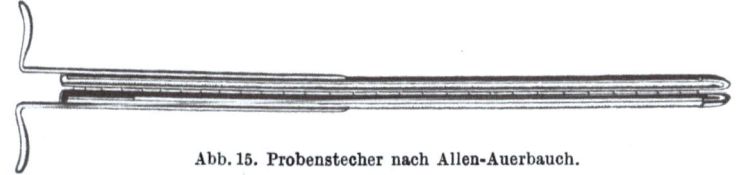

Abb. 15. Probenstecher nach Allen-Auerbauch.

10 Minuten im Wasserbad auf ca. 100^0 zu erwärmen, endlich eine Stunde lang auf 20^0 zu halten. Die Prüfung geschieht dann durch Neigen des Reagenzglases.

3. Geruch. Beim Verreiben des Öles auf dem warmen Handrücken oder zwischen den Fingern tritt der charakteristische Mineralölgeruch auf. Destillate und Raffinate zeigen gewisse Geruchsdifferenzen. Destillate haben einen mehr brenzlichen, Raffinate einen milden Geruch. Auch Zusätze von fremden Ölen lassen sich auf diese Weise leicht feststellen. Knochenöl gibt einen typischen Leimgeruch, und ebenso lassen sich rohes Rüböl, Senföl, Leinöl, sowie Harz- und Teeröle zumeist schon an dem für sie spezifischen Geruch erkennen. Vielfach wird jedoch der Zusatz fremder Öle durch andere Riechstoffe, wie Nitrobenzol, Amylazetat usw. völlig überdeckt.

4. Trübungen. Manche Öle scheinen bei gewöhnlicher Temperatur getrübt. Erwärmt man das Öl auf 50 bis 60^0 C und verschwindet die Trübung alsdann, so rührt sie von Paraffin her, welches entweder ursprünglich im Öle vorhanden oder auch zwecks Verdickung zugesetzt sein kann. Beim Abkühlen des Öles tritt

die Trübung wieder auf. Wenn indessen Wasser im Öl vorhanden ist, so wird das Öl erst bei höherer Temperatur völlig klar. Das Öl schäumt, es setzen sich Wassertropfen ab oder bei geringen Mengen tritt ein als „Knacken" oder „Stoßen" bekanntes eigenartiges Geräusch auf; die Wassernebel schlagen sich am oberen Teil des Glases nieder. Beim Abkühlen bleibt das Öl im Gegensatz zu obigen durch Paraffin bedingten Trübungen klar. Wasser im Öl kann die Schmierwirkung beeinträchtigen, und es wirkt bei der Dochtschmierung auch störend auf die Saugfähigkeit der Dochte.

Qualitativ läßt sich nach Holde Wasser im Öl in der Weise nachweisen, daß man einige Kubikzentimeter Öl in einem Reagenzglas, dessen Wände mit Öl benetzt sind, durch ein auf 150—160° bei Zylinderölen auf 180° erhitztes Paraffinbad erwärmt. Geringe Spuren Wasser geben sich durch Schäumen resp. durch Emulsionsbildung zu erkennen, oder durch das oben erwähnte knackende Geräusch.

Den Wassergehalt bestimmt man quantitativ nach der Methode von Marcusson. Abb 16.

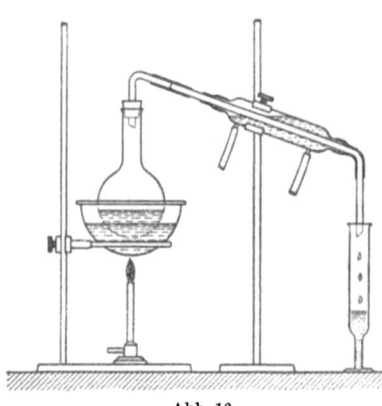
Abb. 16.

Eine gewogene Menge Öl (100 g, bei wasserreichen Ölen entsprechend weniger) wird unter Vorlegung eines graduierten unten eng ausgezogenen Zylinders nach Hofmann-Marcusson im Ölbade mit Xylol, das vorher durch Schütteln mit Wasser gesättigt wurde[1], unter Zugabe von trockenen Tonscherben destilliert bis etwa 80—90 ccm übergegangen sind. Die Menge des Wassers wird nach Ausspülen des inneren Kühlerrohres mit Xylol und Abstoßen der an der oberen Wandung des Zylinders haftenden Wassertropfen mit einem dünnen Glasstabe nach kurzem Erwärmen der Vorlage und Wiederabkühlen auf Zimmerwärme direkt abgelesen.

Verbessert ist diese Methode von Aufhäuser[2].

Bei einem Wassergehalt von weniger als 10% werden 100 g Öl in einem Rundkolben mit 100 ccm Xylol gemischt. Bei hohem Wassergehalt, entsprechend weniger Öl einwiegen. Die Anordnung des Meßrohres und des Rückflußkühlers ist aus der Abbildung ersichtlich. Destillationsgeschwindigkeit 2—3 Tropfen

---

[1] Nicht notwendig, wenn Xylol klar ist.
[2] Eine ausführliche Besprechung ähnlicher Verfahren gibt Kattwinkel: Glückauf 1926, 1413.

pro Sekunde. Ablesung erfolgt nach Abkühlung auf Zimmertemperatur. Meßfehler ±0,05. Toleranzen für Maschinenöle +0,1; für Zylinderöle +0,5; für Maschinenschmierfette +1. Abweichungen nach unten zulässig.

Handelt es sich um die Wasserbestimmung in Fetten, welche Seifen, speziell Natronseifen, enthalten, so setzt man zweckmäßig zur Vermeidung des Überschäumens etwas Magnesiumchlorid hinzu, wodurch jene in weniger schäumende Magnesiaseifen übergeführt werden. Man kann auch Kaliumbisulfat zugeben, um die Seifen zu zersetzen und in Fettsäuren überzuführen. Bei wasserhaltigen Teerölen und wo man Genauigkeiten unter 1% erzielen will, sowie auch dort, wo nur kleine Mengen für die Untersuchung zur Verfügung stehen, ist das Verfahren von K. Pflug anwendbar, dies beruht darauf die Temperaturerhöhung zu bestimmen welche sich bei der Reaktion: $MgSO_4 + 7 H_2O = MgSO_4 \cdot 7 H_2O + 13{,}7$ Cal entwickelt[1]. Äußerst geringe Wassermengen bestimmt man, indem man Pressluft durch das auf 120°C erwärmte Öl leitet und dann über Phosphorpentoxyd streichen läßt[2].

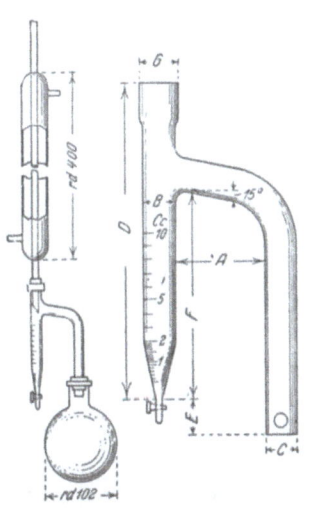

Abb. 17. Apparat zur Wasserbestimmung nach Marcusson-Aufhäuser.

Häufig finden sich auch mechanische Verunreinigungen, wie Holz, Sand, Fasern u. dgl., welche aus den Fässern herrühren oder sonstwie in das Öl hineingelangt sind. Bei hellen Ölen sind diese direkt in der Durchsicht zu erkennen, bei dunklen Ölen gibt man das Öl durch ein Sieb von $1/3$ mm Maschenweite. Zur quantitativen Feststellung der mechanischen Verunreinigungen löst man 5—10 g der gut durchgemischten Probe in 100—200 ccm Benzol und läßt über Nacht absitzen, gießt durch ein gewogenes Filter[3], welches nun sorgfältig mit Benzol nachgewaschen und dann bei 105° getrocknet wird. Man erhält so die Summe der im Öl vorhandenen Salze und Verunreinigungen. Wäscht man nun noch mit Wasser nach, so werden auch noch die Salze entfernt.

[1] Pflug: Chem. Ztg. 1927, 717/718.
[2] Reiner, E.T.Z. 1925. 1447/48.
[3] Schleicher u. Schüll: Nr. 589 Weißband.

Nach Trocknen bis zur Gewichtskonstanz ergibt sich aus der Differenz der Gewichte der Gehalt an wasserlöslichen Salzen. Bei Fetten werden 3—5 g mit einem Gemisch von 90 Teilen Benzin oder Benzol, mit 10 Teilen abs. Alkohol am Rückflußkühler gekocht, und dann die Lösung durch ein gewogenes Filter filtriert und weiter wie oben behandelt.

Prüffehler $+ 0,005\%$, Toleranz $= + 0,01\%$. Abweichungen nach unten zulässig.

Da in dunklen Ölen enthaltene Naphthenseife in Benzol unlöslich sind, ist es erforderlich vor der Wägung den Rückstand mit Alkohol zu extrahieren.

Zur Bestimmung des Gesamtgehalts von Wasser und Schmutz verwendet man zweckmäßig eine Zentrifuge (Abb. 18). Da der Schmutz zumeist aus Sand, Rost und Eisenteilchen aus den Fässern und Reservoiren besteht, setzt er sich am Boden der konisch zulaufenden Zentrifugenröhrchen ab und kann dann direkt abgelesen werden. —

In jedes Rohr werden genau 50 ccm Benzol (90%ig) und 50 ccm des Öls eingefüllt, gut gemischt und durch Einstellen in ein Wasserbad auf 40° C erwärmt. Nach 10 Minuten Zentrifugieren wird abgelesen, und diese Manipulation solange wiederholt, bis eine Zunahme nicht mehr festgestellt wird. Aus den Differenzen in den einzelnen Röhrchen wird das Mittel genommen. — $1/10$ Prozente bedeuten bei großen Vorratsmengen bereits wesentliche Wertminderung. —

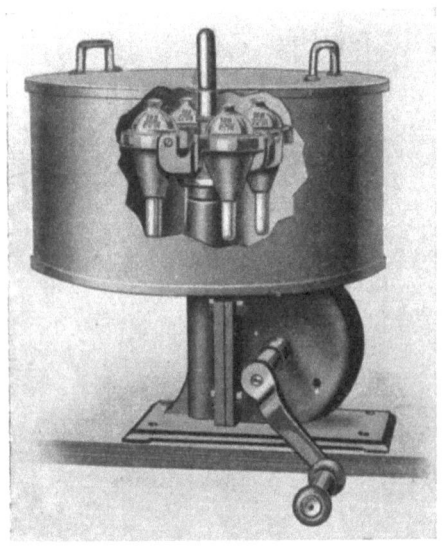

Abb. 18. Ölzentrifuge (Sommer und Runge).
(Aus Burstin, Untersuchungsmehoden).

c) Bestimmung der physikalischen Konstanten.

1. Im spezifischen Gewicht besitzen wir eine Konstante, um schnell und sicher Öle zu klassifizieren und bei Öllieferungen ihre Identität festzustellen. Wie bereits im Kapitel I bemerkt

wurde, sind Öle der verschiedenen Herstellungsländer in ihrem Gewicht wesentlich voneinander verschieden, so daß man aus dieser Konstanten gewisse Schlüsse auf die Provenienz des Öles ziehen kann. Aliphatische Öle (pennsylvanische) sind leichter als gleichviskose naphthenische (russische). Neben anderen Eigenschaften gibt das spezifische Gewicht auch einen Anhalt, ob ein reines Öl vorliegt. Da die Schmieröle nach Gewicht gehandelt und nach Volumen verbraucht werden, wird man bei sonst gleichen Verhältnissen stets das spezifisch leichtere vorziehen. Dieser Schluß ist allerdings nicht völlig konsequent, denn durch Versuche ist festgestellt worden, daß bei richtiger Schmierung, also wenn gerade nur soviel Öl durch entsprechende Einstellung des Tropfölers diesem entnommen wird, als zur ausreichenden Schmierung notwendig ist, die Differenz im spezifischen Gewicht keinen Einfluß hat. Die Dichte soll nur bei völlig entwässerten Ölen, die auch sonst frei von fremden Bestandteilen sind, ermittelt werden.

Zur Feststellung des spezifischen Gewichtes dienen folgende Methoden:

I. Mit dem Normal-Öläraometer, amtlich geeicht mit Thermometer für eine Temperatur von 20° bezogen auf Wasser von 4° gleich 1. Diese Spindeln lassen sich nur bei größeren Ölmengen verwenden.

Das zu untersuchende Öl wird in einen hohen Standzylinder von 5—6 cm Weite und 50 cm Höhe gegossen, man läßt dann das Aräometer langsam in das Öl hineingleiten und ca. ½ Stunde stehen. Man liest dann bei freischwebender Spindel am unteren Miniskus das spezifische Gewicht ab (Abb 19). Zugleich wird auch die Temperatur des Öles am Thermometer notiert. Hat man dunkle Öle zu spindeln, so liest man den oberen Miniskus ab, und addiert 0,0015 bzw. 0,001, je nachdem die Papierskala länger oder kürzer als 16 cm ist. Die Umrechnung auf die Normaltemperatur auf 20° erfolgt in der Weise, daß für jeden Grad über 20° C 0,0007 dem spezifischen Gewicht zugezählt wird, bei Messungen unter 20° von diesem abgezogen wird, bei Schmierölen aus Steinkohlen beträgt der Faktor 0,00065.

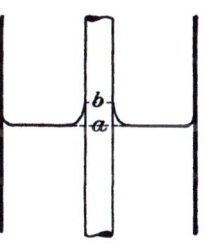

Abb. 19. Bestimmung des spez. Gewichts durch Spindeln.

Beispiel:

Abgelesenes Gewicht bei 19°	0,9055,
Korrektur für das Niveau	0,0010,
Korrektur für Temperatur $1 \times 0{,}0007$	0,0007,
Spezifisches Gewicht bei 20°	0,9072.

II. Sind nur kleinere Ölmengen für die Untersuchung vorhanden oder liegen dickflüssige Zylinderöle vor, bei denen die Spindel zu langsam einsinken wird, so bedient man sich des Pyknometers. Am praktischsten sind die von Dr. H. Göckel, Berlin N, welche ein Volumen von genau 10 ccm besitzen. Bei der Bestimmung mit diesem Apparat ist jede Umrechnung überflüssig. Es wird das Gewicht des mit Öl gefüllten Pyknometers festgestellt und dann durch 10 dividiert (Abb. 20.)

Das Verfahren ist also wie folgt: Man bestimmt zunächst das Leergewicht des Pyknometers, abzüglich der darin vorhandenen Luft (12 mg) und ferner das Gewicht des mit destilliertem Wasser gefüllten Pyknometers, woraus sich das Volumen ergibt (10 ccm). Dann füllt man das Instrument mit dem zu untersuchenden Öl und wägt wieder; der Quotient, nämlich das Ölgewicht dividiert durch das Volumen, ergibt das spezifische Gewicht.

Unter Umständen ist die obenangeführte Korrektur für die Temperatur anzubringen, wenn nämlich bei einer höheren oder niederen Temperatur als 20^0 gewogen wurde. Durch folgenden Kunstgriff kann man dieses Verfahren noch vereinfachen. Man stellt

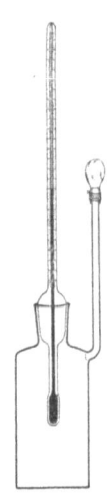

Abb. 20. Pyknometer.

auf die Gegenseite der Waage ein gleich großes Pyknometer, welches mit Schrotkügelchen derart austariert ist, daß es genau dem Gewicht des bei 20^0 mit Wasser gefüllten Pyknometer entspricht. Hierdurch wird die Korrektur der Luftverdrängung vermieden. Auf die Schalenseite des mit Öl gefüllten Pyknometers legt man nun soviel Gewichte auf, bis die Waage einspielt. Der Wert der aufgelegten Gewichte von 10 abgezogen und durch 10 dividiert, gibt das gesuchte spezifische Gewicht. Hat man also bis zum Einspielen der Waage auf die Seite des mit Öl gefüllten Instrumentes noch 0,2853 g aufzulegen, so heißt dies, daß ein Volumen von 10 ccm Öl 10 minus 0,2853 = 9,7147 g wiegt, mithin 1 ccm = 0,97147 g, entsprechend dem gesuchten spezifischen Gewicht.

Beim Einfüllen des Öles in das Pyknometer ist folgendes zu beachten. Im Öl dürfen keine Luftblasen vorhanden sein, beim Einsetzen des Thermometers soll nur am Halse angefaßt werden, um eine Erwärmung des Öles unter allen Umständen zu vermeiden. Das aus der Kapillare austretende Öl wird sorgfältig entfernt und alsdann die Kappe fest aufgesetzt. Nun spritzt man das noch anhaftende Öl vorsichtig mit Benzol oder Äther ab und trocknet schnell mit einem Leinwandlappen.

Stehen nur sehr kleine Mengen Öl zur Verfügung oder handelt es sich um sehr dickflüssige Öle, welche leicht Luftblasen einschließen, so verfährt man folgendermaßen:

Man füllt das Pyknometer etwa zu $^2/_3$ mit Wasser, wägt und gibt sodann das Öl oben drauf, setzt nun das Thermometer ein, wobei darauf zu achten ist, daß kein Wasser in das Steigrohr dringt. Bei sehr zähflüssigen Ölen, speziell solchen, deren Gewicht hoch, nahe an 1,0 ist oder gar über 1,0 ist, gibt man besser zuerst das Öl hinein, wiegt und füllt dann mit Wasser von 20° auf und wiegt nun wieder. Die Berechnung gestaltet sich wie folgt:

Ist G das Gewicht des Öles und s das Gewicht des Inhalts des mit Wasser aufgefüllten Pyknometers, so ist s — G = W das Gewicht resp. das Volumen des Wassers, mithin 10 — W das Volumen des Öles. Hieraus ergibt sich die Dichte des Öles
$$D = \frac{G}{10-W}.$$

Beispiel:

Gewicht des völlig mit Wasser von 20° gefüllten Pyknometers 33,1257
Gewicht des leeren Pyknometers 23,1257

Wasserwert = Volumen 10,0000

Gewicht des zu $^2/_3$ mit Öl gefüllten Pyknometers 26,1768
Gewicht des leeren Pyknometers 23,1257

Gewicht des Öles G = ... 3,0511

Gewicht des mit Öl und Wasser gefüllten Pyknometers . . . 32,6852
Gewicht des leeren Pyknometers 23,1257

S = 9,5595
G = — 3,0511

s — G = W 6,5084
10 — W = 3,4916

$$D = \frac{G}{10-W} = \frac{3,0511}{3,4916} = 0,8737$$

Eine sehr schnelle, einfache und dabei auch recht genaue Methode ist endlich die Bestimmung des spezifischen Gewichtes mit der **Westphalschen Waage**.

Der Gebrauch der Waage ist sehr einfach. Das Instrument besteht aus einem ungleicharmigen Wagebalken, dessen eines Ende mit einem Senkkörper von bestimmtem Volumen belastet ist und dessen Gewicht am anderen Ende durch ein Gegengewicht ausgeglichen ist. Beim Eintauchen des Senkkörpers in Wasser verliert es soviel von seinem Gewicht, als seinem Volumen entspricht, beispielsweise 10 g. Der Waagebalken ist nun in 10 gleiche Teile geteilt, mit Kerben versehen, zur Aufnahme der Reitergewichte, welche in der Größe von 0,1, 0,01, 0,001 und 0,0001 g vorhanden sind.

Taucht nun der Senkkörper in eine Flüssigkeit, beispielsweise in Öl, die leichter als Wasser, so müssen zum Ausgleich des Auftriebs eine gewisse Anzahl Gewichte in die entsprechenden Kerben aufgesetzt werden. Setzt man also 0,1 auf Kerbe 9, 0,01 auf 1, 0,001 auf Kerbe 5 und 0,0001 auf Kerbe 7, worauf die Waage nun genau einspielt, so liest man als spezifisches Gewicht ab: 0,9157. Der Senkkörper ist meist als Thermometer ausgebildet, so daß man direkt die Temperatur feststellen und eine entsprechende Korrektur anbringen kann (Abb. 21).

Diese Abbildung zeigt die Mohr-Westphalsche Waage, um für hochschmelzende Körper das spezifische Gewicht festzustellen. Die Substanz befindet sich im Reagenzglas, die Erwärmung erfolgt durch siedendes Wasser.

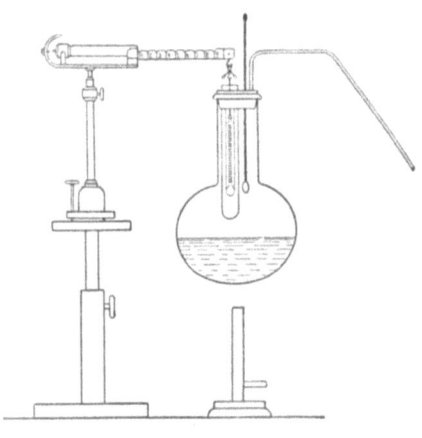

Abb. 21. Mohr-Westphalsche Waage für hochschmelzende Stoffe. (Aus Burstins Untersuchungsmethoden.)

Für Schiedsanalyse ist dieses Verfahren allerdings nicht mehr maßgebend.

IV. Die Alkoholschwimmethode ist anwendbar für die kleinsten Ölmengen, sofern dieselben in Alkohol unlöslich sind. Zu diesem Zwecke stellt man sich eine Reihe von Lösungen her mit wachsendem spezifischem Gewicht, z. B. 0,890, 0,895, 0,900 usw. Durch Eintropfen des zu untersuchenden Öles beobachtet man, ob das Öl schwimmt oder untersinkt und fügt nun zu dem Alkohol soviel Wasser oder absoluten Alkohol hinzu, bis der Öltropfen gerade in der Schwebe bleibt, also weder steigt noch untersinkt. Er hat dann mit der Lösung die gleiche Dichte. Das Gewicht der Lösung wird nun nach einer der vorhererwähnten Methoden festgestellt und ist mit dem des zu untersuchenden Öles identisch.

Das spezifische Gewicht kann niemals allein als Kriterium gelten, ob ein reines Öl vorliegt, sondern erst in Verbindung mit anderen Konstanten und Eigenschaften ist es ein Kennzeichen für die Reinheit resp. die Identität zwischen Kauf- und Lieferungsmuster.

Für technische Zwecke genügt die Angabe des spezifischen Gewichtes bis auf drei Dezimalen, bei genaueren Arbeiten ist der Meßfehler beim Spindeln $\pm$ 0,001, mit dem Pyknometer $\pm$ 0,0005.
— Die Toleranz beträgt 0,005; Abweichungen nach unten sind zulässig.

2. Zähflüssigkeit.

Die Zähflüssigkeit oder Viskosität bildet für die Prüfung der Schmieröle immer noch eines der wichtigsten Kennzeichen für die Auswahl und Eignung der Öle. Aus ihr läßt sich beurteilen, inwieweit das Öl befähigt ist, die Reibung zwischen den bewegten Metallflächen zu vermindern.

Über die theoretischen Grundlagen der Zähflüssigkeit und die sich daran anschließenden wissenschaftlichen Erörterungen wird in dem Abschnitt über technische Ölprüfung berichtet, worin auch über die Beziehungen zwischen Viskosität, Schlüpfrigkeit und Schmierergiebigkeit eingehend gesprochen werden soll. Nach Hill und Coats[1] besteht eine logarithmische Beziehung zwischen Sayboltviskosität und spezifischem Gewicht und zwar ergibt sich eine „Viskositäts-Gewichtskonstante", die für jede Rohölsorte charakteristisch ist.

Was die Beziehungen zwischen Konstitution des Öles und seine innere Reibung anbetrifft, so haben Dunstan und Thole[2] folgende Hypothese aufgestellt: Der wirklich schmierende Anteil der Öle sind die ungesättigten Verbindungen, welche Jod, Brom und Sauerstoff absorbieren und in Schwefelsäure löslich sind. In ihnen ist das Verhältnis von Kohlenstoff zu Wasserstoff größer als in den gesättigten Verbindungen. Dieselben Verhältnisse finden wir bei den entsprechenden fetten Ölen. Ein gewisser Gehalt an ungesättigten Kohlenstoffverbindungen bedingt mithin eine gute Schmierwirkung, jedoch darf dieser Gehalt nicht so groß sein, daß durch Oxydation und Polymerisation schädliche Verharzungserscheinungen auftreten. Die vielkernigen, also naphthenreichen Kohlenwasserstoffe neigen verhältnismäßig wenig zu chemischer Veränderung. Aus dieser Theorie erklärt sich, daß die naphthenreichen russischen Schmieröle von ausgezeichneter Qualität sind. Zweifelsohne enthalten die Öle gewisse Stoffe wie Paraffin und Asphalt in kolloidaler Lösung. Durch allzu energische Raffination mit Schwefelsäure werden die kolloidal gelösten Stoffe beseitigt und die Folge ist, daß die Viskosität stark abfällt und gleich-

---
[1] Ind. u. Eng. Chem. 1928, 641.   [2] Petr. 1920, 786.

zeitig die wesentlichen Schmierbestandteile beseitigt werden. Nach Spilker[1] ist die Schmierfähigkeit durch folgende konstitutionelle Eigenschaften der Moleküle bedingt: Ringförmige Kohlenwasserstoffe, die durch anhängende aliphate Ketten eine sperrige Form erhalten, scheinen besonders gute Schmierstoffe zu geben. Es konnte jedoch nicht festgestellt werden, daß, wie beispielsweise bei den Farbstoffen, bestimmte Molekülgruppen und Molekülkonstellationen die Schmierfähigkeit bedingen. Es gelang Spilker durch Kondensation von Benzolhomologen schmierölähnliche Produkte herzustellen.

Die Viskosität ist nun aber keineswegs allein bestimmend für die Schmierfähigkeit eines Öles, vielmehr spielen noch eine ganze Anzahl anderer Eigenschaften zur Beurteilung dieses Wertes eine nicht unwesentliche Rolle. Es sind hier zu nennen vor allem die Benetzbarkeit, das Haftvermögen, die Ergiebigkeit usw., um ein Gesamturteil über die Eignung auszusprechen. Bestimmend für die Wahl ist endlich der Verwendungszweck des Öles. Schwere Lager verlangen viskosere Öle als leichte Lager und schnelllaufende Spindeln. Infolgedessen unterscheidet man mit Bezugnahme auf die verschiedenen Verwendungszwecke vier Klassen von Schmierölen, die sich in ihren Viskositäten wie folgt unterscheiden:

I. Spindelöle
Viskosität bei 20^0 . . . . bis 8 E
II. Leichte Maschinenöle
Viskosität bei 50^0 . . . . $2\frac{1}{2}$—$6\frac{1}{2}$ E
III. Schwere Maschinenöle
Viskosität bei 50^0. . . . . über 7 E
IV. Zylinderöle
Viskosität bei 100^0 . . . . ,, 2 E

Zur Bestimmung der Zähflüssigkeit oder Viskosität werden in der Praxis eine Reihe von Apparaten verwendet, welche indessen unglücklicherweise nur die relativen Werte anzeigen, so daß Vergleichszahlen zwischen den in den verschiedenen Ländern gebräuchlichen Apparaten nur durch Umrechnung über die absoluten Werte möglich sind.

In Deutschland bestimmt man die Viskosität mit dem **Engler-Holdeschen Viskosimeter**, in England verwendet man den **Redwood-Apparat** und in Amerika ist das **Saybolt-Viskosimeter** allgemein üblich.

Unter Engler-Viskosität versteht man den Quotienten der

---

[1] Z. f. angew. Chem. 1926, 997.

Ausflußzeiten einer bestimmten Ölmenge und einer gleichen Menge Wasser von 20⁰ C beim Hindurchgang durch eine Kapillare, deren Dimensionen genau festgelegt sind. Es ist im allgemeinen üblich, die dünnflüssigen Spindelöle bei 20⁰ C, die Maschinenöle bei 50⁰ C und die zähflüssigen Zylinderöle bei 100⁰ C ausfließen zu lassen. Man spricht daher von Engler-Viskosität bei 20⁰, 50⁰ und $100^0 = E_{20}$, E_{50} und E_{100}. Die Konstruktion des Apparates zeigt Abb. 22. Der Apparat besteht aus Messing, die Dimensionen des Gefäßes wie der Kapillare sind genau festgelegt und aus Abb. 23 ersichtlich. Besondere Sorgfalt muß darauf verwendet werden, die Kapillare sauber und unversehrt zu erhalten, sie wird daher meist aus Platin hergestellt oder zum mindesten platiniert. In den Ausführungsformen sind die Apparate

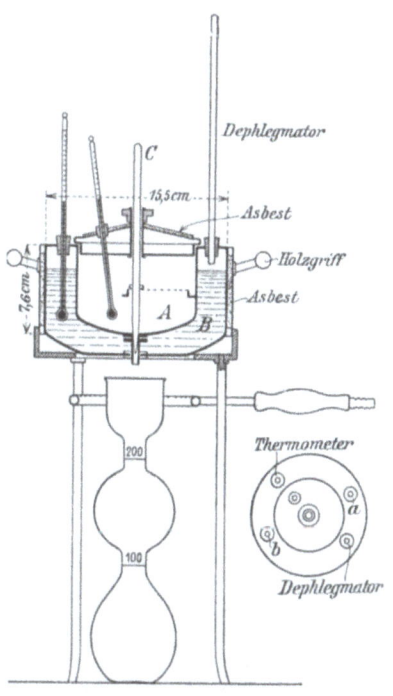

Abb. 22. Viskosimeter Engler-Holde.

recht verschieden, da im Laufe der Zeit immer wieder neue Verbesserungen angebracht worden sind, beispielsweise elektrische Beheizung, automatische Einstellung des Ölniveaus usw. Im Prinzip der Konstruktion sind jedoch alle Apparate unverändert geblieben.

Das Ausflußgefäß A dient zur Aufnahme des zu untersuchenden Öles und wird beim Versuch soweit gefüllt, daß die an den Seiten angebrachten Markenspitzen gerade bedeckt sind. Die horizontale Einstellung des Apparates wird durch

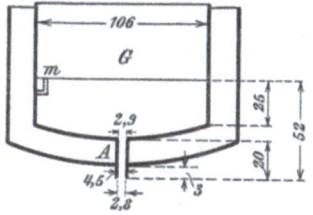

Abb. 23. Abmessungen des Engler-Viskosimeters.

Stellschrauben an den Füßen bewirkt. Das Ausflußröhrchen wird durch den Holzstab C geschlossen. Derselbe ragt aus der Mitte des Deckels heraus. Das Erwärmungsbad B wird mit Wasser gefüllt und durch den verschiebbaren Kranzbrenner auf die gewünschte Temperatur gebracht. Sowohl im Heizbad wie im Ausflußgefäß befinden sich geeichte Thermometer. Am Verschlußstab befindet sich ein Drahtstift, welcher in einen unter dem Deckel befindlichen Haken eingreift, so daß beim Anheben des Stabes seine Spitze aus dem Öl herausragt. Das ausfließende Öl wird in einem geeichten Kolben aufgefangen, der bei 100 und 200 ccm je eine Marke trägt. Zur Füllung des Heizbades verwendet man zur Erreichung von Temperaturen unter 100° Wasser, für höhere Temperaturen Öl oder Glyzerin. Nach Holde findet hierbei eine Überhitzung der Ausflußkapillare statt. Man kann daher, um diesen Übelstand zu vermeiden, auch Wasser als Heizflüssigkeit verwenden, sofern man sich eines geschlossenen Heizbades bedient, welches mit einem Dephlegmatorrohr und einem Druckregler versehen ist, um die Druckschwankungen des Barometers auszugleichen. Die dem Englerschen Viskosimeter anhaftenden Fehler werden durch das verbesserte Holdesche-Metallviskosimeter[1] vermieden (Abb. 24).

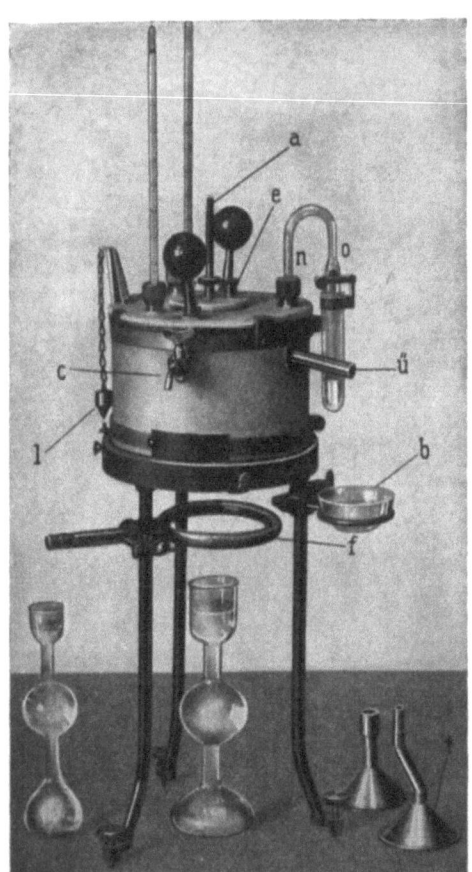

Abb. 24. Metallviskosimeter von Holde. (Aus Holde, Kohlenwasserstofföle. 6. Aufl.).

---
[1] Holde: Kohlenwasserstofföle. 6. Aufl., S. 30. Berlin: Julius Springer 1924.

Versuchsausführung im Engler-Apparat. Bei den Versuchen ist in folgender Weise zu verfahren. Das Öl wird in das Gefäß A bis zu den Marken eingefüllt, und zwar sollte man prinzipiell alle Öle durch ein feines Sieb von 0,3 mm Maschenweite geben, damit keine feinen mechanischen Verunreinigungen in den Apparat und damit in die Kapillare gelangen, wodurch die Bestimmung natürlich illusorisch wird. Das Heizbad wird etwas über die gewünschte Temperatur erhitzt und unter öfterem Umrühren durch Drehen des Deckels um den zentralstehenden Holzstab, so lange gewartet, bis das zu probende Öl genau die gewünschte Temperatur erreicht hat. Die Temperatur des Wasserbades soll sein:

bei einer Versuchstemperatur von 20°... 20° C
,, ,, ,, ,, 50°... 50,25° C
,, ,, ,, ,, 100°... 101° C.

Durch Lüften des Deckels überzeugt man sich zuvor, daß die Markierungsspitzen gerade bedeckt sind. Durch die Wärmeausdehnung steigt das Öl nämlich beträchtlich. Ist das Gefäß zu voll, so muß der Überschuß zuvor abgelassen werden. Nun läßt man in das darunter gestellte Meßgefäß einlaufen und beobachtet an Hand einer Stoppuhr die Zeit, bei der 100 resp. 200 ccm Öl durchgelaufen sind. Während des Auslaufens ist nur die Temperatur im Wasserbad konstant zu halten, während im Ölgefäß die Temperatur sinkt, weil die Thermometerkugel vom Öl befreit wird. Die Englergrade berechnen sich dann bei einer Versuchstemperatur von beispielsweise 50° aus dem Quotienten der Durchlaufszeit des Öles und der von 200 ccm Wasser von 20°. Die Durchlaufszeit des Wassers ist der sog. Wasserwert des Apparates; er wechselt für jedes Instrument und wird bei jedem Apparat in einem beigefügten Eichscheine angegeben. Diese Scheine werden ausgestellt von der physikalisch-technischen Reichsanstalt in Charlottenburg, dem Materialprüfungsamt in Berlin-Lichterfelde und der Badischen Prüfungs- und Versuchsanstalt in Karlsruhe in Baden.

Der Wasserwert darf bei richtig dimensionierten Apparaten zwischen 50,5 und 52,0 Sek. schwanken.

Beispiel:

Wasserwert des Apparates . . . . . 50,5 Sek.
Auslaufzeit des Öles bei 50° . . . . 3 Min. 30 Sek.
Englerviskosität bei 50°. . . . . . . $\frac{210 \text{ Sek.}}{50,5 \text{ Sek.}} = 4{,}16$

Die Mängel des Englerschen Viskosimeters bestehen in der Hauptsache darin, daß verhältnismäßig viel Öl (240 ccm) notwendig sind, in der Schwierigkeit die genaue Temperatur einzustellen[1], stets genau das Ölniveau auf die drei Markenspitzen zu bringen, speziell wenn eine Bestimmung wiederholt werden oder aber eine neue Bestimmung bei höherer Temperatur vorgenommen werden soll. Das Metallviskosimeter von Holde vermeidet diese Nachteile. Ich gebe nachstehend die wörtliche Beschreibung aus dem Holdeschen Buche:

„Der Apparat faßt bis zum Überlauf etwa 120 cm^3 Flüssigkeit. Als Maßstab der Zähigkeit gilt die Ausflußzeit von 120 cm^3 Öl. Dadurch, daß das Ölgefäß wesentlich schmäler, nur ein Wasserbad benutzt wird und dieses breiter ist als beim Engler-Apparat, ist die schnellere Erwärmung des Öles bei geringerem Ölquantum möglich. Die Auffüllhöhe ist automatisch durch das Überlaufrohr $ü$ fixiert. Der Überschuß an Öl wird in dem Schälchen b aufgefangen. Durch die zentrierte Erhitzung des Wasserbades mittels des Ringbrenners f genügen schon die normalen Wärmeströmungen zur Verteilung der Temperatur. Für Versuche bei 100° mit siedendem Wasser benutzt man den Druckregler no. Das Öl wird durch eine Tülle e im Deckel mittels Trichter t eingefüllt. Lot l dient nebst den Schrauben an den Füßen des Apparates zur lotrechten Einstellung des Apparates. a ist der Verschlußstift für das eingefüllte Öl, c ein Ablaßhahn für überschüssiges Wasser im Wasserbad.

Je nach der Zähigkeit des Öles werden zwecks Abkürzung der Versuchsdauer bei Auffüllung bis zum Überlauf die Ausflußzeiten von 25 und 50, oder 50 und 100 cm^3 Öl in dem abgebildeten Meßkolben bestimmt. Als Umrechnungsquotienten von 50 auf 100 cm^3 Ausflußzeit dient der Faktor 2,65, von 25 auf 100 cm^3 5,91.

Man kann aber auch bei noch kleinerer Ölmenge, z. B. 50 cm^3 oder 25 cm^3, die man aus einem Meßzylinder eventuell nach vorheriger mäßiger Erwärmung einfüllt, die Ausflußversuche ausführen und dabei folgende Quotienten zur Berechnung von 100 cm^3 Ausflußzeit (bei normaler Auffüllung) anwenden: 3,22 bei 50 cm^3 Auffüllung und 25 cm^3 Ausflußmenge, 2,92 bei 25 cm^3 Auffüllung für 20 cm^3 Ausflußmenge.

Die Umrechnung der nach diesem Apparat festgestellten Viskosität auf Engler-Grade s = Sekunden pro 100 ccm erfolgt nach der Formel

$$E = 0{,}308 + 0{,}015475 \cdot s + 0{,}0000000607 \, s^2.$$

---

[1] Nach Schlüter, H. (Chem. Ztg. 1927, 565 ff.) wird als Innenthermometer ein knieförmig gebogenes empfohlen, weil hierbei bis zuletzt die Quecksilberkugel mit Öl bedeckt ist. (Herst.: Dr. H. Göckel. Berlin NW 7.)

Dem Apparat liegt eine Tabelle bei, aus der die Viskositäten direkt abgelesen werden können [1]."

Um einen ungefähren Anhalt zu haben, welche Zähflüssigkeit das gleiche Öl bei 20°, bzw. bei 50° aufweist, oder wenn man die Viskosität bei 50 kennt, wie groß dieselbe bei 100° ist, diene eine empirische Tabelle, die von Schwarz in den Mitteilungen des Materialprüfungsamtes 1909 Seite 21 veröffentlicht wurde.

	20°		50°
leichte Maschinenöle	etwa 8	entspricht	etwa 2,5
	„ 15—20	„	„ 3—4,5
schwere Maschinenöle	20—40	„	4—6,5
	40—50	„	6—7,5
	50—60	„	7—9
	50°	„	100°
Zylinderöle . . .	25—40	„	3,5—5
	45	„	5,1—5,5
			(meist 5,4—5,5)
	50	„	etwa 6

Besondere Bemerkungen. Das Öl muß für die Bestimmung möglichst wasserfrei sein. Enthalten die Öle größere Mengen von Pechteilen oder Paraffinkristallen, so ändert sich die Viskosität je nach dem Zustande, unter welchem sich das Öl vorher befunden hat. Man prüft daher solche Öle zweckmäßig bei Temperaturen, bei denen die suspendierten Anteile geschmolzen sind. Fließt ein Öl sehr langsam, so kann man die Versuche abkürzen, indem man, wie bereits erwähnt, geringere Mengen aus dem Apparate ausfließen läßt. Es ist dann nur erforderlich, die Ausflußzeiten mit empirisch gefundenen Faktoren zu multiplizieren, um die für 200 ccm gültigen zu finden. Diese Faktoren sind beim Engler-Apparat, für 20 ccm 11,95

„ 50 „ 5,03

„ 100 „ 2,353.

Man verwendet in diesem Falle entsprechend kleiner dimensionierte Gefäße, doch ist zu beachten, daß diese Faktoren nur dann Gültigkeit haben, wenn die Zähflüssigkeit größer als 3,5 ist [2].

Sehr häufig tritt der Fall ein, daß man für die Untersuchung nicht genügend Material zur Verfügung hat. In diesem Falle kann man entweder geringere Ölmengen in das Viskosimeter einfüllen, oder man bedient sich des sog. Zehntelgefäßes.

Nach Gans [3], Offermann und Edeleanu sind folgende Umrechnungskoeffizienten ermittelt:

---

[1] K. Scheel, Petr. 15, Nr. 9. 1919/20.
[2] s. a. Bleyberg, W.: Petr. 1928, 1416.
[3] Chem. Umsch. 1899, S. 221.

bei Auffüllung von 25 45 45 50 60 120 ccm und
Ausflußmenge von   10 20 25 40 50 100 ccm
ist für die Ausflußzeit von 200 ccm zu multiplizieren mit:
13; 7,25; 5,55; 3,62; 2,79; 1,65.

Bei dem sog. Zehntelgefäß arbeitet man mit 25 ccm und läßt 20 ccm Öl ausfließen; die Dimensionen eines in das normale Viskosimeter einschraubbaren kleineren Gefäßes sind derart, daß der gefundene Wert nur mit 10 multipliziert zu werden braucht, um den wahren Englerwert direkt zu erhalten. Die Bedienung erfolgt in gleicher Weise wie beim gewöhnlichen Engler-Viskosimeter. Näheres ist aus Abb. 25 ersichtlich.

Eine wesentliche Vereinfachung gegenüber den bisher beschriebenen Viskosimetern bedeutet das Vogel-Ossag-Viskosimeter [1] (Abb. 26). Sein Hauptvorzug besteht darin, daß für die Bestimmung der Viskosität 15 ccm genügen. Die Bestimmungen können bei jeder Temperatur vorgenommen werden und

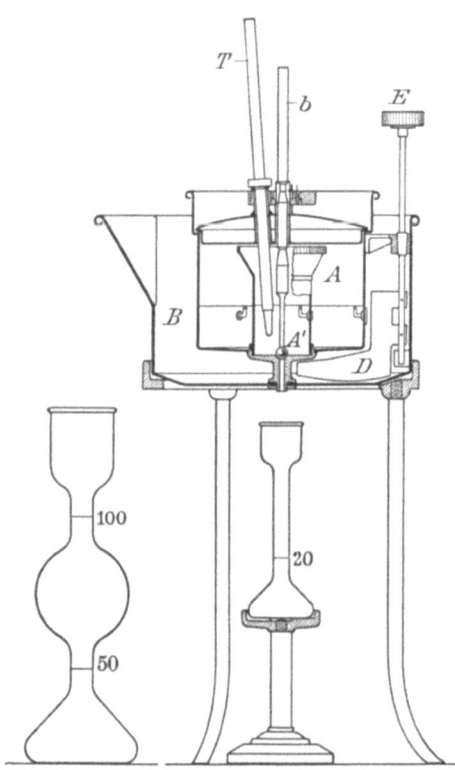

Abb. 25. Viskosimeter mit Zehntelgefäß nach Engler-Ubbelohde.

ist es nicht erforderlich, den Apparat jedesmal zu reinigen. Ein besonders großer Vorzug des Apparates ist darin zu erblicken, daß man mit dem Vogel-Ossagschen Viskosimeter keine Relativzahlen erhält, sondern absolute Zahlen, nämlich die Werte für die absolute

---

[1] Hersteller Sommer & Runge, Berlin. Vogel: Z. angew. Chem. 1922, 561; 1929, 892.

Zähigkeit. Der Apparat gibt nämlich die kinematische Viskosität, also den Quotienten aus absoluter Zähigkeit und dem spez. Gewicht an und da das spez. Gewicht als solches im allgemeinen bekannt, läßt sich die absolute Zähigkeit ohne weiteres feststellen. Durch entsprechende Faktoren können alle gebräuchlichen Viskositäten wie Engler, Redwood und Saybolt leicht errechnet werden.

Im wesentlichen besteht der Apparat aus einer mit zwei Marken versehenen Pipette, aus der die zu messende Flüssigkeit durch ihr eigenes Gewicht herausfließt. Das Öl wird aus einem Vorratsgefäß t durch Ansaugen entnommen, gemessen wird die Zeit des Durchflusses zwischen den Marken m_1 und m_2. Das Vorratsgefäß ist mit einem Überlauf und einer Galerie versehen, so daß sich auch bei steigender Temperatur die Druckhöhe stets automatisch einstellt. Dem Apparat ist eine genaue Gebrauchsanweisung beigegeben, so daß hier auf Einzelheiten nicht näher eingegangen werden soll. Die abgestoppte Zeit ist mit der für jeden Apparat festgestellten Kennziffer k zu multiplizieren und er-

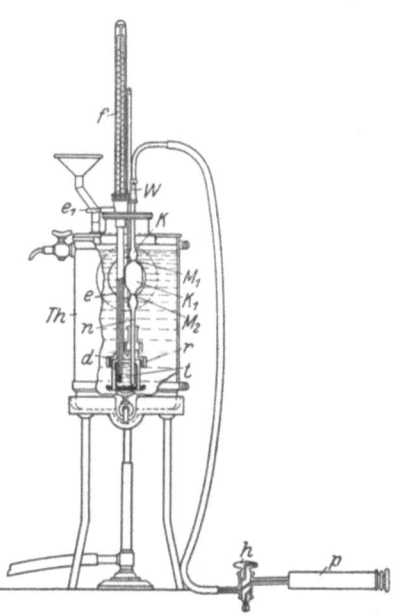

Abb. 26. Vogel-Ossag-Viskosimeter.

gibt dann die kinematische Viskosität $V_k = \dfrac{100\,\eta}{s} = 100\,v$, wo η die absolute Zähigkeit, s das spez. Gewicht der Flüssigkeit bei der Meßtemperatur bedeutet. Nach einer Tabelle können aus den so gefundenen Werten direkt die Engler-, bzw. Redwood- und Saybolt-Grade entnommen werden.

Es möge auch erwähnt sein, daß von Ubbelohde „Tabellen zum Englerschen Viskosimeter" herausgegeben worden sind[1]. Sie sind insofern außerordentlich bequem, als man aus ihnen die Werte für 50, 100 und 200 ccm Ausflußmenge direkt nebeneinander stehen hat und ebenso die Zahlen für die Wasserwerte von

---

[1] Leipzig: S. Hirzel.

50 bis 52 Sek. von je 0,5 zu 0,5 Sek.; ferner die sog. Zähigkeitsfaktoren Z, aus denen die spezifischen und absoluten Zähigkeiten errechnet werden können. Verbesserte Werte hat Scheel bestimmt und zwar für den vorgenannten Holdeschen Apparat. Die nach den angeführten Formeln berechneten Zahlenwerte erlauben aus den beobachteten Ausflußzeiten verschiedener Flüssigkeitsmengen unmittelbar den Englergrad und die Zahlenwerte der mit 100 multiplizierten absoluten Zähigkeit zu entnehmen, welche wiederum mit der spezifischen Zähigkeit des Wassers von 20,2° C übereinstimmen, s. S. 103. Es hat auch nicht an Bemühungen gefehlt, chemisch genau definierte Körper als Eichflüssigkeiten für Viskosimeter auszuwählen[1].

Während in Deutschland fast ausschließlich nach Engler-Viskosität gearbeitet wird, wird in England nach Redwood, in Amerika nach dem Sayboltschen Viskosimeter die Zähflüssigkeit bestimmt. Dieses letztere ist seit dem Jahre 1919 als Saybolt-Universal als Standard-Instrument eingeführt.

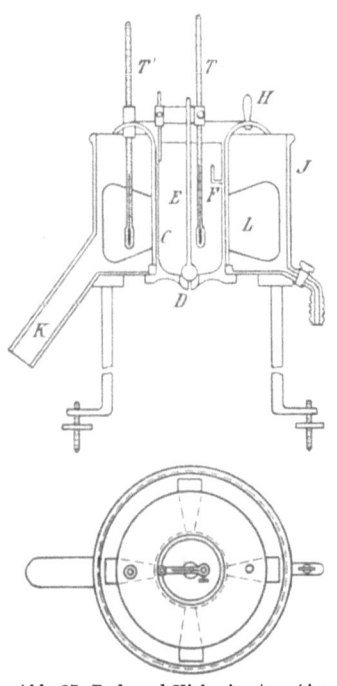

Abb. 27. Redwood-Viskosimeter. (Aus Holde, Kohlenwasserstofföle. 6. Aufl.)

Da sich nun der Import der Schmieröle nach Deutschland in der Hauptsache aus Amerika und England vollzieht, ist man genötigt, auch nach diesen Methoden arbeiten zu müssen, oder zum mindesten doch ein Öl auf Grund jener Zahlen zu beurteilen. Im Prinzip sind diese beiden Apparate dem Englerschen überaus ähnlich. Der Redwood-Apparat besteht aus einem zylindrischen Gefäß, das bis zur Marke mit dem Öl gefüllt wird, bei einer bestimmten Temperatur läuft das Öl aus der am Boden befindlichen Kapillare, die aus Achat besteht — Länge = 10 mm, $\emptyset = 1,6$ mm —, in einen 50 ccm fassenden Kolben. Die Zeit in Sekunden ergibt direkt die Redwoodzahl. (Abb. 27.)

Beim Saybolt-Viskosimeter sind die Ausmaße etwas andere,

---

[1] Z. angew. Chem. 1928, 375.

näheres ist aus der nebenstehenden Zeichnung ersichtlich (Abb. 28). Die gleichmäßige Füllung des Apparates wird dadurch bewirkt, daß am oberen Rande eine Überlaufrinne angebracht ist. Beobachtet wird die Auslaufszeit von 60 ccm. Die Ausführungen der Apparate sind z. Zt. so genau, daß verhältnismäßig gut übereinstimmende Werte erzielt werden. Die Temperaturen, bei denen man die Viskositäten bestimmt, sind beim Redwood-Apparat bei 70^0 F ($21{,}1^0$ C), 100^0 F ($37{,}8^0$ C), 140^0 F (60^0 C), 212^0 F (100^0 C), beim Saybolt-Apparat bei 100^0 F ($37{,}8^0$ C), 130^0 F ($54{,}4^0$ C) und 210^0 F ($98{,}9^0$ C). Schwierig und umständlich ist die Umrechnung und der genaue Vergleich von Engler-Viskositäten mit den in den englisch sprechenden Ländern üblichen; denn die Relativzahlen (Engler, Redwood, Saybolt) geben nicht die wirkliche Zähigkeit des Öles. Man gelangt hierzu nur durch die Feststellung der kinematischen Zähigkeit. (Vogel-Ossag-Viskosimeter.) Untenstehende Tabelle gibt neben kinematischer Zähigkeit, und Englergrad, auch Redwood- und Sayboltsekundenzahlen an[1] (s. S. 98).

Für größere Werte von E gelten die Gleichungen:

$$V = 0{,}076\,E$$
$$R = 31{,}05\,E$$
$$S = 36{,}50\,E$$

Die Tafelwerte gelten als unabhängig von der Bestimmungstemperatur.

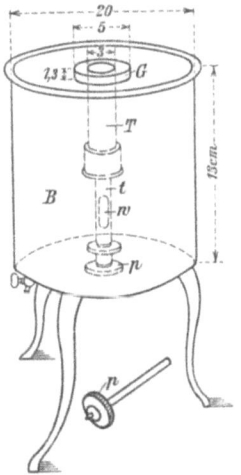

Abb. 28. Saybol-Viscosimeter. (Aus Holde, Kohlenwasserstofföle. 6. Aufl.)

Genaue Umrechnungsfaktoren sind von Roy Cross errechnet worden[2].

Über die Genauigkeit der Viskositätsbestimmungen ist zu sagen, daß durch die große Anzahl der Fehlerquellen wie falscher Eichwert, ungenaue Temperatur, verschmutzte Kapillare, falsches Niveau, ungenaue oder verschmutzte Meßkolben, falsche Messung der Zeit eine genaue Übereinstimmung verschiedener Meßwerte erschwert wird. Bei gewissenhaftem Arbeiten jedoch sind die Unterschiede der von ein und derselben Person bestimmten Viskositäten nicht größer als ± 1%, beim Vogel-Ossag-Viskosimeter ± 2%.

---

[1] s. Richtlinien S. 72.
[2] A Handbook of Petroleum, Asphalt and Natural Gas von Roy Cross, Kansas City Testing Laboratory 1919. Holde: Kohlenwasserstofföle. 215 ff.

Tafel zur Umrechnung von Engler-Graden, Redwood und Saybolt-Sekundenzahlen in kinematische Zähigkeit.

Absolute Viskosität	Relative Viskositäten		
Kinematische Zähigkeit ν cm²/sek.	Engler-Grade E sek./sek.	Redwood-Sekundenzahl R sek.	Saybolt-Sekundenzahl S sek.
0,010	1,00	26,7	28,1
0,018	1,10	29,4	31,1
0,028	1,20	32,5	34,5
0,039	1,30	35,4	38,0
0,050	1,40	38,5	41,5
0,0625	1,50	41,8	45,6
0,0745	1,60	45,1	49,6
0,085	1,70	48,0	53,2
0,096	1,80	51,2	56,9
0,107	1,90	54,5	61,1
0,118	2,00	57,9	65,3
0,128	2,10	61,1	69,4
0,138	2,20	64,5	73,2
0,148	2,30	67,8	77,2
0,157	2,40	70,9	81,2
0,166	2,50	73,9	85,2
0,211	3,00	90,8	105,0
0,254	3,50	106,4	124,4
0,293	4,00	122,0	143,1
0,333	4,50	137,8	162,0
0,373	5,00	153,7	181,1
0,412	5,50	169,6	199,5
0,451	6,00	185,0	218,0
0,529	7,00	217,0	255,5

Nach den „Richtlinien" betragen die Toleranzen, also die höchst zulässigen Abweichungen der festgestellten von der vereinbarten oder garantierten Viskosität:

bei einer Prüftemperatur von 20° C bis zu 10° E $\pm$ 1° E
,, ,, ,, ,, über 10° E $\pm$ 10%
,, ,, ,, ,, 50° C bis zu 10° E $\pm$ 0,5° E
,, ,, ,, ,, über 10° E $\pm$ 5%
,, ,, ,, ,, 100° C $\pm$ 10%.

Die Prozentzahlen beziehen sich auf den gefundenen Wert. Die vorerwähnten Methoden der Viskositätsbestimmung gelten nur für homogene Flüssigkeiten, z. B. nicht für Emulsionsöle und stark paraffinhaltige Öle, sofern die Bestimmung bei diesen nicht mindestens 30—50° über dem Stockpunkt ausgeführt wird.

Die Viskositäten stellen keine additiven Größen dar. Es läßt sich daher die Zähflüssigkeit von Mischungen nicht ohne weiteres aus den Viskositäten der einzelnen Komponenten errechnen. Man findet vielmehr stets Werte, die niedriger sind; das dünnere Öl macht also seinen Einfluß stärker geltend. Es hat nicht an Versuchen gefehlt, Formeln aufzustellen, nach denen man aus zwei Ölen bekannter Viskosität die Zähflüssigkeit der Ölmischung errechnen kann. Zwar hat Schwedhelm und Oehlschläger [1] eine einigermaßen brauchbare Formel aufgestellt. Schwedhelm führt hierbei eine Mischungskonstante d ein, welche für jede Ölprovenienz zunächst errechnet werden muß. Oehlschläger dagegen stellt eine ganz allgemeine Formel auf und zwar ist, wenn $E_1 E_2$ die Engler-Viskositäten der einzelnen Komponenten sind und n_1 und n_2 ihre Mengen, die Zähigkeit des Gemisches:

$$E_{12} = \frac{n_1 E_1 + k n_2 + E_2}{n_1 + k n_2}$$

Hierbei ist $k = \sqrt{E_1 E_2}$. Inwieweit diese Formel ihre empirisch gefundene Gültigkeit auch bei Mischungen behält von sehr viskosen mit sehr dünnen Ölen verschiedener Provenienz mag dahingestellt bleiben. Das ergibt sich schon daraus, weil die Engler-Viskositäten keine wissenschaftliche Bedeutung haben [2].

Sehr groß ist die Zahl der auf anderen Prinzipien konstruierten Apparate zur Feststellung der Zähigkeiten hochviskoser Flüssigkeiten. In der Praxis haben wenige bisher Eingang gefunden. Erwähnt seien der Fallapparat von Fischer [3], sowie von Gibson, Jacobs und Sheppard [4], welche speziell für hochviskose Öle geeignet und aus der Fallzeit einer Kugel die Zähigkeit ermitteln. Ferner sei erwähnt der Apparat von Mac Michael [5], bei welchem die Zähigkeit durch die Torsionskraft festgestellt wird. Äußerst interessant ist endlich der Apparat von Dallwitz-Duffing [6], bei dem die absolute Zähigkeit aus der Steighöhe eines Ölstrahles gemessen wird, welcher unter einem bestimmten Druck aus einer

---

[1] Schwedhelm: Chem. Ztg. 1920, 638, 1921, 41; Oehlschläger: Z. V. d. J. 1918, 422.
[2] Eine bessere Formel gibt Walther in seinem Buch: Schmiermittel. Dresden: Th. Steinkopff.
[3] Chem. Ztg. 1920, 623.   [4] C. 1918, 4084.
[5] C. 1920, 213. Ind. Eng. Chem., 18, 527 (1926), 15, 1112 (1923).
[6] Holde: Kohlenwasserstofföle. S. 211.

Kapillare austritt, sowie der Skalenviskosimeter von Dallwitz-Wegner[1]. Von Albrecht und Wolff[2] ist ein Pendelzähigkeitsprüfer beschrieben, der speziell für die Prüfung der Zähigkeit von reinen und verschmutzten Ölen, von Suspensionen und Emulsionen (graphitierten Fetten und Maschinenfetten) in wenigen Minuten bei Temperaturen bis 300°C geeignet ist. Notwendige Substanzmenge beträgt nur 200 ccm. Die Prüfdauer ist um so kleiner je dicker das Öl ist und ist es ohne Umbau und Reinigung möglich die Temperaturkurve aufzunehmen. Der persönliche Beobachtungsfehler wird durch selbständige Aufzeichnung ausgeschaltet. Es werden nämlich die Schwingungen, die das Pendel in der Flüssigkeit ausführt optisch übertragen und aufgezeichnet. Die Dämpfung dieser Schwingungen ist das Maß für die Zähigkeit der untersuchten Substanz. Je viskoser das Öl, um so größer die Dämpfung[3].

Eine zusammenfassende Arbeit über Zähigkeitsmessungen und Untersuchung von Viskosimetern findet sich von S. Erk[4], sowie als Forschungsarbeit auf dem Gebiet des Ingenieurwesens. Herausgegeben vom VDI. 1927.

Wie schon bemerkt wurde, geben alle angeführten gebräuchlichen Viskosimeter nicht wissenschaftlich, bzw. physikalisch genau definierte Werte; man erhält vielmehr nur Relativwerte, da man mit ihnen ja nur das Verhältnis der Durchlaufzeiten gewisser Ölmengen mit einer ebenso großen oder doch vergleichbaren Wassermenge aus kleinen Öffnungen, die nicht einmal wirkliche Kapillaren darstellen, bestimmt. In den Auslaufsröhrchen treten bei verhältnismäßig dünnflüssigen Ölen Turbuleszenzerscheinungen auf, so daß bei Bestimmung dieser Werte keine einwandfreien Resultate erzielt werden. Es ist daher notwendig mit kurzen Worten darauf einzugehen, inwiefern beispielsweise die Engler-Viskosität mit der absoluten, also physikalisch genau definierten Reibung (Zähigkeit) in Zusammenhang steht.

Unter absoluter Zähigkeit versteht man die Kraft η ausgedrückt in absolutem Maß (cm g/sek.) welche nötig ist, um eine Flüssigkeitsschicht von 1 qcm über eine gleichgroße, 1 cm von ihr entfernte, mit einer Geschwindigkeit von 1 cm/sek. hinwegzubewegen. Die Bestimmung dieses Wertes geschieht durch Durchfließenlassen durch eine wirkliche Kapillare und auch nach anderen Methoden, auf deren Einzelheiten hier nicht eingegangen werden soll.

---

[1] Petr. 1925, 925; Petr. 1926, 1048.
[2] Petr. 1928, 551; Z. V. d. I. 1927, II, 1299.
[3] Herst.: Spindler & Hoyer, Göttingen.   [4] Petr. 1928, 830.

Für Wasser von 0^0 C ist $[\eta] = 0{,}01797$, von $20^0 = 0{,}01004$ und von $20{,}2^0$ C $= 0{,}0100$. Diesen Wert nennt man Poise (P.) und der hundertste Teil hiervon heißt Centipoise (cP.). Wasser von $20{,}2^0$ C hat also eine dynamische Zähigkeit von 1 cP. Unter kinematischer Zähigkeit (ν) versteht man den Quotienten aus: $\dfrac{\text{Dynamischer Zähigkeit}}{\text{Dichte}}$.

Mit dem Vogel-Ossagschen Viskosimeter lassen sich z. B. die absoluten Zähigkeiten von Flüssigkeiten direkt feststellen.

Die absolute Zähigkeit ist ab-

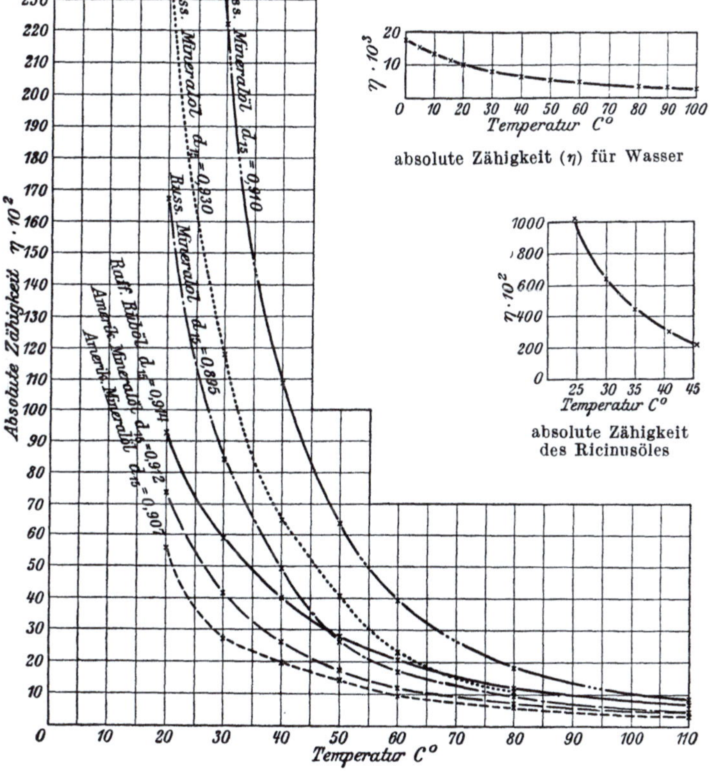

absolute Zähigkeit (η) für Wasser

absolute Zähigkeit des Ricinusöles

Abb. 29. Viskositätskurven verschiedener Öle.

hängig von der Temperatur und zwar fällt sie mehr oder weniger stark mit steigender Temperatur ab. Trägt man die Zähigkeitswerte in ein Koordinatensystem ein, in dem die Temperaturen auf der Abszissenachse, die Zähigkeiten auf der Ordinatenachse aufgetragen werden, so erhält man eine hyperbolische Kurve. Der

102   Prüfung der reinen Mineralöle.

Viskositätsabfall erfolgt anfangs rasch und nimmt bei höherer Temperatur immer mehr ab. Nach H. Schwedhelm[1] handelt es sich um eine Exponentialkurve. Die Abhängigkeit der Zähigkeiten für verschiedene Temperaturen läßt sich nach ihm in einer Exponentialgleichung darstellen.

In den Abb. 29 (S. 101) und 30 ersieht man, wie mit der Temperatur bei den verschiedenen Ölen der Abfall der Kurven diffe-

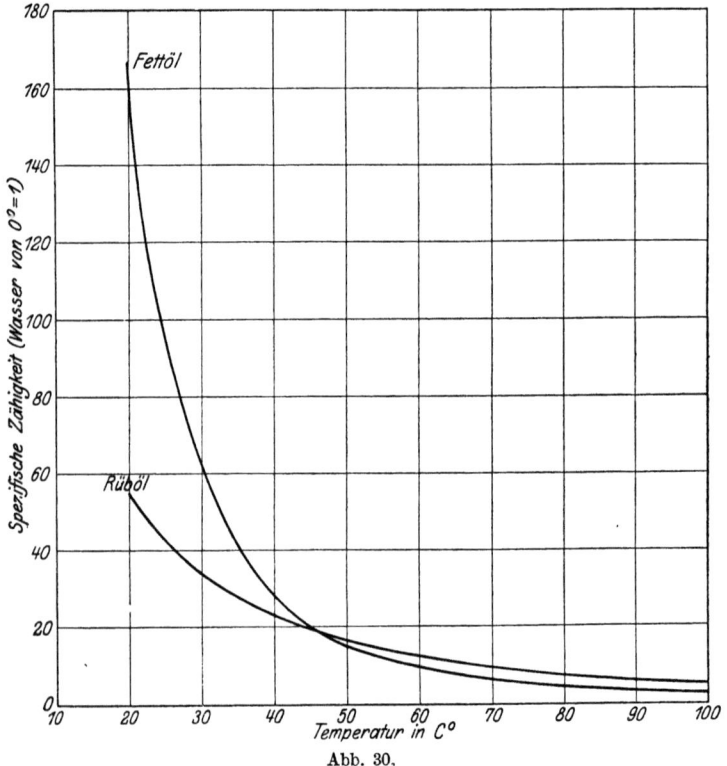

Abb. 30.

riert. Bei den fetten Ölen verläuft die Kurve verhältnismäßig flach, bei den Mineralölen wesentlich steiler und besonders stark ist der Abfall bei den Teerfettölen. Je flacher die Kurve, d. h. je geringer die Änderung der Zähflüssigkeit bei steigender Temperatur ist, um so höher ist der Schmierwert des Öles anzusehen. Günstig beeinflußt in dieser Hinsicht werden Mineralöle durch den Zusatz von Voltolöl.

[1] Chem. Ztg. 1921, S. 41.

Wie bereits gesagt, wird, um einwandfreie Vergleichswerte zu erhalten, entweder mit der spezifischen Zähigkeit bezogen auf Wasser = 1 bei 0° gerechnet, besonders Ubbelohde[1] hat seine Untersuchungen auf diesem Wert aufgebaut, oder aber man rechnet nach Centipoisen. Dieser letzte Wert muß vorgezogen werden, da man ja bei der Errechnung des Englerwertes mit der Zähflüssigkeit des Wassers von 20° vergleicht. Es ergibt sich dann, daß die absoluten Zähigkeiten mit 100 multipliziert die spezifische Zähigkeit darstellen. Also die spezifische Zähigkeit des Wassers von 20,2° C = 1, die des Rüböls bei 20° (η) 92,8 bezogen auf Wasser von 20,2° als Einheit.

Oehlschläger[2] hat festgestellt, daß, wenn man (η) für verschiedene Temperaturen errechnet und die Logarithmen dieser Werte über die Logarithmen der Temperaturen aufträgt, man eine Grade erhält, welche in allen Fällen durch den Schnittpunkt von t = 185° C und (η) = 1 geht. Ist also die spezifische Zähigkeit bei einer beliebigen Temperatur bekannt, so trägt man den Logarithmus auf und verbindet den so ermittelten Punkt mit dem obigen Schnittpunkt, so kann man an dieser Geraden die Zähigkeit für jede beliebige andere Temperatur ablesen, und weiterhin auf Engler Viskosität umrechnen. Eine noch genauere Formel für die Temperaturabhängigkeit der Viskositäten ist von Vogel[3] aufgestellt; dieselbe lautet:

$$\eta_t = \eta_\infty \cdot \frac{t - t_1}{t - t\infty}$$

wobei $\eta\infty$ die Grenzviskosität für t = ∞,
t_1 die Temperatur, wo $\eta = 1$,
$t\infty$ die Temperatur, wo $\eta = \infty$ ist.

v. Dallwitz-Wegener[4] weist darauf hin, daß bisher über die Zähflüssigkeiten der Öle bei sehr hohen Temperaturen also über 100° wenig bekannt ist, da im allgemeinen die Viskositäten im Engler-Apparat oder ähnlichen Instrumenten bestimmt werden, deren Konstruktion die Bestimmungen bei hohen Temperaturen außerordentlich unsicher und ungenau werden lassen. Es handelt sich nämlich bei den hier üblichen Dimensionen nicht mehr um den Durchlauf durch Kapillaröffnungen, sondern um den Fall einer Flüssigkeit durch ein Rohr, wobei störende Wirbelerscheinungen in den Flüssigkeiten auftreten. Außerdem sind die gemessenen Zeiten so klein, daß die Ungenauigkeiten bei der Messung

---

[1] Petr. 7, S. 773, 882, 938.   [2] Chem. Ztg. 45, S. 41.
[3] Physikal. Z. 1921, 645.
[4] Neue Wege zur Schmierölprüfung. München: Verlag R. Oldenbourg.

kein einwandfreies Resultat mehr zulassen. Wo also z. B. übereinstimmende Engler-Viskositäten gefunden werden, können die absoluten Zähigkeiten sehr wohl noch in weiten Grenzen differieren. Einwandfreie Bestimmungen auch bei hohen Temperaturen erhält man mit dem Apparat v. Dallwitz-Duffing [1]. Ausführlich über die Bedeutung des Temperaturkoeffizienten für die Zähflüssigkeit und ihre Druckabhängigkeit hat in jüngster Zeit Walther gearbeitet [2].

In den letzten Jahren setzt sich immer mehr die Erkenntnis durch, die wissenschaftlichen genauen Werte der absoluten [η] resp. der spezifischen Zähigkeit (η) zur Charakterisierung der Schmieröle heranzuziehen, weil sie besonders im Bereiche der höheren Temperaturen ein klareres Bild geben, als die Engler-Viskositäten, bzw. die Werte nach Redwood oder Saybolt. Im Handelsgebrauch jedoch werden die verhältnismäßig leicht zu handhabenden Apparate nach wie vor bevorzugt. Über den Gebrauchswert des Schmieröles gibt ja die Zähigkeitszahl nur ein bedingtes Urteil. Sie gibt uns Aufschluß über die Kohäsion des Öles, d. h. ob es befähigt ist, die Gleitflächen z. B. von Welle und Lager, genügend weit voneinander zu trennen, um trockene Reibung zu vermeiden. Sie sagt uns jedoch nichts darüber, ob nicht vielleicht die innere Reibung des Schmiermittels unverhältnismäßig groß ist, so daß zur Überwindung dieser inneren Reibung zuviel Kraft aufgewendet wird. Man ist daher zur Beurteilung der Eignung des Öles für spezielle Zwecke auf die Erfahrung angewiesen und auf die noch später zu besprechenden „inneren Eigenschaften" der Schmiermittel. Zur Feststellung der Identität ist die Bestimmung der Viskosität von ausschlaggebender Bedeutung. Die Feststellung einer Zähigkeitskurve, möglichst in logarithmischem Maßstab, ist für die Beurteilung des Öles vorzuziehen.

3. **Der Stockpunkt und der Kältepunkt der Mineralöle** ist die Temperatur, bei der ein Öl so fest wird, daß es unter dem Einfluß der Schwerkraft nicht mehr fließt. Da die Mineralöle Gemische der verschiedensten Individuen sind, so zeigen sie keinen scharfen Erstarrungspunkt, und ebensowenig einen scharfen Schmelzpunkt, wie dies bei chemisch einheitlichen Stoffen der Fall ist. Die Mineralöle werden vielmehr beim langsamen Abkühlen ganz allmählich immer zähflüssiger, um endlich nicht mehr zu fließen, oder, wie man sagt, „sie stocken". Nach Brühlmann [3] zeigt die Viskositätskurve vor dem Stockpunkt einen

---

[1] Näheres siehe Holde: Kohlenwasserstofföle. S. 211 ff.
[2] Erdöl u. Teer 1928, 510, 565, 615 1929 Heft 34.
[3] V.D.I.Z. **66**, 809.

scharfen Knick. Nach Vogel[1] ist der Stockpunkt die Temparatur, bei welcher die Viskosität unendlich groß ist. Der Stockpunkt der Mineralöle ist hauptsächlich durch ihren Paraffingehalt bedingt; natürlich ist auch die Zähflüssigkeit von Einfluß. Es ist verständlich, daß viskose Öle bei höheren Temperaturen stocken als dünnflüssige Öle. Durch die Raffination werden paraffinhaltige Öle mit bezug auf ihren Stockpunkt wenig beeinflußt, wohingegen diese Wirkung bei asphaltreichen Ölen stärker in Erscheinung tritt. Es werden ja bekanntlich die Asphaltogene, welche besonders viskos sind, aus dem Öl entfernt, während die Paraffine bei der Raffination unangegriffen bleiben[2].

Die Öle müssen vor der Prüfung von Wasser völlig befreit werden, nötigenfalls durch Schütteln mit Chlorkalzium und nachfolgender Filtration. Durch allzu rasche Temperaturänderungen erhält man ungleichmäßige Werte. Aus diesem Grunde ist es zweckmäßig, das Öl zunächst auf 50^0 zu erwärmen, sodann durch Abkühlen eine halbe Stunde auf 20^0 zu halten, um auf diese Weise gleichartige Untersuchungsbedingungen zu schaffen. Für die Prüfung des Stockpunktes hat man ganz bestimmte Vorschriften herausgegeben, sowohl bezüglich der Größe der Gefäße, als auch der Dauer und Art des Abkühlens, da das Ergebnis von den Dimensionen sehr stark abhängt. Man kann zwei Arten von Bestimmungen unterscheiden, entweder man stellt die Temperatur fest, bei der das Öl gerade aufhört zu fließen, oder aber man kühlt das Öl eine Stunde lang auf eine bestimmte vorgeschriebene Temperatur ab und beobachtet, ob es alsdann noch fließt.

Nach den „Richtlinien" verwendet man ein Reagenzglas, 18 cm lang, 40 mm lichte Weite, dasselbe wird 40—45 mm hoch mit Öl gefüllt, ohne daß hierbei die Innenwand mit Öl beschmutzt wird. Mittels eines Korkstopfens wird ein Stockpunktthermometer — von -40^0 C bis $+20^0$ reichend — in dem Reagenzglas befestigt, derart, daß das Quecksilbergefäß 1,7 cm über dem Boden des Glases sich befindet und auch von den Wandungen des Glases gleich weit entfernt ist. Die so vorbereiteten Gläser werden nun in einer Salzlösung langsam abgekühlt, wobei darauf zu achten ist, daß die Öloberfläche mindestens 1 cm unter der Oberfläche der Kältemischung steht. Die Salzlösungen selber kühlt man durch eine Mischung von Eis-Kochsalz ab, werden Temperaturen unter -21^0 C verlangt, so nimmt man eine Mischung von Kohlensäure und Äther oder Alkohol. Zur Innehaltung bestimmter niedriger Temperaturen dienen Salzlösungen bestimmter Konzentration,

---

[1] Erdöl u. Teer **3**, 536. [2] Petr. **23**, 433 24, 654 (1927).

welche beim Erstarren, d. h. solange feste und flüssige Phasen nebeneinander bestehen, konstante Temperaturen zeigen.

Man erhält Temperaturen von	beim Erstarren von Salzgemischen folgender Zusammensetzung:
0°	100 Teile Wasser und Eis
—3°	100 ,, ,, ,, 13 Kalisalpeter
—5°	100 ,, ,, ,, $\begin{cases}13 \text{ ,,} \\ 3{,}3 \text{ Kochsalz}\end{cases}$
—10°	100 ,, ,, ,, 22,5 Chlorkalium
—15°	100 ,, ,, ,, 25 Ammoniumchlorid

Man nimmt nun das Reangenzglas von Zeit zu Zeit heraus und neigt es in einem Winkel von 45°. Sobald hierbei direkt am Thermometer kein Wulst mehr beobachtet wird, wird die Temperatur — der Stockpunkt — abgelesen. Nach dem Vorschlag von Holde läßt man das Reagenzglas eine halbe Minute in der Salzlösung geneigt stehen und beobachtet, ob sich der Ölspiegel alsdann geneigt hat. Der Versuchsfehler beträgt bei dieser Methode $\pm 2°$. Nach den ,,Richtlinien" ist die Toleranz beim Stockpunkt $+5°$, ein mit -12 angebotenes Öl darf also bei $-7°$ stocken. Abweichungen nach unten sind zulässig.

Nach manchen Vorschriften wird jedoch verlangt, daß ein Öl nach einstündigem Stehen bei einer bestimmten Temperatur noch flüssig ist. In diesem Falle verfährt man folgendermaßen: Man füllt ein gewöhnliches Reagenzglas zu einem Drittel mit dem Öl, setzt das Thermometer mit einem Stopfen ein und umgibt zwecks Isolation das Ganze mit einem 3—4 cm weiten Reagenzglas. Durch Eintauchen in eine Eis-Kochsalzlösung wird nun zunächst der ungefähre Stockpunkt festgestellt. Beim Hauptversuch füllt man ein 15 mm weites Reagenzglas 3 cm hoch mit Öl und kühlt in einer entsprechenden Salzmischung auf die in Frage kommende Temperatur. Durch Neigen der Gläser kann festgestellt werden, ob das Öl flüssig, dünnsalbig, dicksalbig oder bereits fest ist (Abb. 31).

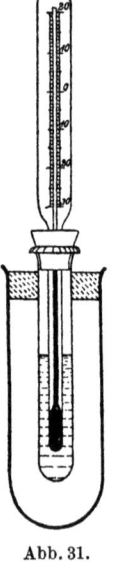

Abb. 31. Stockpunktbestimmung.

Auf die für Eisenbahnöle verlangte Prüfung im U-Rohre soll hier in den Einzelheiten nicht eingegangen werden. Es wird hierbei in einem U-förmig gebogenen, 6 mm weiten Rohr die Steighöhe des Öles unter bestimmtem Druck nach 1 stündiger Einwirkung einer niedrigen Temperatur festgestellt. Ist die Beschaffung von

Eis nicht möglich, so kann man auch durch die Verdunstung von Äther die Abkühlung herbeiführen. Der nebenstehende Apparat (Abb. 32) gestattet die Abkühlung bis -40^0 C [1]. Die Bestimmung des Stockpunktes für die Schmieröle ist insofern von Wichtigkeit, als durch nicht kältebeständige Öle leicht ein Versagen der Schmierung, besonders bei im Freien stehenden Maschinen, sei es durch Erstarren des Öles im Behälter, sei es in den Zuleitungen, erfolgen kann. Im allgemeinen kann man sagen, daß die Schmieröle aus dem östlichen Amerika, Polen und Deutschland wenig kältebeständig, hingegen die aus dem westlichen Amerika, Rußland und Rumänien kältebeständig sind.

4. Im Anschluß hieran soll über Schmelzpunkt, Erstarrungspunkt und Tropfpunkt der mit dem Mineralöl nahe verwandten Produkte wie Paraffin, Zeresin, Vaseline und der konsistenten Fette gesprochen werden. Da alle diese Körper ebenfalls Gemische darstellen, so geben sie keinen scharfen Schmelzpunkt, vielmehr tritt zunächst ein Erweichen ein, dann wird die Masse durchscheinend (z. B. beim Paraffin) und endlich entsteht eine klare Schmelze. Man beobachtet daher, wenn man die Substanz im Kapillarröhrchen

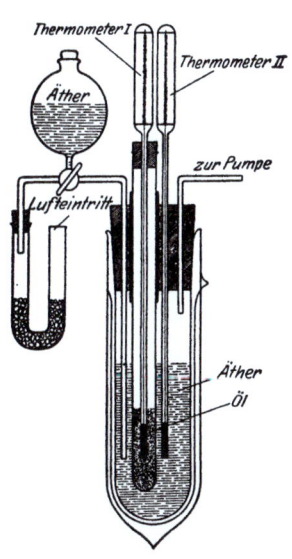

Abb. 32. Stockpunktbestimmungsapparat. (Aus Burstin, Untermethoden.)

schmilzt, zunächst den Erweichungspunkt und dann den Punkt der klaren Schmelze. Geeigneter und charakteristischer, speziell für die Paraffine, Zeresine und Vaseline ist der Erstarrungspunkt. Hierunter versteht man diejenige Temperatur, bei welcher infolge der frei werdenden latenten Schmelzwärme der erstarrenden Masse diese längere Zeit konstant bleibt.

Verfahren nach Shukoff (Abb. 33). 30—40 g der zu prüfenden Masse (Paraffin) werden im Gefäß a geschmolzen, auf eine Temperatur bis ca. 10—15° über dem Erstarrungspunkt erwärmt. Das in Zehntelgrade geteilte Thermometer wird mittels eines Korkstopfens derart befestigt, daß sich die Quecksilberkugel mitten in dem geschmolzenen Paraffin befindet. Sobald die Temperatur

---

[1] Hersteller: Carl Stelling, Hamburg 11.

etwa 5⁰ über dem Erstarrungspunkt steht, wird der Apparat stark und regelmäßig geschüttelt, bis der Inhalt deutlich trübe und undurchsichtig geworden ist. Dann wird, ohne zu schütteln, nach jeder halben Minute beobachtet, bei welcher Temperatur das Quecksilber stehen bleibt oder bis zu welchem Punkte es nach dem Stehenbleiben ansteigt. Diese Temperatur ist der Erstarrungspunkt.

Bei der Bestimmung des Titertestes von tierischen und pflanzlichen Ölen und Fetten scheidet man zunächst deren Fettsäuren ab, und verfährt ganz wie oben, beachtet aber, daß die Masse während des Erstarrens dauernd in Bewegung erhalten bleibt, wohingegen man bei Paraffin nur bis zur beginnenden Erstarrung bewegt, dann aber stehen läßt. Die Genauigkeit dieser Bestimmung beträgt etwa $\pm 0,1^0$. Betreffs der im Ausland gebräuchlichen Methoden muß auf die Werke von Holde und Burstin hingewiesen werden.

Den Tropfpunkt stellt man bei solchen Produkten fest, welche sich beim Schmelzen entmischen, wie bei konsistenten Fetten oder auch bei Pechen, bei denen man infolge ihrer dunklen Farbe das Schmelzen und Durchsichtigwerden in der Kapillare nicht beobachten kann. Auch bei Vaseline und vaselineähnlichen Produkten stellt man das Flüssigwerden durch den Tropfpunkt fest. Als Tropfpunkt nach Ubbelohde versteht man die Temperatur, bei welcher die Substanz, die in einem kleinen Glasbecher mit festgelegten Dimensionen um die Quecksilberkugel eines Thermometers lagert, durch ihr Eigengewicht als Tropfen abfällt. Unter Fließpunkt versteht man die Temperatur, bei der die Maße eine deutliche Kuppe am Ende des Aufnahmegefäßes zeigt. Die Anordnung ist aus Abb. 34 ersichtlich. Der Apparat besteht aus dem mit der zylindrischen Metallhülse b festverbundenen Einschlußthermometer a und der Glashülse e. Die Hülse b besitzt bei c eine kleine Öffnung, sie trägt im unteren federnden Teil die 12,5 mm lange, an der unteren Öffnung 3 mm weite Glashülse. Der untere Rand dieser Glashülse ist rund geschmolzen. Die Dimensionen dieses Gefäßes müssen genau innegehalten werden. Messingnippel[1] sind weniger empfehlenswert, da

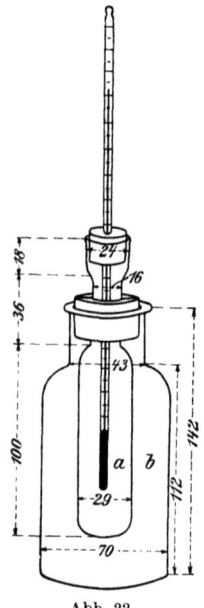

Abb. 33.
Shukoff-Apparat.

---
[1] Chem. Fabr. 1929, S. 137.

man im Fett eingeschlossene Luftblasen, die den Tropfpunkt stören, nicht erkennen kann.

Gefäß e wird mit der zu prüfenden Masse durch Eindrücken oder Hineinstechen gefüllt, wobei der Einschluß von Luftblasen zu vermeiden ist. Die überschüssige Masse wird glatt abgestrichen und der Apparat (Nippel) parallel zu seiner Achse in die Metallhülse b eingeführt. Der aus der unteren Öffnung heraustretende Substanzüberschuß wird sorgfältig beseitigt. Feste Massen (Paraffin, Zeresin, Pech usw.), welche beim Einstecken leicht zerbrechen würden, werden geschmolzen und flüssig in das mit der kleinen Öffnung auf einer Glasplatte stehende Gefäß eingegossen. Noch ehe die Masse völlig erstarrt, wird das Thermometer aufgesetzt. Die Glashülse muß so tief in die Metallhülse hineingreifen, wie es die 3 Stäbchen d gestatten. Der Apparat wird dann in einem 4 cm weiten Reagenzglas durch Kork befestigt, so daß das untere Ende etwa 2 cm über dem Boden des Glases zu stehen kommt. Das Reagenzglas wird nun in ein Becherglas von 2—3 Liter Inhalt, das entweder mit Wasser oder mit hellem Mineralöl oder Glyzerin gefüllt ist, eingehängt. Anfangs erhitzt man rasch, sobald man sich aber dem Fließpunkt nähert, nur so stark, daß das Quecksilber $1°$ in der Minute steigt. Diejenige Temperatur, bei welcher sich eine deutliche Wölbung der austretenden Fettmasse am Ende der Hülse zu bilden beginnt, ist oder heißt Fließpunkt, diejenige, bei welcher der erste Tropfen abfällt, der Tropfpunkt. Bei hochschmelzenden Fetten findet eine Entmischung von Öl und Seife statt, so daß zuweilen blankes Mineralöl abtropft. Als Tropfpunkt gilt hier diejenige Temperatur, bei der der erste abfallende Tropfen aus Seife besteht. — Bei wiederholten Versuchen sollen die gefundenen Werte nicht mehr wie $\pm 2°$ voneinander abweichen. Toleranz $—5°$. Abweichungen nach oben sind zulässig.

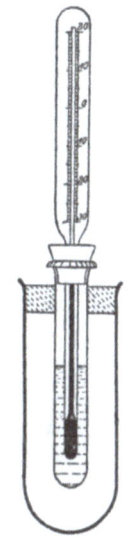

Abb. 34. Apparat zur Bestimmung des Tropfpunktes (nach Ubbelohde).

Für Asphalte und Peche wird im allgemeinen die Methode nach Krämer-Sarnow angewandt. Sie beruht darauf, daß die Temperatur festgestellt wird, bei welcher eine 5 mm hohe allmählich erwärmte Substanzschicht durch eine auf ihr lastende 5 g schwere Quecksilbermasse durchbrochen wird (Abb. 35). Aus der Abbildung ist die Methode leicht ersichtlich. Bei Stoffen, die über $100° C$ erweichen, verwendet man ein Luftbad. Prüffehler $\pm 3^0$ C, Toleranz -4^0. Statt des Quecksilbers, das giftig, verwendet Mallison[1] eine Metallkugel, die durch einen Ring fällt, nachdem die Fettmasse erweicht ist. Auf einem ähnlichen Prinzip beruht ein Apparat von Herbst[2], bei dem ein Stempel beim Erweichen der Masse durch sein Eigengewicht in diese eindringt, was durch den Ausschlag eines Zeigers deutlich gemacht wird. Der Apparat soll gute Vergleichswerte liefern.

5. **Flammpunkt.** Von großer Bedeutung für die Charakterisierung der Mineralschmieröle ist der Flammpunkt. Man versteht hierunter diejenige niedrigste Temperatur, bei der sich unter bestimmten Bedingungen aus dem Öl soviel Dämpfe entwickeln, daß sie mit der darüber befindlichen Luft gemischt ein explosives Gemisch bilden, welches bei Annäherung einer offenen Flamme aufflammt. Der Flammpunkt gibt einen Hinweis, welcher Destillationsfraktion das Öl entstammt und läßt erkennen, ob wir es mit einem einheitlichen Öl zu tun haben oder mit einer Mischung eines viskosen Rückstandes mit einem dünnen niedrig siedenden Spindelöl. Unvermischte Öle von bekannter Zähigkeit besitzen einen Flammpunkt von bestimmter Höhe. Bei je höherer Temperatur nämlich die Destillation des Öles erfolgt ist, um so höher muß auch der Flammpunkt liegen. Zugleich läßt dieser Wert auch erkennen, ob die Destillation sorgfältig und richtig geführt wurde. Bei unsachgemäßem Arbeiten, speziell wenn Überhitzungen stattgefunden haben, tritt eine Zersetzung der Kohlenwasserstoffe auf, die hoch molekularen, schmierfähigen Anteile zerfallen in niedrig molekulare, weniger schmierfähige und leichter entflammbare Bestandteile. Die Tatsache gibt sich durch einen relativ niedrigen Flammpunkt zu erkennen. Die Bedeutung des Flammpunktes für die Beurteilung eines Öles ergibt sich ohne weiteres aus dem oben genannten. Es sei darauf hingewiesen, daß der Flammpunkt nicht in direkter Beziehung zur Verdampfbarkeit der Schmieröle steht, über die in einem späteren Abschnitt gesprochen wird. Die hohen Anforderungen, die man in früheren Jahren an die Schmieröle bezüglich ihres Flammpunktes stellte,

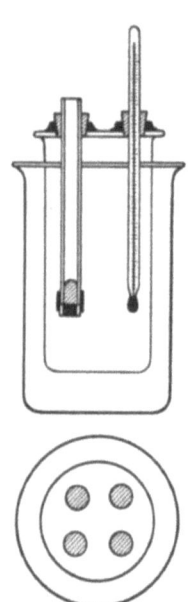

Abb. 35. Krämer-Sarnow-Apparat, aus Burstin, Untersuchungsmethoden.

---

[1] Angew. Chem. 1928, S. 839. [2] Chem. Ztg. 1927, S. 141.

sind einer milderen Auffassung gewichen[1]. Immerhin hat der Flammpunkt insofern Bedeutung für die Bewertung des Öles, als er in Verbindung mit der Viskosität eine Beurteilung der Frak-

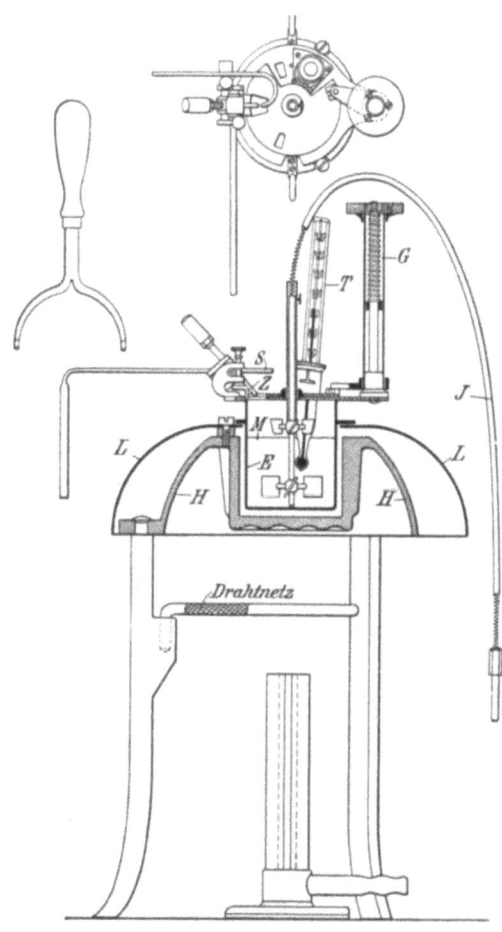

Abb. 36. Pensky-Martens-Prober.

tionsstufe erlaubt. Die Höhe des zu fordernden Flammpunktes ist für jede Art des Verwendungszweckes verschieden.

Zur Prüfung des Öles muß dasselbe vollkommen wasserfrei sein, denn selbst geringe Spuren Wasser machen die Bestimmung

---

[1] Hilliger: Z. V. d. J. 1918, 173.

ungenau, da die Wasserdämpfe die Zündflamme auslöschen können und bei höherem Wassergehalt das Öl leicht über den Tiegelrand steigt. Man verwendet zwei Methoden:

1. die Bestimmung des Flammpunktes im geschlossenen Tiegel nach Pensky-Martens (Abb. 36);
2. im offenen Tiegel im Apparat von Marcusson (Abb. 37).

Der Pensky-Apparat besteht aus einem Gefäß E, welches bis zur Marke M mit dem Öl gefüllt wird. Dieser Tiegel hängt in einem Mantelgefäß H, welcher wiederum von einem Metallmantel L umgeben ist, wodurch eine wärmeisolierende Schicht gebildet wird. Der Tiegel wird durch einen Dreibrenner erhitzt; zum Schutze des Bodens ist ein Drahtnetz zwischengeschaltet. Es existieren auch Apparate mit elektrischer Heizung. Der Tiegel ist durch einen Deckel verschlossen, durch den ein Rührer führt, ferner kann durch eine Tülle das geeichte Thermometer luftdicht eingeführt werden. Der Rührer wird durch eine biegsame Welle betätigt und mischt Öl und Öldampf. An dem Deckel ist ferner ein Mechanismus angebracht, welcher es gestattet, zwei Schieber zu öffnen und gleichzeitig eine kleine Zündflamme auf die Oberfläche des

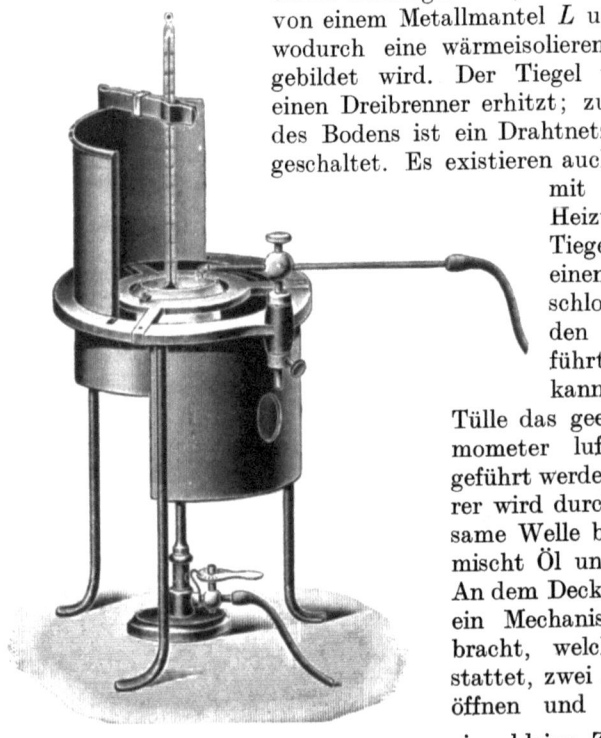

Abb. 37. Marcusson-Apparat (nach Holde).

Öles zu senken. Durch diese Art der Anordnung gelingt es, bei ein und demselben Öl gut übereinstimmende Flammpunktswerte festzustellen, weil die Ansammlung der Öldämpfe unter der Deckeloberfläche in keiner Weise gestört wird. Bei der Bestimmung des Flammpunktes müssen Ölgefäß, Deckel usw. vollkommen rein und trocken sein. Die Zündflamme soll etwa 4 mm lang sein, anfangs darf man etwas schneller erhitzen, etwa 6° pro Minute. 30° unter dem vermutlichen Flammpunkt regelt man die Temperatur derart, daß sie ungefähr 4° in der Minute steigt. Von 2° zu 2° setzt man nun den Mechanismus in Bewegung und beobachtet, ob sich an der Oberfläche des Öles innerhalb 1—2 Sekunden ein bläuliches Aufflammen zeigt. Erlischt die Zündflamme Z, so kann sie an der Sicherheitsflamme S sich leicht wieder entzünden. Die Bestimmung ist an einem möglichst zugfreien Orte auszuführen, die Beleuchtung sei nicht zu hell, um das erste Aufflammen gut beobachten zu können. Bei wiederholten Versuchen soll der Flammpunkt innerhalb 3° liegen. Bei fetten Ölen kann die Differenz infolge Zersetzung noch größer sein. Eine Korrektur des von der P. T. R. geprüften Thermometers für den herausragenden Quecksilberfaden ist nicht erforderlich.

Im geschlossenen Apparat von Pensky-Martens können schon sehr geringe Beimengungen niedrig siedender Anteile nachgewiesen werden, da sich ja die Dämpfe unter der Oberfläche des Deckels ansammeln, welche im offenen Tiegel durch die Luftströmungen weggeführt werden würden. Man findet infolgedessen im Pensky-Apparat niedrigere Flammpunkte als im Marcusson-Apparat. Bei Ölmischungen ergibt sich der Flammpunkt nicht aus der Mischungsregel, vielmehr macht sich der Flammpunkt der niedrig siedenden Anteile schon sehr zeitig bemerkbar.

Flammpunkt im offenen Tiegel nach Marcusson. Die Konstruktion des Apparates ist aus Abb. 37 ersichtlich. Das Öl wird in einen Tiegel gefüllt, welcher 4 cm hoch und 4 cm Durchmesser besitzt. Im Inneren sind zwei Strichmarken angebracht, welche 10 bzw. 15 mm vom oberen Rand entfernt liegen. Bei hochflammenden Ölen (über 200°) füllt man nur bis zur unteren Marke, da durch die Wärmeausdehnung das Öl sonst über den Rand hinauskriechen oder die Zündflamme der Öloberfläche zu nahe kommen würde. Beim Prüfen des Öles ist darauf zu achten, daß der Tiegel mit seinem Randwulst ganz auf dem Eisenring aufliegt. Der Tiegelboden befindet sich dann 2 mm vom Boden der Eisenschale entfernt und soll ringsum von Sand umgeben sein. Nun senkt man das amtlich geeichte Thermometer so tief ein, daß die Quecksilberkugel 2 mm vom Boden und von der hinteren Tiegelwand entfernt ist. Die Prüfflamme soll 10 mm lang sein und genau horizontal liegen, um dann von oben nach unten auf die Tiegelmitte gesenkt zu werden, wobei der untere Saum in der Ebene des Tiegelrandes liegt. Das Flämmchen soll nicht länger wie 2 Sekunden über der Öloberfläche verharren. Die Erhitzung des Öles ist so zu regeln, daß das Thermometer anfangs 5—7° pro Minute steigt, in der Nähe des Flammpunktes soll der Temperaturanstieg

3—5° pro Minute betragen. Der Flammpunkt ist die Temperatur, bei der zum ersten Male eine Entflammung an der Öloberfläche zu beobachten ist. Auf den Unterschied zwischen Flammpunkt im offenen Tiegel (fp. o. T.) und Flammpunkt im Pensky-Martens (fp. P. M.) wurde bereits hingewiesen. Durch die Luftströmungen werden bei Prüfung im offenen Tiegel gewisse Mengen leicht entflammbarer Anteile fortgeführt, und, sofern sie nur in geringen Mengen im Öl vorhanden, kommen sie nicht zur Entflammung. Durchschnittlich ist die Differenz der Flammpunkte im offenen und im geschlossenen Tiegel 8—10°, jedoch lassen sich Gesetzmäßigkeiten nicht feststellen. Der Prüffehler für den Flammpunkt beträgt ±3°. Toleranz —5° C. Abweichungen nach oben sind zulässig.

Für die Prüfung der Eisenbahnwagenöle ist ein spezieller Apparat vorgeschrieben, bei welchem die Flammenführung senkrecht von oben erfolgt (Abb. 38). Ein Universalapparat ist von Sommer und Runge konstruiert[1] (Abb 39a und 39b).

In neuester Zeit ist von Schlüter[2] ein neuer Flammpunktsapparat konstruiert worden, dessen Dimensionen normiert sind und dadurch eine möglichst gleichmäßige Prüfung ermöglichen. Vorläufig ist dieser Apparat noch nicht endgültig eingeführt, es sei daher für die Einzelheiten auf die „Richtlinien" verwiesen und auf „Prüfung der Schmiermittel" (Beuth-Verlag).

Brennpunkt. Unter Brennpunkt (Bp) versteht man die Temperatur, bei welcher das Öl an der Oberfläche bei Annäherung

Abb. 38.
Flammpunktprüfer für Eisenbahnöle.

---
[1] Petr. **1926**, 749.
[2] Chem. Ztg. 1928, Nr. 26 u. Petr. 1928, 699, S. 1235, letztere Arbeit von Meyerheim u. Frank.

einer Flamme dauernd weiterbrennt. Zur Ermittlung dieses Punktes erhitzt man das Öl über seinen Flammpunkt und führt die Zündflamme 1—2 Sek. lang über die Oberfläche des Öles hinweg. Die Flamme soll die Oberfläche nicht berühren, da sonst örtliche Überhitzungen eintreten. Im allgemeinen liegt der Brenn-

Abb. 39a. Abb. 39b.
Universal-Flammpunktsapparat von Sommer & Runge.

punkt bei Prüfung im offenen Tiegel 20—60° über dem Flammpunkt.

Nicht verwechselt werden mit dem Brennpunkt darf der Zündpunkt. Es ist dies die tiefste Temperatur, bei der das Öl bei Anwesenheit von Sauerstoff ohne Zündung von außen sich selbst entzündet. Der Zündpunkt hängt mit dem chemischen Aufbau des Öles zusammen und hat mit dem Flammpunkt nichts zu tun. Der Zündwert für Schmieröle liegt etwa bei 240°. Von Bedeutung ist er nur für Kompressorenöle, welche sich beim Betriebsdruck und bei der obwaltenden Temperatur nicht entzünden dürfen[1]. Meist liegt der Selbstentzündungspunkt der Schmieröle tiefer als der der Betriebsstoffe (Benzin, Benzol).

6. Im engen Zusammenhang mit dem Flammpunkt steht jedoch die Verdampfbarkeit. Dieselbe ist von Interesse speziell für Dampfzylinder-, Dampfturbinen- und Transformatorenöle. Es scheint selbstverständlich, daß niedrig flammende Öle auch eine große Verdampfbarkeit zeigen, indessen können, wie schon erwähnt, sehr geringe Beimengungen von niedrig siedenden Substanzen den Flammpunkt beeinflussen, ohne für die Verdampfung von Bedeutung zu sein. Um für Öle, die lange Zeit hohen Temperaturen ausgesetzt sind, ein Maß für die Verdampfbarkeit zu gewinnen, wird in einem eigens hierfür konstruierten Apparat das zu untersuchende Öl je nach den Vorschriften eine gewisse Zeit lang auf eine bestimmte Temperatur erhitzt und die prozentuale Gewichtsabnahme durch Wägung festgestellt. Zu diesem Zwecke wird das Öl in einen Flammpunktstiegel bis zur Strichmarke gefüllt und gewogen, sodann in einen Trockenschrank gestellt und je nach den Anforderungen 2 oder 5 Stunden auf 100°, 120°, 180° oder 200° erhitzt. Durch Wägung wird die prozentuale Verdampfungsmenge festgestellt, in dem Öl kann alsdann auch noch der Asphaltgehalt ermittelt werden. Es existieren noch eine Reihe von anderen Verfahren, z. B. nach Holde, Schreiber und Camermann & Nicolas[2]. Der Verdampfungsverlust bei einem Zylinderöl fp. 250—300° bei zweistündigem Erhitzen auf 200° betrug 0,03 bis 0,1%, nach zweistündigem Erhitzen auf 300° 0,2—1,2%, zuweilen 2,3%[3]. Durch Bestimmung der Flüchtigkeit in einem konstanten Luftstrom bei verschiedenen Temperaturen kann man erkennen, ob das Öl aus einer einheitlichen Fraktion stammt oder gemischt ist[4].

Optische und kalorische Prüfungen kommen für Mineralschmieröle praktisch kaum in Frage und können daher hier übergangen werden.

7. Da oft nur sehr kleine Ölmuster zur Prüfung zur Verfügung stehen, ist es notwendig, durch eine Kleinanalyse die einzelnen wichtigen Daten festzustellen, um danach wenigstens einigermaßen genau die Qualität des Schmieröles zu beurteilen. Für das Engler-Viskosimeter sind allein schon 250 ccm nötig, und wenn man mit einem $1/_{10}$-Gefäß arbeitet, erhält man Werte, die nicht genau

---

[1] Jentsch: Zeitschr. d. V. D. J. 1924, 1150 ff.
[2] Siehe Holde: Kohlenwasserstofföle, S. 234 ff.
[3] Siehe auch Hoblyn, B.: Petr. 1925, 881.
[4] Allner, Z. f. ang. Chem. 1926, 16.

genug sind. Beim Vogel-Ossag-Viskosimeter jedoch genügt eine Füllung von nur 15 ccm [1]. Durch die eigenartige Konstruktion des Apparates ist es möglich, mehrere Bestimmungen und zwar auch bei verschiedenen Temperaturen mit derselben Ölprobe durchzuführen. Es gelingt also, eine ganze Viskositätskurve festzulegen.

Während beim Marcussonschen Flammpunktsprüfer 40 ccm Öl nötig sind, kann man mit einem kleinen Porzellantiegel, der 27,5 mm hoch ist, und dessen oberer Durchmesser 35 mm, dessen unterer 17,5 mm beträgt, und welcher 6 mm unter dem oberen Rand die Füllmarke trägt, Flammpunktswerte erhalten, die innerhalb der üblichen Toleranzen liegen. Der Tiegel wird einfach in ein Sandbad gestellt und die Zündflamme wie üblich auf die Oberfläche gesenkt. Da für die Bestimmung des spezifischen Gewichtes auch nur 10 ccm notwendig sind, so lassen sich mit knapp 20 ccm Öl alle für die Charakteristik des Schmiermittels notwendigen Daten bequem feststellen [2].

d) Chemische Prüfungen der Mineralöle.

Während durch die physikalischen Prüfungsmethoden in der Hauptsache die Eigenart der Öle sowie ihre Geeignetheit im mechanisch-dynamischen Sinne bezeichnet werden, geben die chemischen Prüfungen der Mineralöle an, inwiefern das Material rein, d. h. genügend raffiniert ist, und vor allen Dingen, ob es auch in unverfälschtem Zustande vorliegt.

Wie bereits im Eingangskapitel dargelegt, unterscheidet man zwischen Destillaten und Raffinaten, und ihre chemische Differenzierung ist in ihrem verschiedenen Gehalt an sauren sowie harzartigen und asphaltösen Bestandteilen zu suchen. Infolgedessen wird sich der größte Teil der chemischen Prüfungen beschränken auf die Feststellung des Gehaltes an Säuren und harzartigen Substanzen. Bei den Raffinaten tritt noch die Untersuchung auf genügende Reinheit, nämlich auf überschüssiges Alkali und auf Salze, die aus der Raffination zurückgeblieben sind, hinzu.

1. **Säuregehalt der Öle.** Der Gehalt an freien Säuren schwankt nicht unbeträchtlich. Bei dunklen Ölen, also Destillaten, darf man mit einem Gehalt von 2%, berechnet als Ölsäure, unter gewissen Umständen auch bis 3,5% rechnen, viel geringer ist der zulässige Gehalt bei Raffinaten, welcher 0,2%, berechnet als Ölsäure, nicht übersteigen soll. Bei einem Betrag von 0,01%, be-

---

[1] Z. f. angew. Chem. 1922, 561, 1925, 891.
[2] Meyerheim u. Frank: Z. f. angew. Chem. 1926, 1451.

rechnet als SO_3, spricht man von praktisch säurefreien Ölen. Der Säuregehalt kann bedingt werden 1. durch noch darin vorhandene Mineralsäure, welche aus der Raffination der Öle herrührt; 2. von den im Öl vorhandenen freien organischen Säuren — dies sind Naphthenkarbonsäuren und Naphthasulfosäuren; in Teerölen Phenolen und Karbonsäuren —; 3. von freien Fettsäuren, welche aus den als Glyzerid zugesetzten fetten Ölen stammen.

Qualitativ erfolgt die Prüfung auf folgende Weise:

100 ccm Öl werden im Scheidetrichter mit der gleichen oder der doppelten Menge heißen Wassers ausgeschüttelt und nach dem Absitzen das Wasser durch ein Faltenfilter filtriert und im Filtrat mit Methylorange auf Säure geprüft. Ist Mineralsäure zugegen, so tritt Rotfärbung ein. Dieses Verfahren kann auch quantitativ durchgeführt werden, wenn man in einem aliquoten Teil des wäßrigen Filtrats mit $1/10$ n Alkalilösung titriert. Durch Umrechnung läßt sich alsdann der Gesamtsäuregehalt feststellen. Da manche wasserlöslichen organischen Säuren ebenfalls Methylorange röten, so ist die Schwefelsäure durch Fällung mit Bariumchlorid in salzsaurer Lösung zu identifizieren. Organische Säuren sind stets, wenn auch nur in sehr kleinen Mengen, im Öl vorhanden. Sie können einen höheren Betrag annehmen bei Gegenwart von Harzen und von fetten Ölen, welche sich in Fettsäure und Glyzerin spalten. Die oben erwähnten Naphthensäuren haben kein angebbares Molekulargewicht, man stellt deshalb nur die Säurezahl fest.

Unter Säurezahl, bei Schmiermitteln Neutralisationszahl genannt, versteht man die Menge Kaliumhydroxyd in mg, welche nötig ist, um 1 g Öl zu neutralisieren. Häufig wird allerdings der Säuregehalt angegeben und wie folgt definiert: 1. als Prozent Ölsäure oder 2. als Prozent Säure, berechnet als Schwefelsäureanhydrid SO_3. Die Beziehungen dieser Werte zueinander sind folgende: Säurezahl 1 = 0,5% berechnet als Ölsäure = 0,071% berechnet als SO_3. Das Molekulargewicht der Ölsäure beträgt nämlich 280, d. h. zur Neutralisation von 280 g Ölsäure werden 56 g KOH (Kaliumhydroxyd) verbraucht, mithin wäre die Säurezahl für reine Ölsäure $\frac{56 \cdot 1000}{280} = 200$, daraus ergibt sich, daß Säurezahl dividiert durch 2 gleich Prozent Ölsäure ergibt. Gleichermaßen errechnet sich der Faktor für SO_3. — 40 g SO_3 sind äquivalent 56 g KOH, es entspricht also die SZ = $\frac{56 \cdot 1000}{40} = 1400$, woraus folgt, daß die gefundene Säurezahl dividiert durch 14 gleich Prozent an SO_3 ist.

In der Praxis findet man alle drei Angaben bezüglich des

Säuregehaltes. Doch sollte die Bezeichnung „als SO_3" vermieden werden, da sie nur zu Mißverständnissen bezüglich des Charakters der Säure Veranlassung gibt.

Zwecks quantitativer Bestimmung verfährt man wie folgt: ca. 10 g Öl werden in einem Erlenmeyerkolben mit seitlichem Ansatzrohr von 3 mm lichter Weite, sogenannter Baaderscher Kolben[1], eingewogen, in einem Gemisch von Reinbenzol und Alkohol (90%) 2:1, welches vorher neutralisiert wurde, Alkaliblau 6 B als Indikator, gelöst und nun mit $^1/_{10}$ n alkoholischer Lauge bis in dem seitlichen Ansatzrohr der Farbumschlag von Blau in Rot erfolgt, titriert. Als Blindversuch titriert man in gleicher Weise 40 ccm des Lösungsmittelgemisches, um dadurch die im Lösungsmittel enthaltene Säure, und das aus dem Glase stammende Alkali auszuschalten. Die verbrauchte Anzahl ccm Lauge multipliziert mit 0,0056 (gKOH) mal 1000 und dividiert durch die Einwage ergibt die Säurezahl. Sollten sich bei der Titration Trübungen bilden und Abscheidungen zeigen, so fügt man noch etwas Benzol hinzu. Der zugleich anwesende Alkohol dient dazu, die Kalilauge und die Seife in Lösung zu halten.

Wenn sehr dunkelgefärbte Öle vorliegen, z. B. bei Zylinderölen, verfährt man wie folgt: 20 ccm des Öles werden in einem mit Glasstopfen verschließbaren Meßzylinder mit 40 ccm neutralisiertem Alkohol durchgeschüttelt, über Nacht stehen gelassen und nach erfolgter Trennung der Schichten, in der Hälfte des abgegossenen Alkohols, welche man mit einer weiteren Menge neutralisierten Alkohols verdünnt hat, und nach Zusatz einiger Tropfen Indikator, mit $^1/_{10}$ n-Lauge auf Rot titriert. Bei der Berechnung ist evtl. das spezifische Gewicht zu berücksichtigen, da ja ccm angewandt wurden und auf g gerechnet wird. Ist der Säuregehalt sehr hoch, so muß erneut ausgeschüttelt werden. Die Meßfehler bei der Neutralisationszahl, sind bis 0,5: $\pm 0,05$, über 0,5 bis 2: $\pm 10\%$, über 2: $\pm 5\%$. Toleranzen: Bei Neutralisationszahlen unter 0,5 + 30%; über 0,5 + 10%, Abweichungen nach unten sind zulässig.

2. Alkaligehalt. Dieser kann von den nicht genügend ausgewaschenen Seifen oder von einem Überschuß an Alkali, der aus der Raffination stammt, herrühren. Der Gehalt an Alkali läßt sich nachweisen entweder durch Ausschütteln mit Wasser und Prüfen des wäßrigen Filtrats mit Phenolphthalein, wobei Rotfärbung auf freies Alkali hindeutet oder auch durch Rotfärbung der benzolisch-alkoholischen Ausschüttelung des Öles. Quantitativ

---

[1] Erdöl u. Teer, **4**, 1928.

erfolgt die Bestimmung durch Titration mit $^1/_{10}$ n-Säure. Sind nur sehr geringe Mengen Alkali zugegen, so weist man sie am besten in der Asche nach.

3. **Aschengehalt.** Bei schlecht geleiteter Raffination verbleiben endlich noch Spuren von Salzen, und zwar vorzugsweise Glaubersalz Na_2SO_4 im Öl. Dieses läßt sich am besten durch Veraschen des gefilterten Öles bestimmen. Bei der Veraschung nimmt man gern folgenden Kunstgriff zu Hilfe: In den mit Öl gefüllten Tiegel (ca. 50 g) taucht man einen schmalen Streifen aschefreies Filtrierpapier, läßt ihn sich vollsaugen und zündet nun das über den Tiegelrand herausragende Ende an. Das Öl brennt langsam und ohne zu verspritzen wie bei einer Lampe ab, die letzten Anteile verbrennt man bequem über freier Flamme. Schwer verbrennbare Kohle tränkt man nach Erkalten des Tiegels mit Wasserstoffsuperoxyd, trocknet zuerst bei 105° und glüht kräftig nach. Die verbleibende Asche wird gewogen. Reagiert die Asche, welche oft nur in ganz geringen Spuren 0,1 bis 0,05% zurückbleibt, alkalisch, so deutet dieses auf einen wenn auch nur geringen Gehalt an Seife hin (vgl. Turbinen- und Transformatorenöle); andernfalls prüft man den Rückstand, nachdem man ihn mit wenig salzsaurem Wasser aufgenommen, mit Bariumchlorid auf schwefelsaure Salze, meist Natriumsulfat. Gute Öle sollen nur 0,01% Asche aufweisen; Zylinderöle dürfen höchstens 0,1% Asche besitzen, welche aber nicht alkalisch sein soll. Prüffehler $\pm 0,005\%$, bei Fetten $\pm 0,3\%$. Toleranz bei Ölen $+ 0,005$.

4. **Harze und asphaltartige Bestandteile.** Nachdem man in den letzten Jahren festgestellt hat, daß der Gehalt an Harz und asphaltartigen Bestandteilen für den Schmierwert und die Brauchbarkeit der Öle von einschneidender Bedeutung ist, hat man in einer Reihe von Methoden und Verfahren festgelegt, in welcher Weise der Gehalt dieser Stoffe zu bestimmen und deren Abscheidung quantitativ durchzuführen sei.

Man kann drei verschiedene Arten von Harzen unterscheiden:

1. hellgelbe bis bräunlichrote neutrale Harze, die schmelzbar und leicht löslich in Petroläther sind;

2. schwarze Pechstoffe, sog. Weichasphalt, Asphaltogensäuren, und deren Anhydride, die den Charakter von Säuren haben, und in Petroläther sowie Äther, Alkohol unlöslich sind;

3. schwarze Asphaltstoffe, sog. Hartasphalt, der spröde, unschmelzbar, ohne sich zu zersetzen, unlöslich in Petroläther, leicht löslich in Benzol, Chloroform und CS_2 [1].

---

[1] Marcusson: Die natürlichen u. künstlichen Asphalte 1921.

Die Harzstoffe sind in dem unverfälschten Mineralöl kolloidal gelöst. Die hellen Harze lassen sich mit 70%igem Alkohol aus den hellen Mineralölen herauslösen und ihr Gehalt beträgt nicht mehr als 0,6%, bei dunklen Ölen nicht mehr als 1%. Die Asphalt- und Pechharze jedoch sind in Alkohol unlöslich, jedoch löslich in Benzol. Die unter 1 bezeichneten hellen Harze haben beträchtlichen Sauerstoff und Schwefelgehalt und auch die Jodzahl ist bemerkenswert hoch, so daß sich vermuten läßt, daß diese Harze, die sich auch noch im raffinierten Mineralöl finden, durch Polymerisation, bzw. Kondensation von ungesättigten Verbindungen unter Anlagerung von Sauerstoff, Schwefel usw. entstanden sind. Eine scharfe Trennung der oben genannten drei Arten von Harz- und Asphaltstoffen gibt es nicht, vielmehr sind die Übergänge fließend, da ja diese Stoffe auch genetisch miteinander verknüpft sind [1]. Sehr wesentlich ist die Differenz der Harz- und Asphaltgehalte in den Destillaten und den Raffinaten. Es ist selbstverständlich, daß Destillate noch die Gesamtmenge dieser Fremdbestandteile enthalten, während bei den Raffinaten die Prozentsätze mit der Stärke und der Art der Raffination variieren. Beim Behandeln mit konzentrierter Schwefelsäure wird nämlich ein großer Teil der Harzstoffe abgeschieden und auch die Fullererde und andere Bleicherden, über welche die Öle filtriert werden, sind hervorragende Absorptionsmittel für diese hochmolekularen Stoffe.

Um festzustellen, ob ein Rohöl zur Herstellung von Schmierölen geeignet ist, dient die sog. Akzise-Probe, welche in Rußland üblich war. Ein abgemessenes Volumen Öl wird mit einem bestimmten Volumen konzentrierter Schwefelsäure geschüttelt und nach dem Absitzenlassen der Asphaltgehalt aus der Volumenzunahme der Schwefelsäure berechnet. Wurden z. B. 40 ccm Öl mit 20 ccm H_2SO_4 vermischt, und beträgt die Volumenzunahme der Schwefelsäure 3 ccm, so errechnet sich ein Asphaltgehalt nach folgender Gleichung:

$$40:3 = 100:x = 7,5\%.$$

Bei dicken Zylinderölen verdünnt man zuvor mit Benzin, damit die Säure besser angreifen kann. Eine Beurteilung des Schmieröles nach dieser Methode ist sehr unsicher, weil durch die Säure ein Teil der Stoffe herausgelöst wird, welcher gerade besonders gute Schmiereigenschaften besitzen soll [2].

Eine technische und recht rohe Methode zur Feststellung der

---

[1] Marcusson: Z. f. ang. Chem. **35**, 165 (1922).
[2] Typke: Petrol. 1928, 314; ferner Baader: Chem. Ztg. 1926, 11.

im Schmieröl vorhandenen Harz- und Asphaltbestandteile und ihrer Eignung für dauernde Verwendung besteht darin, daß man ganz geringe Ölmengen zwischen zwei geschliffene Glas- oder Eisenplatten bringt, an der Luft liegen läßt und dann beobachtet, wie stark die Platten aneinander kleben. Dies Verfahren ist natürlich sehr roh und ungenau und hat nur insofern Bedeutung, als die Öle ja in der Praxis ähnlichen Bedingungen unterworfen sind. Besonders bei Ölen, die für Ringschmierlager und für die Umlaufschmierung Verwendung finden sollen, bei denen also stets die gleiche Ölmenge wieder verwendet wird, ist es unbedingt von Wichtigkeit, zu prüfen, inwieweit das Öl auch unter diesen anormalen Bedingungen unverändert bleibt.

Auf Grund ihrer Entstehung und Vorbehandlung ist es klar, daß hell raffinierte Öle weder bei Zimmertemperatur noch bei Temperaturen von 50^0 und darüber auch nach monatelangem Stehen Verharzung zeigen, wohingegen dunkle Öle, die noch den gesamten Asphalt enthalten, sich nach kurzer Zeit verdicken. Dunkle Wagenöle sind bereits nach 35stündigem Stehen völlig eingetrocknet, wobei sich die leichtflüchtigen Bestandteile vollkommen verflüchtigt haben.

Die Bestimmung der harzartigen Bestandteile in den Raffinaten erfolgt durch die Teerzahl nach Kißling, während in den Zylinderölen der Weichasphalt oder die Asphaltene durch Fällung mit einem Ätheralkoholgemisch und der Hartasphalt durch Fällung mit sog. Normalbenzin erfolgt. Die nach diesen Methoden gefundenen Werte sind stets nur als Vergleichswerte anzusehen, da die Menge der gefällten Stoffe abhängig ist von der Menge und Qualität des Fällungsmittels.

Die Kißlingsche Teerzahl. 50 g Öl werden in einem 300 ccm fassenden Erlenmeyerkolben, welcher mit einem Rückflußkühler versehen ist, mit 50 ccm einer Lösung erwärmt, die durch Auflösen von 75 g reinem Ätznatron in ein Liter destilliertem Wasser und Zusatz von einem Liter 96%igen Alkohol hergestellt wurde, auf dem Wasserbad bei $80-90^0$ 20 Minuten lang unter öfterem Umschütteln erhitzt. Man umhüllt den Kolben sodann mit einem Tuch zwecks Verminderung der Wärmeabgabe und schüttelt noch 5 Minuten lang durch, indem man den Kolben gleichmäßig im horizontalen Kreis schwenkend bewegt. Man führt nun in einen Scheidetrichter über und läßt solange, am besten über Nacht, absitzen, bis eine völlige Trennung von Lauge und Öl eingetreten. Man filtriert den größten Teil der Natronlösung durch einen Faltenfilter in einen Kolben. Von dem Filtrat werden genau 40 ccm abpipettiert und in einen Scheidetrichter übergeführt und

Chemische Prüfungen der Mineralöle. 123

mit Salzsäure angesäuert. (Erforderlich ca. 6 ccm Salzsäure vom spez. Gew. 1,124.) Dann werden 50 ccm destilliertes Wasser zugesetzt und nun mit je 50 ccm Benzol mindestens zweimal, evtl. auch häufiger ausgeschüttelt. Das Benzol vom Siedepunkt 80—82° darf beim Eindampfen keine Spuren von Rückständen hinterlassen. Die vereinigten Benzolauszüge werden zweimal mit je 50 ccm destilliertem Wasser ausgewaschen, Emulsionsbildung kann durch Zusatz einiger Tropfen Alkohol vermieden werden. Das Benzol wird verdunstet, die letzten Spuren Wasser durch Zugabe von Alkohol verjagt und schließlich der Rückstand 10 Minuten lang im Trockenschrank bei 105° getrocknet und nach dem Erkalten gewogen. Das gefundene Gewicht mit 2,5 multipliziert ergibt die Teerzahl in Prozenten.

Kokszahl, auch Asphaltzahl genannt. Das durch das Ausschütteln mit Kißlingscher Lauge vom Teer befreite Öl wird in 500 cm Normalbenzin gelöst, hierbei sind auch Versuchskolben und Scheidetrichter ebenfalls mit dem Benzin auszuspülen. Die Lösung läßt man über Nacht im Dunkeln stehen. Sodann filtriert man durch ein gewogenes Filter[1] die koksähnlichen Bestandteile ab, welche von dem anhaftenden Natron durch Waschen mit heißem Wasser befreit werden. Das Filter wird sodann bei 105° getrocknet und gewogen. Die gefundene Menge in Prozenten ausgedrückt, ergibt die Kokszahl.

Verteerungszahl. Zu diesem Zwecke wird das Öl mehrere Stunden lang auf eine bestimmte Temperatur erhitzt, und zwar bei Turbinenölen verwendet man 50 g und erwärmt 50 Stunden auf 120°. Bei den wertvolleren Transformatorenölen indessen erhitzt man 150 g Öl 70 Stunden lang auf 120°, während gleichzeitig Sauerstoff, welcher durch Kalilauge und konzentrierte Schwefelsäure gereinigt ist, eingeleitet wird. Das Zuleitungsrohr von 3 mm lichter Weite endet 1—2 mm über dem Boden des Kolbens, die Durchleitungsgeschwindigkeit soll 2 Blasen pro Sekunde betragen. Nach Beendigung der Erhitzung erfolgt die Bestimmung der Verteerungszahl in der gleichen Weise wie oben bei der Teerzahl beschrieben.

Der Ausfall dieser Zahlen ändert sich in weiten Grenzen und ist von der Provenienz der Öle stark abhängig. Eine ungefähre Übersicht gibt die nachstehende Tabelle. Von Interesse ist auch das Verhältnis von Teerzahl und Verteerungszahl. Je geringer die Differenz, um so besser ist das Öl, da die Differenz anzeigt, wie widerstandsfähig das Produkt gegenüber oxydativen Einflüssen ist.

---

[1] Schleicher-Schüll: Weißband 589.

Teerzahl von Maschinenölraffinaten.

Herkunft	Viskosität bei 50°	Teerzahl	
Pennsylvanien	2,5	0,07	
„	3,1	0,10	
„	4,4	0,13	
„	4,9	0,10	
Rußland	3,1	0,12	
„	6,4	0,17	
Rumänien	6,6	0,23	
Mid-Continent	2,0	0,18	
„ „	4,5	0,21	
„ „	9,3	0,25	
„ „	3,0	0,49	schlecht raffiniert
„ „	11,5	0,43	„ „
Deutschland	4,5	0,25	
„	6,4	0,29	
„	6,9	0,54	schlecht raffiniert
Polen	4,5	0,28	

Für Öle, welche zur Schmierung der Kolben im Verbrennungsmotor Verwendung finden, ist es wichtig, sich ein Urteil zu bilden, in welchem Maße diese Neigung zeigen, koksähnliche Rückstände zu bilden. Zu diesem Zwecke ist eine besondere Untersuchungsmethode ausgearbeitet worden, welche, aus Amerika stammend, als Conradson Test bezeichnet wird. Öle mit niedrigem Conradson Test sind für Verbrennungsmotore vorzuziehen. Es ist schwierig, übereinstimmende Werte zu erhalten, da die Versuchsfehler ziemlich groß sind. Aber die Unterschiede zwischen Raffinaten und Destillaten, zwischen asphaltreichen und asphaltfreien Ölen sind groß genug, um die Probe, die sehr schnell geht, öfters anzuwenden[1]. Es wird dabei 10 g Öl in einem Porzellantiegel nahezu unter Luftabschluß verkokt und die im Tiegel verbleibende Kohle gewogen und in Prozenten bestimmt. In der nebenstehenden Zeichnung ist die Anordnung ersichtlich (Abb. 40). Im Innern befindet sich

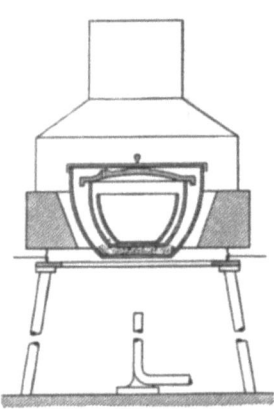

Abb. 40. Apparat zur Bestimmung des Conradsontestes. (Aus Burstin, Untersuchunsgmethode.)

---

[1] Schulz u. Kohout: Petr. 1927, 554.

ein glasierter Quarz- oder Porzellantiegel, Inhalt 25—26 ccm, Durchmesser 46 mm. Derselbe steht in einem gußeisernen Tiegel, 60—80 ccm Inhalt, 72 mm Durchmesser, 37—39 mm Höhe. Derselbe ist mit einem Deckel versehen, welcher eine Abzugsöffnung von 5—6 mm Durchmesser hat. Umschlossen sind die beiden Tiegel von einem Dritten aus 0,8 mm starkem Eisenblech, Inhalt ca. 200 ccm, Durchmesser 80 mm, Höhe ca. 60 mm. Der Deckel trägt keine Öffnung. Die beiden inneren Tiegel stehen auf einer ca. 10 mm hohen Sandschicht. Das Ganze ruht auf einem Dreieck aus Chromnickeldraht, so daß es von allen Seiten von der Flamme umspült werden kann. Umschlossen werden die Tiegel von einem Schutzmantel mit Schornstein aus Schwarzblech und einem Hohlkörper aus Eisenblech oder einem Asbestblock.

Die Erhitzung erfolgt durch einen Mékergasbrenner von 155 mm Höhe und 24 mm Durchmesser. Nachdem 10 g des Öles eingewogen, baut man den Apparat zusammen und erhitzt ca. 30 Minuten, bei viskosen Ölen etwas länger. Der ganze Prozeß zerfällt in drei Abschnitte, dem Anheizen, ca. 10 Minuten, dem Verbrennen der sich entwickelnden Dämpfe, ca. 13 Minuten, und dem Ausglühen, etwa 7 Minuten. Die Erhitzung ist so zu regeln, daß die Dämpfe mit einer 5 cm hohen Flamme aus dem Schornstein herausbrennen. Am Schluß ist so stark zu erhitzen, daß der untere Teil des Tiegels rotglühend wird. Nachdem man den Apparat 15 Minuten hat auskühlen lassen, bringt man den Porzellantiegel in einem Exikkator und wiegt den verbleibenden Kohlenstoff.

Eine rasch zum Ziele führende Methode, um harz- und kohlige Zersetzungsprodukte festzustellen, haben Byrd und Vilbrandt[1] festgestellt. Man bestimmt zuerst Flamm- und Zündpunkt in offener Schale (Apparat von Cleveland), läßt das Öl im Becherglas abkühlen, verdünnt mit 50 ccm Petroläther. — Der Asphalt usw. fällt aus, wird durch einen Goochtiegelfiltergeriet, mit Petroläther gewaschen, bei 100° getrocknet und gewogen. —

Die Neigung zur Koksbildung hängt von dem chemischen Charakter des Erdöls ab, so zeigte sich, daß z. B. naphthenische Öle widerstandsfähiger sind als paraffinische Öle. Auch ist die Probe geeignet zur Feststellung, ob Destillatöle (Conradson Test unter 1) oder Rückstandsöle (Conradson Test über 1) vorliegen.

Für Zylinderöle und überhaupt für dunkle Öle ist die Bestimmung des Asphaltgehaltes von Wichtigkeit. Derselbe wechselt mit der Herkunft der Öle. Die russischen und pennsyl-

---

[1] Journ. Ind. and Eng. Chem. 18, 699, s. a. Brennstoffchemie 1926, 365.

vanischen Zylinderöle sind verhältnismäßig asphaltarm, wohingegen die dunklen deutschen, die kalifornischen und die der Südstaaten sich durch hohen Asphaltgehalt auszeichnen.

Wie bereits erwähnt, existiert ein allmählicher Übergang von den Harzen über die weichen Asphalte zu den harten, unschmelzbaren Asphalten. Auch dieses sind Sauerstoff und Schwefel enthaltende Produkte, deren Gehalt an O und S mit dem Schmelzpunkt, der Härte und der Tiefe der Farbe steigt. Auf die Entstehung dieser Produkte einzugehen, würde hier zu weit führen. Es handelt sich im allgemeinen um Polymerisationsprodukte, die unter der Einwirkung der Luft entstanden sind. Bei dunklen Schmierölen nimmt der Asphaltgehalt beim Lagern zu. Ferner ist zu bemerken, daß unter der Einwirkung des Lichtes die Zunahme bedeutender ist als im Dunkeln. Asphalt ist bekanntlich lichtempfindlich.

Die Abscheidung und Bestimmung der Asphaltstoffe erfolgt durch Ausfällung mit verschiedenen Lösungsmitteln. Je nach Menge und Zusammensetzung der Fällungsreagenzien ändert sich die Menge und auch die Zusammensetzung der abgeschiedenen Stoffe. Man erhält demzufolge nur Relativzahlen. Benzine mit möglichst niedrigem Gehalt an aromatischen Kohlenwasserstoffen und niedrigem Siedepunkt bewirken eine größere Ausfällung als solche mit höherem Siedepunkt. Aromatische Kohlenwasserstoffe vermögen Asphalt wieder in Lösung zu bringen. Man verwendet daher zur

Bestimmung des Hartasphaltes ein durch seine Siedegrenzen (65—95°) charakterisiertes Normalbenzin, dessen spez. Gewicht 0,695 bis 0,705 beträgt. Dieses Normalbenzin kann durch die Firma C. F. Kahlbaum, Berlin, bezogen werden und wird vom staatl. Materialprüfungsamt auf seine Gleichmäßigkeit geprüft. Beim Schütteln mit einem Gemisch von 80 Teilen konzentrierter und 20 Teilen rauchender Schwefelsäure dürfen nur 2% des Benzins in Lösung gehen.

Zur Bestimmung des Hartasphaltes werden 5—10 g Öl, je nach dem mutmaßlichen Gehalt in einem Erlenmeyerkolben mit der 40 fachen Menge Normalbenzin übergossen, gut durchgemischt, bis das Öl vollkommen gelöst ist und nun über Nacht, vor Sonnenlichtgeschützt, stehen gelassen. Man filtriert am nächsten Morgen durch ein doppeltes Filter[1], das Filter wird solange mit Normalbenzin ausgewaschen, bis das Filtrat vollkommen farblos und ölfrei abläuft. Da gewisse amerikanische und deutsche Öle nicht unbeträchtliche

---

[1] Schleicher & Schüll 589 Weißband.

Mengen Paraffin und Zeresin enthalten, die mit ausgefällt werden, so wird dieses durch Extraktion des Filters mit siedendem Normalbenzin entfernt. Man kocht ¾ Stunden in einem Extraktionsapparat am Rückflußkühler. Der Asphalt wird durch heißes Benzol gelöst, in ein gewogenes Schälchen übergeführt, das Lösungsmittel abdestilliert und der verbleibende Hartasphalt bei 105° getrocknet und nach dem Erkalten gewogen. Der Asphalt muß glänzendschwarz und spröde sein, sonst ist zu vermuten, daß noch öl- und paraffinartige Stoffe vorhanden sind. Beim Auskochen des Asphaltes mit Alkohol darf sich dieser weder trüben noch gelb färben. Fremde in Benzol unlösliche Anteile (Koks, Sand usw.) verbleiben auf dem Filter und können unter Umständen auch quantitativ bestimmt werden[1]. Meßfehler $\pm$ 0,02%, Toleranz $+$ 0,04, Abweichungen nach unten zulässig.

Eine Schnellmethode ist von Tausz und Lüttgen[2] beschrieben. Hierbei werden einige Zehntel Gramm Öl in Benzol gelöst, der Hartasphalt durch Benzin gefällt und durch Zentrifugieren am Boden des Gefäßes niedergeschlagen. Der Gehalt kann durch direkte Wägung des Gläschens bestimmt werden. Aus Braun- und Steinkohlenschmierölen werden durch Normalbenzin auch andere in Alkohol lösliche Stoffe gefällt. Unter „Hartasphalt" versteht man aber nur die in Benzin und Alkohol vollkommen unlöslichen Bestandteile.

Bestimmung des Weichasphaltes. Mit Äther-Alkohol 2 : 1. In einer mit Glasstopfen verschließbaren Flasche werden 5 g Öl mit dem 25fachen Volumen Äther vom spezifischen Gewicht 0,72 (entsprechend 137,5 ccm unter Annahme des Ölgewichtes von 0,910) in der Zimmerwärme gelöst. Aus einer Bürette läßt man unter ständigem Schütteln das 12½fache Volumen 96%igen Alkohols (68,5 ccm) zufließen. Man schüttelt gut durch, läßt 5 Stunden stehen und filtriert dann schnell durch ein Weißbandfilter. Flasche und Filter werden mit einem Gemisch von Äther-Alkohol 2 : 1 gut ausgewaschen. Der Rückstand bestehend aus Erdwachs, Weichasphalt und Hartasphalt, wird in Benzol gelöst und in einer gewogenen Schale eingedampft, bei 105° getrocknet und gewogen. (Asphalt und Paraffin.) Diesen Rückstand löst, respektive suspendiert man vorsichtig in Äther, gießt in eine mit ausgeglühtem Sand und einem Glasstab beschickte Schale, wobei man darauf achtet, daß der Sand keine in Alkohol oder Benzol löslichen Stoffe, etwa Chloride, enthält. Nach dem Verdunsten des Äthers

---

[1] S. a. Petr. 1926, 799.
[2] Petr. 1918/19, S. 653.

gibt man den Sand in eine Extraktionshülse und extrahiert erschöpfend mit absolutem Alkohol, wobei das Paraffin gewonnen wird. Nach Abdunsten des Lösungsmittels bringt man das Paraffin zur Wägung und errechnet den Gehalt an Weichasphalt aus der Differenz. Ein billiges, einfaches Verfahren, um die Asphaltstoffe der Mineralöle quantitativ abzuscheiden, hat Marcusson mittels ätherischer Eisenchloridlösung ausgearbeitet[1].

5. Manche Rohöle zeichnen sich durch einen besonders hohen Gehalt an Paraffin aus. Hierdurch wird bewirkt, daß die Öle bei hoher Temperatur stocken, quantitative Feststellungen des Paraffingehaltes sind durch Fällung mit einem Gemisch von Äther-Alkohol 1 : 1 und Filtration des in der Kälte (-20^0) abgeschiedenen Paraffins bestimmt. Als Fällungsflüssigkeit wird auch Methyläthylketon (Butanon) verwendet.

6. Zur Bestimmung der ungesättigten und aromatischen Verbindungen dient die Formolit- oder Nastjukoffsche Reaktion[2]. Bei Gegenwart von Schwefelsäure entsteht in der Kälte bei Zugabe von 40%igem Formaldehyd nach Neutralisation mit Ammoniak ein unlöslicher, gelber, fester Körper, das sog. Formolit. Die Formolitzahl gibt die Menge des Formolits in 100 g Öl an. Sie ist ein Kennzeichen für die Menge der im Öl befindlichen ungesättigten und zyklischen Verbindungen. Eine praktische Bewertung des Schmieröls auf Grund der Formolit-Zahl ist nach Stevens[3] nicht möglich.

Eine Trennung der ungesättigten und gesättigten Kohlenwasserstoffe kann auch mittels flüssigen Schwefeldioxydes (Methode von Edeleanu) vorgenommen werden[4]. Für die Beurteilung und Kennzeichnung der Schmieröle kommen diese Bestimmungen weniger in Frage.

7. In nur sehr wenigen Fällen wird auch der Gehalt an Schwefel untersucht. Bei Transformatorenölen z. B. wird Schwefelfreiheit verlangt. Qualitativ feststellbar ist der Schwefel wie folgt: 1—2 g Öl werden mit einem erbsengroßen Stück Natriummetall erhitzt, bis alles Öl verdampft und nur eine kohlige Masse im Rohr verblieben ist. Der Rückstand wird mit destilliertem Wasser extrahiert; bei Gegenwart von Schwefel gibt Nitroprussidnatrium eine purpurviolette Färbung.

---

[1] Chem. Ztg. 1927, 190.
[2] Petr. 1908/09, S. 1336 ff.; Marcusson: Chem. Ztg. 1911, 729; 1923, 251 ff.
[3] Öl und Gas I. H. 19, 1926, S. 136.
[4] Siehe auch S. 27.

e) Zusätze fremder Substanzen.

Außer der Feststellung der den Ölen eigentümlichen und ihnen als wesentliche Bestandteile zugehörigen Stoffe bedarf es des Nachweises fremder Substanzen, die man ihnen zusetzt, um die Eigenschaften in irgendeiner Weise zu modifizieren.

1. Zusatz von Seife. Seifen und zwar Alkali-, Kalk- und Tonerdeseifen werden dem Mineralöl zuweilen zugesetzt, um ihnen eine gewisse Konsistenz zu verleihen oder um eine Emulgierbarkeit mit Wasser zu bewirken. Die Emulsionsfähigkeit der Öle ist jedoch oft durchaus unerwünscht und von großem Nachteil. So verlangt man z. B. von Dampfturbinenölen und Transformatorenölen, daß sie absolut seifenfrei sind; selbst die letzten aus der Raffination stammenden Reste müssen beseitigt werden.

Die Feststellung geschieht entweder durch den Nachweis alkalischer Asche oder dadurch, daß beim Durchschütteln des Öles mit Wasser sich eine weiße Emulsion bildet. Zu diesem Zweck schüttelt man 10 ccm Öl entweder mit destilliertem Wasser oder mit einer 1%igen Salzlösung in einen Meßzylinder von 25 ccm 5 Minuten lang bei Zimmertemperatur. Nach einstündigem Stehen wird beobachtet, wie weit sich die Schichten voneinander getrennt haben.

Diese Prüfung kann auch quantitativ durchgeführt werden und dient hierzu ein Verfahren, wie es in den ,,Richtlinien" beschrieben (Abb. 41). Nach diesem Verfahren leitet man Wasserdampf durch ein 6 mm weites Rohr in einen Zylinder d, in welchen 50 ccm destilliertes Wasser und 100 ccm Öl eingefüllt sind. Das Gemisch wird zunächst durch Einhängen in kochendes Wasser erwärmt, sodann leitet man durch das Rohr c den Dampf ein, und zwar wird die Dampfentwicklung so reguliert, daß das in dem kleinen Gefäß e sich kondensierende Wasser 3,5—4 ccm pro Minute zunimmt. Das Durchleiten des Dampfes dauert 10 Minuten, der Zylinder d wird erneut in das kochende Wasserbad eingehängt und dann nach 10 Minuten auf Zimmertemperatur abkühlen gelassen. Hat sich Öl und Wasser nach einer Stunde glatt voneinander getrennt, bezeichnet man das Öl als nichtemulgierend. Ist die Emulsionsschicht nicht mehr als 2 mm, ist das Öl schwach emulgierend, ist jedoch die Schicht höher als 2 mm, so bezeichnet man das Öl als emulgierend. Die in Amerika angewandte Conradsonsche Dampfemulgierprobe beruht auf dem gleichen Prinzip, ist aber in ihren Einzelheiten doch schärfer festgelegt und ergibt demzufolge genauer übereinstimmende Resultate[1]. Die Geräte

---

[1] Siehe Burstin S. 75 ff.

sind vor der Prüfung durch Ausspülen mit Äther, Alkohol, sodann mit konzentrierter Schwefelsäure und Wasser gründlich zu reinigen.

Quantitativ kann der Seifengehalt in Mineralölen auf folgende Weise festgestellt werden: 1. titrimetrisch. Nach Feststellung der Säurezahl wird die Seife mit Salzsäure zersetzt, das Öl mineralsäurefrei gewaschen und die freie Säure mit $^1/_{10}$-Normal-Alkalilauge titriert. 2. Das Mineralöl wird in Petroläther gelöst, dann etwa 7mal mit 50%igem Alkohol, je 20 ccm ausgezogen und die gesamten alkoholischen Extrakte wiederum mit Petroläther ausgewaschen.

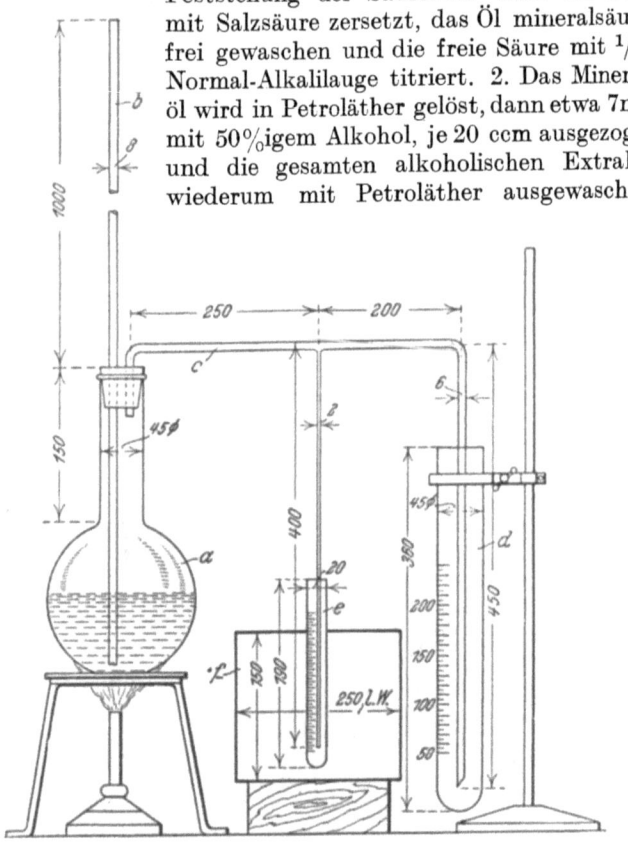

Abb. 41. Apparat zur Prüfung der Emulgierbarkeit (nach „Richtlinien").
(Aus Burstin, Untersuchungsmethoden.)

Der Alkohol wird nun verdampft und die zurückbleibende Seife gewogen. 3. Sofern keine anderen mineralischen Bestandteile vorhanden, kann aus der Asche die Seife berechnet werden.

2. Ein **Zusatz von fettem Öl** zum Mineralöl erfolgt häufig aus dem Grunde, um die Vorzüge beider Ölsorten zu vereinigen. Es wäre ein Irrtum, diese Zusätze als Verfälschungen oder Verschlech-

terungen anzusehen. Nur wenn trocknende Öle, wie Leinöl oder Hanföl, vorliegen, kann man hiervon sprechen. In anderen Fällen jedoch können die Vor- und Nachteile sehr wohl gegeneinander ausgeglichen werden, und es liegt im Geschick und der Erfahrung des Fabrikanten, geeignete Kombinationen zu finden. Bekanntlich haben Rüb- und Knochenöl eine besonders gute Schmierfähigkeit. Man hat beispielsweise beobachtet, daß damit versetzte Heißdampfzylinderöle nicht nur in ihrer Schmierfähigkeit erhöht werden, sondern auch geringere Neigung zu Rückstandsbildungen im Kolbenzylinder zeigen. Bei den Marineölen werden bedeutende Zusätze von kondensiertem Rüböl, Cottonöl und Tran gemacht, um die Emulsionierung mit Seewasser zu erleichtern und dadurch eine erhöhte Schmierwirkung zu erzielen. So wird man gerade in hochwertigen Mineralschmierölen oft nicht unbedeutende Mengen fetten Öles finden und ihr Nachweis und quantitative Bestimmung ist für den Betriebsmann erwünscht und notwendig.

Qualitativ erkennt man Zusätze an fettem Öl — über 1—2% — nach der sog. Luxschen Probe. Man erhitzt in einem Reagenzrohr einige ccm Öl mit Natriummetall oder festem, gepulvertem Natriumhydroxyd ca. $1/4$ Stunde auf 250^0. Tritt starkes Schäumen der Masse auf und gelatiniert sie nach dem völligen Erkalten, so ist der Beweis für die Gegenwart von fettem Öl erbracht. Tritt Gelatinierung ohne Schaumbildung ein, so liegt Verdacht auf Harz, resp. Naphthensäure vor. Als ganz rohe Probe kann folgende Methode gelten: Man gibt einige Tropfen des zu untersuchenden Öles auf die Handflächen, verreibt sie innig mit einigen Tropfen Wasser, beobachtet man eine rahmartige Emulsion, so liegt Zusatz von fettem Öl vor; bei Gegenwart von kondensiertem Fettöl bildet sich eine ziemlich zähe Emulsionsschicht.

Die quantitative Bestimmung erfolgt am besten durch Ermittlung der Verseifungszahl (siehe S. 56).

Praktisch wird hierbei wie folgt verfahren: Je nach dem mutmaßlichen Gehalt an fettem Öl werden 5—10 g der Probe in 75 ccm des Lösungsmittelgemisches, wie bei der Neutralisationszahl verwandt (s. S. 118), gelöst, setzt 25 ccm n/2 alkoholischer Kalilauge hinzu und erhitzt eine halbe Stunde lang am Rückflußkühler. Man titriert sofort in der Hitze, nach Zugabe von Phenolphthalein, resp. Alkaliblau 6 B als Indikator, mit n/2 Salzsäure auf farblos resp. blau zurück. Schwierig ist die genaue Bestimmung bei sehr dunklen Fetten. In diesem Fall führt das Verfahren von Dubowitz[1] zum Ziel, bzw. die Verwendung des Baader-Kolbens

---

[1] Chem. Ztg. 1927, 984.

mit seitlichem Ansatzrohr[1]. Der Titer der Lauge wird in einem blinden Versuch, der analog dem wahren angesetzt wird, jedoch kein Öl enthält, kontrolliert. Die Berechnung erfolgt sehr einfach wie folgt:

Angewandte Menge 5 g.
Blinder Versuch 25 ccm KOH entspr. 24,8 n/2 ccm HCl,
zurücktitriert beim Öl mit 20,2 ccm HCl,
verbraucht also 24,8—20,2 = 4,6 ccm HCl,
1 ccm n/2 HCl entspr. 0,028 g KOH, mithin ist die

$$VZ = \frac{4{,}6 \cdot 0{,}028 \cdot 1000}{5} = 25{,}76.$$

Für die bei den Mineralschmierölen als Zusatz in Frage kommenden fetten Öle kann meist mit einer durchschnittlichen Verseifungszahl von 190 gerechnet werden. Danach ermittelt sich der Prozentgehalt an fetten Ölen in obigem Beispiel nach folgender Überlegung:

$$190 : 100 = 25{,}76 : x; \quad x = 13{,}56\%.$$

Meßfehler bis 1: $\pm 0{,}1$; von 1 bis 20: $\pm 5\%$; über 20: $\pm 3\%$. Bei Verseifungszahlen unter 10 arbeitet man zweckmäßig mit $\frac{n}{10}$-Lauge bzw. Säure.

Von der Verseifungszahl ist evtl. die Säurezahl in Abzug zu bringen, sofern man den Gehalt an Neutralfett feststellen will. Bei Gegenwart von Wollfett hat man mit einer Verseifungszahl von 100—105 zu rechnen. Wollfett gibt sich durch seinen Geruch und die spezifische Wollfettreaktion — Grünfärbung mit Essigsäureanhydrid und konzentrierter Schwefelsäure — zu erkennen.

Zusatz von kondensiertem Tran oder Rüböl findet man häufig bei den Marineölen. Hier rechnet man mit einer durchschnittlichen Verseifungszahl von 200, wohingegen man bei den Voltolölen mit einem Verseifungswert von 220 rechnen kann, speziell wenn Tranvoltol vorliegt. Bei diesen Produkten ändert sich ja bekanntlich der Verseifungswert infolge Durchleiten von Luft in erwärmtem Zustand, also durch Oxydation und Polymerisation nicht unwesentlich. Der Gehalt an fetten Ölen kann aber auch nach der Methode von Spitz und Hönig durch direkte Abscheidung der Fettsäuren bestimmt werden (s. S. 139).

3. Zusatz nicht verseifbarer und nicht erdölartiger Stoffe. Sind im vorherigen der Nachweis von Stoffen beschrieben, welche als die Schmierwirkung fördernd anzusehen sind, so soll im folgenden Abschnitt der Nachweis der Stoffe erörtert werden, welche als mehr oder weniger mindernd auf die Schmierwirkung zu erachten

---

[1] Erdöl u. Teer (1928) 234, 252.

Zusätze fremder Substanzen. 133

sind. Hierher sind auch zu rechnen Stoffe, welche im Lande in genügender Menge vorhanden, aber an Wert den Mineralölen nicht ebenbürtig sind. Es sind in der Hauptsache Produkte der Steinkohlen- und Braunkohlenteerdestillation, deren Gewinnung und Eigenarten wir bereits im ersten Kapitel erörtert haben. Sowohl die Braunkohlen- wie die Steinkohlenteeröle sind durch ihren hohen Gehalt an Phenolen und Kresolen charakterisiert, Körper, die sich bereits durch ihren Geruch bemerkbar machen.

α) Der Steinkohlenteer und die aus ihm gewonnenen Teerfettöle sind im besonderen durch folgende Merkmale zu erkennen. Ihr spezifisches Gewicht ist über 1,0. In Alkohol sind sie stark, zuweilen völlig löslich und zwar mit tiefdunkler Farbe; mit konzentrierter Salpetersäure reagieren sie lebhaft unter Bildung von Nitrokörpern. In Anilin sind diese Öle völlig löslich. Die Zähigkeit der Steinkohlenöle ist meist gering, $E_{20} = 2 - 4$, doch kommen auch künstlich verdickte Fettöle in den Handel. Diese unter dem Namen Meiderol von der Ges. für Teerverwertung Duisburg-Meiderich und Rütgersol von den Rütgerswerken, Berlin, angebotenen Produkte sind Teerdestillate, Anthrazenöle, die durch besondere Verfahren von den festen Stoffen befreit und auf eine bestimmte Viskosität gebracht sind, so daß sie für geringere Schmierzwecke, für Lager, Gleitflächen und Achsen, welche keinen großen Drucken ausgesetzt sind und die keinen großen Temperaturschwankungen unterworfen sind, wohl geeignet sind. Auch konsistente Fette und Spritzfette werden aus ihnen hergestellt und haben sich auch leidlich bewährt.

β) Die Braunkohlenteeröle verhalten sich ganz ähnlich, auch sie haben ein hohes spezifisches Gewicht, zwischen 0,890 bis 0,970, also höher als die meisten Mineralöle. Die Löslichkeit in Alkohol ist beträchtlich, mit Salpetersäure reagieren die Braunkohlenteeröle ebenfalls, wenn auch nicht so heftig wie die aus den Steinkohlen.

Eine einigermaßen einwandfreie Reaktion, ob Stein- oder Braunkohlenteeröle dem Mineralöl zugesetzt sind, ist die Graefesche Diazoreaktion, sowie die Valentasche Reaktion mit Dimethylsulfat.

Die Graefesche Reaktion beruht auf der Bildung von Farbkörpern der im Öl sich findenden Phenole mit Diazobenzolchlorid, die Valentasche Reaktion auf der Löslichkeit von Benzolkohlenwasserstoffen in dem allerdings sehr giftigen, daher mit Vorsicht zu verwendenden Dimethylsulfat. Die Diazoreaktion ist übrigens nicht immer beweisend für die Gegenwart von Teerölen, da man gerade in jüngster Zeit festgestellt hat, daß gewisse mexikanische und auch rumänische Rohöle die gleiche Reaktion zeigen[1]. Durch quantitative Bestimmung der Phenole auf den Gehalt an Teeröl zu schließen, ist insofern nicht zulässig, da der Gehalt je nach der Herstellungsmethode sehr schwankend sein kann, mithin ein geringer Phenolgehalt noch nicht besagen will, daß auch wenig Teeröl zugesetzt sei. Obwohl die Phenole als Körper saurer Natur anzusehen sind, kann man sie nicht durch Titration bestimmen, da ihr saurer Charakter zu schwach ist, so daß sie mit den gewöhnlichen Indikatoren keinen scharfen Farbenumschlag geben. Der Kreosotgehalt in Braunkohlen- und Steinkohlenschmierölen kann, wenn er zu hoch wird, zu starken Verharzungen und zur Verdickung der Schmieröle führen, wodurch Störungen im Betriebe verursacht werden.

Zur Feststellung des Gehaltes verfährt man in der Weise, daß man einen 4 cm weiten, 250 ccm fassenden graduierten Schüttelzylinder mit 100 ccm Natronlauge (spez. Gew. 1,15), 100 ccm des zu prüfenden Öles und 50 ccm Benzol füllt. Nach kräftigem, zwei Minuten langem Schütteln wird der Zylinder im Wasserbad auf 60—70° erwärmt, damit die Schichten sich schnell trennen. Sodann läßt man auf 20° erkalten und liest die Volumenzunahme der Natronlauge entsprechend dem Kreosotgehalt ab. Prüffehler $\pm$ 0,5%, Toleranz $+$ 1%. Abweichungen nach unten sind zulässig.

Gelegentlich stellt man in den Steinkohlenschmierölen Abscheidungen von Anthrazen und Phenanthren und dgl. fest, die ebenfalls zur Verstopfung der Schmierleitungen usw. führen können. Dieselben werden in der Weise bestimmt, daß man 100 g Öl auf dem Wasserbad erwärmt, bis alle Ausscheidungen verschwunden sind. Hierauf kühlt man auf die vorgeschriebene Temperatur ab und hält diese Temperatur zwei Stunden lang. Die nun entstandenen Ausscheidungen werden durch Abnutschen vom Öl getrennt und durch Aufstreichen auf einen Tonteller getrocknet.

γ) In früheren Zeiten wurde den Mineralölen zuweilen **Kautschuk** zur Erhöhung der Zähigkeit zugesetzt, ein Mittel, das natürlich sehr leicht zur Verschmierung der Lager führen mußte. Der Kautschuk scheidet sich aus der ätherischen Lösung des Öles auf Zusatz von Alkohol ab, und zwar als fadenziehendes Produkt; dasselbe kann dann abfiltriert und zur Wägung gebracht werden.

---

[1] Marcusson, Z. f. ang. Chem. 1921, 203.

δ) **Zusatz von Harz und Harzölen.** Bisweilen werden den Mineralölen Harz und Harzöle, also Produkte, welche bei der Destillation des Kiefern- und Fichtenholzes entstehen, hinzugefügt. Infolge ihrer Neigung, in dünner Schicht eine klebende Masse zu bilden, sind derartige Zusätze durchaus ungeeignet und als Verfälschung anzusprechen, mindestens bedeutet ein solcher Zusatz eine Wertverminderung des Öles. Man hat zu unterscheiden zwischen Harzsäuren und Harzölen. Beide entstehen bei der Destillation des Rohharzes. Die Harzsäuren haben ausgesprochen sauren Charakter, während die Harzöle den Mineralölen ähnlicher sind. Reines Harzöl wird zuweilen als Transformatorenöl verwendet. Die Harzsäuren dienen dagegen zur Herstellung von Wagenschmieren und wasserlöslichen Ölen und dgl. Beobachtet man im Mineralöl eine abnorm hohe Säurezahl, so liegt Verdacht auf Harzöl vor. Zum genaueren Nachweis schüttelt man das Öl mit 70%igem Alkohol aus, verdunstet den abfiltrierten Alkohol und verbleibt dann ein harzartiger, nichtöliger Rückstand, so wird dieser in einigen ccm Essigsäureanhydrid gelöst und gibt bei Zusatz von Schwefelsäure dann eine tiefviolette Färbung (Morawskische Reaktion). Die Harzöle zeichnen sich durch niedrigen Flammpunkt, durch hohe Verdampfbarkeit, sowie durch hohe Jodzahl und große Löslichkeit in Alkohol sowie in Anilin aus.

4. Gebrauchte Mineralschmieröle. Zuweilen werden dem Verbraucher, zu billigeren Preisen allerdings, bereits gebrauchte Öle angeboten. Diese Öle sind meist etwas dunkler in der Farbe, enthalten bei nicht sorgfältiger Reinigung größere Mengen Wasser (Prüfung nach der Methode von Marcusson) und mechanische Verunreinigungen (s. S. 80—82). Das spezifische Gewicht und die Zähigkeit sind bei ihnen durch die Verdampfung der niedriger siedenden Anteile meist etwas höher. Gebrauchte Zylinderöle haben sich infolge der Erhitzung mit Asphaltstoffen angereichert. Waren in dem ursprünglichen Schmiermittel fette Öle zugegen, so beobachtet man infolge Zersetzung der Neutralöle eine höhere Säurezahl, zuweilen sind auch Eisenseifen im Öl nachzuweisen (Aschengehalt). Eine Regeneration der mit fetten Ölen kompoundierten Mineralschmieröle ist meist schwierig, verlustreich und mit großen Kosten verbunden.

f) Untersuchung der halbfesten und festen rein mineralöligen Produkte.

Im Anschluß an die Untersuchung der flüssigen Mineralschmieröle sind noch der Prüfung der festen und halbfesten Produkte, soweit sie der Schmierung dienen oder zu ähnlichen Zwecken Verwendung finden, einige Worte zu widmen.

1. Das natürliche Vaselin, wie es bei der Erdölverarbeitung aus den Rückständen gewonnen und alsdann zu helleren Produkten raffiniert wird, dient entweder als sehr zähflüssiges Schmiermittel oder als Rostschutzmittel oder endlich für kosmetische und pharmazeutische Zwecke, die uns hier aber nicht weiter interessieren. Dementsprechend richtet sich die Prüfung dieser Produkte auf folgende Punkte: Tropfpunkt, Viskosität und Säurefreiheit. Weniger wichtig ist das spezifische Gewicht, das meist bei höherer Temperatur mit der Mohrschen Wage oder nach der Alkoholschwimmethode festgestellt wird. Den Tropfpunkt erhält man nach der Methode von Ubbelohde (s. S. 109). Die Feststellung auf Säurefreiheit, ebenso die Gegenwart von fremden Bestandteilen geschieht in gleicher Weise wie bei den Mineralölen.

Das künstliche Vaselin wird durch Mischung von hellem Öl mit Zeresin und Paraffin bereitet. Von dem natürlichen unterscheidet es sich außer durch seine kurzfasrige Struktur durch die plötzliche Art zu schmelzen. Es ist überdies wesentlich dünnflüssiger als das natürliche Vaselin und zeigt eine steilere Viskositätskurve. Bei niedrigen Temperaturen indes tropft dieses bereits aus dem Viskosimeter, während das künstliche noch völlig fest ist. Sein Schmelzpunkt liegt zwischen 30—40°. Wegen dieses Verhaltens ist das Naturvaselin besser geeignet als das technische Vaselin.

2. Das Paraffin, das in den Ölen verschiedener Provenienz — auch im Braunkohlenteer, Schiefer- und Torfteer finden sich beträchtliche Mengen — in wechselnden Mengen vorhanden ist, läßt sich aus diesen nur auf umständliche Weise in der vom Handel gewünschten Reinheit gewinnen. Man unterscheidet Weich- und Hartparaffin, oder auch nach seiner äußeren Form zwischen Schuppen- und Tafelparaffin. Durch Ausfrieren aus den Destillaten, Abfiltrieren und nachfolgendem Ausschwitzen des Gatsches wird das Paraffin nach und nach völlig entölt. Die weitere Reinigung erfolgt dann durch eine der Schmierölraffination analoge Manipulation. Es kommen braune, gelbe und weiße Paraffine in den Handel. Zu den eigentlichen Schmiermitteln wird Paraffin relativ wenig verarbeitet. Nur bei der künstlichen Vaseline, bei Lederfetten und einigen anderen Spezialprodukten findet das Paraffin Verwendung. Zu seiner Beurteilung dient neben der äußeren Erscheinung, wie Geruch, Farbe, vor allem der Schmelzpunkt. Dieser wird am genauesten nach der Methode von Shukoff (s. S. 107) bestimmt. Er schwankt beträchtlich und

ist für Weich- oder Schuppenparaffin 30—45°C, für Hart- oder Tafelparaffin 48—58°C und darüber. Der Ölgehalt des Paraffins läßt sich nach Holde durch Lösen in Äther und Fällen mit Alkohol oder auch durch Behandeln mit Leichtbenzin bei 0° bestimmen. Unterscheidung von Erdölparaffin und Schwelparaffin ist durch die Kreosot- bzw. die Diazoreaktion möglich.

Dem Paraffin ähnlich und auch in genetischem Zusammenhang mit ihm stehend, ist das Erdwachs, Ozokerit, oder gereinigt auch Zeresin genannt. Es findet sich hauptsächlich in Galizien und wird daselbst bergmännisch gewonnen.

Nach Untersuchungen von Zaloziecki und Marcusson[1] ist der chemische Aufbau des Ozokerits dem des Paraffins sehr ähnlich, besteht aber wohl in der Hauptsache aus Isoparaffinkohlenwasserstoffen, d. h. Verbindungen mit verzweigter Kohlenstoffkette. Das rohe Erdwachs ist von dunkelbrauner Farbe und dient als Kabelwalzenmasse, meist jedoch wird es durch Behandeln mit warmer Schwefelsäure raffiniert und man erhält dann ein gereinigtes hellgelbes bis weißes Produkt, welches zur Herstellung von künstlichem Vaselin, Bohnerwachs, Schuhcreme und in der Kerzenindustrie Verwendung findet. Die Beurteilung des Zeresins richtet sich nach der Höhe des Schmelzpunktes, sowie nach der Reinheit der Farbe. Der hohe Wert des Zeresins hat es mit sich gebracht, daß chemisch reines Zeresin kaum noch in den Handel kommt, und daß selbst der Handelsgebrauch stark mit Paraffin verschnittene Zeresine noch als solche bezeichnet. Infolgedessen ist eine Trennungslinie zwischen diesen beiden Produkten sehr schwer zu ziehen. Die Zusätze an Paraffin sind nur nach sehr komplizierten Methoden zu ermitteln (spez. Gewicht und Bestimmung des Brechungsindex). Die Bestimmung des Schmelzpunktes resp. Tropfpunktes geschieht wie beim Paraffin. Er schwankt von 54—68°C.

3. Die bei der Gewinnung der Schmierölfraktionen in der Blase verbleibenden Rückstände kommen unter dem Namen Petrolrückstände, Erdölpech, Erdölasphalt, auch Goudron, in den Handel und werden auf die verschiedenartigsten Schmierstoffe verarbeitet. Durch Verdünnen mit leichtem Öl werden dunkle Schmieröle, speziell Eisenbahnöle hergestellt; dann dienen sie als Zusatz bei der Herstellung von Wagenfetten, Heißwalzenschmieren und ähnlichen Produkten. Ihre Verwendung für Dachpappe, zu Isolationszwecken sei nur nebenbei erwähnt. Je nach dem Grade, wieweit die flüssigen Anteile abdestilliert wurden,

---

[1] Zaloziecki und Marcusson: Z. angew. Chem. 1, S. 26 und Chem. Ztg. 1915, S. 613.

kann man verschiedene Sorten von Petrolpech unterscheiden, vom halbflüssigen salbenartigen bis zum festen springharten Goudron. Diese Produkte stehen übrigens chemisch in naher Beziehung mit den in der Natur vorkommenden Naturasphalten, wie dem Trinidadasphalt und den Asphaltiten, wie Gilsonit usw. Bezüglich der Klassifikation dieses sehr umfangreichen Gebietes der Natur- und Kunstasphalte sei auf das systematische und inhaltlich vorzügliche Buch von Marcusson hingewiesen[1]. Hier wird man auch über die Untersuchung dieser höchst komplizierten und „düsteren" Materie erschöpfende Auskunft erhalten. Erwähnt sei nur noch, daß man den äußerlich den Petrolrückständen sehr ähnlichen Säuregoudron, welcher bei der Raffination des Erdöls mit H_2SO_4 erhalten wird und mit basischen Substanzen, meist Kalk, neutralisiert wird, von jenen durch seinen Gehalt an schwefelsauren Salzen erkennen kann. Das spezifische Gewicht dieser Säuregoudrons ist meist größer als 1,0.

Die bei der Destillation der Fettsubstanzen verbleibenden Fettpeche, Stearinpech, Wollfettpech usw. werden bei der Herstellung von Walzenschmieren und von Kabelmassen vielfach verarbeitet. Sie sind durch ihre hohe Verseifungszahl charakterisiert, welche durch die noch in ihnen enthaltenen Fettsäuren bedingt ist.

B. Prüfungsmethoden der fetten Öle und Fette.
a) Die physikalischen Prüfungsmethoden.

der animalischen und vegetabilischen Fette und Öle decken sich im allgemeinen mit denen, die für Mineralöle gültig sind. In den organischen Lösungsmitteln, wie Äther, Chloroform, Schwefelkohlenstoff, Trichloräthylen und Tetrachlorkohlenstoff, sowie in Petroläther sind die Glyzeride glatt löslich. Nur in Alkohol sind sie weniger löslich. (Ausnahme bildet das Rizinusöl). Jedoch steigt das Lösungsvermögen mit steigendem Fettsäuregehalt.

Die Feststellung des spez. Gewichtes erfolgt in gleicher Weise wie beim Mineralöl, es schwankt zwischen 0,913 und 0,996 und nimmt mit steigender Jodzahl zu. Über die Feststellung des Schmelzpunktes und Erstarrungspunktes sei auf die Beschreibung auf S. 107 verwiesen. Der Titertest ist der Erstarrungspunkt der aus den Fetten abgeschiedenen Fettsäuren.

---

[1] „Natürliche und künstliche Asphalte." Leipzig: W. Engelmann, 1921. (Siehe auch Burstin: Untersuchungsmethoden der Erdölindustrie. Berlin: Julius Springer 1930.)

Verunreinigungen wie Wasser, Asche usw. werden nach bekannten Verfahren (S. 80—82) ermittelt; vermutet man eiweißhaltige Substanzen im Öl, so erhitzt man auf 250°, wobei die Schleim- und Eiweißstoffe koagulieren, sich zusammenballen und sich in Flocken abscheiden. Man bezeichnet diese Erscheinung mit „Brechen" des Öles. Durch Filtration der abgeschiedenen Stoffe durch ein gewogenes Filter kann der Gehalt an Eiweißstoffen usw. auch quantitativ bestimmt werden. Auf die Untersuchung der Öle bezüglich ihrer optischen Eigenschaften soll hier nicht näher eingegangen werden. Was endlich die Zähigkeit der fetten Öle betrifft, so ist festgestellt, daß diese im allgemeinen mit dem Molekulargewicht und dem Grad der Sättigung wächst. Polymerisierte und kondensierte Öle zeigen eine steigende Viskosität. Die Viskosität der fetten Öle schwankt bei 50° C zwischen 3 und 4 Englergraden. Die besondere Schmierfähigkeit der fetten Öle wird auf die Oberflächenspannung zurückgeführt, deren Größe durch den Gehalt an freien Fettsäuren günstig beeinflußt ist. Interessant sind die Arbeiten von Woog[1], wonach die Schmierfähigkeit fetter Öle auf den Widerstand der Moleküle gegen gewisse Bewegungen zurückgeführt wird.

b) Chemische Prüfungsmethoden

gestalten sich infolge des strukturell verschiedenen Aufbaus der Fette prinzipiell anders. Da infolge des hohen Preises der fetten Öle gelegentlich eine Verfälschung mit Mineralöl vorgenommen wird, so ist

1. die Feststellung des Unverseifbaren von gewisser Bedeutung. Auch ist der Gehalt an Unverseifbarem für gewisse Fette charakteristisch. Qualitativ prüft man wie folgt: 6 Tropfen des vorher filtrierten Öles werden im Reagenzglas mit 2 ccm n/2 alkoholischer Lauge 2 Minuten lang gekocht. Bei langsamem Zusatz von Wasser tritt bei Gegenwart von Mineralöl eine Trübung oder gar Abscheidung ein.

Will man das Unverseifbare quantitativ feststellen, so verfährt man nach der Methode von Spitz und Hönig: 3—4 g Öl werden mit 25 ccm n/1 alkoholischer Kalilauge und Benzol eine Stunde am Rückflußkühler gekocht, mit 25 ccm Wasser versetzt, so daß man eine 50%ige alkoholische Lösung erhält. Man läßt nochmals aufkochen und führt die abgekühlte Lösung in einen Scheidetrichter über. Man schüttelt nun mehrfach mit leichtsiedendem Petroläther aus, d. h. bis sämtliche unverseifbaren Anteile der

---

[1] C. r. 1921, 303.

Seifenlösung entzogen sind. Die vereinigten Benzinauszüge werden nun dreimal mit je 15 ccm 50%igem Alkohol, dem man zur Absättigung der hydrolisierten Fettsäuren etwas Alkali zusetzt, ausgewaschen. Die Benzinlösung wird durch ein trockenes Filter in einen gewogenen Kolben filtriert und nach Abdunsten des Lösungsmittels und Trocknen des Rückstandes bei 105° bis zur annähernden Gewichtskonstanz derselbe gewogen und auf diese Weise das Unverseifbare ermittelt.

Aus der Seifenlösung und den vereinigten alkoholischen Auszügen lassen sich durch Ansäuern mit Salzsäure bzw. Schwefelsäure die Fettsäuren abscheiden und nach dem Aufnehmen in Äther oder Petroläther, sowie nach dem Freiwaschen von Mineralsäure mittels Glaubersalzlösung und Abdestillieren des Lösungsmittels, isolieren und nun für sich untersuchen. Auf die Kennzeichnung der einzelnen Ölarten nach spezifischen Reaktionen kann hier im einzelnen nicht mehr eingegangen werden (s. Kap. 1). Nur die Bestimmung der einzelnen sog. quantitativen Konstanten soll nun, soweit es noch nicht geschehen, beschrieben werden.

2. Über die Bestimmung der Säure und Verseifungszahl siehe S. 118 u. 131. Häufig findet man in der Literatur die Bezeichnung Esterzahl. Sie bedeutet nichts anderes als die mg Kali, die zur Verseifung des in 1 g Substanz vorhandenen Neutralfettes notwendig sind. Sie ist demnach gleich der Differenz aus Verseifungszahl und Säurezahl, also Esterzahl = VZ — SZ.

3. Die Reichert-Meißl-Zahl (RMZ), welche angibt, wieviel ccm n/10 Lauge nötig sind, um die aus 5 g Fettsäuren erhaltenen flüchtigen Fettsäuren zu neutralisieren, wird zuweilen bei den sog. Marineölen, Mischungen von Mineralölen mit geblasenem Rüböl oder Cottonöl festgestellt. Ihre Bestimmung ist für die Untersuchung der Schmiermittel von untergeordneter Bedeutung. Das gleiche gilt für die Hehnerzahl, welche den Prozentsatz der in Wasser unlöslichen Fettsäuren angibt.

4. Die Jodzahl (über ihre Definition und Bedeutung siehe S. 50) ist von Wichtigkeit für die Kennzeichnung der Öle. Stark abgepreßte und stearinreiche, sowie geblasene Öle zeigen niedrigere Jodzahlen als die normalen Öle, aus denen sie hergestellt sind. So zeigen z. B. Knochenöle bei —10° flüssig Jodzahl bis 75, bei Zimmertemperatur feste Öle 44; bei geblasenen Rübölen und Cottonölen geht die Jodzahl bis auf 55 herunter. Als die zuverlässigste Methode dürfte wohl z. Zt. die Hanus-Methode angesehen werden. Als Reaktionslösung verwendet man eine Lösung von 10 g Jodmonobromid in 500 ccm Eisessig. Angewandt werden 0,1—0,15 g bei Ölen mit Jodzahl über 120; 0,6—0,7 g von festen

Fetten; 0,2—0,4 bei Ölen mit Jodzahl unter 120[1]. Man löst diese in Chloroform oder in Eisessig. Es werden hierzu Erlenmeyerkolben mit eingeschliffenem Stopfen oder Stöpselflaschen 2—300 ccm Inhalt verwendet. Man läßt nun genau 25 ccm Jodmonobromidlösung zufließen und unter mehrfachem Umschwenken 15 Minuten einwirken; bei hohen Jodzahlen evtl. dreiviertel bis eine Stunde. Nun setzt man 15 ccm Jodkalilösung (1 : 9) und 50 ccm Wasser zu und titriert unter stetem Schwenken mit n/10 Thiosulfat bis zur Gelbfärbung. Nach Zusatz von Stärkelösung wird bis zur Entfärbung weiter titriert. In einem blinden Versuch stellt man den Titer der Hanuslösung fest. Die Berechnung der Jodzahl erfolgt sodann nach folgender Gleichung:

IZ = (Titerwert — zurücktitrierter Halogenmenge) · Faktor der Thiosulfatlösung · 100 · 0,01269 : Einwage.

Zur Herstellung der Thiosulfatlösung löst man 24,8 g reines Thiosulfat in 1 Liter ausgekochtem Wasser und stellt den Titer dieser Lösung auf folgende Weise fest: von einer Kaliumbichromatlösung, welche genau 3,8663 g $K_2Cr_2O_7$ im Liter enthält, werden 20 ccm mit 10 ccm Jodkaliumlösung 10%ig und 5 ccm konzentrierter Salzsäure versetzt und das abgeschiedene Jod mit der zu stellenden Thiosulfatlösung titriert. Man läßt solange Thiosulfat zufließen, bis die Lösung schwach gelb gefärbt ist, fügt dann Stärkelösung 1%ig hinzu und titriert weiter, bis die blaue Farbe verschwunden ist. 20 ccm der Bichromatlösung entsprechen genau 0,2 g Jod, daraus läßt sich die Stärke der Thiosulfatlösung errechnen. Wurden z. B. 19,4 ccm Thiosulfat verbraucht, so entspricht 1 ccm = 0,010309 g Jod.

Die Methode von Hübl-Waller: Man verwendet eine Lösung von 25 g Jod und 30 g Quecksilberchlorid in je 500 ccm 95%igem Alkohol, fügt zu der Mischung 50ccm Salzsäure (spez. Gew. 1,19) hinzu und läßt vor dem Gebrauch einen Tag stehen. Die Jodmenge wird jeweils mit Natriumthiosulfat durch einen blinden Versuch festgestellt. Für die eigentliche Bestimmung wägt man in einem mit Glasstopfen verschließbaren Erlenmeyerkolben, je nach Art des Fettes, von flüssigen Ölen ca. 0,2 g (6—8 Tropfen) von festen Fetten 0,5—1 g und von trocknenden Ölen nur 0,15—0,2 g ab, löst in 20 ccm Chloroform oder Tetrachlorkohlenstoff und fügt aus einer Pipette mit automatischem Ausfluß 25 ccm der Jodlösung hinzu. Man läßt über Nacht stehen und bestimmt die noch verbliebenen nicht verbrauchten Jodmengen nach Zugabe von ca. 15 ccm Jodkalilösung (1 : 10) und 100 ccm Wasser mit der obigen Thiosulfatlösung.

---

[1] Margosches u. Fuchs: Z. angew. Chem. 1927, 178.

Beispiel: 0,1428 g Öl werden mit 25 ccm Jodlösung versetzt. Beim blinden Versuch verbraucht das gleiche Quantum ohne Öl 55,8 ccm Thiosulfat, während für den Rest des nicht absorbierten Jods beim eigentlichen Versuch nur 43,4 ccm verbraucht werden. Der Jodabsorption entspricht also:

$$\underline{\begin{matrix}55{,}8 \text{ ccm} \\ 43{,}6 \text{ ,,}\end{matrix}}$$
12,2 ccm Thiosulfat.

1 ccm Thiosulfat entspricht 0,010309 g Jod, siehe oben.
12,2 ,,   ,,   entsprechen 0,12577 g ,,

also ist die Jodzahl $\dfrac{0{,}12577 \cdot 100}{0{,}1428} = 88{,}07$.

Will man die Versuchsdauer von 24 Stunden abkürzen und schnell zu einigermaßen sicheren Werten gelangen, so verwendet man die **Wijssche Lösung**. Sie enthält 7,8 g Jodtrichlorid und 8,5 g Jod auf ein Liter Eisessig. Die Einwirkungsdauer auf das Öl verkürzt sich auf ein bis zwei Stunden.

5. Zur Ermittlung des Oxydationsgrades geblasener Öle, die als Zusatz für gewisse Schmieröle (Marineöle) dienen, gebraucht man die Feststellung der **Azetylzahl** und des Gehaltes an **Oxyfettsäuren**. Die Azetylzahl gibt einen Anhalt für die im Öl vorhandenen Hydroxylgruppen. Es gibt eine Anzahl von Methoden, auf die hier nicht näher eingegangen werden soll[1]. Bequemer und häufiger angewandt ist die Bestimmung der Oxyfettsäuren nach der **Methode von Fahrion**. Die Oxysäuren sind im Gegensatz zu gewöhnlichen Fettsäuren in Petroläther unlöslich.

3—5 g Öl werden mit alkoholischer Kalilauge verseift, nach dem Verseifen wird der Alkohol vollkommen verjagt, die Seife in ca. 50—100 ccm Wasser gelöst und mit Salzsäure im Scheidetrichter zersetzt. Man schüttelt mit Petroläther aus, wobei die Oxysäuren ungelöst an den Wandungen des Scheidetrichters als braune bis schwarze klumpige Massen haften bleiben. Durch vorsichtiges Abgießen trennt man von der petrolätherischen Lösung der übrigen Fettsäuren, wäscht mehrmals mit frischem Petroläther nach, löst sodann in heißem Alkohol, führt in eine gewogene Schale über, verdampft das Lösungsmittel und bringt die getrockneten Oxysäuren zur Wägung.

---

[1] Holde: Kohlenwasserstofföle; Marcusson: Untersuchung der Fette und Öle.

C. Die zusammengesetzten Schmiermittel.

Die unendliche Vielfältigkeit der Verwendungszwecke und Anwendungsverfahren bedingt eine ebenso große Mannigfaltigkeit in der Zusammensetzung der notwendigen Schmierstoffe. Wenn auch in den häufigsten Fällen reine Mineralschmieröle oder reine fette Öle zum Schmieren verwendet werden, so ist es doch gelegentlich notwendig, Mischungen und besonders zusammengesetzte Kompositionen zu verwenden. Von diesen werden auch heute noch eine Unzahl auf den Markt gebracht, welche jede einzelne für sich den Ruhm in Anspruch nimmt, für den besonderen Zweck die bestgeeignete zu sein. Es würde den Rahmen des Buches bei weitem übersteigen, wollte man auf alle diese Produkte im einzelnen eingehen. Es sollen daher nur die einzelnen Gruppen, die nach Ursprung und Herstellungsart, wie auch nach Verwendungszweck verschieden sind, in kurzen Zügen geschildert werden. Wir teilen daher wie folgt ein:
 a) reine Mineralölmischungen,
 b) kompoundierte Öle,
 c) konsistente Fette und verwandte Produkte,
 d) wasserlösliche Schmiermittel (Bohr- und Textilöle),
 e) technische Vaseline und Lederfette,
 f) Graphit, graphitierte Schmiermittel und solche mit Zusätzen anderer anorganischer Stoffe,
 g) Ersatzschmierstoffe.

a) Reine Mineralölmischungen.

Nicht immer ist es möglich, bereits bei der Fabrikation zu solchen Ölen zu gelangen, die alle die Eigenschaften besitzen, welche für den geforderten Zweck gewünscht werden. Infolgedessen sieht man sich veranlaßt, Ölmischungen herzustellen aus Ölen, die bestimmte gute Eigenschaften zeigen. Häufig ist auch der Händler bzw. der Fabrikant gezwungen, aus gerade vorrätigen Beständen einen Öltyp, der ihm fehlt, zu mischen. Zu diesem Zwecke dient ein zylindrischer Kessel mit meist konischem Boden, welcher mit Heizschlangen und einem mechanischen Rührwerk oder aber mit einem Luftgebläse versehen ist, um eine innige Durchmischung zu bewirken. Analytisch ist es schwierig, derartige Ölmischungen festzustellen, jedoch lassen sich zuweilen aus den einzelnen Daten Rückschlüsse ziehen auf die in der Mischung vorhandenen Grundstoffe. Liegt z. B. ein Öl vor, daß durch Vereinigung von Rückständen mit dünnen Destillaten hergestellt wurde, so läßt sich dieses an dem niedrigen Flammpunkt, sowie an der sog. „Fettfleckprobe" leicht erkennen. Die Fettfleckprobe wird in der Weise angestellt, daß man einen Öltropfen auf ein weißes Stück Filtrierpapier gibt, sich ausbreiten läßt und bei durchscheinendem Licht beobachtet. Sieht man ein klares, durchscheinendes Bild, so liegt ein reines Destillat vor, beobachtet man jedoch schwarze Punkte, die über die ganze Fläche verteilt sind, so ist anzunehmen, daß ein Rückstandsprodukt im Öl gelöst wurde. In dem Rückstand finden sich nämlich infolge stellenweiser Überhitzung bei der Entstehung stets unlösliche kohlige Anteile, welche sich nachher als dunkle Punkte auf dem Papier zu erkennen geben. Gelegentlich werden auch paraffinhaltige Öle mit kältebeständigen vermischt, um einen tieferen Stockpunkt zu erzielen. Mischungen wesensfremder Öle, d. h. von Erdölen mit Steinkohlenteerölen oder Teerfettölen und dgl. führen meist zur Abscheidung kohliger, unlöslicher Massen, welche dann die Zuführungen zu den Schmierlagern verstopfen oder die Schmierdochte zusetzen. Der Nachweis derartiger Zusätze wurde bereits S. 132 beschrieben.

Auch reine fette Öle werden zuweilen als Mischungen in den Handel gebracht, ein typisches Beispiel ist das Torpedoschmieröl, welches aus hochkältebeständigem Knochenöl und Rüböl zusammengesetzt ist.

b) Kompoundierte Öle.

Unter kompoundierten Ölen versteht man Mischungen von Mineralölen mit fetten Ölen, wie Olivenöl, Rüböl, Knochenöl, Tran oder auch mit kondensierten Ölen wie kondensiertem Tran, Rüböl oder Voltol.

Von der Erkenntnis ausgehend, daß fette Öle infolge ihres eigenartigen Aufbaus — hohe Netzfähigkeit, geringe Oberflächenspannung, Schlüpfrigkeit — eine größere Schmierfähigkeit besitzen als die Mineralöle, und daß sie eine flachere Viskositätskurve zeigen als die Erdölprodukte, fügt man den Mineralölen gewisse Prozentsätze an fettem Öl zu, um eben dadurch ein schmierfähigeres Produkt zu gewinnen. Nach neueren Untersuchungen spielen die geringen Prozentsätze freier Fettsäure für die gute Benetzbarkeit auf den Metallflächen eine gewisse Rolle. In den Fällen, wo wie bei den Marineölen und den Dampfzylinderölen eine gewisse Emulsionsfähigkeit verlangt wird, sind Zusätze an fettem Öl durchaus notwendig. Eingehender wird über die hier gestreiften Vorgänge im folgenden Kapitel auf S. 172 berichtet werden. Zu bedenken ist allerdings, daß die Glyzeride leicht größere Mengen an Fettsäuren abspalten, welche dann das Lagermetall angreifen und beschädigen können. Jedoch sind die zugesetzten Mengen meist so gering, daß diese Befürchtung selten eintrifft. Als sicheres Ergebnis vieler Versuche kann gesagt werden, daß man z. B. bei kompoundierten Zylinderölen mit 3—5% fettem Öl eine bedeutend bessere Schmierwirkung erzielt als mit reinem Mineralöl. Man will auch beobachtet haben, daß diese Öle weniger zur Rückstandsbildung neigen. Die eigenartigen Verhältnisse beim Schmieren der Zylinder, wobei nämlich der hin- und hergehende Kolben im Zylinder ständig eine dünne Ölschicht von den Wandungen abstreift, verlangen Öle mit besonders großer Haftfestigkeit. Durch mannigfache Versuche konnte festgestellt werden, daß durch den geringen Prozentsatz an freien Fettsäuren die Oberflächenspannung vermindert und dadurch die Adhäsionskraft vom Öl am Metall vergrößert, so daß also ein äußerst beständiger Ölfilm erzeugt wird.

Die Untersuchung von kompoundierten Ölen erstreckt sich zunächst auf den Gehalt an fettem Öl und auf die Prüfung, welcher Art das fette Öl sei. Der Gehalt kann durch Abscheidung des Unverseifbaren nach Spitz und Hönig festgestellt werden; für annähernde Berechnung genügt jedoch die Bestimmung der Verseifungszahl, wobei man für fette Öle einen durchschnittlichen Verseifungswert von 185—190 annehmen kann. Wünscht man festzustellen, was für ein Öl zugesetzt wurde, so müssen die Fettsäuren abgeschieden werden, und nach den früher erwähnten Methoden (s. S. 52 ff.) kann der Charakter und die Art des Öles bestimmt werden.

c) Starrschmieren.

Die Starrschmiere, dieses Schmiermaterial, welches noch vor der Einführung der Mineralöle im Gebrauch war — man stellte sie her aus Talg, Palmöl und Unschlitt unter teilweiser Verseifung — tauchte in den 80er Jahren erneut in ähnlicher Form auf dem Markte auf. Der Hauptvorzug dieser halbfesten bis salbenartigen Produkte, welche man konsistente Fette, auch Stauffer- oder Tovotefette nennt, besteht darin, daß sie gegenüber den flüssigen Schmiermitteln sparsamer im Gebrauch sind, eine größere innere Reibung besitzen und sich im allgemeinen sauberer handhaben lassen. Dabei jedoch darf nicht vergessen werden, daß die größere innere Reibung auch einen größeren Kraftverbrauch nach sich zieht. Es hängt daher von dem jeweiligen Verwendungszweck ab, ob das konsistente Fett dem flüssigen Öl vorzuziehen ist. An schwer zugänglichen Maschinenteilen, an stehenden Wellen, an Zahnrädern und dort, wo ein periodisches

Ölen nicht angängig ist, wo aber andererseits auf die Sicherheit des Schmierens größerer Wert gelegt werden muß, als auf die Erzielung einer maximalen Reibungsverminderung, ist die Verwendung von Starrschmieren wohl berechtigt. Es ist festgestellt worden, daß beim Austausch von Öllagern in Schmierlager die Temperatur der Lager bedeutend über die Außentemperatur stieg, was also nichts weiter besagt, als das mehr Energie zur Überwindung des Reibungswiderstandes aufgewandt wurde.

Die Wirkung der konsistenten Schmiermittel muß man sich so vorstellen, daß bei Überwindung der Reibung zunächst eine Temperaturerhöhung eintritt, welche das Fett zum Erweichen bringt; hierdurch wird die Reibung nun wieder vermindert, die Lagertemperatur sinkt und das Fett wird wieder fester und konsistenter. Durch die Fabrikationsmethoden sowohl, wie auch durch die Auswahl der Rohstoffe gelingt es heute, alle Variationen von Fetten von den weichsten bis zu den festesten, von niedrig schmelzenden bis zu hochschmelzenden herzustellen, und damit den gewünschten Verwendungszwecken weitgehendst anzupassen. Homogene, schmalzartige, schlüpfrige Beschaffenheit wird von den konsistenten Fetten ohne weiteres verlangt.

Bei der großen Mannigfaltigkeit der konsistenten Schmiermittel ist es schwierig, eine geeignete Einteilung zu finden. Nach Art der Herstellung unterscheidet man zwischen Kalk und Natron verseiften Fetten, nach Art der Verwendung zwischen Maschinenfetten und Wagenfetten.

Ganz allgemein gesprochen kann man die konsistenten Fette als kolloide Auflösung von Kalk oder Magnesiaseife oder auch Natronseife, bzw. Gemische dieser in einem Mineralöl oder ihm verwandten Produkt auffassen. Die Gegenwart von geringen Prozentsätzen Wasser ist durchaus notwendig, um diesem kolloiden System die nötige salbenartige Konsistenz und den erforderlichen hohen Schmelzpunkt zu geben. Als Seifengrundlage können dienen: fettes Öl, Harz, Wachs, Wollfett, Montanwachs oder andere verseifbare Substanzen; als verseifende Mittel: Alkalien oder Erdalkalien bzw. Mischungen dieser; als Dispersionsmittel Mineralöle verschiedenster Provenienz und Zähflüssigkeit, ebenso auch Teeröle, Teerfettöle und verwandte Produkte. Durch Kombination und Variation der genannten Grundstoffe miteinander erklärt sich die Unzahl der auf dem Markt befindlichen Artikel, sowie die Tatsache, daß sich die konsistenten Schmierstoffe neben den flüssigen Ölen im Handel behauptet haben.

Die Maschinenfette oder Staufferfette im eigentlichen Sinne enthalten als Seifenbasis Rüböl, Cottonöl, Tran, auch Knochenöl und Talg. Dieselben werden mit Kalkhydrat verseift, die Fette enthalten 10—25% Seife und 1—4% Wasser. Der Rest besteht aus Spindelöl- oder Maschinenölraffinaten. Man unterscheidet zwischen naturfarbigen und gefärbten Fetten. Die Herstellung der Fette erfolgt folgendermaßen: Fett und ein Teil des Mineralöls werden in einem mit Dampf beheizbaren Kessel, der mit Rührwerk versehen oder aber mit Rührscheiten eine Durchmischung der Substanz erlaubt, durch Zugabe von Kalkmilch verseift. Der Rest des Mineralöls wird dann portionsweise zugegeben, nachdem die Verseifung restlos durchgeführt ist. In neuerer Zeit wird die Verseifung auch in geschlossenen Kesseln unter Druck vorgenommen[1]. Die Masse wird sodann in ein Planetrührwerk abgefüllt, in welchem sie abkühlt und solange gerührt wird, bis eine glatte einheitliche, salbenartige Masse entstanden ist. Gelegentlich läßt man die Masse auch noch über Egalisiermaschinen laufen, um Knötchen oder Klumpenbildung zu vermeiden. Die Innehaltung bestimmter Prozentsätze an Wasser ist erforderlich, da sonst leicht eine Trennung zwischen Öl und Seife stattfindet[2].

Obwohl die natürlich gefärbten Fette wertvoller sind, da sie nur ganz geringe Mengen Asche besitzen, bevorzugt ein großer Teil der Verbraucher die gelbgefärbten Fette, welche man dadurch erhält, daß man dem Fett ca. 1% Zinkweiß einrührt und ihm nachher mit gelben oder anderen öllöslichen Farben das gewünschte schöne Aussehen gibt. Zur Verdeckung des Geruches parfümiert man mit Nitrobenzol oder Mirbanöl und um dem Mineralöl den bläulichen fluoreszierenden Schein zu nehmen, setzt man Nitronaphthalin und andere Entscheinungsmittel zu. Zur Verbilligung der Ware und bei Verwendung zu untergeordneten Zwecken wird sie mit Leicht- oder Schwerspat beschwert. Der Zusatz von Graphit kann nicht als wertmindernd angesehen werden, im Gegenteil, er wird wegen seiner schmierenden und abschleifenden Wirkung geschätzt.

Für hochbelastete und sehr heiß laufende Lager verwendet man die „Calypsolfette", die auf Basis einer Natronseife hergestellt werden und sich äußerlich durch ihre schwammartige, faserige Struktur auszeichnen und gegenüber den gewöhnlichen Maschinenfetten mit einem Schmelzpunkt von 75—90°, einen solchen bis 180° aufweisen. Eine Zwischenstellung nehmen die „Keystonefette" ein, die sich durch große Festigkeit, hohen Schmelzpunkt (ca. 100°) und hohen Fettgehalt auszeichnen.

---

[1] Jacobsohn, F.: Seifensieder-Ztg. 1930, 231.
[2] Spiegel, P. F.: Allg. Öl- u. Fett-Ztg. 1925, 615 u. 627.

Es sind meist kalkverseifte Fette, deren Herstellung von den Fabriken geheim gehalten wird.

Zum Schmieren der Achsen dienen die **Wagenfette**. Sie ähneln den Maschinenfetten in Herstellung und Zusammensetzung, doch verwendet man hier Harz und Harzöl neben Kalk und meist dunkelfarbigem Mineralöl. Eine Zeitlang wurden auch aus Montanwachs unter Zusatz von Rückständen minderwertiger Destillate aus gereinigten Teerpechdestillaten, Naphthensäuren, Braunkohlenteer und Braunkohlengeneratorteerpech salbenartige Schmierprodukte hergestellt. Zur weiteren Verbilligung als Füllmittel verwendet man Schwerspat, Talkum, Kreide und Gips, wohingegen bessere Fette mit Ruß und Graphit versetzt werden. Die üblichen Wagenfette werden durch kalte Verseifung von sog. Harzstocköl, ein Gemisch von Harzöl und dunklem Paraffinöl, hergestellt. Diese Produkte haben ein spezifisches Gewicht unter 1 und heißen Schwimmfette, während die beschwerten Wagenfette im Wasser untersinken[1].

Zur Schmierung der schwerbelasteten Walzenzapfen z. B. in Papierfabriken verwendet man die **Vaselinbriketts** zum Schmieren der Walzenzapfen, in Eisenwalzwerken die sog. **Walzenfettbriketts**. Erstere sind nicht ausgerührte Fette auf Basis von Harz, Wollfett und Wollfettprodukten, die mit Natronlauge verseift, in passende Riegel geschnitten werden. Man legt sie direkt auf die Walzenzapfen auf, wo sie durch die strahlende Hitze und die Temperatur des Lagers zum Schmelzen gebracht werden und den Zapfen mit einer Schmierschicht überziehen. Die Walzenfettbriketts, welche aus dunklen Destillations- und Raffinationsrückständen hergestellt werden und als verseifbare Anteile Montanwachs, auch Wollwachs und Stearinpech enthalten, werden ebenfalls aus Blöcken in Riegel zerschnitten. Man verlangt von ihnen hohen Schmelzpunkt, gute Schmierfähigkeit und eine gewisse Emulsionsfähigkeit mit Wasser. Diese Forderung ist insofern von Wichtigkeit, da die Walzenzapfen zuweilen durch Aufspritzen von Wasser gekühlt werden, hierbei darf das Brikett nicht weggespült werden. Die Zusammensetzung dieser Produkte ist äußerst mannigfaltig. Mit den Briketts dürfen nicht verwechselt werden die **Heißwalzenfette**, welche beim Auswalzen von Feinblechen benutzt werden und hohe Drucke und Temperaturen aushalten müssen. Man verwendet zu diesem Zweck Erdölrückstände mit einem Flammpunkt über 300° und einem Tropfpunkt von ca. 70°. Es handelt sich also hierbei nicht um ver-

---

[1] Allinda: Petr. 1929, H 46.

seifte Produkte; auch Stearinpech und Wollfettpech werden zu diesem Zweck verwendet.

Zum Schmieren der Schiffsmaschinen verlangt man Fette, die mit Wasser gut emulgieren und dann eine rahmartige Schmierschicht bilden. Man verwendet hier Kompoundfette, welche neben verseifbarem Neutralfett viel Alkaliseifen enthalten; sie sind von butterartiger Konsistenz. Ferner seien erwähnt die festen Fettemulsionen[1], die durch Verwendung von polymerisierten Ölen und höheren Alkoholen erzielt werden.

Andere Ansprüche wiederum stellt man an die Schmiermittel für Zahnräder, Zahnkränze und Kammräder. Das Fett ist hier großen Pressungen ausgesetzt, die Schmierstellen liegen offen und das Schmiermaterial soll haften und darf nicht abgeschleudert werden. Zu diesem Zwecke verwendet man entweder Staufferfette mit größeren Zusätzen von Talkum oder Graphit, oder aber man gibt Harz und Teer hinzu, damit das Fett am Metall haftet.

Ähnliche Anforderungen stellt man an die Seilschmieren und Kettenschmieren. Hier ist der Zweck, das Seil bzw. die Kette vor Verschleiß und den Witterungseinflüssen zu schützen. Saure Bestandteile, welche leicht ein Verrosten bewirken würden, dürfen nicht zugegen sein, im übrigen ist die Zusammensetzung dieser Produkte äußerst verschieden. Entweder sie haben eine Zusammensetzung ähnlich dem Wagenfett, oder sie bestehen aus Mischungen von Mineralöl, Harz, Harzöl, Wollfett, Talkum und Graphit.

Erwähnt sei noch das Riemenfett, welches sowohl das Anhaften des Riemens an der Transmissionsscheibe bewirken, wie auch der Konservierung des Leders dienen soll. Es handelt sich also hier nicht um eine Reibungsverminderung, sondern im Gegenteil um eine Erhöhung der Reibung, weswegen Gemische von Harz und Wollfett zu Riemenfett verarbeitet werden. Indessen darf der Harzgehalt nicht zu hoch steigen, da sonst das Leder hart und brüchig wird und leicht zerreißt. Man ist daher bemüht, das Harz ganz zu eliminieren und nur durch Geschmeidigmachen des Riemens für eine genügende Adhäsion zu sorgen.

Stopfbüchsenfette sollen durch ausreichende Imprägnation der Dichtungslitzen und Dichtungsmassen einen guten Abschluß der Stopfbüchsen bewirken. Es sind meist Kompositionen aus Talk, Wachs und Öl, welche Wasserundurchlässigkeit bewirken.

Entsprechend der großen Mannigfaltigkeit der Zusammensetzung dieser Produkte ist der Untersuchungsgang für sie selbst-

---

[1] Heitmann, C.: 1926, I, 1343.

verständlich vielfältig und zum Teil kompliziert. Neben der Prüfung auf äußere Beschaffenheit, nämlich auf gleichmäßige Konsistenz, auf Abwesenheit fester, körniger Bestandteile, auf Farbe und Zusätze, die zur Verbesserung des Geruchs oder des Aussehens verwendet werden, dürfte die Prüfung meist dahin gehen, den Gehalt und die Art der Seifengrundlage einerseits und die Menge und Qualität des Mineralöls andererseits festzustellen. Hierzu kommt dann noch die Bestimmung des Tropfpunktes, der Konsistenz, sowie die Feststellung der Beschwerungsmittel und anderer Beimengungen.

Bestimmung des Tropfpunktes. Obwohl mit der Bestimmung des Tropfpunktes keineswegs ein eindeutiges Kriterium für die Güte des Fettes gegeben ist, so wird doch diese Feststellung, da sie schnell und bequem zu machen ist, fast stets zur Beurteilung des Fettes herangezogen. Fließ- und Tropfpunkt werden nach der Methode von Ubbelohde (s. S. 108 ff.) bestimmt. Sowohl aus der absoluten Höhe, wie auch aus der Differenz zwischen Fließ- und Tropfpunkt läßt sich ein Urteil über die Güte des Fettes fällen. Je geringer die Differenz und je höher der Tropfpunkt als solcher, um so wertvoller wird das Fett erachtet. Ganz ohne Ausnahme jedoch ist diese Regel nicht, denn Fließ- und Tropfpunkt sind auch abhängig von der Dauer der Erhitzung, vom Wassergehalt, von der Menge der Seife, von der Art des Fettes, die zur Seife verwandt wurde, sowie schließlich von der Qualität des Mineralöles [1]. Die gewöhnlichen Maschinenfette zeigen einen Tropfpunkt zwischen 70 und 85°. Walzenfette, Kalypsol- und Heißlagerfette haben Tropfpunkte von 100° und weit darüber bis 150°. Für gewöhnlich liegen Fließ- und Tropfpunkt nur ca. 5° auseinander, bei hochschmelzenden Fetten jedoch kann das Intervall bedeutend größer werden. Es wurde beobachtet, daß Fette, die mit einem dünnen Öl gekocht wurden, einen viel niedrigeren Tropfpunkt zeigen, als solche mit einem viskoseren Öl. Bei sehr hochschmelzenden Fetten ist der Tropfpunkt oft schwer zu beobachten, da das Wasser herausdestilliert und das Fett sich dann als langer Faden langsam zu Boden senkt.

Die Bestimmung des Wassers erfolgt nach Marcusson mittels Xylol (vgl. S. 80).

Bestimmung der Asche. Um festzustellen, ob in dem Fett irgendwelche Beschwerungen enthalten sind, wird es verbrannt und der Gehalt an nicht verbrennbarem Rückstand festgestellt. Durch qualitative Untersuchung des Veraschungsrückstandes

---

[1] Merrill, D. R.: Oil u. Gas J. 1925, S. 276; Petr. 1926, 264.

läßt sich ersehen, ob mit Kalk, Aluminium oder Alkali bzw. Mischungen dieser verseift wurde. Als Beschwerung findet man Leichtspat, das ist Gips, Schwerspat, Talkum und Graphit.

Die genaue Bestimmung des Aschengehaltes in Porzellan- und Quarztiegeln bereitet gewisse Schwierigkeiten, besonders wenn neben Kalkseifen auch Alkaliseifen vorhanden sind. Bei reinen Kalkfetten ist ein intensives Glühen notwendig, um das gesamte gebildete Kalziumkarbonat in Kalziumoxyd überzuführen. Ist jedoch Natronseife zugegen gewesen, wird ein Teil des Alkalis von dem Porzellantiegeln aufgenommen, da das Alkali das Porzellan bzw. den Quarz angreift. Übereinstimmendere Werte erhält man, wenn man die Asche in Sulfat überführt, wobei man jedoch, wenn Kalisalze vorliegen, bedenken muß, daß Kaliumsulfat verhältnismäßig leicht flüchtig ist. Zweckmäßig ist es immer, die Veraschung im Platintiegeln vorzunehmen. Die Umrechnungszahlen betragen

für $CaSO_4$ in CaO 0,412,
,, Na_2SO_4 in Na_2O 0,436,
,, K_2SO_4 in K_2O 0,540.

Bei Fetten mit verschiedenen Seifen können diese Zahlen selbstverständlich nicht verwendet werden. Der Meßfehler bei der Veraschung beträgt $\pm 0,3$, Toleranz bei unbeschwerten Fetten $+0,5$, bei beschwerten Maschinenfetten $+2,0$.

Zur Feststellung der Konsistenz dient der Kißlingsche Konsistenzmesser. Doch sind die mit ihm erhaltenen Werte ungenau und mit erheblichen Fehlern behaftet[1].

Zur Wertbestimmung eines konsistenten Fettes wird zumeist die Feststellung des Seifengehaltes herangezogen. Bei den gewöhnlichen, naturfarbenen oder gelben Maschinenfetten verfährt man hierbei wie folgt: 10 g des Fettes werden in Äther suspendiert und aufgeschlemmt. Man kann auch Benzin verwenden, sodann in einen Scheidetrichter übergeführt und mit Salzsäure zersetzt, wozu ca. 10—20 ccm erforderlich sind. Um die Zersetzung vollkommen durchzuführen, kocht man am Rückflußkühler, bringt

---

[1] Siehe auch Normann, D. W.: Chem. Umsch. 1925, H. 19/20, S. 115, der ein Verfahren beschreibt, bei dem aus der Tiefe des Einsinkens eines Metallstabes bei bestimmter Temperatur die Konsistenz bestimmt wird. — Ein Urteil gewinnt man auch mittels des Plastometers (Bingham u. Green: Proc. Amer. Soc. Testing materials **19**, II, 645, 1919, bei welchem das plastische Material unter bekanntem Druck durch eine Kapillare gepreßt wird. Schubkraft F eine Funktion des Druckes P und Länge l und Radius r der Kapillare

$$F = \frac{Pr}{2l}.$$

Menge des minütlich aus der Kapillare gepreßten Fettes wurde gewogen.

dann quantitativ in einen Scheidetrichter. Die ätherische bzw. benzinhaltige Schicht trennt sich klar von der wäßrigen, salzsauren. Bei Gegenwart etwaiger unlöslicher Bestandteile setzen sich diese am Boden ab und können durch Filtration getrennt werden. Bei Anwesenheit von Farbstoffen (Anilinfarben) färbt sich die salzsaure Lösung oft rot. Die wäßrige Schicht wird mehrmals mit Äther extrahiert und die vereinigten Ausschüttelungen mit Glaubersalzlösung, zuletzt mit destilliertem Wasser, säurefrei gewaschen. Der Äther wird abdestilliert und der Rückstand als Gesamtfett — Mineralöl + Fettsäure — gewogen. Man löst nun erneut in Äther-Alkohol 2:1 und titriert nach Zusatz von Phenolphthalein als Indikator mit n/2-Kalilauge bis zur Rotfärbung. Auf Grund der gefundenen Säurezahl und unter der Annahme, daß zumeist Pflanzenöle mit einer Säurezahl von ca. 190—200 verwendet werden, läßt sich der Gehalt an Fettsäuren, die zur Seifenbildung vorhanden, ziemlich genau feststellen. Voraussetzung ist allerdings, daß sämtliche Fettsäuren als Seife vorlagen, und daß keine freie Säure und kein Neutralfett zugegen waren.

Die Azetonmethode. Zweckmäßig und vor allem auch anwendbar auf Fette, welche mit Montanwachs, zähflüssigen Ölen oder aus Teerölen hergestellt sind, ist die Methode von Marcusson mittels Azeton [1]. Sie beruht auf der Eigenschaft des Azetons, das Öl sowie das Wasser zu lösen, dagegen die Seife und die anorganischen Beimengungen ungelöst zu lassen. Bei gewöhnlichem Maschinenfett genügt die Behandlung in der Kälte, bei zähflüssigen, schwerlöslichen Mineralölen und Fetten, welche Montanwachs enthalten, muß mit siedendem Azeton extrahiert werden. Zwecks Bindung des Wassers setzt man einige Körnchen Chlorkalzium hinzu, um hierdurch die Löslichkeit des wasserhaltigen Azetons für Seife zurückzudrängen. Das Unlösliche enthält Seife und anorganische Bestandteile (Kalk, Beschwerungsmittel u. dgl.). Durch Behandeln des Rückstandes mit Benzin-Alkohol (8:2) geht die Seife in Lösung und kann auf diese Weise von den anorganischen Bestandteilen getrennt und bestimmt werden.

Etwas schwieriger gestaltet sich die Untersuchung, wenn es sich um eine genaue Feststellung der Seifenbasis handelt, man also wissen will, welche Fettsäuren verwendet wurden. In diesem Fall muß das Mineralöl quantitativ von der Seife getrennt werden [2]. Aus der mit Säure zersetzten Seifenlösung werden die Fettsäuren

---

[1] Siehe Holde: Kohlenwasserstofföle, S. 284.
[2] Methode von Spitz und Hönig, s. S. 139.

isoliert und können durch Ermittlung der Kennzahlen identifiziert werden.

Freier Kalk gibt sich in der Lösung des Fettes in neutralem 80%igem Alkohol durch Rotfärbung bei Gegenwart von Phenolphthalein zu erkennen. Tritt eine Rotfärbung nicht ein, ist mit der Gegenwart von freier Fettsäure zu rechnen, deren quantitative Bestimmung durch Titration bestimmt werden kann, nachdem man das Fett (10 g) in 50 ccm eines Gemisches von Benzin und absolutem Alkohol (9:1) gelöst hat.

Mechanische Verunreinigungen wie Holzteilchen, Sand, überschüssiger Kalk sollen in einem guten Fett nicht zugegen sein. Man erkennt sie in der Lösung des Fettes in Benzin-Alkohol. Die Konsistenz des Fettes muß dem jeweiligen Verwendungszweck angepaßt sein; Klumpen und Knötchen sollen nicht vorkommen, da durch sie die Zuleitungsröhrchen zu den Schmierstellen verstopft werden. Ein Überschuß an freiem Kalk ist zu vermeiden, ebenso an freien Fettsäuren, da hierdurch eine Schädigung des Lagermetalls möglich ist. Aufschlußreich ist die Prüfung der geschmolzenen Fette, sie sollen homogen bleiben und bei 95—100° C eine Viskosität von ca. 5—9 E haben [1].

Die Prüfung der Vaselinbriketts und Walzenfettbriketts geschieht analog den eben beschriebenen Methoden. In den meisten Fällen jedoch wird eine praktische Erprobung nebenher zu gehen haben, wenn nicht gar vorzuziehen sein. So greift der Betriebsmann gerne zu Methoden, die, wenn sie auch keine wissenschaftliche Grundlage besitzen, doch zur schnellen Beurteilung herangezogen werden können. Zur Beurteilung der Briketts schneidet man sich z. B. einen kleinen Würfel mit scharfen Kanten und schmilzt ihn auf einem Blech, wobei man das Verhalten des Materials beobachtet. Ein gutes Brikett soll nur an den Stellen, mit denen es die heiße Platte berührt, wegschmelzen, während im übrigen die Form erhalten bleiben muß. Aus der Art des Schäumens und Spritzens lassen sich Schlüsse auf den Wassergehalt ziehen; aus der Form der erkalteten Schmelze beurteilen, ob eine gute Verteilung zwischen Seife und Mineralöl stattgefunden hat. Ein sachgemäß gekochtes Fett soll nach dem Erkalten kein Öl abgeschieden haben, und die Schmelze soll homogen sein. Aus der Höhe der Entflammungstemperatur läßt sich auf das verwendete Mineralöl schließen, und selbst, wenn ein Teil der Substanz verbrannt ist, soll sich der verbliebene Rückstand noch schmierig anfühlen und darf nicht nur aus verkohlter Substanz bestehen. Durch

---

[1] Pyhälä, E.: Petr. 1925, 1765.

diese groben Prüfungen, ebenso aus dem Verreiben zwischen den Fingerspitzen, läßt sich bei einiger Erfahrung bald ein Urteil über die Qualität des Fettes gewinnen [1].

Im Zusammenhang hiermit sei auf die Fettfleckprobe von Keßler hingewiesen. Hierbei bringt man ein Stückchen Fett auf ein Stückchen Filtrierpapier und erwärmt im Trockenschrank. Fett und Seife werden vom Papier aufgesaugt oder tropfen ab, Verunreinigungen und Beschwerungsmittel bleiben zurück; hinterläßt das Fett klebrige oder lackähnliche Rückstände, so ist es auch für den Betrieb nicht zu empfehlen.

d) Bohröle oder Gleitöle.

In der Werkzeugtechnik, beim Fräsen, Bohren und Schneiden der Metalle verwendete man ursprünglich wäßrige Lösungen von Schmierseife, gelegentlich auch Milch. Heute benutzt man hierfür die Gleitöle oder wasserlöslichen Öle. Diese Flüssigkeiten haben den Zweck, bei dem schnellen und intensiven Bearbeiten der Metalle mit dem Werkzeug zwischen beide eine Schicht zu bringen, die einerseits kühlt, andererseits bewirken soll, daß das Werkzeug über die Unebenheiten des Materials leicht und schnell hinweggleitet. Für sehr glatte Schnitte benutzt man Mineralöl oder besser eine Mischung eines solchen mit Rüböl, Schmalzöl, Tran oder einem anderen fetten Öl. Reine Öle verwendet man nur dort, wo große Hitze entwickelt wird, da die Viskosität der fetten Öle auch dann noch genügend groß ist, um am Stahl zu haften. Die Gleitwirkung ist bei Verwendung dieser Öle verhältnismäßig groß und das Material wird sich lange scharf erhalten, die Kühlwirkung jedoch ist gering. Will man diese in den Vordergrund treten lassen, so muß man die eigentlichen Bohröle, die sog. wasserlöslichen Öle verwenden. Genau genommen kann man nicht von Wasser löslichen, sondern mit Wasser emulgierbaren Ölen sprechen. Die Bohröle und verwandten Produkte bestehen aus einer Lösung einer Ammoniak- oder Alkaliseife in Mineralöl und enthalten neben Wasser oft auch gewisse Mengen Alkohol, welche für die Erzielung einer haltbaren Emulsion erforderlich sind. Der Gehalt an Seife schwankt zwischen 5—15%. Neben Olein, Rüböl- und Tranfettsäuren werden Harzsäuren und andere flüssige Fettsäuren, auch Naphthensäuren verarbeitet. Um das Emulgierungsvermögen zu steigern, verwendet man alle Arten von Emulgatoren, speziell Sulfofettsäuren und Sulfonaphthensäuren. Die Zahl der Patente

---

[1] Über die Untersuchung der Wagenfette und Walzenschmieren siehe auch Kaleta: Chem. Ztg. **47**, 1923, S. 183/84.

und Verfahren zur Herstellung wasserlöslicher Öle ist außerordentlich groß. In jüngster Zeit werden auch vielfach salbenähnliche Produkte verwendet — Bohrfette —, die besser haltbar sind, sich aber selbstverständlich leicht in Wasser emulgieren lassen müssen [1]. Während des Krieges gab es allerhand Ersatzstoffe, z. B. Lösungen von Zellstoffablaugen, Auflösungen von Pflanzenschleim, Karagheen- oder Isländisches Moos, auch Auflösung von tierischem Leim; schließlich wurden auch Lösungen von schwach alkalisch reagierenden Salzen mit mäßig gutem Erfolg verwendet.

Z. Zt. verwendet man ausschließlich wäßrige Ölemulsionen und zwar zum Bohren, Fräsen und Gewindeschneiden von Schmiedeeisen eine 2—5%ige, für Flußstahl eine 5—6%ige, für Gußstahl eine 6—10%ige und für sehr harte Stähle eine 9—12%ige Emulsion [2].

An eine gute Bohr- oder Gleitöllösung sind folgende Anforderungen zu stellen [3]:

1. Die Lösung muß gut kühlen. Bohrer und Stück sollen sich nur wenig erhitzen, da sonst Deformierung der Werkstücke auftreten kann. Wasser allein hat schon eine gute Kühlwirkung, doch zeigen Bohröle, infolge ihrer geringeren Oberflächenspannung eine bessere Benetzbarkeit. Es findet also eine innigere Berührung zwischen Flüssigkeit und Metall statt, wodurch eine bessere Wärmeableitung erzielt wird.

2. Das Bohröl soll die Reibung möglichst vermindern, d. h. wo in dem Material kleinere Sprünge und Unebenheiten auftreten, soll das Gleitöl dazu verhelfen, leicht über diese Unebenheiten hinwegzuhelfen, ohne das zu bearbeitende Material zu beschädigen. Neben dem verwendeten Mineralöl, das nicht allzu dünnflüssig sein soll, spielt hierbei die Seife eine Rolle. Ungünstig wirken Harz- und Teerfettöle wegen ihrer klebenden Wirkung, wogegen man mit Rizinusöl und Rizinolsulfofettsäuren gute Produkte erhält.

3. Gute Bohröle sollen eine gute Benetzbarkeit, d. h. geringe Oberflächenspannung zeigen. Eine blanke fettfreie Eisenplatte soll beim Eintauchen in die Emulsion vollkommen benetzt werden. Eine gewisse Mindestmenge an Seife ist daher unbedingt zu fordern. Zu hohe Prozentsätze jedoch verringern die Schmierwirkung.

4. Metallteile, die mit der Bohrölemulsion längere Zeit in Berührung gekommen, sollen nicht angegriffen werden und dürfen

---

[1] Seifs.-Ztg. 1925, S. 37; Seifs.-Ztg. 1925 739, 761.
[2] Ehlers: Schmiermittel, S. 88.
[3] s. a. Hart: Ind. Eng. Chem. 21; 85 (1929).

keinen Rost ansetzen. Zur Prüfung legt man das in Frage kommende Werkzeugmaterial in die zu untersuchende Lösung und beobachtet Gewichtsabnahme und Rostansatz. Bohröle, welche freie Fettsäure enthalten, sind von vornherein ungeeignet. Vielfach jedoch ist die Rostbildung durch die Feuchtigkeit und Kohlensäure der Luft in den Arbeitsräumen bedingt, weswegen für gute Entlüftung der Werkstätten zu sorgen ist; auch soll man die Werkstücke nicht zu lange feucht liegen lassen. Bekanntlich rostet Eisen bei Zutritt von Luft und Wasser, zumal wenn dieses sauer reagiert, sehr leicht. Seifenlösungen reagieren alkalisch infolge hydrolytischer Spaltung. Bohröle dürfen auch nicht die Haut angreifen. Diese Erscheinung tritt gelegentlich bei Verwendung von Teerfettölen und gewissen paraffinreichen Ölen in Form von Ekzemen auf.

5. Die Bohröllösung soll kältebeständig sein. Durch Zusatz von wasserlöslichem Öl wird der Gefrierpunkt der Lösung erniedrigt. Eine 20%ige Lösung soll erst bei -5^0 fest werden. Man kühlt im Reagenzglas 1—4 Stunden auf die betreffende Temperatur ab und prüft den Erstarrungspunkt.

Bei der Untersuchung der Bohröle ist auf folgende Punkte zu achten[1]:

Emulgierbarkeit in Wasser. Man setzt ein Lösung von Öl und destilliertem Wasser an und zwar im Verhältnis 1:10, rührt gut um und beobachtet die schnelle und gleichmäßige Verteilung auch der letzten Seifentröpfchen und sieht zu, wie lange die mehr oder weniger weiße bis graue Emulsion beständig bleibt. Bei Verwendung von hartem Wasser bilden sich Kalk- und Magnesiaseifen, die ein schnelles Aufrahmen bedingen. Nach Verlauf von zwei Stunden sollen sich keine Öltröpfchen abgeschieden und selbst nach 24 Stunden soll sich höchstens eine schwache Rahmschicht abgesetzt haben. Da häufig Ammoniakseifen vorliegen, kann durch Verdunsten des flüchtigen Alkalis leicht Zersetzung stattfinden, sei es unter dem Einfluß der Wärme, sei es infolge Hinzutretens von sauer reagierenden Stoffen. Zuweilen verflüchtet sich auch ein Teil des Alkohols und es tritt hierdurch im Öl eine Entmischung von Seife und Mineralöl ein. Es empfiehlt sich daher, das Öl vor dem Gebrauch gut durchzumischen. Bei Verwendung von spezifisch leichten Mineralölen kann die Beständigkeit der Emulsion leicht gestört werden; durch Zusatz von Tetrachlorkohlenstoff erhöht sich das spezifische Gewicht. Durch einen geringen Zusatz von Ammoniak oder Spiritus läßt sich ein

---

[1] Marcusson: Z. f. ang. Chemie, **30** 288 (1917).

Bohröle oder Gleitöle. 157

scheinbar verdorbenes Öl wieder brauchbar machen. Hierbei ist jedoch Vorsicht am Platze, da ein Überschuß irgendeines der Reagenzien leicht das ganze Öl verdirbt.

Die Prüfung auf die einzelnen Bestandteile dürfte für den Betriebsmann kaum in Frage kommen; sie kann mitunter recht verwickelt sein. Zur Orientierung sei hier die Bestimmung folgender Substanzen angegeben: Ammoniak läßt sich wie folgt erkennen: Erhitzt man das Öl mit Natronlauge, so verflüchtigt sich Ammoniak und ist durch die Geruchsprobe oder durch Bläuung des roten Lackmuspapiers leicht zu erkennen. Quantitativ läßt es sich durch Überdestillieren, Auffangen in n/2-Schwefelsäure und Titration des Säureüberschusses bestimmen.

Zur Feststellung des Seifengehaltes und der Seifenbasis schüttelt man etwa 10 g Öl mit 50%igem Alkohol aus. Die Lösung wird eingedampft und der verbleibende Rückstand kann gewogen werden (Seifengehalt). Zur Feststellung des Verseifungsmittels, ob Kali oder Natrium, zersetzt man die Seife mit Säure und identifiziert das Metall in der eingedampften wäßrigen Lösung. Die verbleibenden Fettsäuren können sein:

1. Harzsäuren, zu erkennen an der Morawskischen Reaktion.
2. Fettschwefelsäure, sie spalten beim Erhitzen mit Salzsäure Schwefelsäure ab, Fällung durch Bariumchlorid.
3. Naphthensäuren lassen sich durch ihr Kupfersalz erkennen, welches in Benzin löslich ist.
4. Gewöhnliche Fettsäuren sind erkenntlich am Geruch oder lassen sich durch ihre Kennziffern identifizieren.

Die Gehaltsbestimmung an Fettsäuren und an Mineralöl geht in analoger Weise wie bei den konsistenten Fetten vor sich. Außer Seife können im Bohröl enthalten sein: Mineralöl, Teeröl, Neutralfett und freie Fettsäuren. Ihre Feststellung geschieht nach den bereits früher angegebenen Methoden.

Es verbleibt nun noch die Bestimmung der flüchtigen Bestandteile wie Wasser, Alkohol und Benzin. Wasser wird nach der Destillationsmethode von Marcusson mit Xylol bestimmt (siehe S. 80). Alkohol bestimmt man ebenfalls durch Destillation von 50 oder 100 ccm des reinen Öles, doch setzt man zweckmäßig Kaliumbisulfat zu, wodurch die Seife zersetzt und das Schäumen vermieden wird. Qualitativ wird der Alkohol durch die Jodoformprobe erkannt, (ein Körnchen Jod und Kalilauge gibt beim Erhitzen mit Alkohol den typischen Jodoformgeruch,) quantitativ durch Feststellung des spezifischen Gewichts des Destillats bestimmt.

Benzin und ähnliche Zusätze werden mit Wasserdampf übergetrieben und im Destillat bestimmt. Vor der Destillation sind die Seifen durch Säuren zu zersetzen.

Sulfitpech und **Zellstoffablaugen** lassen sich am Geruch erkennen. Bei Zusatz von Säure scheiden sich Lignin- resp. Huminsäuren ab, welche im Gegensatz zu Fettsäuren in Äther, Benzin und Benzol unlöslich sind. Beim Erhitzen des Niederschlags treten tiefgreifende Zersetzungen ein unter Entwicklung von Schwefeldioxyd. In der salzsauren Lösung ist meist Kalk nachweisbar, resp. bei Natronzellstofflaugen entweicht infolge Vorliegens von Schwefelnatrium beim Ansäuern Schwefelwasserstoff.

Pflanzenschleimlösungen sind in Alkohol unlöslich und werden hierdurch ausgefällt, ebenso durch Bleiazetat, während **tierischer Leim** beim Verbrennen einen typischen Geruch entwickelt und beträchtliche Mengen Stickstoff enthält.

e) Technische Vaseline, Lederfett und ähnliche Produkte

sollen hier nur ganz kurz erwähnt werden. Ihre Zusammensetzung ist sehr wechselnd und mannigfaltig, so daß eine spezielle Anweisung zu ihrer Untersuchung nicht gegeben werden kann. Es sei daher auf das Werk von Holde, Untersuchung der Kohlenwasserstofföle verwiesen. Meist handelt es sich um Mischungen fester und flüssiger Mineralölprodukte, zum Teil mit fetten Ölen und Wachsen, welche zuweilen verseift, zuweilen teilweise verseift zugefügt werden.

Das charakteristische Kennzeichen für die technische Vaseline ist der Tropfpunkt nach Ubbelohde (s. S. 108), welcher über 37^0 C liegen soll. Beim Aufstreichen von technischer Vaseline auf einen Tonteller verbleiben kleine, glänzende Kristallschuppen von Paraffin, während das Öl eingesaugt wird. Bei Naturvaseline beobachtet man keine Änderung. Technische Vaseline, die zu Schmierzwecken, z. B. für Kugellager, verwendet wird, muß vollkommen säurefrei sein und auch im geschmolzenen Zustand eine gewisse Viskosität aufweisen.

f) Graphit und Graphitschmiermittel.

Infolge der Wandlung in der Anschauung über die Bedingungen, welche für die Schmierung von Bedeutung und wesentlich sind — genaueres hierüber wird im Kapitel III berichtet werden —, haben auch der Graphit und die Graphitschmiermittel an Bedeutung außerordentlich gewonnen, so daß über sie eingehender gesprochen werden soll.

Graphit wird bergmännisch gewonnen. Er findet sich eingewachsen im Urgestein, wie Gneis, Glimmer und Granit. Seine

Fundorte sind Passau in Bayern, ferner findet man ihn in England, Amerika und Sibirien und als Hauptfundort ist die Insel Ceylon zu nennen. Graphit ist eine kristallinische Modifikation des Kohlenstoffs, er kommt in den verschiedensten Formen in den Handel: als Flockengraphit, das sind große, silbrig glänzende Kristallblättchen, als Schuppengraphit und als Pulvergraphit, auch gewöhnlicher Graphit genannt und zwar in den verschiedensten Reinheitsgraden. Graphit tritt stets in feiner Lamellenform auf. Selbst in den mikroskopischen, wie submikroskopischen Kristallen; ja sogar im atomaren Aufbau des Graphits läßt sich diese Blättchenform durch röntgenspektrographische Untersuchungen feststellen. Daraus erklärt sich die leichte Spaltbarkeit und Gleitfähigkeit der Graphitteilchen, wodurch seine fettähnliche Geschmeidigkeit und Schmierwirkung bedingt ist [1]. Die in früheren Zeiten vielfach verwendeten natürlichen Graphite, die durch Schlemmen und andere Reinigungsmethoden mehr oder weniger aschefrei gewonnen wurden, finden zurzeit nur noch in beschränktem Umfange als Zusatz zu konsistenten Fetten bei sog. Carbonstiften und anderen Schmierstoffen Verwendung. Ihr Gebrauch als Zusatz zum Schmieröl kommt kaum mehr in Frage, denn es bestand hierbei stets die Gefahr, daß sie sich in dem Öle absetzen, die Schmierzuleitungen verstopfen und, sofern sie nicht gut gereinigt waren, infolge ihres Gehaltes an Quarz mechanisch auf die Wellen und Lager einwirkten. Diesen Schwierigkeiten ist man durch Verwendung des kolloidalen Graphites vollkommen enthoben.

Der **kolloidale Graphit** von Acheson kommt als Hydrosol oder Aquadag oder als Oleosol, d. h. in Öl gelöst, als Oildag, in den Handel. Man erhält den Achesongraphit vollkommen aschefrei im elektrischen Ofen aus Anthrazit und Sand. Die Fabriken befinden sich in der Nähe der Niagarafälle, aus denen die elektrische Energie gewonnen wird. Durch Behandeln dieses Graphits mit wäßriger Tanninlösung und anderen Schutzkolloiden wird er selber in eine kolloidale Form übergeführt und durch Zumischen von Öl bzw. Abdampfen des Wassers bei Gegenwart von Öl gelangt man zum Oildag. Dasselbe enthält ca. 10—15% Graphit und wird beim Gebrauch auf $\frac{1}{2}$—$1\frac{1}{2}$% Graphitgehalt verdünnt.

Nach den Patenten von Karplus [2] erhält man das sog. „Kollag". Man gelangt hierzu, indem man natürlichen Graphit völlig aschefrei macht, durch Behandeln mit Flußsäure und konzentrierter Schwefelsäure, Anätzen mit Permanganat oder Bromsäure unter

---

[1] Karplus: Petr. XXV, Nr. 12; Maschinenbau, Band 5, S. 1122 ff.
[2] DRP. 292 729 und 293 848.

Mitverwendung von Schutzkolloiden zunächst als Aquadag herstellt und aus ihm durch besondere Fällungen das öllösliche Kollag bereitet. Dasselbe enthält 17—18% Graphit. Die Teilchengröße ist submikroskopisch und kleiner als μ, d. h. kleiner als 0,001 mm. Es existieren außerdem noch eine ganze Reihe von Konkurrenzprodukten, Erythol, Potenzol u. a. Kolloidgraphite des Handels, doch sind die Ansichten über ihren Wert verschieden.

Für die Untersuchung der Graphite kommen folgende Gesichtspunkte in Frage: handelt es sich um makroskopischen oder mikroskopischen Graphit, so ist neben der Beurteilung des Feinheitsgrades und des Wassergehalts vor allen Dingen der Aschegehalt für die Güte maßgebend. Größere Mengen quarzartiger, wie Schmirgel wirkende Beimengungen verursachen Korrosionen am Lager und an der Welle und sind daher außerordentlich schädlich. Den Aschengehalt stellt man durch Verbrennen im Porzellantiegel im elektrischen Muffelofen fest und untersucht den verbleibenden Rückstand auf Quarz. Der Aschengehalt der Graphite ist sehr wechselnd und schwankt von ca. 5 bis über 60%.

Bei den submikroskopischen oder kolloidalen Graphiten kommt es bei der Untersuchung darauf an, festzustellen, ob tatsächlich die gelöste Form oder ob nur ein äußerst fein verteiltes Material vorliegt. Wasserlösliche Graphite (Aquadag und wäßriger Kollag) werden selten verwendet, gelegentlich als Bohr- und Gleitflüssigkeiten bei der Metallbearbeitung. Durch Zusatz von Essigsäure kann der Graphit ausgefällt und bestimmt werden. Bei den öllöslichen Graphiten erfolgt die Unterscheidung in der Weise, daß man die zu untersuchende Probe in der 300- bis 1000fachen Menge Benzol verdünnt und beobachtet, in welcher Weise sich der Graphit in einem Standzylinder nach längerer Zeit zu Boden setzt. Liegt wirklich kolloidaler Graphit vor, so ist der Bodensatz minimal und zeigt keine Graphitkristalle, sondern nur amorphe Flocken, die sich leicht im Benzol verteilen. Beobachtet man indessen am Boden kristallinischen Graphit, wenn auch nur in sehr geringen Mengen, so lag keine kolloidale Lösung vor. Bei einer guten Graphitemulsion muß ein wenige Millimeter eingetauchtes Stückchen Filtrierpapier gleichmäßig Öl und Graphit aufsaugen, bei minderem Material wird nur das Öl durch die kapillare Wirkung heraufgezogen, das Papier erscheint daher nur schwach gefärbt. Ist die Verdünnung mit dunklen Ölen vorgenommen, so ist die Prüfung schwieriger, in diesem Falle bestimmt man den Gehalt an Graphit in der oberen und unteren Schicht einer hohen Flüssigkeitssäule nach längerem Stehenlassen; stellt man eine größere Differenz im Graphitgehalt fest, so ist daraus zu schließen, daß eine Entmischung stattgefunden hat. Die Bestimmung des Gehalts von ölgelöstem Graphit wird durch Filtrieren über Asbest und ausgeglühter Fullererde in einem Goochtiegel vorgenommen. Man verdünnt das Oleosol zuvor mit Benzol und wäscht auch das anhaftende Öl mit Benzol aus. Der verbleibende Graphit wird bei 105° getrocknet und dann gewogen.

Wie bereits erwähnt, kommt der natürlich vorkommende Graphit, nachdem er vorher von den schleifenden Bestandteilen befreit ist, nur noch in kleinerem Umfange zur Verwendung. Eine Ausnahme bilden die sog. Carbonstifte, Mischungen von wenig Fett und Schwefel mit aschehaltigem Graphit, die dort Verwendung finden, wo z. B. beim Schmieren in Schokoladenfabriken Öl unter allen Umständen vermieden werden muß. Auch der Zusatz von Graphit zu konsistenten Fetten bildet Vorteile, da hier keine Entmischung vorkommen kann und auch bei großem Druck, wie er bei Zahnrädern u. dgl. auftreten kann, eine dauernde Schmierung gewährleistet ist. Fette mit 25% Graphit sollen eine 50%ige Ersparnis ergeben.

In welcher Weise der Zusatz von kolloidalem Graphit zum Öl wirkt, wie hierdurch die Schmierwirkung und Schmierergiebigkeit beeinflußt wird, soll in einem späteren Kapitel über die Theorie der Reibung noch ausführlich behandelt werden. Die bisher vertretene Meinung, daß Graphitzusatz ausschließlich auf dem Gebiet der trocknen und halbflüssigen Reibung Vorteile bietet, ist nach den letzten Forschungen von Karplus (l. c.) nicht mehr haltbar. Die Verwendung von kolloidalem Graphit als Zusatz zum Öl bietet eine ganze Reihe von Vorteilen, worunter folgende zu nennen sind:

1. Man kann die Lager stärker belasten, ohne viskosere Öle zu nehmen;

2. man kann bei gleicher Beanspruchung und Ölzufuhr dünnere Öle verwenden, also rationeller arbeiten;

3. man kann bei gleicher Viskosität und gleicher Beanspruchung weniger Öl nehmen, also Schmierstoff sparen;

4. man kann billigere Öle verwenden.

Es mag übrigens noch erwähnt werden, daß die nach den neuen Methoden hergestellten kolloidalen Graphite äußerst beständig sind und auch beim Verdünnen mit Destillaten, welche Naphthensäuren enthalten, und auch mit Teerfettölen gar nicht oder nur sehr langsam koagulieren.

Neben dem Graphit werden auch andere anorganische Substanzen zur Schmierung herangezogen. Diese müssen natürlich in feinster Form, am besten im kolloidalen Zustande zur Anwendung kommen, damit die Lager nicht beschädigt werden. In einigen, allerdings seltenen Fällen wird Ruß als Zusatz zum Schmieren verwendet. Häufiger wird den konsistenten Fetten Talkum einverleibt, speziell wenn Reibung von Holz auf Holz überwunden werden soll. Talkum ist ein Magnesiumsilikat, welches sich weich und fettig anfühlt, es ist von weißer bis grünlichweißer Farbe und kommt in den verschiedensten Feinheitsgraden in den Handel. Es findet sich hauptsächlich als Talkschiefer in der Schweiz und in Tirol in den Salzburger Alpen. Besondere Prüfungsverfahren sind nicht im Gebrauch. Man begnügt sich vielmehr mit der Untersuchung des Feinheitsgrades und der praktischen Erprobung.

Als Beispiel eines kolloidalen, anorganischen Schmierstoffes sei der Letteton erwähnt, welcher in einigen Orten Schlesiens zur Schmierung der Walzenlager verwendet wird. Es handelt sich hier um einen eisenhaltigen, stark wasserhaltigen Ton, welcher sich sehr schlüpfrig anfühlt. Für diesen sehr groben Verwendungszweck dürfte das Material wohl ganz brauchbar sein.

Ein künstliches Schmiermittel, das auf dem Prinzip der kolloidalen Form beruht, sind die Kalimineralfette, auch Emulsions- oder Kolloidfette genannt. Diese von der Gewerkschaft Siegfried Giesen bei Hannover hergestellten Fette werden aus den bei der Kalisalzproduktion abfallenden Magnesialaugen fabriziert, und zwar in der Weise, daß sie mit Kalkmilch umgesetzt werden. Das dabei sich bildende kolloidale Magnesiumhydroxyd wird mit Teerfettöl innig verrieben, wobei Erzeugnisse entstehen, die den konsistenten Fetten sehr ähnlich sehen und in den verschiedensten Konsistenzformen hergestellt werden können. Für untergeordnete Zwecke, als Wagenfett oder Spritzfett sind sie wohl verwendungsfähig.

g) Ersatzstoffe und synthetische Schmiermittel.

Auf die zahlreichen während des Krieges, in den Zeiten der großen Schmiermittelnot, auf dem Markt erschienenen Ersatzstoffe soll hier nicht weiter eingegangen werden. Die meisten der seinerzeit verwendeten Produkte sind restlos wieder verschwunden. Nur für gewisse, ganz spezielle Zwecke wird ein Schmiermittel, das nicht ausgesprochen fettartigen Charakter zeigt, verwendet, daneben mögen jedoch diejenigen synthetisch hergestellten Produkte Erwähnung finden, die schmierölähnlichen Charakter tragen. Die Versuche auf diesem Gebiete haben viel zur Kenntnis über die chemische Konstitution schmierfähiger Körper beigetragen [1].

---

[1] Spilker, A.: Z. angew. Chem. 1926, S. 686. 997; Petr. 1927, 448; Z. f. phys. Chem. **144**, S. 22; Wulff: Z. angew. Chem. 1928, S. 626.

Als Schmierersatzstoff wird gelegentlich das Glyzerin verwendet. Dasselbe wird bei der Fettspaltung in großen Mengen gewonnen; infolge seiner großen Viskosität und seiner verhältnismäßig großen chemischen Unveränderlichkeit besitzt es gute schmierende Eigenschaften. So wird es z. B. zur Schmierung von Sauerstoff- und Kohlensäurekompressoren verwendet. Infolge seiner Hygroskopizität und seines Wassergehaltes neigen die mit ihm geschmierten Lager zum Rosten. An Stelle des Glyzerins können auch konzentrierte Salzlösungen, wie z. B. Kalium- oder Natriumlaktat oder konzentriertes Magnesiumchlorid, als Schmiermittel dienen. Es ist hierbei nur darauf zu achten, daß für zuverlässige Konzentration beim Umlauf Sorge getragen wird. Auch konzentrierte Zuckerlösungen zeigen recht gute Schmierwirkungen[1].

Die synthetisch hergestellten Schmiermittel besitzen vorläufig nur mehr oder weniger theoretisches Interesse, da sie mit den natürlichen Schmierölen infolge ihres hohen Preises nicht konkurrieren können. So hat man beispielsweise durch Kondensation hochmolekularer Verbindungen schmierölähnliche Produkte hergestellt. Friesenhahn (DRP. 332909) gewinnt ein schmierölähnliches Produkt aus hydrierten Phenolen, z. B. aus Cyklohexanol und deren Estern. Von Heyden patentiert Phenolphosphorsäureester und Dikresylkarbonat (DRP. 288488 und 302361). Durch Polymerisation von Tetralin erhält man nach DRP. 309178 ein schmierölähnliches, viskoses Produkt. Franz Fischer gewinnt beim Behandeln von Naphthalin mit Aluminiumchlorid bei 55° und 2 Atm. ein dickflüssiges Produkt, das mit Teerölen gemischt ein gutes Schmieröl darstellen soll [2]. In derselben Richtung liegen die Arbeiten von Spilker [3]. Er stellt aus hochmolekularen ungesättigten Produkten und Addition von Benzolhomologen mittels konzentrierter Schwefelsäure Kondensationsprodukte von schmierölartigem Charakter her. Je höher die Anzahl der Methylgruppen und Isoverbindungen ist, um so größer die Viskosität des Produktes. Die Größe und Verzweigtheit des Moleküls ist also maßgebend für den schmierenden Effekt. Diese Produkte sind allerdings andersartig als die aus Erdöl gewonnenen Schmieröle. Indessen bestehen nach Spilker Aussichten, durch Hydrierung der Kohle zu diesen Produkten zu gelangen, die auch im Preise mit dem Erdöl konkurrenzfähig sind. Riesenmoleküle mit schmierender Wirkung stellte auch Grün [4] her, die besonders druckbeständig sein sollen. Z. B.

---

[1] Voitländer: Petr. 1930, Heft 15.
[2] Fischer, Franz: Abhandlungen zur Kenntnis der Kohle.
[3] Spilker: Brennstoffchemie 1926, 187 u. 270.
[4] Grün: Z. angew. Chem. 1929, 537.

[Hepta (12 Oxystearinsäure)] triglyzerid. Es laufen hier eben die Bemühungen zusammen, von der Einfuhr des Erdöls unabhängig zu werden und aus der heimischen Kohle die für unsere Wirtschaft notwendigen Kraft- und Schmierstoffe zu gewinnen.

Endlich sei noch erwähnt, daß man aus aromatischen Kohlenwasserstoffen und Olefinen auf Grund der Friedel-Kraftschen Reaktion durch Katalysatoren, wie Halogenide des Aluminiums, Fluors und Bors zu schmierölähnlichen Substanzen gelangt [1].

III. Die technische Prüfung der Schmiermittel.

A. Über die Theorie der Reibung geschmierter Maschinenteile.

Bevor man sich über die Eignung der einzelnen Schmiermittel für die verschiedenartigsten Verwendungszwecke ein Bild und eine klare Vorstellung machen kann, ist es notwendig, die theoretischen Grundlagen, die bei der Reibung der Maschinenteile maßgebend sind, darzustellen. Gerade in den letzten Jahren sind auf diesem Gebiete ganz erhebliche Fortschritte gemacht worden, und eine umfangreiche Literatur ist erschienen. Die grundlegenden Erkenntnisse finden sich in dem ausgezeichneten Werk von E. Falz, „Grundzüge der Schmiertechnik" [2]. Die nachfolgenden Ausführungen bringen daher nur das Allernotwendigste. Wer sich ausführlicher und eingehender über die Theorie der Schmierung, und was damit zusammenhängt, unterrichten will, dem sei das oben erwähnte Buch angelegentlichst empfohlen.

Man unterscheidet zwischen trockner Reibung, halbtrockner Reibung, halbflüssiger Reibung und flüssiger Reibung.

Wenn zwei feste Körper sich gegeneinander bewegen, so setzt sich dieser Bewegung ein Widerstand entgegen, eine Kraft, die dadurch hervorgerufen wird, daß die Unebenheiten, Vorsprünge, Vertiefungen ineinander greifen, gegeneinander stoßen und sich der Bewegung entgegenstellen. Es ist klar, daß die Reibung um so größer ist, je stärker der Druck, mit dem die Flächen gegeneinander gepreßt werden. Gleichzeitig ist sie abhängig von dem Material und dessen Oberflächenbeschaffenheit; jedoch hat die Erfahrung gezeigt, daß sie unabhängig ist von der Größe der Oberfläche. Diese

---

[1] Wulff: Z. angew. Chem. 1928, S. 626.
[2] Berlin, Julius Springer, 1926.

Gesetzmäßigkeit findet Ausdruck in dem Coulombschen Gesetz, welches besagt: Reibungswiderstand = Reibungszahl mal Normaldruck; $R = \mu \cdot N$.

Trockne Reibung findet sich in der Maschinentechnik verhältnismäßig selten, nur dort, wo gleitende Reibung verhindert werden soll, z. B. bei Kupplungen, Keilverbindungen, Radbremsen, konischen Werkzeugschäften. Hierbei findet selbstverständlich ein starker Verschleiß des Materials statt. Es tritt das bekannte „Fressen" auf.

Halbtrockne Reibung findet sich dort, wo die aufeinander gleitenden Flächen zwar geölt, eingefettet oder sonstwie durch eine Flüssigkeit benetzt sind, trotzdem aber wenigstens zu einem großen Teil in unmittelbarer Berührung miteinander stehen. Dieser Zustand liegt vor, wenn Gleitflächen sich im sog. Anfahrtszustande befinden. Es ist dieses ein Ausnahmezustand, der technisch als äußerst ungünstig zu bezeichnen ist, und er tritt nur dort auf, wo geringe Geschwindigkeiten vorliegen, beispielsweise bei Druckspindeln, Scharnieren und Gelenken, auch bei Reibungskupplungen, die während des Betriebes eingerückt werden.

Es hat sich nun gezeigt, daß sich der Reibungswiderstand ganz erheblich verringern läßt, wenn man zwischen die zu reibenden Flächen eine Flüssigkeitsschicht bringt, wodurch die äußere Reibung der festen Körper umgewandelt wird in die innere Reibung der Flüssigkeit. Man spricht von vollkommner flüssiger Reibung, wenn an keiner Stelle mehr eine direkte Berührung der Gleitflächen stattfindet, von halbflüssiger Reibung, wenn die Flüssigkeitsschicht durch gewisse Umstände an einzelnen Stellen unterbrochen ist. Es ergibt sich hieraus, daß die größte Betriebssicherheit stets da vorliegen wird, wo auch vollkommene flüssige Reibung gewährleistet ist. Man hat zugleich die Gewißheit, daß weder ein Verschleiß an Material eintritt, daß die Reibungsverluste, ebenso der Ölverbrauch gering sind und daß ohne Bedenken die Belastung erhöht werden kann.

Wie bereits gesagt, ist bei der vollkommenen Reibung nur die innere Reibung des flüssigen Körpers zu überwinden. Diese wiederum steht in direktem Zusammenhang mit der Zähigkeit bzw. Viskosität der Flüssigkeit. Zur Erzielung eines sog. vollkommen lückenlosen Ölfilms zwischen den Gleitflächen sind jedoch nicht alle Flüssigkeiten gleichermaßen geeignet.

Eine wichtige Rolle spielen hierbei die Kapillaritätseigenschaften. Die Erscheinungen, die man unter dem Namen Kapillarität zusammenfaßt, werden hervorgerufen durch die Wirkung der Adhäsion und Kohäsion. Jene Flüssigkeiten, bei denen die kohäsiven Kräfte größer sind als die adhärierenden, zeigen das Bestreben, sich zu Gebilden mit möglichst kleiner Oberfläche zusammenzuziehen, während solche, bei denen die adhärierenden Kräfte überwiegen, die Tendenz zeigen, sich auf einer Fläche auszubreiten; — man spricht dann von großer Oberflächenspannung, von guten netzenden Eigenschaften. Wollte man z. B. Quecksilber als Schmiermittel verwenden, so würde es infolge seiner mangelhaften Benetzungsfähigkeit aus den engsten Stellen zwischen den schwimmenden Flächen herausschlüpfen und dafür Luft hereinlassen. Man hätte also zu befürchten, zwischen Lager und Schale niemals genügend Schmierstoff zu haben. Man käme also zur unvollkommenen, halbflüssigen bzw. halbtrocknen Reibung. Anders ist es bei Flüssigkeiten von guter Netzfähigkeit, d. h. von großer Oberflächenspannung. Hier besteht die Neigung, sich auf eine große Oberfläche auszubreiten, in die feinsten Zwischenräume hineinzuziehen, und diese kapillare Kraft ist so groß, daß sie die Berührung der beiden Flächen verhindert, da diese völlig mit Öl überzogen sind. Mineralöle und fette Öle zeigen diese Eigenschaft in besonders hohem Maße, sie sind daher für die Schmierung hervorragend geeignet. Indessen auch Wasser könnte notfalls als Schmierstoff verwendet werden, wenn man durch sehr sorgfältiges Entfetten der Maschinenteile dafür Sorge trägt, daß eine vollkommene Benetzung stattfindet. Bei hölzernen Rührwerken verwendet man z. B. Lager, die aus Bockholz bestehen und durch das umgebende Wasser resp. die wäßrige Lösung geschmiert werden. Die kapillaren Kräfte sind von besonderer Bedeutung und bedürfen noch eingehender Besprechung in den Fällen, wo die vollkommen flüssige Reibung in die halbflüssige Reibung übergeht, d. h. wo die verhältnismäßig dicke, die Gleitflächen trennende Ölschicht sich dermaßen vermindert, daß ein Zerreißen des Ölfilms und damit die halbflüssige Reibung einsetzt. Auf diese Verhältnisse soll später noch eingehender zurückgekommen werden.

Bei der vollkommenen Reibung schwimmt gewissermaßen der Zapfen des Lagers oder der Gleitschuh auf der Flüssigkeitsschicht, deren Dicke abhängig ist von der Drehzahl bzw. Geschwindigkeit, dem Lagerdruck und der Zähigkeit des Öles. Bereits Petroff hat in seiner grundlegenden Arbeit „Neue Theorie der Reibung"[1] festgestellt, daß für die Reibung rotierender und gleitender Körper, wie sie bei der Bewegung einer Welle im Lager oder

---

[1] Hamburg 1887: L. Voß.

eines Kreuzstückes auf der Unterlage vorliegen, die innere Reibung der Flüssigkeit maßgebend sei. Zurückgehend auf eine von Newton aufgestellte Formel über die innerhalb einer bewegten Flüssigkeit auftretende Reibung leitet Petroff für den von ihm herangezogenen Spezialfall folgende Formel für die Reibungskraft ab:

$$R = \mu \frac{f \cdot v}{d}$$

Hierin bedeutet f die mit Öl benetzte Fläche, v die Geschwindigkeit, mit der die beiden Flächen sich übereinander weg bewegen, und d den Abstand der Flächen, in diesem Fall die Dicke der Schmierschicht. μ bedeutet die absolute Zähigkeit des Öles. Mithin ist also die Reibung direkt abhängig von der Geschwindigkeit und von der Oberfläche der bewegten Flächen, sowie von der Zähigkeit des schmierenden Mediums, eine Größe, welche bereits bei der Bestimmung der Viskosität erörtert wurde, wo auf die Abhängigkeit von μ und Englergrad eingegangen worden ist. Die Theorie von Petroff ist verschiedentlich nachgeprüft und hat durch weitere Forschungen mancherlei Abänderungen erfahren. Von neueren Arbeiten sei speziell verwiesen auf die Untersuchungen von Vieweg und A. E. Becker[1], sowie die Arbeiten von Parsons und Taylor[2]. Nach diesen hängt die Reibung in einem Lager nur ab von der Größe $\frac{zn}{P}$, wobei z die Zähigkeit des Schmiermittels, n die Drehzahl und P den Lagerdruck bedeutet. Da n und P durch die Konstruktion des Lagers bedingt ist, so verbleibt als veränderliche nur z, die Zähigkeit des Öles bzw. „die innere Reibung". Aus der gleichen Formel ergibt sich nun aber auch, daß, je höher der auf der Welle lastende Druck ist und je kleiner die Drehzahl, um so größer andererseits die Zähigkeit des Öles gewählt werden muß. Das bedeutet mit anderen Worten, daß für langsam laufende und schwer belastete Lager zähflüssigere Öle gewählt werden müssen, als für schnelllaufende und schwach belastete Lager. Ältere und eingehendere Arbeiten über das Wesen der Schmierung rühren her von: Osborn Reynolds, Stribeck, Sommerfeld und Gümbel, der seine der Praxis entnommenen Erfahrungen in der Abhandlung „Hydrodynamische Theorie geschmierter Maschinenteile" niedergelegt hat. Über den Einfluß des Druckes auf die Zähigkeit des Öles hat S. Kießkalt ausführlich geschrieben[3].

---

[1] Vieweg: Z. angew. Chem. 1922, S. 301; Becker: Ind. and Eng. Chem. 1926, S. 471.   [2] Taylor: Ind. and Eng. Chem. 1926, S. 493.
[3] Forschungsarbeiten, H. 291. VDJ-Verlag.

168 Über die Theorie der Reibung geschmierter Maschinenteile.

Die Reibungsvorgänge in einem vollkommen geschmierten Lager lassen sich nach dem heutigen Stand der Wissenschaft mit verhältnismäßig großer Genauigkeit berechnen. Allerdings sind in der Praxis niemals die idealen Verhältnisse vorhanden, wie sie die Theorie verlangt. In der Praxis muß man mit elastischen Wellen rechnen, die niemals genau zylindrisch und glatt geschliffen sind. Ferner sind die störenden Einflüsse der Schmiernuten sowie das Lagerspiel zwischen Zapfen und Lager zu beachten.

Die grundlegende Erkenntnis aus den oben angeführten Arbeiten ist, daß die innere Reibung der Flüssigkeiten in erster Linie für die Reibungsarbeit maßgebend ist. Über die in den Lagern vorliegenden Verhältnisse, speziell über den Lagerdruck, die Dicke der Schmierschicht, die Einwirkung der Schmiernuten, die Bewegung des Zapfens innerhalb der Lager usw. haben die Arbeiten von Vieweg und Lasche Klarheit geschaffen. Es hat sich vor allen Dingen gezeigt, daß die Praxis mit der Theorie in gute Übereinstimmung gebracht werden kann. Es würde den Rahmen dieses Buches bei weitem überschreiten, wenn auf die Einzelheiten hier eingegangen würde. Bezüglich der Lagerung der Welle innerhalb der Lagerschale in der Ruhe sowohl wie bei der Bewegung sei folgendes kurz dargelegt: In der Ruhe liegt die Welle senkrecht auf der Lagerschale auf. Mit zunehmender Geschwindigkeit beginnt das Schwimmen des Zapfens auf dem Ölfilm und die Bewegung des Zapfenmittelpunktes erfolgt in der Weise, daß er zugleich sich in der Richtung der Drehung verschiebt und steigt. Ist die Drehzahl unendlich, fällt Zapfen- und Lagermittelpunkt zusammen (Abb. 42). Hierbei macht der Zapfenmittelpunkt eine nahezu halbkreisförmige Bewegung.

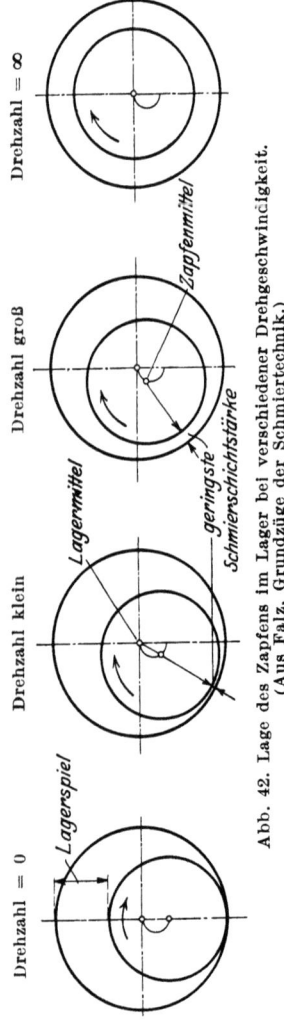

Abb. 42. Lage des Zapfens im Lager bei verschiedener Drehgeschwindigkeit. (Aus Falz, Grundzüge der Schmiertechnik.)

Experimentell sind diese ursprünglich nur theoretisch errechneten Tatsachen durch die Versuche von Vieweg bestätigt worden. Ihm gelang es, durch optische Methoden sowohl die Dicke des Schmierfilms, auf welcher das Lager bei vollkommner Schmierung schwimmt, sowie auch die Vorgänge bei der halbflüssigen Reibung, d. h. bei Beginn bzw. beim Stillstand der Bewegung, direkt zu beobachten.
Er verwendet hierzu entweder das sog. Rasterverfahren[1], wobei an der Stirnfläche der Welle ein Raster befestigt wird, dessen Bewegung man mittels eines Mikroskops beobachtet. Ferner findet das Verfahren mittels Beugungsstreifen Anwendung. Hierbei läßt man parallel gerichtetes Licht tangential auf die Welle fallen und beobachtet im Mikroskop die durch Prisma vereinigten Strahlen, welche bei Bewegung der Welle wechselnde Beugungsbilder geben, aus denen die Größe der Bewegung errechnet werden kann.

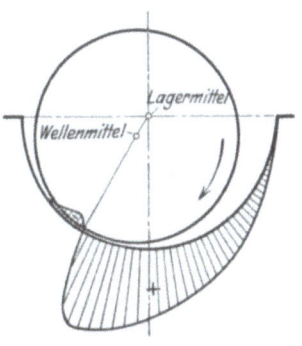

Abb. 43. Drucksteigerung in der Schmierschicht bei halbumschließenden Traglagern. (Aus Falz, Schmiertechnik.)

Die Handhabung ist verhältnismäßig einfach, hergestellt werden die Apparate von der Firma C. P. Goerz, Berlin[2].

Die Tatsache, daß das Lager bei der schnellen Drehung auf dem Ölfilm schwimmt, kann dadurch erklärt werden, daß bei der Verringerung des Querschnittes starke Ölpressungen auftreten, welche die Last des Zapfens aufzunehmen vermögen. Über die Verteilung des auftretenden Druckes in einem halbgeschlossenen Lager gibt

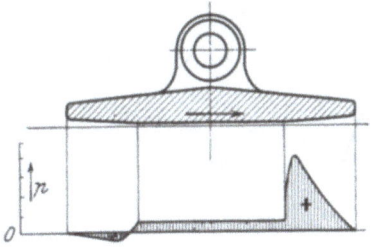

Abb. 44. Drucksteigerung in der Schmierschicht durch einfache Keilflächen. (Grundprinzip der Keilkraftschmierung.) (Aus Falz, Schmiertechnik.)

(Abb. 43) ein anschauliches, schematisches Bild. Auch bei Gleitflächen, wie z. B. bei der Kreuzkopfschmierung, tritt bei ge-

---

[1] Petr. 18. 1405. (1922.)
[2] Über die Einzelheiten der Handhabung und der mit dieser Methode gefundenen Ergebnisse sei auf die Originalarbeiten bzw. auf Holde: Kohlenwasserstofföle, S. 200 verwiesen.

eigneter Geschwindigkeit ein Schwimmen der Gleitfläche auf. Es muß nur dafür Sorge getragen werden, daß die gleitenden Flächen gegeneinander geneigt sind und die Geschwindigkeit groß genug ist. Falz fand, daß scharfe Kanten eine Drucksteigerung unmöglich machen, jedoch schwach schräg geschnittene Kanten die Drucksteigerung und damit das Schwimmen auf dem Ölfilm erleichtern (Abb.44). Daraus ergibt sich auch ohne weiteres die Wirkung der Schmiernuten. Es hat sich gezeigt, daß die zum Schwimmen erforderliche Drucksteigerung durch die Schmiernuten, sofern sie nicht sachgemäß angebracht sind, jäh unterbrochen werden, wodurch die Tragfähigkeit des Ölfilms erheblich gemindert und unter Umständen dieser sogar zerrissen wird. Die Ölzufuhr hat — das haben die theoretischen Ableitungen wie die praktischen Versuche gezeigt — stets von der unbelasteten Lagerschale her zu erfolgen. Von hier aus wird es von selbst durch den bewegten Zapfen dem belasteten Teil des Lagers zugeführt. Bei feststehendem Zapfen und beweglicher Schale (Wagenachsen) erfolgt die Schmiermittelzufuhr zweckmäßig durch eine axiale Nute an der Seite der unbelasteten Schalen. Nur bei sehr kleinen Geschwindigkeiten kann man Schmiernuten an der Schale anbringen, da hier sowieso keine vollkommene Flüssigkeitsreibung mehr auftritt. Wegen der Einzelheiten der Schmierölzufuhr sei auf das Kapitel „Schmierapparate" usw. verwiesen.

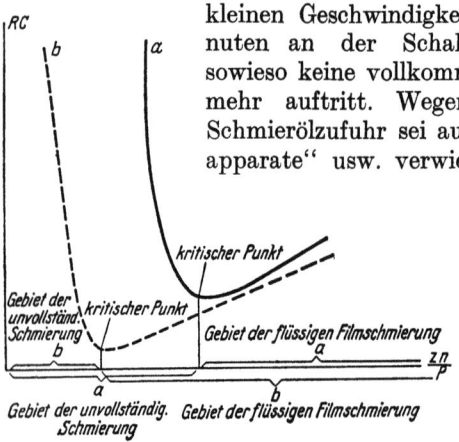

Abb. 45.

Neben der vollkommenen flüssigen Reibung muß man stets auch mit dem Eintreten halbflüssiger Reibung rechnen, beispielsweise beim Anlaufen, d. h. beim Übergang vom Ruhezustand zur Bewegung, ebenso auch, wenn der Lagerdruck sehr groß oder die Geschwindigkeit sehr klein wird, so daß, wie bereits erwähnt, die tragende Schmierschicht zerrissen wird. In der Praxis lassen sich mathematisch vollkommen ebene Flächen nicht herstellen, selbst gut bearbeitete Zapfen zeigen auf der Oberfläche stets kleine Unebenheiten, von deren Größe die Dicke der Schmierschicht, welche zur vollkommen flüssigen Reibung notwendig, abhängig ist. Sobald diese Schichtdicke unterschritten ist, so daß also die Vorsprünge und Unebenheiten des Metalls aufeinander stoßen, tritt teilweise trockne Reibung auf, der Reibungskoeffizient steigt rapide. Dieser Zustand macht sich durch die auftretende Reibungswärme bemerkbar, welche schließlich zum Heißlaufen des Lagers führt, wobei Temperaturen erreicht werden, die das Schmelzen des Lagermetalls zur Folge haben. Über die Abhängigkeit des Reibungskoeffizienten von dem Wert $\frac{z \cdot n}{P}$ gibt das nebenstehende Kurvenbild (Abb. 45) einen anschaulichen Begriff.

Die Güte eines Schmiermittels ist nun wesentlich dadurch bedingt, das Gebiet der unvollständigen Schmierung möglichst gering werden zu lassen. Man hat gefunden, daß Öle von gleicher absoluter Zähigkeit mit Bezug auf den sog. „kritischen Punkt" wesentliche Unterschiede zeigen. Während für das Gebiet der vollkommenen Schmierung die hydrodynamische Theorie zur Erklärung aller Erscheinungen ausreicht, treten auf dem Gebiete der halbflüssigen Reibung neue Kräfte auf, die in das Gebiet der Kapillarchemie fallen. Diejenigen Öle werden dem Zerreißen des Ölfilms den größten Widerstand leisten, die infolge ihrer großen Oberflächenspannung und ihrer Adhäsionskraft befähigt sind, fest an der Metalloberfläche zu haften.

Schon seit jeher haben die Begriffe der „Schlüpfrigkeit", „Schmierigkeit", „oiliness" usw. eine bedeutsame Rolle bei der Beurteilung gespielt, ohne daß es möglich war, eine wissenschaftlich klare Definition für diese Worte zu finden. Die Versuche von Schlesinger und Kurrein[1], bei welchen Öle gleicher Zähigkeit auf der Drehbank erprobt wurden, zeigten, daß gewisse verfettete Öle, ebenso die Voltolöle andere Werte zeigten, als solche nach der hydrodynamischen Theorie von Ubbelohde und Gümbel zu erwarten waren. Die Voltolöle waren im Leerlauf 25—30%, bei Belastung 10—15% sparsamer als gleich viskose Öle aus reinem Mineralöl. Zu ähnlichen Resultaten gelangte Diehl[2]. Eine ausreichende Erklärung konnte hierfür zunächst nicht gefunden werden.

Schon lange hatte man die Beobachtung gemacht, daß manche viskose Flüssigkeiten, Melasse, Zellstofflaugen usw. keinen Schmierwert besitzen. Auch Steinkohlenöle, besonders Anthrazenöle, sind von minderer Wirksamkeit als die fetten Öle und Mineralöle. Sie bilden sog. Pfützen auf der Metallfläche und man muß demzufolge große Sorgfalt bei der Verwendung dieser Schmiersub-

---

[1] Werkstatttechnik 1916, S. 1 ff.   [2] Z. V. d. J. 1920, S. 449.

stanzen beobachten. Zusatz von Petrolpech zu den Teerölen verringert die Oberflächenspannung und macht daher diese Öle für die Schmierung besser geeignet.

Diese Erscheinungen und Tatsachen veranlaßten eine Reihe von Forschern, den hier vorliegenden Gesetzmäßigkeiten auf den Grund zu gehen. Aus den praktischen Erfahrungen war abzuleiten, daß Öle mit geringer Oberflächenspannung resp. kleinem Randwinkel für die Schmierung besonders geeignet seien. Naphthenreiche Öle schmieren wirksamer als z. B. Öle auf Paraffinbasis. Es wurde auch beobachtet, daß kompoundierte Zylinderöle mit einem Zusatz von wenigen Prozenten freier Fettsäure günstiger schmieren als pure Mineralöle, und bei Marineölen, denen man bisher zur Erzielung eines guthaftenden Ölfilms auch bei Zutritt von Seewasser große Mengen (25%) geblasenes Rüböl zusetzte, soll die gleiche Wirkung erzielt werden bei Zugabe von nur 2% Fettsäure[1]. Ergänzend mögen die wissenschaftlich durchgeführten Arbeiten von Bethnagar und Garner[2] Erwähnung finden, welche die Oberflächenspannung zwischen Paraffinöl und Quecksilber feststellten und dabei beobachteten, daß ein Zusatz von organischen Säuren die Oberflächenspannung stark heruntergedrückt, womit eine Verbesserung der Schmierwirkung parallel geht. Erwähnt seien ferner noch die Arbeiten von Wilson und Barnard[3], Woog[4], Archbutt[5], ferner die Versuche von Hilliger[6]. Feststellung der Oberflächenspannung aus dem Tropfengewicht haben Holde und Singalowski[7] angestellt und fanden gute Übereinstimmung zwischen den Werten der Praxis. Bahnbrechend wurden dann auch die Forschungen von Duffing und von v. Dallwitz-Wegner, deren Ergebnisse in der Schrift „Über neue Wege zur Untersuchung von Schmiermitteln" (München 1919) niedergelegt sind[8]. Die früheren Forscher stellten sich die Aufgabe, festzustellen: Welche Schmiermittel muß ich für einen bestimmten Maschinenteil wählen, damit ich die größtmögliche Reibungsverminderung, d. h. Kraftersparnis erziele? Die obigen Verfasser jedoch suchten

---

[1] Wells und Southcombe U. 1919, S. 141; 1920, S. 53. Journ. Am. Chem. Soc. **39**, 51. (1920)
[2] U. 1921, S. 70.
[3] Ind. and. Eng. Chem. 1922, S. 682, J. Soc. Autom. Eng. 1922, S. 49 und 143.
[4] Woog: Ausbreitung von Schmiermitteln auf metall. festen Oberflächen. C. r. 181 (1925), S.772/74. Couts. A l'Étude du Graissage (Paris 1924).
[5] Chem. trade and Chem. Eng. Band 28, II, 1920; J. Soc. chem. Ind. 1921, S. 287. [6] Kolloid-Z. Bd. 38, 1926, S. 193.
[7] Z. angew. Chem. 1920, S. 267, 290.
[8] Siehe auch Z. tech. Physik 5. (1924), 9., S. 378/84.

zu ermitteln, welches Öl das ergiebigste sei. Unter Schmierergiebigkeit verstehen sie das notwendige Minimum an Schmierstoffmenge, um an dem Maschinenteil eine ausreichende, d. h. maximale Schmierwirkung zu erzielen. Bei ihren Untersuchungen haben sie das Verhältnis für zwei Öle von sonst gleichen Daten festzustellen versucht. Nach Duffing und v. Dallwitz hängt die Ergiebigkeit von den den Ölen eigentümlichen kapillaren Kräften ab, welche das Adhärieren an den Gleitflächen bewirken und damit die Ausbildung eines möglichst dünnen und haltbaren Ölfilms bedingen. Je feiner dieser Ölfilm, um so weniger wird jeweils von den gleitenden Maschinenteilen an Material abgeschoben. Auch die Eigenart des Materials, d. h. die Qualität des Lagermetalls ist unter den hier gemachten Voraussetzungen von Bedeutung, denn die Größe der adhärierenden Ölschicht ist auch von dem Material der Unterlage bestimmt. Die Forscher haben die kapillaren Kräfte gemessen durch Bestimmung des Randwinkels, Aufstieg zwischen zwei metallenen Platten und Abreißhöhe eines Ölfilms und hierfür besondere Prüfapparate konstruiert. Für die Prüfung der Öle im Betriebe haben sich indessen diese Verfahren bisher nicht einzuführen vermocht.

Eine bequeme Methode, um das Ausbreitungsvermögen des Ölfilms festzustellen, haben Bachmann und Brieger ausgearbeitet[1]. Als Maß für die molekularen Anziehungskräfte zwischen Flüssigkeit und der von ihr benetzten Fläche wurde die Benetzungswärme festgestellt. Sie ist ein Maß für das Vermögen, einen beständigen Ölfilm zu bilden. Z. B. beträgt die Benetzungswärme bezogen auf 100 g Cu von

Rizinusöl . . . . 12,1 Cal.
Fl. Paraffin . . . . 3,85 „
Petroleum . . . . 5,7 „
Petroleum + 1% Ölsäure . . . 21,3 „

Ähnliche Untersuchungen stammen von Gurwitsch[2]. Es wurde gefunden, daß Öle von hoher Benetzungsfähigkeit und daher guter Schmierergiebigkeit hohe Benetzungswärme, schlecht schmierende dagegen niedrige Benetzungswärme zeigen. Auch hier konnte wiederum festgestellt werden, daß geringe Zusätze von Fettsäuren ebenso auch von kolloidalem Graphit das Öl verbessern.

Zusammenfassend kann gesagt werden: das Zerreißen des Ölfilms kann zwar durch die Wahl eines viskosen Öles hintangehalten werden, man hat dann jedoch mit einer dauernden

---

[1] Kolloid-Z. 36, S. 142; 39, S. 334; Z. angew. Chem. 1926, S. 622.
[2] Z. phys. Chem. 1923, S. 323, Kolloid-Z. Band 32, S. 80, Band 33, S. 321.

erhöhten Reibung zu rechnen, was gleichbedeutend mit Verschwendung an Schmiermaterial und Überwindung unnötiger Reibungsarbeit ist. Zur Bewertung sind daher nicht allein die Viskositäten von Bedeutung, sondern auch die Momente, die zur Erhaltung des Ölfilms beitragen: Benetzbarkeit und Adhäsion. Schließlich ist natürlich auch die Beschaffenheit des Lagers selber bzw. der aufeinander gleitenden Flächen für die Schmierergiebigkeit und die Beständigkeit des bestehenden Ölfilms von Bedeutung. Gesprochen wurde bereits über die Beschaffenheit von Zapfen und Lager, Kreuzkopf und Gleitfläche, Kolben und Zylinderwand. Nur sorgfältig bearbeitete Schmierstellen können sparsame Schmierung erwarten lassen. Indessen auch das Lagermetall selber muß berücksichtigt werden. Für kleine Flächendrucke eignet sich Gußeisen in sauberer Verarbeitung, für hohe und höchste Drucke Bronze, und namentlich Weißmetall. Zinkzusätze sind zufolge ihrer kristallinischen Beschaffenheit nicht zu empfehlen. Für sehr schwer belastete Lager, die meist unter halbflüssiger Reibung laufen, wird ein graphitiertes Weißmetall, sog. Gittermetall (Braunschweiger Hüttenwerke m. b. H., Braunschweig-Melverode) empfohlen, für Lager, die häufig anfahren, Steinfutterlager, System Beusch (Maschinen und Wellenlagerges. m. b. H., Hamburg). Beide besitzen die wertvolle Eigenschaft, infolge ihrer Saugfähigkeit Öl aufzunehmen und längere Zeit auch ohne Schmiermittelzufuhr zu schmieren und auszuhalten.

Die Oberflächenbeschaffenheit der Gleitflächen ist für den zulässigen Flächendruck von wesentlichem Einfluß. Infolgedessen müssen die Lager zunächst „eingelaufen" werden, wobei die Unebenheiten und Unvollkommenheiten, die aus der Bearbeitung und dem Zusammenbau herrühren, beseitigt werden. Bei hartem Lagermetall schleifen sich Lager und Schale aneinander ab, bei weichem Lagermetall werden die Unebenheiten der Lagerschale weggequetscht und dadurch der Ausgleich geschaffen. Das Einlaufen soll stets nur unter schwacher Belastung, vorsichtig sich steigernd, erfolgen. Sehr gute Erfolge erzielt man bei Verwendung von kolloidalem Graphit (s. S. 158). Die Tragfähigkeit des Ölfilms steigert sich um das Drei- bis Siebenfache. In kurzen Worten sei noch geschildert, in welcher Weise die Wirkung des kolloidalen Graphits zu erklären ist. Die ultramikroskopischen Graphitteilchen, die gleichmäßig im Öle schwimmen, werden in den winzigen Zwischenräumen, die sich bei der Annäherung von Lager und Schale, also beim Eintritt der halbflüssigen Reibung bilden, abgefangen und lagern sich an den Spitzen der Unebenheiten ab. Wie Abb. 46 zeigt, liegen die Teilchen gerade an den gefährdetsten Stellen, statt Metallreibung tritt die niedrigere, weniger gefährliche Reibung von Graphit auf Graphit auf. Inzwischen füllt der Graphit die Unebenheiten der Metalloberfläche vollkommen aus, so daß sich schließlich ein vollkommen lückenloser Graphitfilm bildet (Abb. 47).

Auf die hohe Benetzungswärme von Öl zu Graphit wurde bereits hingewiesen und daraus erklärt sich die erhöhte Schmierergiebigkeit von graphitierten Ölen gegenüber puren Ölen. Nach Karplus (l. c.) soll der Graphitzusatz ein minderwertiges Öl leicht auf die Güte eines gutschmierenden Öles bringen können.

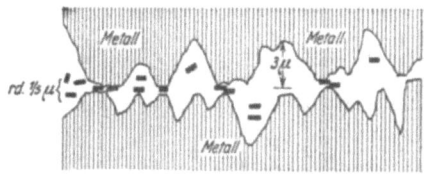

Abb. 46. Ausfüllung metallischer Vorsprünge durch Graphitteilchen.

Nachstehende Momente machen das Einlaufen von Lagern notwendig: mangelnde Zylinderform des Zapfens, mangelhafte Oberflächenbeschaffenheit, ungenaues Lagerspiel, mangelnder Parallelismus zwischen Zapfen und Lagerschale, ungleiche Schmierschichtstärke infolge Krümmung des Zapfens durch Überlastung. Durch sorgfältige Bearbeitung lassen sich die meisten der oben erwähnten Mängel vermeiden, nur bei schwer belasteten Lagern kann auf ein Einlaufen nicht verzichtet werden.

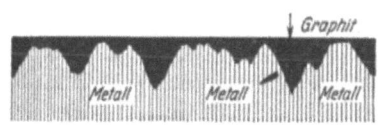

Abb. 47. Graphitfilm.
(Aus Maschinenbau, 5. Bd., Nr. 24.)

Nach den neueren Forschungen z. B. von Gilson[1] ist der Einfluß von Metallart, von Welle bzw. Schale auch im Gebiete der vollkommen flüssigen Schmierung nachweisbar. Auch durch röntgenspektrografische Untersuchungen ist man zu der Überzeugung gekommen, daß die Einwirkung von Metall und Schmierstoff aufeinander weit über den Bereich der sich berührenden Molekularschichten herausreicht und bis in die Tiefe der schmierenden Schichten wirksam ist. Durch die an den Grenzflächen zwischen Metall und Öl auftretenden Kräfte kommt man zu der Vorstellung eines sog. Adsorptionsfilmes[2]. Es konnte festgestellt werden, daß die verschiedenen Schmiermittel bzw. Schmiermittel-

---

[1] Ind. and Eng. Chem. 1928, S. 843.
[2] Wilson u. Barnard: Ind. Eng. Chem. 1922, S. 682 und J. Soc. Autom. Eng. 1922, S. 49 und 143.

bestandteile in verschiedenem Maße vom Metall angezogen werden. Es findet infolgedessen eine gewisse Schichtung innerhalb der Schmierschicht statt, wobei die chemisch aktiven Molekülgruppen sich fest mit dem Metall verbinden. Solche aktiven Gruppen sind in erster Linie Carboxylgruppen, woraus sich erklärt, daß Schmieröle mit einem Zusatz organischer Säuren besonders gut schmieren. Infolge dieser festen Verankerung des Adsorptionsfilmes widersteht die Ölschicht dem Druck und den Scheerkräften und erhöht damit den Widerstand gegenüber dem Zerreißen des Ölfilmes. Nach Bragg[1] gleicht der Aufbau einer Schmierschicht einem Paket von Spielkarten, welches, als Ganzes genommen, Deformationen gegenüber sehr widerstandsfähig ist, deren einzelne Schichten aber außerordentlich beweglich und übereinander gleiten können. Diese Annahme konnte durch röntgenspektrographische Untersuchungen bestätigt werden[2]. Auf die Einzelheiten dieser Untersuchungen kann infolge Raummangels hier nicht eingegangen werden[3]. Durch die Vorstellung des polaren Aufbaues der Schmierschicht finden die Begriffe Schlüpfrigkeit, Fettigkeit usw. nunmehr eine ausreichendere Erklärung. P. Schering und R. Vieweg[4] haben durch elektrische Strommessungen ebenfalls die Tatsache gerichteter Moleküle bewiesen. Wechselstrom wurde teilweise in Gleichstrom durch den Gleichrichtereffekt der Moleküle umgewandelt. Die Beurteilung kann durch die Stärke dieses Orientierungseffektes gemessen werden[5]. Inwieweit der Zusatz des lamellenartig aufgebauten kolloidalen Graphits günstig auf die Schmierfähigkeit der Öle wirkt, ist ausführlich in der Arbeit von Karplus[6] dargelegt.

B. Ölprüfmaschinen. Da sich aus den chemischen und physikalischen Prüfungen ein einwandfreies Bild für die Eignung des Öles in der Praxis nicht ohne weiteres ergibt, ist es zweckmäßig, durch Reproduktion der praktischen Verhältnisse festzustellen, inwieweit das Öl den jeweiligen Bedürfnissen entspricht.

Nach den vorerwähnten Darlegungen handelt es sich darum, festzustellen, wie groß die Reibungswerte im Lager sind bei einer gegebenen Geschwindigkeit und gegebenem Lagerdruck. Die Höhe des Reibungswertes läßt sich durch die Temperatursteigerung inner-

---

[1] Nature 1925, 266.
[2] Müller u. Shearer: J. Chem. Soc., London 1923, S. 3156, und Trillat: C. r. **182**, S. 843; **187**, S. 168; Annales de physique 1926, S. 5.
[3] Vgl. Meyer, K. H.: Z. angew. Chem. S. 935, 1928.
[4] Petr. 1927, S. 9; ferner Erdöl u. Teer 1930, S. 47, C. 1929, II, 1614; Z. angew. Chem. 1926, 1119, 1601.
[5] Siehe auch Evans Petr. W, 1926, S. 133.   [6] Petr. 1929, Heft 12.

halb des Lagers feststellen. Es wurde bereits darauf hingewiesen, daß der Bearbeitungszustand von Lager und Zapfen, ferner das Lagerspiel, also die Differenz der Radien von Lager und Zapfen

Abb. 48. Ölprobiermaschine nach Martens.

von Einfluß sind. Aus diesem Grunde geben die Ölprüfmaschinen stets nur ein annäherndes Bild, so daß man mehr und mehr dazu übergeht, die Prüfung an der Betriebsmaschine selber vorzunehmen. Beispielsweise prüft man die Autoöle nicht nur auf der Prüfmaschine, sondern auf dem Prüfstand, d. h. direkt am Motor, und um auch den Verhältnissen beim Gebrauch gerecht zu werden, durch mehr oder weniger lange Versuchsfahrten.

Abb. 49. Ossag-Maschine der Ölwerke Stern-Sonneborn.

Bei einfachen Ölprüfmaschinen beschränkt man sich auf die Beobachtung der Lagertemperaturen, wobei man die relative Güte des Öles feststellt durch Vergleich mit einem erprobten Schmieröl. Das gilt besonders für Öle, die zum Schmieren der Transmissionen, Achsen und Wellen Verwendung finden sollen.

Die hierfür meist gebräuchliche Maschine ist die Ölprüfmaschine von Martens (Abb. 48). Sie besteht im wesentlichen aus einer Welle a, dem Versuchszapfen o und dem Pendelkörper d, welcher mit drei Lagerschalen auf dem Zapfen b aufliegt. Der Ausschlag des Pendelkörpers wird auf einem Papierstreifen aufgezeichnet; er gibt ein Maß für die Reibung am Lagerzapfen.

Bei einigen Maschinen läßt man ebene Flächen aufeinanderreiben, obwohl doch in der Praxis zumeist gewölbte Flächen übereinander gleiten. Eine gewisse Bedeutung hat die Ossag-Ölprüfmaschine, welche von Duffing konstruiert wurde[1], gewonnen. Die Konstruktion der Maschine ist den Verhältnissen der Praxis weitgehend angepaßt (Abb. 49) Mittels einer Reibungswaage werden die Reibungsmomente aufgezeichnet. Ein schematisches Bild der Reibungswaage gibt Abb. 49a. Das Versuchslager liegt auf dem Bügel a, der durch die Stangen b an dem Querstab c aufgehängt ist, und somit ein Parallelogramm bildet. Das Ganze ist bei d aufgehängt. Die Feder f dient zum Messen des Reibungsmomentes, wobei

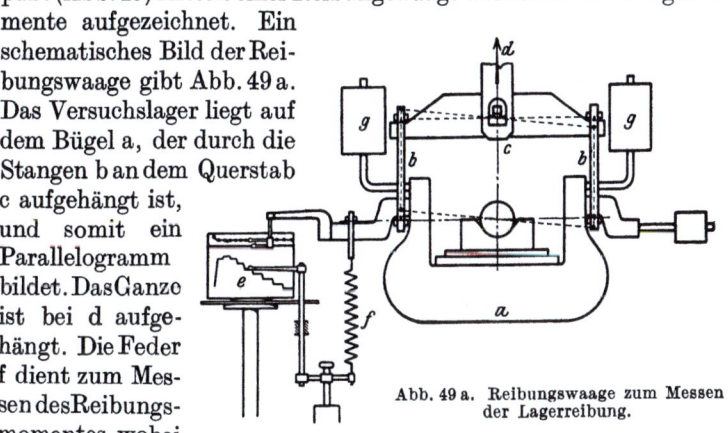

Abb. 49a. Reibungswaage zum Messen der Lagerreibung.

sich ihre Spannung mittels Zeiger auf der Schreibtrommel e aufzeichnet. Die recht komplizierte Konstruktion und die kostspielige Apparatur kommt nur für umfangreiche Prüfstände in Frage und wenn Fachleute für die Bedienung zur Verfügung stehen. Durch Variierung der Temperatur, Zapfenbelastung, Zapfengeschwindigkeit, Lagerspiel und Schmiermittelverbrauch läßt sich eine Charakteristik des Öles gewinnen. An ihr läßt sich ferner feststellen, wann der Übertritt von der flüssigen zur halbflüssigen bzw. trocknen Reibung eintritt, ein Punkt, der für das Öl äußerst charakteristisch ist. Zur Untersuchung der Dampfzylinderöle, wo die hohen Temperaturen im Zylinder von großer Bedeutung sind, erkennt man den Wirkungsgrad der zu prüfenden Öle, indem man die effektive und indizierte elektrische Leistung der mit einer Gleichstrom-Dynamomaschine belasteten Dampfmaschine[2] mißt.

---

[1] Z. angew. Chemie 1922, S. 605.   [2] Hilliger: Z. V. d. J. 1921, S. 248.

Eine spezielle Apparatur zur Beurteilung der Schmierfähigkeit von Ölen ist von Voitländer konstruiert[1]. Sie dient zur Untersuchung der halbflüssigen Reibung, die in den Lagern dort entsteht, wo sog. „Quetschstellen" auftreten, die durch die Unregelmäßigkeit der Form bedingt sind. Durch Berührung zweier Kreiszylinder (der Antriebs- und Meßrolle) entstehen Berührungspunkte, die den Quetschstellen im Lager entsprechen. Die Meßrolle verschiebt sich in axialer Richtung, die Größe des Ausschlages wird durch eine Torsionswage gemessen. Beide Rollen tauchen vollkommen im Versuchsöl ein. Die Temperatur ist einstellbar und läßt sich konstant halten. Es wurde gefunden, daß Öle gleicher Zähigkeit verschiedene Schmierfähigkeit aufweisen. Am günstigsten war der Befund bei einer Zuckerlösung, die jedoch infolge Rostbildung und Verdunstung des Wassers für die Schmierung nicht verwendbar ist. Der Zusatz von 5% Rüböl zu einem Mineralöl ergab eine 40%ige Verbesserung. Dieser Apparat scheint geeignet zu sein, schnell und bequem die Schmierfähigkeit der Öle festzustellen.

IV. Schmiermittelersparnis.

Das Gesamtgebiet der in den vorigen Kapiteln besprochenen Fragen ist aus dem Grunde so besonders wichtig, weil sie für die Schmierwirtschaft von so außerordentlicher Bedeutung ist. Nachdem wir durch die Kriegszeit und die nachfolgenden Jahre zur äußersten Sparsamkeit gezwungen waren, war es selbstverständlich, daß nach Mitteln und Wegen gesucht wurde, um auf dem Gebiete der Schmierwirtschaft so rationell wie nur möglich zu arbeiten. Die Bestrebungen der Organisierung und Rationalisierung in der Wirtschaft, insbesondere der Energiewirtschaft haben selbstverständlich auch auf dem Gebiete der Schmiermittelwirtschaft nicht haltgemacht. Es hat zahlreicher und energischer Bemühungen bedurft, um den Schmiermittelverbraucher davon zu überzeugen, daß er durch geeignete Auswahl der Schmierstoffe und durch sachgemäße Verwendung der Schmierapparate in seinem Betriebe ganz bedeutende Ersparnisse zu erzielen vermag.

Während man sich bei der Beschaffung der Schmiermittel in früheren Jahren meist dem Ölhandel anvertraute, von dem man annahm, daß er sicherlich das bestgeeignete Schmiermittel liefern würde, ist man durch die Untersuchungen des letzten Jahrzehntes

---

[1] Petr. 1930, H. 15, Mitt. hydr. Inst. techn. Hochsch. München, Heft 3, 1929.

zu weitgehender Normierung der Schmierprodukte gelangt. Die Normierungsbestrebungen sind sowohl von seiten der Industrie, wie auch von den wissenschaftlichen Zentralstellen ständig weiterverfolgt worden. Die in der Praxis verstreuten Erfahrungen wurden gesammelt und sowohl in den wissenschaftlichen Laboratorien, wie auch in der Praxis nachgeprüft. Es war zunächst die Kriegsschmierölgesellschaft, welche dank ihrer eigenartigen Stellung als Sammel- und Verteilungsstelle für die Schmiermittel im Kriege die Vereinheitlichungsbestrebungen aufnahm.

Im Anschluß an die K.S.G. bildeten sich eine Reihe von Beratungs- und Prüfstellen, welche den Verbrauch und Bedarf der Schmiermittel zum Gegenstand ihrer Untersuchungen machten. Die erste zusammenfassende Schrift war: ,,Anleitung für die Einteilung und Beschaffenheitsbedingungen von Schmierölen und Fetten nebst Richtlinien für die Verwendungsgebiete der einzelnen Klassen." Weiterhin die ,,Anleitung zur sparsamen Verwendung von Schmierölen", bearbeitet vom technischen Ausschuß für Schmiermittelverwendung von Dipl.-Ing. Fr. Fröhlich. Zurzeit werden die Erfahrungen und Bestimmungen zur Prüfung vom Ausschuß 9 über die einheitlichen Prüfverfahren des Deutschen Verbandes für die Materialprüfungen der Technik bearbeitet und herausgegeben[1]. Die in diesem Buch festgelegten Normen und Bestimmungen dienen selbstverständlich auch als Unterlage für dieses Buch.

Um die Fragen der Schmierwirtschaft sachgemäß zu lösen, ist es notwendig, über folgende Punkte Klarheit zu gewinnen:
1. Welchen Anforderungen hat ein Öl zu entsprechen?
2. Wie kann die Güte des Schmieröles festgestellt werden?
3. Welche Faktoren sind für die Auswahl des richtigen Öles maßgebend?
4. Welche Ersparungsmaßnahmen sind zu treffen?

Die Fragen 1 und 2 sind in den vorhergehenden Kapiteln bereits ausführlich besprochen worden; Frage 3 wird bei der Besprechung der einzelnen Schmierölsorten ausführlich behandelt werden. Die Ersparungsmaßnahmen können unter dem Gesichtspunkte der Wahl des geeigneten Schmierstoffes, des Ersatzschmierstoffes, der zweckentsprechenden Schmierapparate, der Regeneration und Reinigung der gebrauchten Öle und schließlich der Organisation der Schmiermittelverausgabung betrachtet werden.

---
[1] Letzte Ausgabe März 1930. Beuth-Verlag, Berlin.

a) Wahl des richtigen Öles.

Im Verlaufe der ersten Abschnitte dieses Kapitels über die Theorie der Reibung ist bereits wiederholt darauf hingewiesen worden, daß der Anstoß dieser rein wissenschaftlichen Untersuchungen von seiten der Technik gegeben wurde, welche natürlich ein großes Interesse daran hat, zu wissen, welche Schmierstoffe für den jeweils in Frage kommenden Zweck den besten Effekt, d. h. die größte Kraftersparnis bewirken und dabei gleichzeitig ökonomisch arbeiten, wobei zu bedenken, daß nicht der geringste, absolute Wert der Lagerreibung zugleich den besten ökonomischen Effekt bedeutet. Es muß nämlich bedacht werden, daß auch ein möglichst verschleißloses Arbeiten und eine genügende Betriebssicherheit gewährleistet ist. Auf Grund der Theorien und der mathematischen Ableitungen[1] ist man zu dem Ergebnis gekommen, daß zur Erzielung einer reinen Flüssigkeitsreibung in erster Linie die Zähigkeit maßgebend ist, sowie auch gewisse chemische und physikalische Vorbedingungen erfüllt sein müssen. Nach den verschiedenen Verwendungszwecken sind von Fachverbänden und wirtschaftlichen Körperschaften Grenznormen festgesetzt. Für die flüssige Reibung kann die erforderliche Zähigkeit bei bekanntem Lagerspiel durch Rechnung oder, wenn dieses nicht bekannt, durch praktischen Versuch bestimmt werden. Allgemeine Regel ist, daß Öle mit geringer Zähigkeit auch geringen Kraftverbrauch erfordern, doch ist der Wahl des Öles mit geringer Zähflüssigkeit insofern eine Grenze gesetzt, daß auch Lagerdruck und Geschwindigkeit mit in Rechnung gesetzt werden müssen. Das Öl muß um so viskoser gewählt werden, je größer der Lagerdruck und je geringer die Geschwindigkeit ist. Dieser Tatsache hatte man auch bisher in der Technik Rechnung getragen, indem man für leichte, schnellaufende Lager dünne Spindelöle und Maschinenöle verwandte, für schwere und langsam laufende Lager jedoch mittelviskose bis schwerflüssige. Auf Grund der obengenannten Berechnungen von Falz und durch eingehende Untersuchungen im Betriebe hat sich jedoch gezeigt, daß in sehr vielen Fällen zu zähflüssige Öle verwendet wurden. Durch die Wahl des geeigneten Öles konnten Ersparnisse an Kraft bis zu 10% erzielt werden, was einen weit höheren ökonomischen Gewinn bedeutet, da ja der Preis für dünne Öle im allgemeinen niedriger ist. Nach Karl Wolf[2] konnte durch die Wahl eines geeigneten Öles, das sich durch eine flache Viskositätskurve aus-

---

[1] Falz: Grundzüge der Schmiertechnik.
[2] Petr. 1926, H. 6, S. 202.

zeichnete, an der Drehbank ein Leistungsgewinn erzielt werden laut nachstehender Tabelle:
Leistungsgewinn in Prozenten:

Umdrehung in der Minute .	46	135	220
bei Leerlauf	24%	30%	36%
bei 1 KW-Leistung	13%	13%	20%
bei 2 KW-Leistung	6,5%	7,5%	10%

Besonders eingehend sind die Verhältnisse bezüglich ausreichender Schmierung im Dampfzylinder studiert worden und zwar von Schmid und Hilliger[1].

Schmid beobachtete bei einer Reihe von gut gewarteten Dampfmaschinen den Zylinderölverbrauch und entwickelte eine Gleichung, aus welcher man aus dem Durchmesser des Niederdruckzylinders, dem Hub des Zylinders und der minütlichen Umlaufzahl den stündlichen Ölverbrauch in Gramm berechnen kann. Zu einer ähnlichen Formel kommt Weiß[2], wobei dieser allerdings annimmt, daß der Hochdruckzylinder für den Verbrauch maßgebend sei, da das Öl aus diesem in den Niederdruckzylinder gelangt. Bei der Nachprüfung der Formel in der Praxis stellte sich heraus, daß im allgemeinen die nach der Formel berechneten Ölmengen nicht das Mindestmaß, das zur Schmierung notwendig, angeben, sondern noch erheblich zu groß sind. Hilliger hat nun durch Versuche an mehreren verschiedenen Maschinen den tatsächlichen Mindestbedarf festgestellt und bewiesen, daß in der Praxis in sehr vielen Fällen mit einem sehr großen Überschuß an Öl gearbeitet wurde. Auf das große Zahlenmaterial kann hier im einzelnen nicht eingegangen werden. Die Versuche wurden in folgender Weise angestellt: Bei einer gut eingelaufenen Maschine stellte Hilliger zunächst durch allmähliche Steigerung der Ölzugabe einen besten Wirkungsgrad der Maschine fest. Versuche, durch weitere Ölzugabe eine Steigerung des Effektes zu erzielen, erwiesen sich als erfolglos. Der Überschuß an Öl setzte sich in den schädlichen Räumen des Zylinders fest und gab Veranlassung zur Bildung gefährlicher Rückstände und ist, da diese Mengen gar nicht zur Wirkung kommen, als Verschwendung anzusehen. Beim Vergleich verschiedener Ölqualitäten konnte Hilliger ferner feststellen, daß die Viskosität für die Wirksamkeit nicht von der Bedeutung ist, wie man bisher angenommen hatte,

---

[1] Dipl.-Ing. Karl Schmid: Geschäftsbericht des Württ. Revisionsvereins. Stuttgart 1915. Sonderabdruck: Wirtschaftliche Verwendung der Schmiermittel, insbesondere bei Dampfmaschinen. 2. Aufl. Stuttgart 1916; Hilliger: Untersuchung zur Frage der Dampfmaschinenschmierung. Z. V. d. I. 1918, S. 173. [2] Z. V. d. I. 1910, S. 144 und 1916, S. 764.

sondern daß vielmehr das Haftvermögen, die Bildung eines dauerhaften Ölfilms an den Wänden des Zylinders, für die Eignung und Güte von maßgebendem Einflusse sei. Hierbei wurde gefunden, daß dünnflüssige Öle bisweilen vorteilhafter sind als hochviskose, welche ein geringes Adhäsionsvermögen besitzen. Aus der Menge des Öles, welche zur Erreichung des maximalen Wirkungsgrades erforderlich, sowie aus der Dauer, wie lange dieser Zustand erhalten bleibt, konnten Schlüsse auf die Güte des Öles gezogen werden. Durch Vergleich mit den sonst üblichen Verbrauchsmengen können die Ersparnisse beurteilt werden, wenn man genau bemessene Quantitäten den einzelnen Maschinenteilen zuführt. So ist es z. B. möglich, durch genaue Einstellung der Tropföler die Ölzufuhr überall so zu regeln, daß keine Verschwendung stattfindet.

b) Wahl von Ersatzschmiermitteln.

Die während des Krieges einsetzende Schmiermittelnot veranlaßte die Verbraucher, sich nach geeigneten Ersatzschmierstoffen umzusehen. Ein großer Teil der seinerzeit gebräuchlichen Produkte ist zwar mit dem Wiedereinsetzen der Einfuhr vom Auslande vom Markte verschwunden oder doch zum mindesten ist ihr Verwendungsgebiet beschränkt. Indessen haben die seinerzeit gemachten Erfahrungen unsere Erkenntnisse über den Wert und Unwert der verschiedenen Produkte bedeutend erweitert. Zunächst erkannte man, daß an Stelle der hellen Raffinate ebensogut schwach raffinierte Öle, unter Umständen sogar die dunklen Destillate, Verwendung finden können. Denn man hat erkannt, daß gerade die komplizierten, ungesättigten Verbindungen, welche bei der energischen Raffination dem Öle entzogen werden, besonders hohen Schmierwert besitzen. Wo also das Öl offen der Schmierstelle zufließt und direkt wieder abfließt, können Destillate ebensogut angewendet werden. Wo jedoch durch Umlaufschmierung eine Dauerbeanspruchung der Öle stattfindet, ebenso bei Turbinen und Transformatorenölen, können nur hochraffinierte Produkte Verwendung finden, die möglichst einheitlich sind und eine flache Viskositätskurve aufweisen.

Unter dem wirtschaftlichen Zwange von der Einfuhr aus dem Auslande möglichst unabhängig zu werden, bestehen auch heute noch Bemühungen, inländische Öle, die aus Braunkohlen und Steinkohlen gewonnen werden, für die Schmierung zu verwenden. Dies ist bei geeigneter Wartung der Maschinen sehr wohl möglich. Die Erfolge, die man bei der Benutzung dieser Produkte erzielt hat, sind recht beachtlich, und es steht zu erwarten, daß die verbesserten Produkte immer mehr Eingang in die Technik finden. Bezüglich der Gewinnung und der Eigenart dieser Öle sei auf das Kapitel 1 verwiesen. Gewisse Schwierigkeiten, beispielsweise die Abscheidung von Anthrazen in den Teerfettölen, sowie die Beseitigung des Wassers, welches ein Verstopfen der Schmierdochte bewirkte, hat man schnell zu überwinden verstanden. Störungen ergaben auch der stark saure Charakter der Öle infolge ihres Phenolgehaltes, sowie die Einwirkung des im Öl enthaltenen Schwefels auf die Lagermetalle. Vor Verwendung müssen die Lager jeweils gründlich vom Mineralöl befreit werden, da jene mit diesem Abscheidungen geben, wenn sie sich miteinander vermischen. Für die Zylinderschmierung sind Teeröle nicht geeignet, weil sie schlecht adhärieren und zur Rückstandsbildung neigen; auch für Maschinen der Nahrungsmittelindustrie sind sie infolge ihres unangenehmen Teergeruches ungeeignet. Jedoch zum Schmieren von Wagenachsen, als Drahtseilöle usw. können sie sehr wohl verwendet werden.

Abschließend kann gesagt werden, daß die unter dem Druck der Schmiermittelnot etwas weit gezogenen Grenzen heute wieder mit Bezug auf die zu fordernden Bedingungen etwas straffer gezogen werden. In den „Richtlinien" des Vereins Deutscher Eisenhüttenleute, Gemeinschaftsstelle „Schmiermittel" und des Verbandes für Materialprüfungen der Technik sind die Normen und Prüfungsverfahren zusammengestellt.

c) Geeignete Schmierapparate und Schmierverfahren.

Selbst die besten Schmiermittel und die zweckmäßigst gearbeiteten Schmierlager können nur dann zu einer rationellen Schmierung führen, wenn die Schmiermittelzufuhr durch geeignete, den Verhältnissen angepaßte Schmierapparate erfolgt. Über die Vorbedingungen gibt das bereits erwähnte Buch von Falz: „Grundzüge der Schmiertechnik" erschöpfende Auskunft, und eine übersichtliche Zusammenstellung und Beschreibung der zweckmäßigen Schmierverfahren enthält die Broschüre von J. Böge[1]. Es erübrigt sich daher, ausführlich auf die Schmierapparate hier einzugehen, jedoch sollen die allgemeinen Richtlinien und die prinzipiellen Gesichtspunkte kurz erwähnt werden.

Unter Schmierapparat ist die gesamte technische Einrichtung zu verstehen, welche das Öl oder Fett von dem Vorratsgefäß bis zur Schmierstelle hinbewegt und auch wieder sammelt. Es sind eine große Reihe von Faktoren, welche die Wahl der Schmier-

---

[1] Reichskuratorium für Wirtschaftlichkeit Nr. 15. Beuth-Verlag.

vorrichtung oder des Schmierverfahrens bedingen. Unter diesen sind zu nennen:

1. Die Gestalt, Lage, das Material, die technische Vollkommenheit und die an der Schmierstelle obwaltenden physikalischen Bedingungen, wie Druck, Geschwindigkeit und Bewegungsrichtung;
2. die Art des Schmierstoffes, ob Öl oder Fett;
3. die äußeren Einflüsse der Temperatur und Atmosphäre, ferner die örtlichen Verhältnisse an der Maschine selber, speziell die Zugänglichkeit und schließlich die Wirtschaftlichkeit, die man erreichen möchte.

Es ist selbstverständlich, daß bei der Ölschmierung eine möglichst vollkommene Schmierung „flüssige Reibung" erzielt werden muß, auf deren Bedeutung für die Sicherheit und Wirtschaftlichkeit bereits früher hingewiesen wurde. Ferner ist die Schmiereinrichtung so zu wählen, daß dieselbe möglichst selbsttätig erfolgt, also einer möglichst geringen Wartung bedarf, und daß der Schmierstoff selber vor Verunreinigungen, die von außen zutreten könnten, weitgehendst geschützt wird. Zur Erzielung einer möglichst großen Wirtschaftlichkeit soll kein Öl verschwendet, das gebrauchte Öl aufgefangen und evtl. nach vorherigem Kühlen und Reinigen wieder verwendet werden.

Man unterscheidet nun zwischen Ölschmierung und Fettschmierung. Die Ölschmierung ihrerseits kann man einteilen in a) Frischölschmierung, b) Kreislaufschmierung. Böge[1] unterteilt diese Verfahren wiederum in solche, die ohne Druck und solche, die mit Druck arbeiten.

a) **Die Frischölschmierung** ist ein verhältnismäßig unvollkommenes Verfahren, da das einmal gebrauchte Öl dem Schmiervorgang zunächst entzogen wird, zuweilen vollkommen verloren geht oder nach dem Sammeln größerer Mengen als Abfallöl anderen Verwendungszwecken zugeführt wird. Selbstverständlich kann man auch dieses Ablauföl durch geeignete Verfahren regenerieren (siehe Seite 201 ff.) und damit Verluste vermeiden. Im allgemeinen kann man sagen, daß dieses Verfahren unvollkommen und wenig rationell ist.

Das einfachste aller Schmierverfahren ist das **Schmieren von Hand**. Es ist, da es gänzlich abhängig ist von der Aufmerksamkeit und der Sorgfalt des Maschinenwärters, höchst unregelmäßig und ungleichmäßig, da bald zu viel, bald zu wenig Schmierstoff vorhanden ist. Demgegenüber bedeutet bereits eine Verbesserung die **Tropfschmierung**. Dieselbe hat den Nachteil, daß die Tropfen-

---

[1] l. c.

zahl stark von der Temperatur abhängig ist, da durch diese der Flüssigkeitsgrad des Öles bedingt ist. Die Einstellung durch den Maschinenwärter ist schwierig und ein gelegentliches Zuviel oder Zuwenig ist häufig die Folge. Man unterscheidet bei der Tropfschmierung Düsentropfer, Nadelöler und Dochttropfer, schließlich Ventiltropfer und den Abstreicher.

Der Düsentropfer (Abb. 50). Diese Konstruktion verhindert, daß die Tropfenzahl mit dem jeweiligen Ölstande variiert, da der Öler nach dem Prinzip der Mariotteschen Flasche konstruiert ist. Der Tropföler hat einen verstellbaren Zufluß, ist also regulierbar und auch ganz außer Betrieb zu setzen. Er ist gegen Staub und Verunreinigungen gut geschützt, überdies zeichnet sich die Vorrichtung durch ihre Stabilität, Billigkeit und einfache Konstruktion aus, Eigenschaften, die man von allen guten Schmierapparaten verlangen

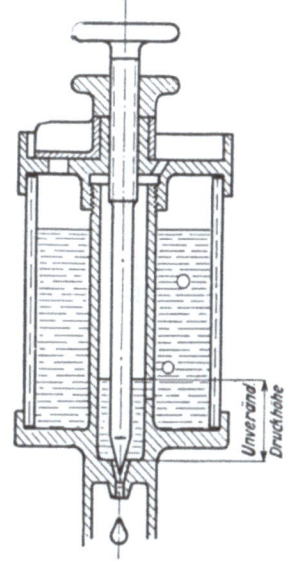

Abb. 50. Drüsentropfer.

soll. Durch das Beobachten des Tropfenfalls läßt sich der Ölzufluß kontrollieren und so ist eine gute Ökonomie, auch bei Verwendung verschiedener Ölsorten, durch die Einstellung des Ölers möglich. Nachteilig ist indessen, daß man sie beim Stillstand der Maschine abstellen muß und daß bei Gegenwart mechanischer Beimengungen, wie Graphit, Seife und Staub, sich die Zuführungskanäle leicht zusetzen. Der Nadel- oder Stiftöler (Abb. 51), auch Selbstöler genannt, besteht aus einer glatten Nadel, die sich beim Betriebe unmerklich mitbewegt und dabei den Ausfluß des Öles frei läßt. Ein Vorteil bedeutet, daß er keiner besonderen Bedienung bedarf, ja beim Stillstand der Maschine der Zufluß automatisch unterbunden wird; da jedoch

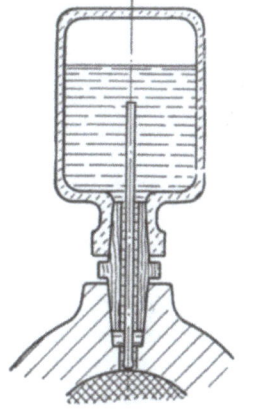

Abb. 51. Nadelöler.

die Nadel nach einiger Zeit abstumpft, wird die Zufuhr unregelmäßig und ist auch schwer kontrollierbar. Gegen das Verstauben ist der Nadelöler gut geschützt, er ist außerdem billig und überall da anzubringen, wo das Lager eine wagerecht stehende Achse aufweist und ortsfest ist.

Die Dochtschmierung besteht darin, daß ein aus Baumwollfäden geflochtener Zopf in das Ölgefäß eintaucht und durch Kapillarwirkung das Schmieröl ansaugt und auf die zu schmierende Stelle auftropfen läßt. Der Dochtöler wirkt wie ein Ölfilter und hält zufällig im Öl enthaltene Fremdkörper zurück. Die Ölzufuhr läßt sich aber nicht regulieren und bei Gegenwart von Schmutz, Paraffin und verharzenden Stoffen, sowie auch von Wasser setzen sich die Dochte zu und die Wirkung bleibt aus. Dieser Nachteil ist besonders bei Verwendung von Teerfettölen zu befürchten, weil bei diesen das Wasser an der Oberfläche sich abscheidet und weil die Anthrazenstoffe ebenfalls die Dochte leicht verstopfen. Während des Stillstandes der Maschine wird das Öl weiter zugeführt, will man also die Schmierung unterbrechen, so muß man die Dochte herausziehen. Bei größeren Maschinen ist dies umständlich und verlangt Maschinenwärter von großer Zuverlässigkeit. Ein Tropfer, der nur bei Bewegung der Maschine wirksam ist, ist der Ventiltropfer (Abb. 52). Die Ventiltropfer sind verhältnismäßig unempfindlich gegenüber geringfügigen Verunreinigungen im Öle, sie sind besonders empfehlenswert bei senkrecht angeordneten, langsam arbeitenden Maschinenteilen.

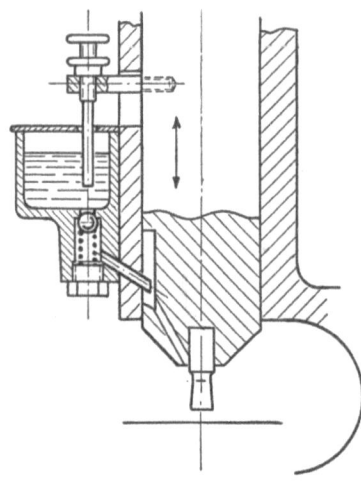

Abb. 52. Ventiltropfer.

Zum Schmieren von wagerecht schwingenden Maschinenteilen dient der Abstreicher in Verbindung mit einem Düsentropfer. Die Wirkung ist aus Abb. 53 klar ersichtlich. Die Kugel b wälzt sich auf der bewegten Bahn c, von der das Öl weitergeleitet wird. Eine Ölverschwendung tritt nicht ein, weil die Kugel gleichsam als Rückschlagventil wirkt.

Bei kreisenden Gleitflächen bedient man sich der Zentrifugalkraft. Der Ölaustritt aus dem Inneren ist tangential anzubringen und zwar bei Krafterzeugern in der Drehrichtung, bei Kraftverbrauchern gegen die Drehrichtung, d. h. stets auf der nichtbelasteten Seite des Zapfens bzw. Lagers.

Die Frischölschmierung unter Druck kommt in erster Linie für solche Maschinenteile in Frage, die selber unter Druck arbeiten, wie z. B. bei Dampfmaschinen, Verbrennungsmotoren und Kompressoren. Das Öl kann entweder mittels einer Schmierpresse in den Zylinder usw. gedrückt werden oder mittels eines Pumpensatzes. Nachteile der Schmierpresse sind, daß sie nur eine Schmierstelle versorgen, dagegen haben sie den Vorteil, daß man die Schmiermittelzufuhr vollkommen in der Hand hat. Will man indessen mehrere Schmierstellen gleichzeitig versorgen, so bedient man sich eines Pumpensatzes. Dieser besteht aus einer Reihe kleiner Zylinder mit Saug- und Druckschaltorgan. Jede Pumpe versorgt nur eine Schmierstelle, jedoch läßt sich die Menge regeln. Ein Vorteil der Pumpensätze ist ihre gedrängte Anordnung, ihr Nachteil der verwickelte Bau und die Notwendigkeit einer scharfen Kontrolle. Aus dem Vorgenannten folgt, daß man „Pressen" verwendet, wo wenig Schmierstellen und ein wenig geschultes Personal vorhanden, „Pumpen", wo viele Schmierstellen und ein fachkundiger Maschinenmeister in Frage kommt. Auf die Ausgestaltung und Einzelheiten einzugehen, fehlt es an Raum und verweise ich auf Falz: „Grundzüge der Schmiertechnik".

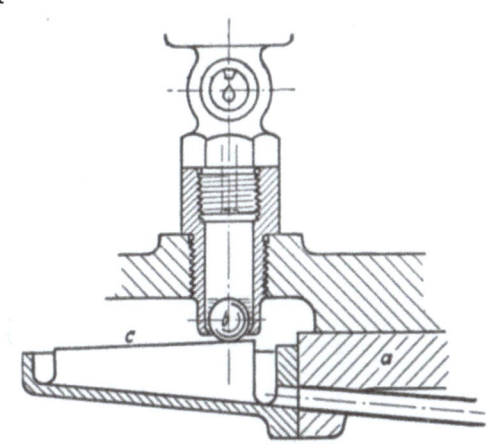

Abb. 53. Abstreicher.

Als Druckschmierapparate mögen noch die Lubrikatoren erwähnt sein, die speziell für kleinere Dampfmaschinen und Kompressoren Verwendung finden.

β) Die Kreislaufschmierung. Während bei der Frischölschmierung die größte Menge des an den Schmierstellen verbrauchten Öles verloren geht, findet bei der Kreislaufschmierung eine immer wieder erneute Zufuhr des Öles an die zu schmierende Stelle statt, und zwar geht dieser Vorgang vollkommen selbständig vor sich, wobei der Bedienungsmann nur darauf zu achten hat, daß Störungen irgendwelcher Art vermieden werden.

Die Wirtschaftlichkeit der Kreislaufschmierung ist selbstverständlich sehr groß, da die Verluste durch etwa vorhandene Undichtigkeiten der Leitungen usw., durch Verdunstung sowie durch chemische Veränderung, das sog. „Altern" des Öles verhältnismäßig gering sind. Ein weiterer Vorzug der Kreislaufschmierung ist die Tatsache, daß stets bedeutende Mengen an Öl über die Gleitflächen gehen und dadurch eine „flüssige Reibung" gewährleisten.

Auch bei der Kreislaufschmierung kann man unterscheiden zwischen solcher, die ohne Druck und solcher, die mit Druck arbeitet. In den meisten Fällen ist die Kreislaufschmierung ohne Druck gebräuchlich.

Die Ringschmierung kann man gewissermaßen als örtliche Umlaufschmierung bezeichnen, man verwendet sie hauptsächlich

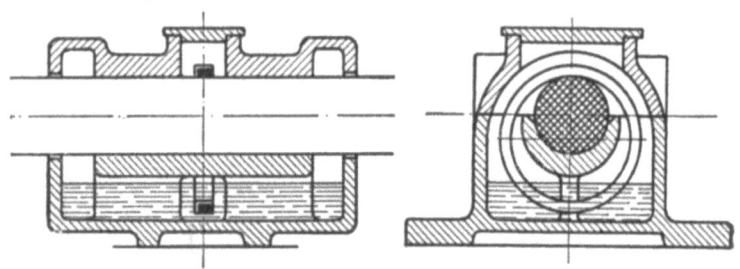

Abb. 54. Ringschmierung mit losem Ring.

bei schnellaufenden Lagern, wie Dynamos, Elektromotoren und Transmissionen. Anwendbar ist sie nur bei wagerechter Lage des rotierenden Zapfens. Sie funktioniert in der Weise, daß ein auf die Welle gelagerter Ring bei der Drehung von dieser mitgenommen wird und dabei in ein darunter befindliches Ölbad eintaucht (Abb. 54). Das am Ring haftende Öl wird mitgenommen und verteilt sich über die zu schmierende Welle. Da der Lagerkörper luftdicht abgeschlossen ist, so kann eine Verschmutzung durch Staub nicht stattfinden und ebenso findet kein direkter Ölverlust statt. Die Lebensdauer der Ölfüllung ist eine sehr große und hängt in erster Linie von der Qualität des verwendeten Schmierstoffes ab.

Man unterscheidet bei der Ringschmierung solche mit „losem" und solche mit „festem" Ringe. Bei losem Ringe besteht die Gefahr, daß durch eingedicktes Öl, durch geringe Verunstaltungen des Ringes derselbe nicht mehr genügend mitgenommen wird, er hängenbleibt und damit kein Öl mehr fördert.

Diese Unzuträglichkeiten werden bei dem festen Ring, der entweder in der Mitte des Lagers oder auch zweckmäßig am Ende der Lagerschalen angebracht werden kann (Abb. 55), vermieden[1]. Als einziger Nachteil ist zu nennen, daß die Tragfähigkeit der Lagerschalen gemindert wird. Eine Modifikation der Ringschmierung stellt die Kettenschmierung dar. Hierbei hängt eine in sich geschlossene Kette über einem auf der Welle angebrachten Zahnkranz und taucht in ein darunter befindliches Ölgefäß. Während bei der Ringschmierung nur eine schwache Kühlung stattfindet, ist bei dieser Konstruktion Gelegenheit gegeben, gekühltes Öl vom Boden des Vorratsgefäßes heraufzubefördern. Zuweilen nimmt man auch eingekeilte Ringe, um reichlich Öl zu fördern und um bei schnellaufenden Wellen zugleich durch intensive Ölzufuhr eine Kühlung zu bewirken. Es besteht jedoch die Gefahr, daß das Öl bei der innigen Berührung mit der Luft schneller oxydiert, sich verdickt und anfängt zu schäumen, sofern es nicht von allerbester Qualität ist. Die Vorteile der Ringschmierung beruhen auf der reichlichen Ölzufuhr und auf der Sparsamkeit des Verbrauchs. Da der ganze Lagerkörper gegen die Luft staubdicht und hermetisch abgeschlossen ist, bedarf es keiner besonderen Reinigungsapparate — die Kontrolle des Ölumlaufs erfolgt durch Schaulöcher —, ein Auswechseln bzw. eine Erneuerung des Öles ist nach mehreren Monaten zumeist erst notwendig.

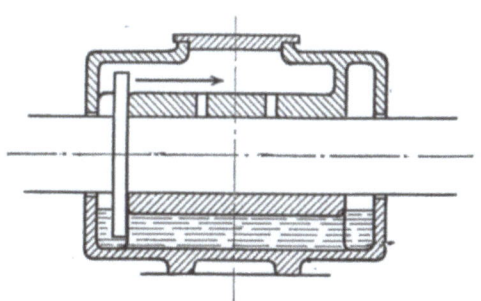

Abb. 55. Ringschmierung mit festem Ring.

Die Badschmierung kommt für Getriebe in Frage, wo auf engem Raume eine Anzahl von Zahnrädern oder dgl. zusammengedrängt liegen und sich leicht öldicht umschließen lassen. Die Verteilung des Öles erfolgt durch die bewegten Teile selber. Es findet bei schnellen Bewegungen ein Umherspritzen des Öles statt, wodurch alle Teile des Getriebes, der Schnecken, Kurbeln usw. mit Öl bedeckt werden. Man findet derartige Schmieranordnungen bei Kurbelgetrieben von Kleinmotoren, Räderwerken, Daumen- und Hebelgetrieben und Fußlagern stehender Wellen. Sofern nicht

---

[1] Maschinenbau III, S. 38.

allzuhohe Flächendrucke vorhanden, ist flüssige Reibung sichergestellt.

Für Lager, bei denen die Belastung dauernd gegen die obere Schale gerichtet ist, also bei Straßen- und Eisenbahnen, ebenso bei Walzenlagern, eignet sich die sog. Kissenschmierung. Ihre Wirkung ist aus Abb. 56 ersichtlich. Ihr verwandt ist die Netzpolsterschmierung, bestehend aus einem Gewirr von stark kapillar wirkenden Wollfäden, die mit einem Netz umgeben sind und dadurch in eine bestimmte, dem Lager angepaßte Form, als Kissen oder Tatze gebracht sind. Ein Teil dieses Polsters ruht in einem geschlossenen Gehäuse, welches mit einem dünnflüssigen Fett oder zähem Öl von großer Schmierkraft gefüllt ist. Die Polster saugen sich mit dem Schmierstoff voll und drücken sich gleichsam wie ein mit Fett gefüllter Schwamm an das Lager an und bewirken eine vorzügliche Schmierwirkung. Der Behälter läßt sich bequem mit frischem Fett nachfüllen, das Ganze wirkt wie ein Kreislauf-Dochtschmierverfahren. Die Polsterschmierung hat sich bei den elektrischen Straßenbahnen, Hochbahnen eingebürgert, bei denen die Lager unter starkem Druck stehen und intensiv beansprucht werden. Um auch bei den starken Stößen, denen die Wagen ausgesetzt sind, eine Berührung von Polster und Welle zu sichern, werden diese durch ein Federgestell an die Welle angepreßt. Der Schmierstoffverbrauch ist außerordentlich gering, die Wirkung selber ausgezeichnet.

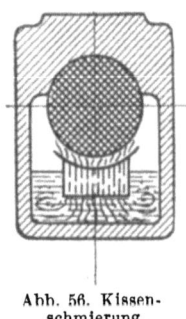

Abb. 56. Kissenschmierung.

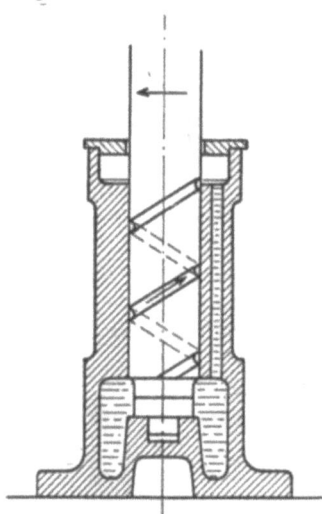

Abb. 57. Schneckengangschmierung.

Ähnlich der Kissenschmierung ist auch die Rollenschmierung, bei der ebenfalls die Belastung auf der oberen Lagerschale ruht. Für Lager mit senkrechten Wellen und verhältnismäßig geringer Belastung eignet sich die Schneckengangschmierung, wie sie aus nebenstehender Zeichnung (Abb. 57) ersichtlich ist. Endlich ist auch noch die Schleuderschmierung

Geeignete Schmierapparate und Schmierverfahren.

zu erwähnen, die bei Maschinenteilen mit hoher Umlaufzahl angewandt werden kann und bei der infolge der Zentrifugalkraft die Bewegung des Öles bewirkt wird.

Die vollkommenste Ausbildung der Kreislaufschmierung ist die **Spülschmierung**. Ein schematisches Bild einer solchen Schmierung gibt Abb. 58. Die Pumpe b saugt durch das Rohr a das Öl aus dem Behälter l und drückt es durch die Leitung c in den Hochbehälter d. Von dort gelangt es über e zur Schmierstelle f und, nachdem es seine Aufgabe erfüllt hat, über g in den Absatzbehälter h.

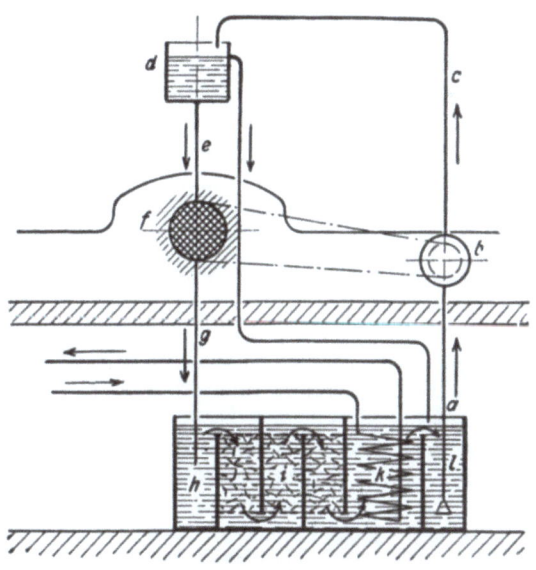

Abb. 58. Kreislaufschmierung.

Hier lagern sich die Verunreinigungen des Öles ab, werden in den Filterkammern i von diesen geschieden, sodann erfolgt die Kühlung des Öles bei k, worauf das saubere Öl nach l zurücktritt. Man kann selbstverständlich diese Anordnung insofern vereinfachen, indem man die Kühlvorrichtung fortläßt oder auch die Filterkammern, sofern eben wesentliche Verunreinigungen nicht auftreten. Die Pumpe muß reichlich bemessen sein, um eine Verstopfungsgefahr zu vermeiden. Überflüssiges Öl im Hochbehälter kann durch eine Überlaufleitung in den Saugbehälter abfließen. Dieses ist insofern notwendig, da die eigentliche Regelung des Ölzuflusses vor der Schmierstelle durch Drosselvorrichtungen erfolgt, die jedoch durch Schaugläser beobachtet werden können.

Ascher, Schmiermittel. 2. Aufl.

Die recht komplizierte, leistungsfähige, aber auch modifikationsfähige Spülschmierung verwendet man bei ortsfesten, schweren und schnellaufenden Maschinen, z. B. bei Dampfturbinen, wo der Wert und die Wichtigkeit des Aggregats die Beschaffung einer so teuren Einrichtung rechtfertigen. Ein besonderer Vorzug ist die stoßdämpfende Wirkung der Spülschmierung, da das reichlich zugegebene Öl wie ein Puffer wirkt. Vielfach verwendet man die Spülschmierung auch bei Kolbenmaschinen, beispielsweise bei Automobilen. Bei diesen verläuft die Arbeitsweise des Schmiersystems etwa folgendermaßen: Entweder wird das Öl aus der Kurbelwanne mittels einer Ölpumpe angesaugt und zu den Lagern und Kurbelwellen gedrückt, oder aber das Öl wird durch besondere Schöpfvorrichtungen, die an den Pleuelstangen angebracht sind, dem Trog entnommen. Bei der Druckschmierung gelangt das Öl an die verschiedensten Schmierstellen und wird von dort aus abgeschleudert und überzieht die gesamten Motorenteile mit einem gleichmäßigen Ölfilm, von wo es in die Kurbelwanne zurückfließt. Um das Öl sauber und frei von festen Bestandteilen zu halten, da andernfalls die Bohrungen verstopft würden und der gleichmäßige Umlauf des Öles ins Stocken geraten würde, wird das Öl hinter der Pumpe durch feinste Siebe getrieben, die die Verunreinigungen zurückhalten. Verwendet werden Zahnradpumpen, Kolben- und Exzenterpumpen. Ihr Antrieb erfolgt entweder von der Kurbelwelle oder von der Nockenwelle aus.

Die hier beschriebene Kreislaufschmierung unter Druck hat insofern Vorteile, als sie die stoßdämpfende Wirkung der Spülschmierung unterstützt und andererseits stark wärmeableitend wirkt. Man wird diese Preßschmierung demzufolge stets da anwenden, wo große Wärmemengen entwickelt werden und abzuleiten sind (Lager der Dampfturbinen) oder wo starke Druckbeanspruchungen auftreten (Schiffsschraubenwellen).

γ) **Die Fettschmierung.** Während bei den Ölen darauf zu achten ist, daß der Zu- und Abfluß auf ein ökonomisches Mindestmaß gebracht wird, muß die Schmierung mit Fett, d. h. mit sog. „konsistentem" Fett, durch Druck oder Pressung erzwungen werden. Gegenüber der Ölschmierung hat die Fettschmierung den Vorzug, daß bei ihr ein Abtropfen und Herabfließen weniger leicht möglich ist. Das Fett haftet auch nach dem Heraustreten aus den sich reibenden Gleitflächen an deren Rändern und verhindert dadurch den Zutritt von Staub. Aus diesem Grunde findet in Betrieben, bei denen eine große Staubentwicklung stattfindet und bei denen die verhältnismäßig komplizierten Ölschmierungen nicht gut Verwendung finden können, Fettschmierung statt (Schleifereien, keramische Industrie, landwirtschaftliche Betriebe). Ferner verwendet man Fettschmierung bei Betrieben, die unter Wasser arbeiten und so stark belastet sind, daß die Wasserschmierung als solche nicht ausreicht. Da die Basis der konsistenten Fette meist Kalkseifen sind, findet eine Emulsion mit Wasser nicht statt. Die Wirkungsweise der Fettschmierung ist bisher noch nicht in dem Maße erforscht wie die der Ölschmierung. Aus diesem Grunde sind auch die Schmierapparate verhältnismäßig einfach und verlangen demgemäß eine aufmerksame Wartung. Die Zufuhr des Fettes auf die zu schmierenden Lager erfolgt im allgemeinen durch die bekannten Staufferbüchsen. Bei den bisher üblichen Staufferbüchsen kann man solche unterscheiden, die das Fett unter gewöhnlichem Druck austreten lassen und solche, bei denen durch Federpressung die Masse an die Welle angedrückt wird. Ist bei der erstgenannten Art eine ständige Wartung notwendig, so bedarf es auch bei der unter Federkraft arbeitenden (siehe Abb. 59) zuweilen eines Nachstellens und Nachschraubens. Die

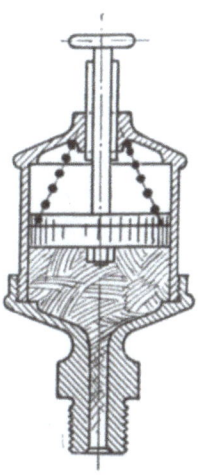

Abb. 59. Staufferbüchse.

Austrittsöffnung der Staufferbüchsen ist meist klein und kann daher durch Verschmutzungen leicht den Zutritt des Schmierstoffes stören. Um eine große Berührungsfläche zwischen Fettstoff und Lager zu gewährleisten, verwendet man sog. Fettkammern (Abb. 60), wobei darauf zu achten ist, daß sich die Kammer nach der Welle zu erweitert, damit das Fett nicht in ihr hängenbleibt.

Eine ähnliche primitive örtliche Schmierung stellt die mit Fettbriketts dar, wie sie bei Walzwerken Anwendung findet. Es werden hier ziegelförmig geschnittene Fettstücke von hoher Konsistenz in die Aussparungen

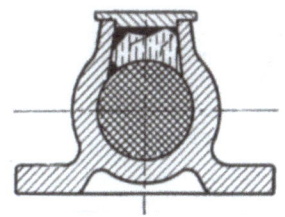

Abb. 60. Fettkammer.

zwischen Walzenzapfen und Lagerschale gebracht. Die Schmierung erfolgt durch die abschmelzende Brikettmasse.

Schließlich sei noch auf Vorrichtungen hingewiesen, welche verhindern sollen, daß das Öl beim Lauf der Maschine abtropft und abgeschleudert wird. Dies ist besonders bei Spinnereimaschinen von großer Wichtigkeit, da das auf die Faser getropfte Öl

Tafel I. Zweckmäßige Schmierverfahren

	a	b	c	d
	Art der Lager	Art der Belastung	Relativgeschwindigkeit der Gleit- gleichgerichtet dauernd	unterbrochen
1	Querlager, wagerecht, ortsfest, (Gewöhnliche Stehlager)	mäßig d.	Ring-, Kissen-, Tropf-, *Block*-, *Kolbenb.*-	Ring-, Kissen-, *Kolbenb.*-, **Hand**-
		mäßig u. w.	desgleichen Ring-, Tropf-, *Kolbenb.*-	*Kolbenb.*-, *Hand*- **Hand**-
		hoch d.	Spül-, Ring-, Kissen-	} Ring-, Kissen-
		hoch u.	Ring-, Kissen-	
		hoch w.	Schwerkr.-, Ring-	Ring-
2	Querlager, wagerecht, kreisend (senkr. z. Achse)	mäßig	Tropf-, *Kolbenb.*-	*Kolbenb.*-, **Hand**-
		hoch	Spül-, Tropf-	*Preß-, Kolbenb.*-
3	Querlager, wagerecht, schwingend (senkr. z. Achse)	mäßig		
		hoch		
4	Querlager, senkrecht	mäßig	Tropf-, *Kolbenb.*-	*Kolbenb.*-
		hoch	Spül-, Tropf-	*Preß-*
5	Längslager	mäßig	Bad-	Bad-
		hoch	Schwerkr.-, Bad-	Bad-

Bemerkungen: In Spalte b bedeutet: d. dauernd, u. unterbrochen (in Tropf- Tropfschmierung, Bad- Badschmierung, Kolbenb.- Kolbenbüchsen- für Fettschmierungen und **Fettdruck** für solche Fälle, wo Öl- und Fett-

Geeignete Schmierapparate und Schmierverfahren.

für Gleitlager für Drehbewegung.

e	f	g	h	i
flächen mäßig	Relativgeschwindigkeit der Gleitflächen hoch			Sonder-bemer-kungen
Relativbewegung				
wechselnd	gleichgerichtet dauernd	gleichgerichtet unterbrochen	wech-selnd	
Tropf-, *Kol-benb.*-**Hand**-	Ring-, Kissen-, Spül- Ring-	Ring-, Kissen- Ring-		
Tropf- Tropf-, *Kolbenb.*-	Preß-, Schwer-kr.- Spül- Spül-, Ring	*Preß-*, Ring- Ring-,	Hohe Geschwindigkeiten praktisch unmöglich.	
Kolbenb.-,*Preß*	Spül-, Tropf-	*Kolbenb.*-		
Preß-	*Preß-*, Spül-	*Preß-*		
Docht-, *Kol-benb.*-				
Preß-, Tropf-				
Hand-, *Kolbenb.*-	Schleuder-, Schnecken-			
Spül-, *Preß-* Tropf-	Schleuder-			
Bad-	Bad-	Bad-		
Bad-	Preß-,Schwerkr.-, Bad-	Bad-		

beiden Fällen gleichgerichtet), w. wechselnd. In Spalte c bis g bedeutet: schmierung usw. Normaler Druck gilt für Ölschmierungen. *Schrägdruck* schmierung als gleichwertig erachtet werden können.

Tafel II. Zweckmäßige Schmierverfahren für verschiedene Lager und Getriebe.

	a	b	c	d	e
	Art der Lager	Art der Belastung	Relativbewegung bzw. -geschwindigkeit der Laufflächen: mäßig	Relativbewegung bzw. -geschwindigkeit der Laufflächen: hoch	Sonderbemerkungen
6	Gleitbahnen, wagerecht, ortsfest	immer mäßig	Tropf-, Rollen-	Bad-, Tropf-	
7	Gleitbahnen, wagerecht, bewegt	immer mäßig	Docht-	Bad-, Docht-	
8	Gleitbahnen, senkrecht, ortsfest	immer mäßig	Kamm-	Bad-	
9	Gleitbahnen, senkrecht, bewegt	immer mäßig	Docht-	Bad-, Docht-	
10	Getriebe unter Dampf oder Gasdruck	mäßig	Presse, Pumpe, Schleuse, (Zerstäubung zulässig)	Presse, Pumpe (möglichst unmittelbar)	
		hoch	Presse, Pumpe (möglichst unmittelbar)		
11	Getriebe unter Wasser	unbedeutend	*Hand-*, auch ohne Schmierung, selbstschmierendes Lagermetall		
		erheblich	*Kolbenbüchsen*	*Preß-*	

Bemerkungen: Tropf- bedeutet Tropfschmierung, Bad- Badschmierung usw.

Normaler Druck gilt für Ölschmierungen, *Schrägdruck* für Fettschmierungen und **Fettdruck** für solche Fälle, wo Öl- und Fettschmierung als gleichwertig erachtet werden können.

häßliche, schwer entfernbare Flecken hinterläßt. Das gleiche gilt auch für Elektromotore, bei denen durch das abtropfende Öl die Ankerwicklungen zerstört werden und der Kontakt auf dem Kollektor unterbunden wird.

Zusammenfassend ist über die Schmiervorrichtungen also folgendes zu sagen: Man muß verlangen gleichmäßige Zuführung, Verläßlichkeit der Apparatur, keinen zu reichlichen Zufluß, um kein Schmiermaterial zu verschwenden, Schutz vor schädlichen Einflüssen, wie Staub, Luft und Feuchtigkeit. Die Bedienung soll tunlichst einfach sein, am besten selbsttätig wirken und nur solange, als die Maschine im Betrieb. Auf ein großes Fassungsvermögen des Füllgefäßes ist zu achten, damit man nicht allzu häufig nachzufüllen hat. Somit ergibt sich, daß die Anbringung von Ringschmierlagern und ähnlichem soweit als möglich durchzuführen und die Einführung der Umlaufschmierung anzustreben ist, welche beide in ihrer Wirkungsweise den oben geforderten Bedingungen am besten entsprechen. Ein Wort noch über die Maschinenteile selber: Ihre Konstruktion und Ausführung muß so beschaffen sein, daß sie keine Unregelmäßigkeiten zeigen und den Zutritt von Staub und Schmutz nicht zulassen.

Auf den Seiten 196—198 befindet sich eine Tabelle aus dem Heft 15 der R. K. W.-Veröffentlichungen („Zweckmäßige Schmierverfahren"), aus der ersichtlich, welche Verfahren bei den verschiedenen Lagern unter Berücksichtigung der verschiedenen Geschwindigkeiten und Bewegungen am zweckmäßigsten sind.

d) Über das Altern und die Veränderung der Schmieröle.

Bei der Kreislaufschmierung wird dasselbe Öl immer wieder an die zu schmierende Stelle geführt und kommt dadurch ständig mit dem Metall in Berührung, andererseits wird es durch die bei der Reibung auftretende Wärme selber miterwärmt. Da nun die Schmieröle gemäß ihrer chemischen Zusammensetzung keineswegs absolut unveränderliche Substanzen darstellen, findet sowohl eine chemische, wie physikalische Veränderung des Schmiermittels statt.

Man spricht vom „Altern" der Öle und versteht hierunter Veränderungen, wie Erhöhung der Viskosität, Klebrig- und Harzigwerden des Öles, Aufnahme kleiner Metallpartikelchen, von Staub und Feuchtigkeit der Luft.

Während man ursprünglich glaubte, daß die Veränderungen des Schmieröles rein physikalisch zu erklären seien, haben die neueren Untersuchungen, insbesondere von Fritz Frank[1], Baader[2], Typke, Schläpfer, Stäger und viele andere ergeben, daß die Aufnahme von Sauerstoff und die sich daraus bildenden Zersetzungsprodukte die Ursache des Alterns sind. Die Untersuchungen wurden in erster Linie an Transformatorenölen und Turbinenölen vorgenommen. Genaueres hierüber wird im Anschluß an die genannten Öle berichtet werden.

Die chemische Veränderung wird eingeleitet durch mechanische Verunreinigungen und weitergeleitet durch die Einwirkung der Luft, die sich entweder im Öle selbst löst, oder in sonst irgendeiner Weise mit dem Öl in Berührung kommt —, durch die feinen Metallteile, speziell wenn sie als organische Verbindungen vorliegen, oder aber bereits in chemisch veränderter Form eine große Oberfläche darbieten und alsdann als gute Katalysatoren dienen. Nach Frank[3] sollen gelegentlich auch Stickstoff und Schwefel wirksam sein können.

Die Ölveränderung oder Alterung macht sich in allen Fällen durch Verdickung des Öles kenntlich und führt zur Bildung von harzigen bis zu kohleartigen Massen, die sich mit Öl vollsaugen und ein schlammähnliches Produkt bilden. Diese schädlichen Verbindungen, die die Ölleitungen verstopfen können und die, z. B. bei Transformatoren, den Wärmeaustausch bedenklich unterbinden können, entstehen durch Kondensation von zunächst entstandenen Säuren von hohem Molekulargewicht. Es handelt sich um schwer analysierbare Produkte, die anscheinend Oxysäure darstellen. Nebenbei entstehen aber auch niedrigere Oxydationsprodukte, wie Ameisensäure, Essigsäure und deren Homologe, die nun ihrerseits das Metall angreifen und dadurch den Zersetzungsprozeß beschleunigen und selbstverständlich auch einen großen Schaden für die Maschine bzw. für den Transformator bedeuten. Man hat auch versucht, durch Zusatz von oxydationshemmenden Substanzen das Altern der Öle zu verzögern und unter anderen folgende als wirksam gefunden: Bleitetraäthyl, Nitrokresole und Nitrobenzole[4].

Obwohl die Forschungen über das Altern der Mineralöle noch keineswegs abgeschlossen sind, lassen sich doch für die Behandlung der Öle folgende Forderungen ableiten: Um das Öl möglichst lange brauchbar zu erhalten, ist es nötig, es weitmöglichst vor mechanischen Verunreinigungen und vor der Einwirkung der Luft zu schützen und schließlich durch reichlichen Ölumlauf dafür Sorge

---

[1] Petr. 1926, 568, 1928, 641; Erdöl u. Teer 1929, 620; Braunkohle XXIII, 537; Braunkohle XXV, 61; Maschinenbau 1927, 231; Z. angew. Chem. 1930, Nr. 10. [2] Petr. 1928, 512. [3] Maschinenbau, Bd. 6 1927, S. 231.
[4] Brennstoffchemie 1926, 303.

zu tragen, es möglichst kühl zu halten, denn die Wärmeeinwirkung beschleunigt das Altern ganz bedeutend. Besonders wichtig ist es natürlich, den Beginn der Zersetzung möglichst hinauszuschieben und aus diesem Grunde muß man darum besorgt sein, daß die Lagerteile, Zylinder, Kolben usw. vollkommen frei sind von Metallresten und Resten der Konservierung. Die Zwischengefäße bei der Umlaufschmierung, z. B. Kühler, Pumpe usw., sollen keine Anstrich- und Schutzstoffe besitzen, denn Eisenrot und Mennige würden sofort mit den ersten Oxydationsprodukten ölsaure Verbindungen bilden und dadurch die weitere Veränderung des Öles beschleunigen.

Die Lebensdauer der Öle läßt sich natürlich verlängern, wenn man durch Reinigen die schädlichen Stoffe, speziell den Staub, die Metallteile und den sich bereits gebildeten Schlamm beseitigt.

e) Wiedergewinnung und Reinigung.

Die Verwendung der besten Schmiermittel und der sparsamste Verbrauch führt nicht zu einer ökonomischen Schmiermittelwirtschaft, wenn man nicht für Wiedergewinnung und Reinigung entsprechende Sorge trägt. Nicht nur gelingt es, die Lebensdauer der Öle, besonders wenn sie kontinuierlich verwendet werden, durch eingeschaltete Reinigungsmethoden wesentlich zu verlängern, sondern sehr große Öl- und Fettmengen können im Betriebe auch dadurch gespart werden, daß man das ablaufende Öl auffängt, sammelt, reinigt und dann dem Verbrauch wieder zuführt. Die Aufmerksamkeit auf diese Seite der sparenden Schmierwirtschaft zu lenken, bemühen sich die maßgebenden Kreise bereits seit dem Kriege, und die erzielten Erfolge sind recht beachtlich. Ursprünglich begnügte man sich damit, die Putzlappen zu sammeln, und das ablaufende Öl zusammenzuschöpfen. Später jedoch ist man wesentlich weiter gegangen. Heute bemüht man sich, wenigstens in den größeren Betrieben, durch systematische Organisation sämtliche Schmierstoffe, und zwar jedes Produkt für sich getrennt, restlos zu erfassen und wieder zu gewinnen. Zunächst ist durch Anbringung von Fettfängern, Rinnen und Schalen dafür Sorge zu tragen, daß die abtropfenden Ölmengen nicht erst auf den Boden fallen, sondern direkt erfaßt und gesammelt werden. Der größte Teil des Ablauföles ging bisher mit den Abwässern verloren. Um auch noch diese nicht unbeträchtlichen Mengen zu erfassen, sollte man in allen Abwässerleitungen Fettfänger einbauen, oder in die Senkgruben Zwischenwände einsetzen, um auch hier das Öl abzufangen. Große Ölmengen können aus dem Schlamm dieser Klärbehälter, ferner aus dem Ablaufwasser von Großgasmaschinen und aus den Kondensationen von Dampfmaschinen erhalten werden. Dies geschieht zweckmäßig durch Einbau von Abdampfentölern [1]. Die Befreiung des Kesselspeisewassers von Ölresten ist auch insofern von großer Bedeutung, weil, wenn ölhaltiges Kondenswasser wieder in den Kessel gelangt, sich leicht gefährlicher Kalkseifen-Kesselstein bilden kann. Eine Abwasserentölungs-Einrichtung zeigt Abb. 61. Aus a gelangt das Abwasser in die Vorreinigungskammer b, wo sich die festen Stoffe abscheiden. Durch den Überlauf c tritt das Wasser in den Abscheideraum S, welcher durch eine Tauchwand T, die nicht vollkommen bis zum Boden reicht, von der Kammer E getrennt ist. Die schwere Flüssigkeit sinkt nach unten und tritt unter der Scheidewand durch die Kammer E bei F aus, während die leichteren Substanzen, in diesem Falle das Öl, sich an der Oberfläche sammeln und durch D abgezogen werden können. Es existieren selbstverständlich zahlreiche Variationen und Verbesserungen, worüber in der Spezialliteratur [2] nachgelesen werden kann.

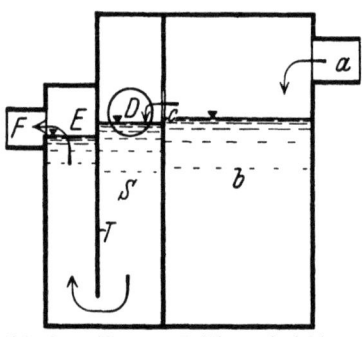

Abb. 61. Abwasser-Entölungseinrichtung.

Die Abb. 62 zeigt einen Abdampfentöler, bei dem das Öl gegen blanke Metallketten abgeschleudert wird. Der Dampf tritt zentral in den Entöler ein, passiert sodann das Kettensystem, das durch Zwischenwände in zahlreiche Abteilungen unterteilt ist. Hierdurch wird der Dampf genötigt, einen sehr weiten Weg zurückzulegen, woraus die hohe Wirkung dieses Systems sich ergibt. Ein besonderer Vorteil besteht darin, daß durch die Vibration des Kettensystems das abgeschiedene Öl abtropft und diese selbst nicht verölt werden.

50% des der Maschine zugeführten Öles, unter Umständen auch mehr, können auf diese Weise wieder erhalten werden.

Beträchtlich sind die Abfälle bei der Schmierung der mit Wasser gekühlten Walzengerüste. Die festen Brocken der Briketts werden vom Schlamm gesondert und für sich aufgearbeitet. Ebenso ist der fett- und ölhaltige Schmutz, welcher beim Reinigen von Walzengerüsten und Rollengangsgruben herausgeholt wird, sowie der sich in den Unterbauten der Dampfmaschine ansam-

---

[1] Chem. Ztg. **52**, S. 388.   [2] Lange: Technik der Emulsionen, S. 90 ff.

melnde Satz aufzubewahren und durch Reinigung das Öl wieder zu gewinnen. Ein Zechenkonzern sammelte in einem Jahre rund 400 000 kg Schlamm, aus dem ca. 280 000 kg Öl und Fett wiedergewonnen werden konnten; eine Menge, die seinerzeit — im Jahre 1918 — einen Wert von 350 000 RM. darstellte. Bei kleineren Betrieben fällt dieses stark verschmutzte Material wohl

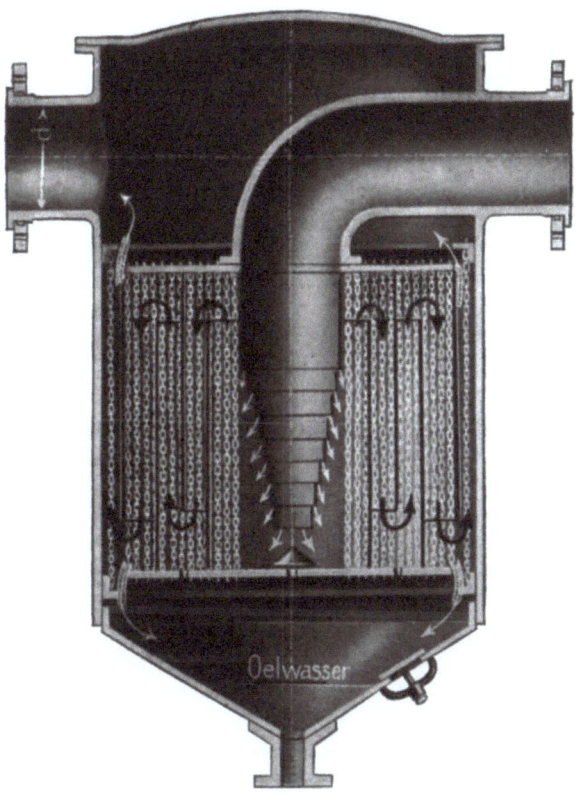

Abb. 62. „Brunsvigä"-Abdampfentöler.

weniger ins Gewicht. Dagegen ist die Reinigung der Putztücher und Putzlappen sehr wohl lohnend. Erfahrungsgemäß kann man aus 100 kg Putzlappen 60—70 kg Schmutzöl gewinnen und hieraus wieder 50—55 kg reines Öl. Die Abfälle sind stets in eisernen verschließbaren Gefäßen aufzubewahren, da sich die ölgetränkten Lappen leicht entzünden können. Das Sammeln der Walzenfettbriketts und des Sintermaterials soll Ersparnisse bis 40% des

Fettverbrauchs ergeben haben. Diese Zahlen sind der Broschüre „Schmiermittelnot" entnommen.

Die wiedergewonnenen Öle bedürfen selbstverständlich einer gründlichen Reinigung. Die Reinigung des Ablauföles kann auf die verschiedenste Weise erfolgen. Es ist zu bedenken, daß hier ein Gemisch von Öl, Schmutz und Wasser vorliegt, das möglichst quantitativ getrennt werden soll. Meist verwendet man Filter, welche man möglichst groß wählen muß. Im Prinzip bestehen diese aus einem hohen Gefäß, das oben und unten eine Zufluß- und Ablauföffnung besitzt und mit irgendeinem Filtermaterial gefüllt ist. Geeignet hierfür sind hygroskopische Substanzen, welche das Wasser aufnehmen, z. B. Sägespäne, Walkerde, Leinenfäden Schafwolle u. dgl.[1]. Es empfiehlt sich, das Öl von unten zulaufen und oben austreten zu lassen, da bei diesem Arbeitsgang das Filtermaterial besser ausgenützt wird und das am Boden sich abscheidende Wasser nicht das gereinigte Öl von neuem verunreinigt. Vielfach wird die Reinigung auch mittels Zentrifugen vorgenommen, besonders in den Fällen, wo man beabsichtigt, feste Materialien vom Öl zu trennen, z. B. bei der Reinigung von Drehspänen. Zur Schlammreinigung ist diese Methode weniger geeignet, doch existieren Schleudertrommeln mit der sehr hohen Umdrehungszahl von 5000 Touren pro Minute[2], in denen durch eine besondere Konstruktion von Einsätzen das Öl gezwungen wird, feine Siebe zu passieren, so daß eine sehr vollkommene Reinigung erzielt wird. Durch eingebaute Dampfschlangen werden dickflüssige Zylinderöle erwärmt und ebenfalls gereinigt. Eine primitive, aber zu guten Resultaten führende Reinigung ist die Dochtreinigung. Hierbei wird das Öl durch zahlreiche Dochte aufgesaugt und tropft in gereinigtem Zustand in ein darunter befindliches Sammelgefäß. Derartige Anlagen sind jedoch recht umfangreich und die Methode erfordert viel Zeit. Endlich gelingt es, das Öl nach dem Prinzip der Abdampfentölung zu reinigen, indem man es mittels Dampfstrahl mit Wasser emulgiert, die so erzeugten Öltröpfchen in einem Siebsystem durch eine Art Scheuerprozeß von den sich absetzenden Schmutzteilchen befreit und in diesem Zustande fortschwemmt (D. R. P. 405 396). Als vorbereitende Arbeit dient selbstverständlich das Klären durch einfaches Ablagern in zweckmäßigen Gefäßen. Eine einfache Apparatur, die man sich leicht selbst herstellen kann, zeigt nebenstehende Skizze (Abb. 63). Hierbei wird durch Erwärmung das Öl vom Wasser geschieden und durch

---

[1] Graf: Petr. 1929. Beilage, Motorenbetriebs- und Maschinenschmierung 2. Nr. 3, S. 5.   [2] Schneider: Petr. 1929, Nr. 34.

langsames Absitzenlassen geklärt. Vor dem Zulauf des Öles läßt man es durch ein Schmutzsieb passieren, so daß die groben Anteile zurückgehalten werden und keine Strömungen entstehen. Kammer *I* wird nun fast bis zum Rand gefüllt und dann die Heizung angestellt. Das Öl erwärmt sich, dehnt sich aus und das reine Öl steigt auf, tritt über die Trennungswand in Kammer *II*, während Schmutz und Wasser zu Boden sinken. Die Heizung, welche nicht über 95° steigen soll, wird nach 12 Stunden abgestellt und Wasser und Schmutz aus Kammer *I* bei Hahn c_1 entfernt und die Kammer erneut wie oben aufgefüllt. In den folgenden Kammern scheiden sich noch die verbleibenden Unreinlichkeiten ab. Die Reinigung ist auf diese Weise sehr vollkommen. Um Öle wasserfrei zu erhalten, ist die in Abb. 64 skizzierte Apparatur sehr geeignet.

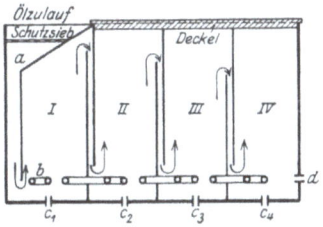
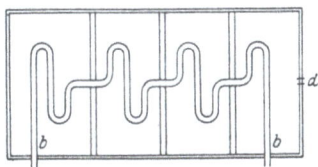

Abb. 63. Ölreinigung.

In den gegen Wärmeabgabe isolierten und durch Dampfschlangen beheizbaren Körper läßt man das Öl von oben in dünnem Strahle eintropfen. Das Öl trifft auf den heißen Heizkörper auf, das Wasser verdampft und die Wasserdämpfe können durch Absaugen entfernt werden. Bei diesem Verfahren wird das lästige Schäumen und Überkochen vermieden. Bei Reinigung von Ölen mit einem spezifischen Gewicht über 1 muß man das Wasser von oben, den Schmutz und danach das Öl von unten abziehen. Die letzten Schmutzanteile müssen evtl. noch durch Filtration entfernt werden. Bei jeder Reinigung ist darauf zu achten, die einzelnen Ölsorten für sich getrennt zu verarbeiten, so daß man auf diese Weise dasselbe Öl möglichst für den gleichen Zweck verwenden kann.

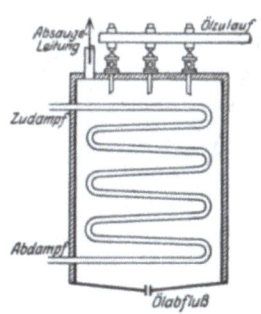

Abb. 64. Ölentwässerung.

Die Reinigung von Fettresten ist recht schwierig, da beim Aufschmelzen eine Entmischung von Seife und Öl eintritt, wodurch die Struktur und das Wesen des Fettes völlig gestört wird. Man müßte eine Nachverseifung vornehmen, eine Manipulation, die indessen gewisse Fachkenntnisse und Apparate voraussetzt.

Die Wiederverwendung der so regenerierten Öle ist indessen nur unter gewissen Vorsichtsmaßregeln anzuraten. Wohl ist es möglich, gereinigte Öle für untergeordnete Zwecke weiter zu verwenden, jedoch sollte man nicht gereinigte Abfallöle mit Frischöl mischen. Durch das im Abschnitt d geschilderte „Altern" der Öle enthalten diese ja eine ganze Reihe von schädlichen Stoffen, die geeignet sind, die Lager zu korrodieren und das Frischöl seinerseits zu verschlechtern, ohne daß diese Minderung durch physikalische Prüfungen festgestellt werden könnte. Deswegen ist es notwendig, nach der eigentlichen Reinigung die gebrauchten Öle aufzuarbeiten. Man verwendet hierzu die gleichen Verfahren wie bei der Herstellung der Schmiermittel überhaupt. Öle, beispielsweise Autoöle, die durch leichtsiedendes Benzin usw. verunreinigt sind, können von diesen nur durch Destillation getrennt werden. Will man die im Öl gelösten Säuren und Oxydationsstoffe, wie Harze und asphaltähnliche Substanzen beseitigen, so ist eine Raffination erforderlich. Allerdings ist es nicht unbedingt nötig, dieselbe durch Behandeln mit Chemikalien, wie Schwefelsäure, Natronlauge, Trinatrumphosphat[1] usw., durchzuführen, weil eine solche für den Betriebsmann zu kompliziert ist und in den meisten Fällen die Beschaffung entsprechender Apparaturen zu teuer sein würde. Zu demselben Ziele führt jedoch die Verwendung von Adsorptionsmitteln, wie Kohle, Fullererde oder Silicagel. Als besonders geeignet hat sich das Bensmannsche Floridinverfahren erwiesen, welches die im Öle enthaltenen ungesättigten Verbindungen zunächst polymerisiert und dann absorbiert. Ein auf diese Weise regeneriertes Öl stellt sich nach Wischin[2] auf etwa 19 RM. pro 100 kg gegenüber 60 RM. für frisches Öl.

Dieses Reinigungsverfahren bzw. Regenerationsverfahren vermeidet gewaltsamen chemischen Eingriff, es holt die labilsten Anteile aus dem Öl heraus, es ist billig und läßt sich auch in den kleinsten Betrieben ohne große Anlagekosten und Arbeitslöhne anwenden und schließlich soll das regenerierte Öl ebenso gut sein wie das ursprüngliche.

Wenn auch die Regenierung im eigenen Betriebe vielleicht nicht immer möglich ist, so sollte man doch unbedingt jedwedes abfallende Öl möglichst nach Sorten getrennt sammeln, um es evtl. durch Fachleute in zweckmäßig eingerichteten Raffinationen

---

[1] Ind. Eng. Chem. **17**, 481 (1925).
[2] Chem. Ztg. 1927, S. 181. Petr. **23**, 1629 (1927).

Jährliche Aufwendung für Schmiermittel.

Art der Fertigung	Zeitraum	Produktivlöhne RM	Akkordverdienst M/h	Produktivstunden	Beschäftigungsgrad	Aufwand für Schmiermittel RM	Öl und Fette kg	% vom Produktivlohn	Pf/h	Bemerkungen
Maschinenbau mit Warmwerkstätte	1924 1925 1926	74 500 112 000 94 000	0,74 0,82 0,99	100 000 137 000 95 000	75 100 70	608 701 663	1200 1465 1482	0,82 0,62 0,706	0,61 0,51 0,7	
Mittlerer Maschinenbau mit Gießerei	1926	72 500	1,0	72 500	37	etwa 175	etwa 350	etwa 0,24	etwa 0,24	Eigene Kraftzentrale verbraucht 400,— RM = 0,55% bzw. 0,55 Pf/h
Mittelmaschinenbau mit Gießerei	1926	152 000	etwa 0,88	etwa 173 000		1600		1,05	etwa 0,92	Eigene Kraftzentrale verbraucht 800,— RM = 0,52% bzw. 0,46Pf/h
Durchschnitt								0,6	0,52	

zu vollwertigen Produkten umwandeln; denn man muß sich immer wieder darüber klar sein, daß jedes Kilo regenerierten Öles die Ausfuhrquote mindert und damit die deutsche Handelsbilanz im günstigen Sinne beeinflußt.

f) Organisation im Betriebe.

Die Reorganisation der Schmiermittelverausgabung und die Kontrolle des Verbrauchs ist eine letzte uud sehr ergiebige Quelle, um Schmierstoffe einzusparen.

Die angeführten Gesichtspunkte für Verteilung, Ausgabe und Verbrauch der Ölmengen werden in der Hauptsache für größere Betriebe in Frage kommen, doch auch in kleineren und kleinsten Betrieben lassen sich durch zweckentsprechende Verteilung der Schmiermittel und Anweisung der Arbeiter, sorgfältig mit dem Material umzugehen, mancherlei Werte retten. Eine interessante Tabelle über die Unkostenzahlen für Öl und Fett unter Bezugnahme auf die produktiven Löhne gibt eine Zahlentafel von K. Seyderhelm[1] (s. Tab. S. 207).

Wenn es auch kaum möglich sein wird, diesen Kostenanteil wesentlich zu verringern, so lassen sich doch größere Ersparnisse zweifelsohne erzielen, wenn man an vielen Stellen ein wenig spart[2].

Zunächst achte man auf sachgemäße Lagerung der Schmierstoffe. Man vermeide tunlichst den Einkauf in Holzfässern, ziehe vielmehr Eisentrommeln oder Kesselwagen vor. Holzfässer, zumal wenn sie nicht ganz neu sind, fangen bei warmem Wetter leicht an zu lecken und die dadurch hervorgerufenen Verluste können außerordentlich groß werden. Vorteilhaft ist es, sich für jede Qualität einen gesonderten Behälter anzuschaffen, aus denen man das Öl direkt in die Schmierkannen abfüllen kann. Durch geeigneten hellen Anstrich der freien, stehenden Tanks müssen die Verdunstungsverluste möglichst niedrig gehalten werden[3]. Die Lagerung soll feuersicher in geschlossenen, Unbefugten nicht zugänglichen Räumen erfolgen. Die Behälter sind zweckmäßig mit Heizschlangen zu versehen, damit man auch bei Winterkälte schwerflüssige Öle leicht abziehen kann. Bei tiefliegenden, z. B. in der Erde eingegrabenen Tanks wird das Öl mit Pumpen oder Preßluft herausbefördert. Will man die jeweils abgezapfte Menge sogleich ermitteln, versieht man den Tank mit einer Meßvorrichtung oder einer automatischen Waage[4]. Abtropfendes Öl ist in einem darunterstehenden Blech aufzufangen. In großen Betrieben kann es zweckmäßig sein, daß Schmieröl in Rohrleitungen direkt in die Abteilungen, wo es verbraucht wird, zu führen. Hier wird es dann in die Schmierkannen, auf deren Sauberkeit und Intaktheit zu achten ist, abgefüllt.

Die Schmierung derjenigen Apparate und Maschinen, welche nur in größeren Abständen erforderlich ist, geschieht durch besondere Schmierer, die man durch Prämien zu großer Sparsamkeit anhält. Ringschmierlager und andere Vorrichtungen der Umlaufschmierung sollen nur dann nachgefüllt werden, wenn wirklich Bedarf vorliegt. Den Stand des Öles beobachte man durch das Ölstandglas oder die Einfüllschrauben; man vermeide es indessen, die Verschlüsse zu öffnen, da hierdurch leicht Verschmutzungen auftreten können. Ferner achte man darauf, daß die Ölkannen eine Inhaltsbezeichnung besitzen und daß die Spitze des Ausgusses unbeschädigt ist. Je nach der Zähflüssigkeit des Inhalts

---
[1] Maschinenbau, Bd. 6, Heft 5, S. 220.
[2] Ludwig: Z. angew. Chem. 1927, 519.
[3] Petr. 1927, 1966.   [4] Zopf: Petr. 1926, 18.

ist die Öffnung 1—2 mm weit. Am vorteilhaftesten sind die Kannen mit Druckknopf, aus denen auch beim Umfallen nichts herauslaufen kann. Zweckmäßig ist es, über dem Ausguß einen Schutzansatz anzubringen, welcher durch Anfeilen leicht hergerichtet und ausgewechselt werden kann.

Für die Ausgabe und das Einfüllen von Fetten verwendete man bisher Blecheimer, Hobbocks und dgl. Ein bequem zu handhabender Apparat, der sich auch in der Praxis gut bewährt hat, ist ein „Fettbehälter mit Vorrichtung zum Füllen von Staufferbüchsen" (Abb. 65)[1].

Vor allen Dingen hat man dafür Sorge zu tragen, daß weder in das Öl noch ins Fett Verunreinigungen hineingelangen, wodurch gefährliche Beschädigungen der Maschinen hervorgerufen werden können. Ebensowenig dürfen verschiedene Öle miteinander vermengt werden. Jedes Gefäß sei daher mit genauer Aufschrift versehen und werde in einem Schrank aufbewahrt, welcher mit Rinnen für das ablaufende Öl versehen ist.

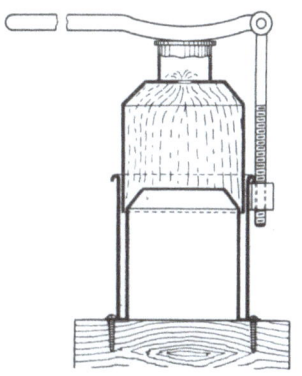

Abb. 65. Vorrichtung zum Füllen von Staufferbüchsen.

In welcher Weise die Ausgabe des Öles im einzelnen zu erfolgen hat, richtet sich nach der Art des Betriebes und muß, ebenso wie die Kontrolle des Verbrauchs, in seinen Einzelheiten dem Betriebsleiter überlassen bleiben. Über Zugang und Abgang vom Magazin in die einzelnen Abteilungen sowie innerhalb jeder Abteilung soll möglichst eingehend Buch geführt werden. Zu welchen Erfolgen man durch eine solche Kontrolle gelangen kann, geht aus nebenstehender graphischen Darstellung hervor (Abb. 66)[2].

Die Nachprüfung erfolgte im dritten Vierteljahr und man erkennt, daß der Ölverbrauch, bezogen auf die produktive Stunde, rapide zurückgeht. Die erzielten Ersparnisse sind aus der unteren Kurve, in der die prozentualen, auf die Produktivlöhne berechneten Ölkosten wiedergegeben sind, erkenntlich. Die Senkung von 1,1 auf 0,25% bedeutet eine Minderung der Unkosten um etwa 0,8%.

---

[1] Entnommen aus: „Schmiermittelnot", Hersteller G. u. M. Busch, Remscheid.

[2] „Unkostensätze und Nebenbetriebskosten von Maschinenfabriken als Vergleichsziffern für die Wirtschaftlichkeit", erschienen beim Verein Deutscher Maschinen-Bauanstalten, Verfasser K. Seyderhelm.

Ascher, Schmiermittel. 2. Aufl.

Durch Verwendung von den Maschinenteilen angepaßten Schmiermitteln und durch gute Organisation können nach F. Keller[1] ganz beträchtliche Ersparnisse gemacht werden. Zehn verschiedene Betriebe, die vor der Organisation 300 586 kg Öl verbrauchten, hatten nach Durchführung der Organisation nur-

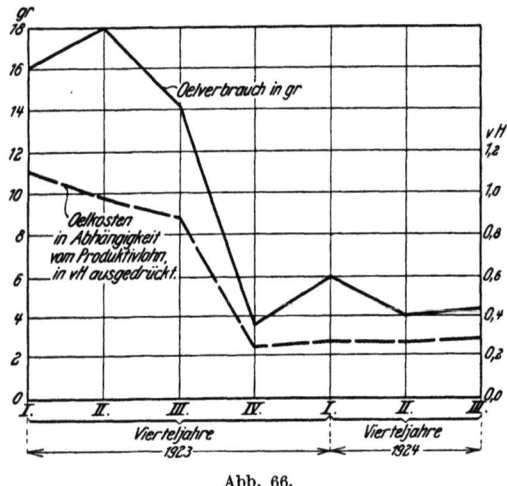

Abb. 66.

mehr einen Verbrauch von 218 027 kg Öl, was eine Ersparnis von rund 27% bedeutet.

Um derartige Erfolge zu erzielen, gehört selbstverständlich auch der Einfluß einer Persönlichkeit, welche mit Takt und Energie die Überwachung durchzuführen hat und immer wieder nach neuen Ersparnismöglichkeiten suchen muß.

V. Verwendungszwecke und Auswahl der Schmierstoffe.

Nachdem in den vorangegangenen Abschnitten über Ursprung, Darstellung und Untersuchung der zahlreichen Rohprodukte und mannigfachen Fertigfabrikate aus dem Schmiermittelgebiete gesprochen worden ist, sollen nun am Schluß einige Hinweise gegeben werden, nach welchen Gesichtspunkten der Betriebsmann seine Wahl aus der großen Zahl der ihm angebotenen Schmierstoffe treffen soll. Die hier gestellte Aufgabe ist insofern nicht ganz

---

[1] Petr. 1926, S. 574 ff.

einfach, da die Zahl der in Frage kommenden Verwendungszwecke außerordentlich groß ist und die Produkte sehr mannigfaltig sind.

Bei der Auswahl sind folgende Punkte zu berücksichtigen: die Art und Größe der geschmierten oder zu schmierenden Maschinenteile, die Eigenart des vorliegenden Reibungsvorganges, die Schmiervorrichtung, die Temperatur und die örtlichen Verhältnisse. Unter die Eigenart des Schmiervorganges sind auch zu rechnen der auftretende Druck, die Umdrehungsgeschwindigkeit, ob flüssige oder halbflüssige Reibung erzielt werden soll. Hat man diese Bedingungen in erster Linie berücksichtigt, so muß man in zweiter Reihe bestrebt sein, ein möglichst billiges Öl zu wählen, das sparsam schmiert. Hierbei ist nicht gesagt, daß das im Preise niedrigste Öl auch gleichzeitig das rationellste ist. Es bedarf daher eines sehr genauen Einblickes in alle die vorerwähnten Verhältnisse, um das wirklich geeignetste Schmiermittel zu finden. Es mag daher zweckmäßig sein, an dieser Stelle einen kurzen Hinweis zu geben, inwieweit die einzelnen Analysendaten, wie Gewicht, Viskosität, Farbe, sowie die Provenienz der Öle auf die Preisgestaltung der Öle von Einfluß sind[1]. Das spezifische Gewicht gibt keinen direkten Hinweis auf den Preis, man kann aus ihm die Herkunft des Öles entnehmen; hohes spezifisches Gewicht deutet auf die minderwertigeren Teerfett- und Braunkohlenöle.

Sofern Öle gleicher Provenienz und Raffination sind, steigt ihr Preis mit steigender Zähflüssigkeit. Im allgemeinen sind die stärker raffinierten Öle auch heller in der Farbe und speziell beim Weißöl demgemäß teurer. Die grünstichigen Öle stehen ebenfalls meist höher im Preise, da sie mit hellem Zylinderöl verschnitten sind oder aber die Farbe ein Hinweis dafür ist, daß es sich um eine der gutschmierenden pennsylvanischen Provenienzen handelt.

Bei gleicher Viskosität kann man sagen, daß die Güte der Öle mit Bezug auf ihre Herkunft in nachstehender Reihenfolge steigt:

Spindelöle
1. Deutschland,
2. Mid-Continent, Kalifornien,
3. Polen,
4. Rumänien,
5. Rußland,
6. Pennsylvanien.

Maschinenöle
1. Polen,
2. Deutschland,
3. Mid-Continent, Kalifornien,
4. Rumänien,
5. Rußland,
6. Pennsylvanien.

Aus der umstehenden Tabelle, in der die Öle nach ihrem spezifischen Gewicht geordnet sind, und die Viskositäten bei 50° angeführt, lassen sich die Provenienzen ungefähr entnehmen:

---

[1] Ehlers, C.: Schmiermittel. Leipzig: Otto Spamer 1928.

Charakteristik der verschiedenen Ölprovenienzen.

Spez. Gew. bei 15° × 1000	Amerikanisch			Polen	Rußland	Rumänien	Deutschland
	Ost.	Ost.	Californien	Mid-Continent				
830—840	1,2—1,3						
841—850	1,2—1,5						
851—860	1,6—2,3						
861—870	2,4—3,1						
871—880	3,1—3,2	4,0—4,8					
881—885	3,1—3,2	4,0—4,8	1,5—1,7		1,6—1,8		
886—889	3,3—4,7	2,0—2,2	1,6—1,9		1,9—2,1	1,8—2,0	
890—895	3,3—4,7	1,9—3,1	1,8—2,2		2,0—2,5		1,7
896—900	3,5—4,7	1,9—3,9	2,0—2,8		2,6—2,9		
901—905	4,0—4,8	2,6—3,9			3,2—3,5		1,6—1,8
906—910	5,0—6,4	3,6—4,7	2,6—3,5	1,7—2,1	3,6—5,1	2,0—2,9	
911—916	6,5—7,0	4,0—4,7	3,2—4,0	1,8—2,2	4,2—5,3	3,0—4,5	2,8—3,5
917—920	6,6—7,0			1,9—2,4	5,5—6,3	3,5—6,0	3,4—3,9
921—925			3,2—4,0	2,6—3,1	6,3—6,8	6,0—6,8	2,5—2,8 / 4,0—4,5
926—930			3,3—4,3	2,6—3,1		9,2—11,0	4,0—4,5 / 6,5—6,7
931—935			3,0—4,0 / 5,2—6,1	3,0—4,7		6,4—6,6 / 9,2—14,0	4,5—5,2
936—940			4,3—4,7 / 5,8—6,7	4,8—7,0			5,8—6,5
941—945			6,6—7,1	6,3—15,0			7,5—11,5
946—950			7,2—7,8	10,0—15,0			
951—955				13,0—16,0			
956—960				14,0—26,0			

Aus: Ehlers, C.: Schmiermittel. Leipzig: O. Spamer 1928.

Bei den Dampfzylinderölen kann man sagen, daß je niedriger das spezifische Gewicht, um so besser das Öl. Ferner zieht man ein Zylinderöl, das bei gewöhnlicher Temperatur fließt, einem salbenartigen vor, sofern die Viskosität bei 100^0 die gleiche ist. Mit steigendem Flammpunkt steigt im allgemeinen auch der Preis, ebenso mit der Farbe, je heller ein Öl, um so teurer ist es im allgemeinen. Der Asphaltgehalt soll möglichst niedrig sein, weswegen Öle mit geringem Asphaltgehalt teurer sind. Nach der Herkunft lassen sich die Öle in nachstehender Reihenfolge ordnen:

1. Polen,
2. Deutschland,
3. Rumänien,
4. Mid-Continent,
5. Rußland,
6. Pennsylvanien.

Schließlich möge noch erwähnt sein, daß die sog. kompoundierten Öle durchweg teurer sind, als gleichviskose, reine Mineralöle.

Es scheint daher am zweckmäßigsten zu sein, zunächst ein Schema aufzustellen, nach dem die Schmiermittel eingeteilt werden und dann für einige häufig vorkommende, spezielle Zwecke die Anforderungen und Bedingungen darzulegen, die sich nach langjährigen Erfahrungen als praktisch und erforderlich erwiesen haben.

Seit mehreren Jahren arbeitet der Verein deutscher Eisenhüttenleute, Gemeinschaftsstelle Schmiermittel, und der Deutsche Verband für Materialprüfungen der Technik (Ausschuß IX) gemeinsam mit einer Reihe maßgebender Fachleute aus Hersteller- und Verbraucherkreisen „Richtlinien" aus, die für den Einkauf und die Prüfung von Schmiermitteln maßgebend sein sollen. Die in den Richtlinien vorgeschriebene Einteilung und Kennzeichnung[1] lasse ich nachstehend folgen. Es ist danach Vorschrift, daß bei allen Angeboten mitgeteilt werden muß, welcher Gruppe das Schmiermittel entstammt, bzw. ob es sich um regenerierte Öle handelt. Man teilt also die Schmiermittel nach Herkunft, Herstellung und Verarbeitung ein in:

I. Schmieröle aus Erdölen:
  a) Destillate,
  b) Raffinate,
  c) Rückstände.
II. Schmieröle aus Braunkohle und Schiefer.
III. Schmieröle aus Steinkohle.
IV. Schmieröle pflanzlicher und tierischer Herkunft:
  a) Rohöle,
  b) Raffinate.

V. Verarbeitete Öle:
  a) zusammengesetzte Öle:
    1. Mischöle,
    2. gefettete Öle (Kompound-Öle),
    3. elektrisch behandelte Öle.
  b) Starrfette.
  c) Emulsionsschmiermittel:
    1. emulgierte Öle und Fette,
    2. emulgierbare Öle und Fette.
  d) Graphitschmiermittel.

---

[1] Richtlinien für den Einkauf und die Prüfung von Schmiermitteln, 5. Auflage, Verlag Stahleisen, Düsseldorf.

a) Kennzeichnung der Schmiermittel nach Herkunft und Verarbeitung.

I. Schmiermittel aus Erdölen.

Aus rohem Erdöl werden zunächst die leichter siedenden Anteile (Benzin, Leuchtöl, Gasöl) abgetrieben. Das dann verbleibende Öl wird durch weitere Destillation in einzelne Fraktionen (Destillate) zerlegt, die in der so gewonnenen Form oder nach Mischung untereinander als Schmiermittel verwendet werden. Die bei dieser Destillation zurückbleibenden Öle werden als Rückstandsöle bezeichnet. Für viele Zwecke werden Destillate auf chemischem Wege (durch Behandlung mit Säure, Lösungsmitteln usw.) weitgehend gereinigt oder über Fullererde oder ähnliche Stoffe filtriert (Raffinate).

a) Destillate.
Aussehen: im Tropfen durchscheinend.
Säuregehalt: frei von Mineralsäuren.
Hartasphalt: nicht über 0,25%.
Sonstige Eigenschaften: technisch wasserfrei. In Benzol ohne Rückstand und Trübung löslich.

b) Raffinate.
Aussehen: klar, im 15 mm-Reagenzglase durchsichtig bis durchscheinend.
Säuregehalt: Säurezahl nicht über 0,6 und frei von Mineralsäuren.
Hartasphalt: 0%.
Sonstige Eigenschaften: technisch wasserfrei, Asche nicht über 0,05%.

c) Rückstandsöle.
Aussehen: im Tropfen wenig durchscheinend.
Säuregehalt: frei von Mineralsäuren.
Hartasphalt: nicht über 2%.
Sonstige Eigenschaften: technisch wasserfrei.

II. Schmieröle aus Braunkohle und Schiefer.

Die als Ausgangsstoff dienenden Braunkohlen- und Schieferteere werden durch Destillation in Fraktionen (Destillate) zerlegt, in besonderen Fällen von den sauren Ölen (Kreosoten) be reit und zum Teil durch Befreiung von Paraffin kältebeständig gemacht. Sie besitzen ein Raumeinheitsgewicht bis 1,03 bei 20°C und geben im Alkali löslichen Teil mit Diazobenzol Rotfärbung.

a) Kreosothaltiges Maschinenöl.
Aussehen: im Tropfen durchscheinend.
Kreosotgehalt: nicht über 15%.
Stockpunkt: nicht über + 5° C.
Sonstige Eigenschaften: technisch wasserfrei. In Benzol klar löslich; in Normalbenzin unlösliche Anteile nicht über 2,5%.

b) Kreosotfreies Maschinenöl.
Aussehen: klar.
Kreosotgehalt: nicht über 1%.
Stockpunkt: hochstockend, nicht über + 5° C, tiefstockend nicht über — 7° C.
Sonstige Eigenschaften: technisch wasserfrei. In Benzol klar löslich; in Normalbenzin Unlösliches: nicht über 1%.

Kennzeichnung der Schmiermittel nach Herkunft und Verarbeitung. 215

III. Schmieröle aus Steinkohle.

Ausgangsstoff ist der Steinkohlenteer, wie er in den Kokereien, Gasanstalten und Schwelbetrieben gewonnen wird.
Aussehen: im Tropfen durchscheinend.
Farbe: rotbraun bis braunschwarz.
Sonstige Eigenschaften: technisch wasserfrei.
Stockpunkt: nicht über — 10^0 C, frei von kristallinischen Ausscheidungen bei 0^0 C.

IV. Schmieröle pflanzlicher und tierischer Herkunft.

Durch Ausdämpfen, Pressen oder Extrahieren aus Ölsamen (Rüböl, Olivenöl, Sesamöl, Baumwollsamenöl, Rizinusöl) oder Knochen und tierischen Teilen (Klauenöl, Spermazeti-, Walratöl, Schmalz-, Lardöl, Wollfett) werden Rohöle (Preßöle, Extrakte) hergestellt. Vielfach werden die Rohöle mechanisch oder chemisch von Eiweißstoffen, verharzenden Begleitkörpern und freien Säuren befreit (neutrale Raffinate).

a) Rohöle.

Aussehen: im Tropfen durchscheinend.
Sonstige Eigenschaften: technisch wasserfrei. In Benzol bis auf Spuren löslich.
Verseifbar: nicht unter 85%.

b) Raffinate.

Aussehen: klar blank, mehr oder weniger gefärbt.
Säuregehalt: frei von Mineralsäure.
Sonstige Eigenschaften: in Benzol ohne Rückstand löslich.

V. Verarbeitete Öle.

a) Zusammengesetzte Öle:
1. Mischöle.
Mischungen aus Ölen der Gruppe I—III untereinander werden als Mischöle bezeichnet. Zusätze von unverarbeiteten Teeren und Pechen sind unzulässig.
2. Gefettete Öle (Kompound-Öle).
Mischungen von Schmierölen aus Erdölen (Gruppe I) oder aus Braunkohle bzw. Schiefer (Gruppe II) mit solchen tierischer oder pflanzlicher Herkunft (Gruppe IV); sie müssen als solche gekennzeichnet sein.
3. Elektrisch behandelte Öle
sind in erster Linie durch elektrische Glimmentladungen verdickte Öle.

b) Starrfette
sind meist Aufquellungen von Seifen in Schmierölen. Sie sollen gleichmäßiges Gefüge besitzen, bei gewöhnlicher Temperatur salbenartig sein, sich beim Lagern nicht entmischen und an der Luft nicht eintrocknen.
Wassergehalt: nicht über 8%.
Aschegehalt: nicht über 6%.

c) Emulsionsschmiermittel:
1. Emulgierte Öle und Fette
sind sehr innige Mischungen von Ölen aus Gruppen I—IV mit Wasser oder wäßrigen Lösungen. Sie dürfen sich bei sachgemäßer Lagerung nicht entmischen. Bei Emulsionsfetten (nicht verseifte Starrfette) soll der Aschegehalt unter 6% liegen.

Analysen-Tabelle einiger handelsüblicher Öle.

Name	Provenienz	Spez. Gewicht	Flammpunkt o. T.	Brennpunkt	Viskos. bei 20°C	Viskos. bei 50°C	Stockpunkt 0°C	Bemerkungen
		Spindelöle (bis 3,5 Visk. bei 50°C).						
Pale 865	amer.	0,868	150	174	2,31	1,46	—3	
Pale 875	„	0,8753	159	190	2,91	1,59	—3	
Pale 885	„	0,8956	188	228	5,70	2,07	—3	
Queens Spindle	„	0,8945	214	261	10,3	2,82	—3	
Pale 900/7	„	0,9034	210	252	13,2	3,34	—3	
Ice machineoil	„	0,894	191	233	5,4	2,01	—20	
French Neutral	„	0,8432	150	175	2,32	1,46	—9/—10	
Mineral Colza	„	0,8215	133	155	1,62	1,27	—3/—5	
Nobel II	russisch	0,898/9	178/180	220/5	—	ca. 3	—	
*Rötl. Spindelöl	mex.	0,900	182	—	5,1	—	—2	
*501	Texas	0,913	152	—	4,7	—	—30 fl	
*511	„	0,917	160	—	7,43	—	—30 fl	
*Pale oil Nr. 5	„	0,916	158	—	7,9	2,17	—14 fl	
*Pale oil 885	„	0,882	190	—	6,95	2,07	—2 fl	
L_0	galiz.	0,885	160	187	4,02	1,77	—20	
O_{11}	„	0,912/15	160	175	10/11	2,5	—10	
O_{12}	„	0,917/20	170	190	15/17	—	—10	
P_0	„	0,870/75	140/5	175/85	2,2/2,6	—	0	paraffinfrei
P_1L	„	0,885/95	165/175	195/200	5,7/6,2	20/2,22	0	3% Teer, 0,0037%SO₃ paraffinhaltig
P_5	„	0,895/903	180/5	210/20	9,3/10	2,4/2,6	—	5% Teer, 0,0045%SO₃ paraffinhaltig
P_0	„	0,903/910	190/5	220/230	14/15	3,1/3,3	—	5% Teer, 0,0057%SO₃ paraffinhaltig
*Destillat	deutsch	0,897	160	—	3/4	—	+3	von Grabow
*Destillat	deutsch	0,900	154	—	4/5	—	—17	von Wilhelmsburg
*Vaselinöl		0,887	90	—	1,2	—		
*Hallenser Gasöl	deutsch	0,855	85/115		1,7/1,9		20	

Kennzeichnung der Schmiermittel nach Herkunft und Verarbeitung. 217

Leichte Maschinenöle (3,5 bis 5,5 Visk. bei 50°C).

Name	Provenienz	Spez. Gewicht	Flammpunkt	Brennpunkt	Viskos. bei 50°C	Viskos. bei 100°C	Stockpunkt 0°C	Bemerkungen
Solar red od. Red engine	amer.	0,918	214	265	22,8	4,54	+3/+0	
Queens H.V. Machinery	,,	0,9096	225	266	16,8	3,81	+3/+0	
Red II	Texas	0,9153	—	—	—	4,17	+1,5	15% Teer
Red oil Nr. 1	amer.	0,886	236	282	22,06	4,92	—7	
Red oil Nr. 2	,,	0,912	210	249	17,54	3,95	—11	
*Newport red engine.	,,	0,934	175	215	24,7	4,07	—13	
*Leichtes Maschinenöl	kalif.	0,927	175	—	—	3,3	—30	
*Maschinenöl 521	Texas	0,924	165	—	—	3,48	—	
,, G 20	galiz.	0,905/10	190/200	—	19/20	3,5/3,8	—	5% Teer, 0,0055%SO$_3$
,, P 8	,,	0,905/15	195/200	225/235	21/23	4/4,2	—	
*Maschinenöldestillat	,,	0,915	171	—	—	3/4	+6	
*	,,	0,925	195	—	—	4/5	+5	
*Paraffinhalt. Destillat	,,	0,915	180	—	—	2,5/3	+15	
,, ,,	,,	0,905	195	—	—	3/4	+13	

Schwere Maschinenöle über 5,5 Visk. bei 50°C.

Name	Provenienz	Spez. Gewicht	Flammpunkt	Brennpunkt	Viskos. bei 50°C	Viskos. bei 100°C	Stockpunkt 0°C	Bemerkungen
Valvoline	amer.	0,879	218	—	6,56	—	0	
Nobel I.	russisch	0,908/9	204/6	245/50	6,8	—	—15	
Bakuin Ia Ia	,,	0,909/11	220	250	9	—	—6	
Liasonoff	,,	0,9088	206	—	6,4	—	—15	
Nobel 00	,,	0,912/15	225/30	255	16	2,5	—1	
Vega vacuum	rumän.	0,9297	210	—	10,2	—	—11	

Analysen-Tabelle einiger handelsüblicher Öle (Fortsetzung).

Name	Provenienz	Spez. Gewicht	Flammpunkt	Brennpunkt	Viskos. bei 50° C	Viskos. bei 100° C	Stockpunkt 0° C	Bemerkungen
*New York red engine	amer.	0,939	185	230	6,64	—	—11	
*Sun red Stock	„	0,950	230	270	14,1	2	— 4	
*Mazout	—	0,917	211	—	15	—	+ 2	
*Waggonöl	amer.	0,944	185	—	12	—	— 1	
P₉ a	galiz.	0,912/20	205/10	250/60	6/6,5	—	+ 2,5	7% Teer
B Arsenal	„	0,919	218	—	7	—	+ 8	
*Maschinenöldestillat	rumän.	0,930	193	—	5/6	—	— 7	
„	„	0,938	195	—	7/8	—	ca. 0	
„	„	0,941	198	—	7/8	—	— 4	
„	„	0,937	188	—	6,5	—	— 3	
*Rohpakura A 3	„	0,921	217	—	14,6	—	—	
*Kältebeständ. Destillat v. Limanova	galiz.	0,907	195	—	8/9	—	— 9	
Lepenau	deutsch	0,950	135	—	7/9	—	—15/—5	Eisenbahnachsenöl

Helle Zylinderöle.

Name	Provenienz	Spez. Gewicht	Flammpunkt	Brennpunkt	Viskos. bei 50° C	Viskos. bei 100° C	Stockpunkt 0° C	Bemerkungen
Continental	amer.	0,889	270	312	17,2	3,05	—	
Cosmos filtrat	„	0,887	265	308	16,9	2,97	—	
Steam refined C. T.	—	0,8886	276	319	20,4	3,23	—	
FFF Valve	amer.	0,890	293	344	28,6	4,06	—	
*Toledo	„	0,901	290	335	—	3,56	+15	

Kennzeichnung der Schmiermittel nach Herkunft und Verarbeitung.

Dunkle Zylinderöle.

Steam refined A.	amer.	0,8989	289	342	27,5	3,99	—	Asph.-Äth.-Alkoh.1,1%, Benzin 0,03%
N	amer.	0,9032	304	356	34,9	4,55	—	Asph.-Äth.-Alkoh.1,6%, Benzin 0,04%
Locomotive	"	0,9033	319	366	45,3	5,5	—	Asph.-Äth.-Alkoh.1,8%, Benzin 0,05%
Extra LL	"	0,915	334	378	ca. 100	8,65	—	Asph.-Äth.-Alkoh. 1,0%
Quadruple	russisch	0,925/35	265	310	35	ca. 3,5	—	
Viscosine 7	"	0,925	300	—	—	7/8	+3	
" 10	"	0,930	330	—	—	10	—	
D.-B.	galiz.	0,972	274	—	38,3	3,48	—	
*Zylinderöl	rumän.	0,960	220/40	—	—	3/4	+5	
* "	"	0,960	240/60	—	—	3/6	—	
*Rückstandsöl	deutsch	0,968	270	—	—	3,5	+25	nach v. Dallwitz
* "	"	0,967	237	—	—	6,5	+10	nach v. Dallwitz

Diverse nicht aus Erdöl gewonnene Öle.

*Braunkohlenfettöl	—	0,895/905	110/130	—	2/2,5 b.20°	—	ca. 0	enthält wenn raff. kein Kreosot, sonst 1—2%
*Schweltheeröl	—	1,118	130	166	2,0 b. 50°	—	—	enthält wenn raff. kein Kreosot, sonst 1—2%
*Braunkohlenöldestill.	deutsch	0,978	172	194	8,45	—	—	Benzinasph. 1,08%, Äth.-Alk.-Asph. 1,04%
*	"	1,0074	171	189	6,12	—	—	Benzinasph. 0,64%, Äth.-Alk.-Asph. 1,12%
*	"	1,0072	175	196	—	5,2 b. 20°	—	Benzinasph. 0,46%, Äth.-Alk.-Asph. 0,24%
*	"	0,9409	178	195	4,69	—	—	Benzinasph. 1,90%, Äth.-Alk.-Asph. 0,44%
*	"	0,9910	141	159	2,70	—	—	Benzinasph. 0,94%, Äth.-Alk.-Asph. 0,24%
Anthrazenteeröl	—	1,098	94	115	1,34	—	—	

220   Verwendungszwecke und Auswahl der Schmierstoffe.

Analysen-Tabelle einiger Spezialöle.

Verschiedene Spezialöle.

Name	Spez. Gewicht	Flamm-punkt	Brenn-punkt	Viskos. bei 20°C	Viskos. bei 50°C	Viskos. bei 100°C	Stock-punkt 0°C	Bemerkungen
Dampfturbinenöl	0,875	225	290	16,5	3,3	—	—	
Kompressorenöl	0,898	180	225	13,0	3,25	—	—	
Elektromotorenöl	0,870	210	240	—	3,21	—	—	
Zentrifugenöl schwer	0,905	200	230	—	3,01	—	—	
*Transformeröl amer.	0,869	184	—	5,32	—	—	−2	0,0043% SO₃ Teerzahl 0,05%
Transformatorenöl V 747	0,890	165	206	7,5	—	—	—	
„ V 825	0,881	152	195	4,5	—	—	—	
Stanzöl	0,877	130	—	3,04	—	—	+5	
Werkzeugöl I	0,9033	181	—	11,2	—	—	0	
„ II	0,8907	168	—	6,03	—	—	+2	
Voltol Gleitöl GF	0,896	170	212	—	4,5	—	—	
Dynamoöl extra rot	0,880	210	240	—	4,45	—	—	
Gasmotorenöl I (gelb)	0,910	215	245	—	5,23	—	—	
Turbinenöl extra (rötl.)	0,872	220	262	—	4,10	—	—	
Ossag-Dieselmotoren-Lageröl	0,908	200	245	—	6,5	—	—	
Hochdruckkompr.-Öl	0,888	260	310	—	20,0	3	—	
Dieselmotorenöl I für Zylind. u. Luftpumpe	0,913	237	276	—	12,3	—	—	
Dieselmotorenöl II für Lagerschmierung	0,907	206	240	—	6,64	—	—	
Kraftöl I	0,935	185	220	40	5,7	—	−8	
„ extra	0,940	187	222	55	6,8	—	−8	
„ 112	0,949	200	235	—	12	—	—	
*Standmotorenöl	910/940	190	230	—	9/10	—	−8	
*Umlaufmotorenöl	910/940	190	230	—	32/37	ca. 8	−4	
*Autoöl, dünnfl.	910/920	180/190	—	—	6/7	—	−5/−10	
„ mittel	910/920	200	—	—	9,5/10	—	ca. 6	
„ dickfl.	900/910	220	—	—	12/14	—	—	
„ extra dick	900/910	225	—	—	ca. 15	—	—	

Kennzeichnung der Schmiermittel nach Herkunft und Verarbeitung.

Eigenschaften der Öle, geordnet nach Verwendungszwecken.

Handelsname oder Bezeichnung	Verwendung an Maschinen usw. und Bedingungen	% Kompoundier.	Spez. Gewicht	Engler-Viskosität	bei °C	Flammpunkt	Stockpunkt	Bemerkungen
Zylinderöl I Sattdampf	Dampfmaschinen, mittlerer Druck, ohne Überhitzung	5	890/906	ca. 5/6	100	320	+7	
Zylinderöl II Heißdampf	Dampfmaschine, hoher Druck, Überhitzer	—	906	ca. 6	100	332	—	
Zylinderöl III Sattdampf komp.	Dampfmaschine, geringer Druck, kein Überhitzer, komp.	3/5	897/903	ca. 3,5	100	285	—	
Maschinenöl schwer	Sehr schwere heiße Lager, Fahrstuhlöl	—	909	ca. 5/6	50	230	+4	
Maschinenöl schwer	Schwere Lager, geringere Belastung	—	903/906	ca. 4	50	205	+2	
Maschinenöl schwer u. komp.	Schwere Lager, normale Belastung	5	903/909	3/4	50	203	+1/+2	
Maschinenöl mittel	Mittlere Lager, Pumpenzirkulation, Preßöler, Tropföler	5	880/885	3,2/3,5	50	200	0	
Kurbelgehäuse schwer	Dampfmaschine	—	895	ca. 2,7	50	225	−1	
" mittel	"	—	885	ca. 2,5	50	205	−2	
" leicht	"	—	865	ca. 2	50	200	−3	
Turbinenöl schwer	Große Dampfturbine	—	872	ca. 3,3	50	215	−6,5	
Turbinenöl leicht	Kleine Dampfturbine	—	865	2,7	50	200	—	
Kompressorenöl einstufig	Luftkompressoren, einstufig	—	895	ca. 15	50	255	+13	
Kompressorenöl leicht	Luftkompressoren, zweistufig	—	875	3,5/6,0	50	215	−5/−6	
Eismaschinenöl	Ammoniakkompressoren, zweistufig	—	890/897	ca. 6 / ca. 2	20 / 50	175/180	−20	

Eigenschaften der Öle, geordnet nach Verwendungszwecken (Fortsetzung).

Handelsname oder Bezeichnung	Verwendung an Maschinen usw. und Bedingungen	% Kompoundier.	Spez. Gewicht	Engler-Viskosität	bei 0°C	Flammpunkt	Stockpunkt	Bemerkungen
Dynamoöl schwer	Große Dynamos, Motoren und Ringschmierlager	—	872	3,3	50	215	—7	
„ mittel	Mittlere Lagermotore, Ringschmierlager	—	865	ca. 2,8	50	200	—	
„ leicht	Kleinere Motore, 1,3 bis 5 PS, kleine Ringschmierlager	—	889	ca. 2	50	175	—8	
Dunkles Maschinenöl	Gewöhnliche Lager mit geringer Geschwindigkeit	—	880	ca. 6	20	165	—9/—15	
Dunkles allgemeines Maschinenöl	Hebezeuge, leichte Aufzüge, allgemeine Maschinen kalt laufend	—	909/920	4,5	50	180/200	+5	
Dunkles allgemeines Maschinenöl mittel	Werkzeugmaschinen mit Druckpressen, große Drehbänke	—	897	ca. 2,8	50	180/195	0	
Spindelöl	Leichte Maschinen, Spinnmaschinen Automaten usw.	—	858/875	4/8,5	20	175	—10/+5	
Webstuhlöl	Webstuhlöl, hohe Geschwindigkeiten, mittleres Gewicht	5 5/10	ca. 890/900 885	3,5/4,5 3,5	50 50	180/190 180	—	
Gasmaschinenöl	Gasmaschinenzylinder, Spritz- und Preßölung, Schmierung von Gasoline-, Auto- und Zugmaschinen	—	909	6/7 Großgasmaschine 8/9	50 50	215	—	

2. Emulgierbare Öle und Fette.

Emulgierbare Öle und Fette sind durch Seifen, Sulfosäuren, Schwefelsäureester oder Alkohol emulgierbar gemachte Öle und Fette aus den Gruppen I—IV, die weniger zur Schmierung, meist als Kühl- und Rostschutzmittel dienen. Sie sollen frei von Ammoniak, völlig frei von Mineralsäuren sein und müssen, mit der neunfachen Menge Wasser gemischt, beständige Emulsionen ergeben.

d) Graphitschmiermittel

sind solche der Gruppen I—III und V, denen natürlicher oder künstlicher Graphit beigemengt ist. Der Graphit darf nicht körnig sein und keine schleifenden Bestandteile enthalten.

Auf den Seiten 216—222 finden sich einige Ölanalysen tabellarisch geordnet, aus denen die Charakteristik der diversen Öle zu entnehmen ist. Ein großer Teil dieser Tabellen sind dem Englerschen Werke „Das Erdöl" Band 5 entnommen; indessen sind auch einige Analysen amerikanischer, galizischer, rumänischer und deutscher Öle, die sich gut bewährten, angeführt resp. eingefügt. (Diese Öle sind mit einem * bezeichnet.)

b) Besprechung der einzelnen Bedingungen bei speziellen Verwendungszwecken.

Wenn es auch nicht möglich ist, aus den Analysendaten allein ein Urteil für die Eignung eines Öles für einen speziellen Verwendungszweck zu fällen, da ja neben den physikalisch und chemischen Eigenschaften noch eine Reihe von bisher noch nicht genau definierten Eigenarten der Öle berücksichtigt werden müssen[1], so mögen nachfolgend die speziellen Anforderungen und Umstände geschildert werden, die bei den zahlreichen Verwendungszwecken in Frage kommen. Sind dem Betriebsmann die Bedingungen bekannt, unter denen die Schmiermittel Verwendung finden sollen, und weiß er andererseits, was er dem einzelnen Schmieröl oder Schmierfett zumuten kann, dann wird es ihm nicht schwer fallen, bei evtl. besonderen Fällen den geeigneten Schmierstoff zu finden. Im übrigen geben die „Richtlinien" einen vorzüglichen Hinweis über die an die Schmiermittel zu stellenden Anforderungen und da diese Richtlinien von den weitesten Kreisen der Industrie als maßgebend anerkannt werden, sollen auch die nachfolgenden Ausführungen auf ihnen aufgebaut werden. Aus Raummangel unterlasse ich es, die Vorschriften, denen die Öle zum mindesten genügen müssen, hier in ihrer Gesamtheit zum Abdruck zu bringen, der Betriebsmann wird gut daran tun, die „Richtlinien" für die Auswahl und die Beschaffung seiner Schmierstoffe stets zu Rate zu ziehen.

---

[1] Marcusson: Chem. Ztg. 1923, 251 ff.

1. Zylinderöl für Lokomotiven und Dampfmaschinen.

Für die Schmierung der unter Dampf gehenden Teile der Lokomotiven und Dampfmaschinen jeder Art, also für Zylinder, Schieber, Ventile und Stopfbüchsen der Kolbenstange dienen Öle von hoher Viskosität und hohem Flammpunkt. Je nach dem Grade der Überhitzung und der obwaltenden Temperatur unterscheidet man bis 250° Maschinen, die unter Sattdampf oder Naßdampf gehen, über 250° solche, die unter Heißdampf gehen. Demgemäß unterscheidet man zwischen Naß- oder Sattdampfzylinderölen und Heißdampfzylinderölen. Die am besten geeigneten Öle dieser Art sind die pennsylvanischen, und zwar unterscheidet man nach ihrer Fabrikationsart destillierte und filtrierte Zylinderöle. Öle auf Paraffinbasis sind im allgemeinen wertvoller als diejenigen auf Asphaltbasis. Deswegen sind die rumänischen und deutschen Zylinderöle von geringerer Qualität. Die russischen Öle rangieren bezüglich ihrer Qualität hinter den amerikanischen der Oststaaten. Gelegentlich verwendete man auch Rückstandsöle, Mischungen, resp. Lösungen von Destillationsrückständen in dünneren Ölen. Dieselben bewähren sich höchst mangelhaft beim Gebrauch; die hohe Zähflüssigkeit bei normaler Temperatur fällt mit steigender Temperatur schnell ab, infolge ihrer hohen Pech- und Asphaltgehalte sind diese Öle äußerst klebrig und hinterlassen im Zylinder und an den Schiebern usw. große Mengen harter Rückstände, die zur Zerstörung der betreffenden Maschinenteile führen können. Es kommt vielfach zum Undichtwerden der Stopfbüchsen, die Gleitflächen werden von den harten Krusten abgeschliffen, Kolben und Triebwerksteile zerbrechen und selbst die Zylinderdeckel können abgesprengt werden. Die Gefahr solcher Rückstandsbildungen liegt aber mehr oder weniger bei allen Zylinderölen vor, so daß es angebracht erscheint, hierüber etwas eingehender zu sprechen.

Öffnet man nach einer gewissen Arbeitszeit den Zylinder und Schieberkasten einer Dampfmaschine, so beobachtet man in ihnen sehr häufig pechartige und kohlige Massen, welche unverändertes Öl einschließen und einen mehr oder weniger großen Gehalt an anorganischer Substanz enthalten. Meist wird man auf diese Rückstände erst aufmerksam, wenn eine ernstere Störung sich im Betriebe bemerkbar macht, oder wenn der Zylinder bereits gesprungen ist.

Die Ursachen dieser Rückstandsbildungen können sehr mannigfaltiger Art sein und liegen nicht immer klar zutage. Meist läßt sich die Rückstandsbildung auf örtliche Überhitzungen und Oxydationsvorgänge im Öl zurückführen. Man muß also nach den Umständen suchen, welche diese Erscheinungen begünstigen. Örtliche Überhitzungen werden hauptsächlich dort hervorgerufen, wo irgendwelche fremden Bestandteile in den Mechanismus hineingeraten sind. Durch grobe Fahrlässigkeit oder infolge mangelhafter Wartung der Maschine gelangen Staub, Sand oder Schmutz in den Zylinder und das Getriebe, bilden mit dem zähflüssigen Öl ein inniges Gemenge, welches alsdann eine Erhöhung der Reibung bewirkt. Gesteigerte Reibung ist aber mit Temperaturerhöhung der Zylinderwandungen verbunden, und bei Gegenwart von Wasserdampf oxydiert und verkohlt das Schmieröl besonders schnell. Denkbar ist es natürlich auch, daß, selbst wenn keine außerhalb des Öles liegenden Gründe vorhanden, auch ein sonst ganz normales Öl zu Rückstandsbildung Veranlassung geben kann. Durch die dauernde Einwirkung der hohen Temperaturen, durch den überhitzten Dampf werden die leicht siedenden Anteile des Öles nach und nach verflüchtigt, während eine immer zähflüssigere und kohlenstoffreichere Masse hinterbleibt. Durch Oxydation und Polymerisation verwandeln sich dann die zähflüssigen Massen allmählich in mehr oder weniger harte kohlige Produkte, wobei das Metall der Lager, mit dem ja das Öl in ständige Berührung kommt, als Katalysator bei der Oxydation wirkt. Wenn man bedenkt, daß dieser Vorgang fortlaufend stattfindet und die Einwirkung des stark überhitzten Wasserdampfes auf das über eine große Oberfläche verteilte Öl einwirkt, und daß bei ununterbrochenem Betriebe die an und für sich sehr geringen Mengen der gebildeten Ölrückstände sich häufen und zu größeren Aggregaten sammeln, ergibt sich die Notwendigkeit, in nicht allzu großen Abständen Zylinder und Kolben nachzusehen und gegebenenfalls gründlich zu reinigen. In den allermeisten Fällen jedoch ist die eigentliche Ursache der Rückstandsbildung nicht im Öl zu suchen, denn die Auffindung von anorganischen Bestandteilen im Rückstand und ihre genaue Untersuchung gibt meist einen Hinweis für ihre wahre Entstehungsursache. In sehr vielen Fällen findet sich Eisenseife, zuweilen auch Sand und andere, dem Öle wesensfremde Bestandteile, z. B. Salze, die aus dem Kesselwasser herrühren.

Trotz alledem ist die Qualität des Öles von großer Bedeutung für die Rückstandsbildung, da die Neigung zum Oxydieren und der damit verbundenen Abscheidung von asphaltösen Substanzen bei den verschiedenen Ölen außerordentlich stark differiert. Zur Beurteilung dient die Feststellung des Gehalts an in Normal-Benzin unlöslichem Asphalt. Je kleiner der Asphaltgehalt, um so widerstandsfähiger ist das Öl gegen oxydative Einflüsse. Als

Maß für den zulässigen Gehalt an Asphalt geben die ,,Richtlinien" für Sattdampfzylinderöl nicht über 0,5%, für Heißdampfzylinderöl nicht über 0,1% an. Der Aschegehalt soll bei den genannten Ölen nicht über 0,1% steigen. Die Intensität der Zersetzung wächst mit der Temperatur des überhitzten Dampfes, demnach muß das Öl diesen Temperaturen angepaßt sein. Es müssen also für Heißdampfzylinder Öle hoher Fraktion, d. h. mit hohem Flammpunkt verwendet werden. Zu den Sattdampfzylinderölen rechnet man solche mit einem Flammpunkt nicht unter 240° bis etwa 260°, für Heißdampfzylinderöle sollte ein solches mit einem Flammpunkt nicht unter 260°, möglichst jedoch der Dampftemperatur angepaßt gewählt werden; d. h. der Flammpunkt kann bis 40° niedriger als die Temperatur des überhitzten Dampfes, gemessen beim Eintritt in die Maschine, sein. Nach den Untersuchungen von Hilliger und Heimpel[1] liegt die Gefahr einer Verbrennung oder gar Explosion von niedrig flammenden Ölen im Zylinder nicht vor, da ja der notwendige Sauerstoff fehlt und die Flammpunkte bei den im Zylinder herrschenden Verhältnissen ganz andere sind. Bekanntlich ist der Flammpunkt von der Siedetemperatur abhängig und diese wiederum von dem vorherrschenden Druck. Über die Einzelheiten der im Zylinder obwaltenden Verhältnisse sind unsere Kenntnisse bisher gering. Praktische Versuche haben allerdings erwiesen, daß auch Öle mit niedrigerem Flammpunkt als die Dampftemperatur bei gleichmäßiger und ausreichender Ölzufuhr lange Zeit ohne irgendwelchen Nachteil verwendet werden können.

Von großer Bedeutung und mit dem Flammpunkt in naher Beziehung stehend ist die Verdampfbarkeit. Bei Berücksichtigung der im Zylinder obwaltenden Verhältnisse ist es offenbar, daß gute Zylinderöle möglichst geringe Verdampfbarkeiten aufweisen müssen, da sonst große Verluste entstehen. Zur Bestimmung der Verdampfbarkeit wird das Öl mehrere Stunden lang bei 100° in einer flachen Schale, so daß Luft reichlich zutreten kann, erhitzt und die Gewichtsabnahme bestimmt. Vorteilhaft ist es, anschließend das in Benzol Unlösliche festzustellen, um daraus ein Maß für die Zersetzlichkeit bzw. die Neigung zur Rückstandsbildung zu gewinnen. In den Bedingungen der Staatsbahnen wird eine Abnahme von nicht mehr als 0,2% bei Erwärmen auf 200°, zwei Stunden lang, verlangt. Die Flüchtigkeit und Verdampfbarkeit ist von besonderer Bedeutung bei Heißdampfmaschinen, die mit Kondensation arbeiten, weil hinter dem Kolben

---

Z. für Dampfkessel 1915, Heft 12.

ein Vakuum erzeugt wird, wohinein die Öle destillieren können, was zur Folge hat, daß der Zylinder selber ölfrei wird, d. h. dann ohne Schmierstoff ist. Auch wenn der Zylindermantel beheizt, also stark erhitzt wird, sind Öle von besonders hohem Flammpunkt erforderlich. In diesen Fällen hat sich der Zusatz von Kolloid-Graphit, besonders in der Einlaufperiode gut bewährt.

Auf Grund von Forschungen über die Oberflächenspannung und des damit verbundenen Anhaftvermögens der Öle, sowie auf Grund von praktischen Erfahrungen setzt man den Zylinderölen sehr häufig bis zu 5% fettes Öl, Knochenöl oder Talg hinzu. Sehr günstig für die Schmierwirkung und die Beständigkeit des Ölfilms ist ein Zusatz des Voltols, welches in der Wasserdampfatmosphäre emulgiert. Die Wirkung dieser an und für sich geringfügigen Fettzusätze läßt sich folgendermaßen erklären: durch den Zutritt des Wasserdampfes tritt eine teilweise Spaltung des Fettes in Fettsäure und Glyzerin ein und, wie bereits früher erwähnt (S. 172), bewirkt die Gegenwart von freien Fettsäuren eine Herabsetzung der Oberflächenspannung. Die kapillaren Kräfte zwischen Öl und Metall werden stark erhöht und damit auch das Adhäsionsvermögen, was bei der hier vorliegenden halbflüssigen Reibung von ganz besonderer Bedeutung ist. Die gleichzeitig einsetzende geringfügige Verseifung veranlaßt die Bildung einer sehr feinen Emulsionsschicht zwischen Öl und Wasser, welche Zylinder- und Kolbenwand gleichmäßig bedeckt. Mit der Ausbildung einer solchen möglichst dünnen, aber gut haftenden Ölschicht ist die Schmierwirkung und die Ökonomie der Schmierung aufs engste verknüpft. Man will auch beobachtet haben, daß die Rückstandsbildungen bei kompoundierten Ölen weicher sind und sich leicht von den Metallwandungen loslösen.

Neben diesen Vorzügen darf allerdings nicht ein Übelstand übersehen werden, der darin besteht, daß mehr oder weniger größere Mengen freier Fettsäuren auftreten, die das Metall angreifen. In der Tat findet man in gebrauchten Zylinderölen nicht unbeträchtliche Mengen Eisenseifen. Während bei guten Ölen die Säurezahl nicht über 1,4 betragen soll, kann bei gebrauchten Ölen, die wieder in Betrieb genommen werden, eine Säurezahl bis zu 5 geduldet werden, ohne daß man ernstlich eine Schädigung zu befürchten hätte. Ein weiterer Nachteil der kompoundierten Zylinderöle, deren Säurezahl ebenfalls 5 nicht übersteigen soll, ist, daß bei Maschinen, die mit Oberflächenkühlung arbeiten, das im Wasser emulgierte Öl in den Kessel gelangt, sich als Fettschlamm absetzt und zu unangenehmen

Störungen führen kann. Die starke Emulgierbarkeit macht eine wirksame und weitgehende Wiedergewinnung des gebrauchten Öles schwierig.

Statt der teuren Zylinderöle verwendet man seit einigen Jahren manchen Orts die sog. Emulsionszylinderöle. Das von Langer[1] erfundene Verfahren wird von der Deutschen Petroleum A. G. verwertet und ist von Hilliger[2] ausführlich beschrieben worden. Durch Mischen von Naßdampfzylinderöl — gewisse Provenienzen eignen sich besonders gut — mit gesättigtem Kalkwasser erhält man überaus beständige Emulsionen mit einem Wassergehalt von ca. 50%, die nicht nur wirtschaftlich, sondern auch technisch große Vorteile bieten. Die Wirkung dieser Emulsionsöle ist auf die sehr feine Ölverteilung zurückzuführen und auf die Abkühlung infolge der Wasserverdampfung. Man kann die Emulsionsöle bei Überhitzungen bis zu 500° verwenden, eine nachteilige Wirkung des Kalkgehaltes ist nicht zu befürchten, da ja der Gehalt an CaO unter 0,06% bleiben muß. Auch Rückstandsbildung hat man im Zylinder selten beobachtet. Von besonderer Wichtigkeit ist selbstverständlich die Beständigkeit der Emulsion, und wenn die Zylinderöle nicht selbst gewisse saure Anteile besitzen, gelingt es durch Zusatz von Fettsäuren, Voltol, Montanwachs oder Wollfett (Engl. Pat. 232 259), dem Kalkwasser Gelegenheit zur Seifenbildung zu geben, die dann ihrerseits als Emulgator wirkt. Die Emulsion soll eine nicht allzu hohe Viskosität besitzen und wird in eigens hierfür konstruierten Zähigkeitsmessern mit besonders weiter Ausflußöffnung bestimmt[3].

Zurückkommend auf die eigentlichen Zylinderöle, sind die Zähflüssigkeiten, welche man fordert, für Sattdampfzylinderöl 2,5—6 Englergrade bei 100°, für Heißdampfzylinderöle 3—6 Englergrade bei 100°. Öle, die bei gewöhnlicher Temperatur allzu zähflüssig sind, sind insofern nicht geeignet, da sie nur schwer aus den Schmieröffnungen herausfließen und nur bei Druckschmierung Verwendung finden können. Es ist ferner zu bedenken, daß bei den hohen, an den Kolbenwandungen herrschenden Temperaturen die Differenz der Zähflüssigkeiten der verschiedenen Öle nur unwesentlich voneinander abweichen. Über die Eigenschaften der Zylinderöle mit besonderer Bezugnahme auf ihre Herkunft gibt nebenstehende Tabelle ein klares Bild.

---

[1] D. R. P. 322 587.
[2] Z. V. D. I. **65**, S. 248; ferner in der Eisenbahntechn. Rundsch. 1922, S. 469; Erdöl u. Teer 1925, S. 11.
[3] D. R. P. 455 324, 432 683, 429 551.

Besprechung der Bedingungen bei speziell. Verwendungszwecken.

Herkunft	Spez. Gew. bei 15° C	Flammpunkt i. o. T.	P. M	Viskosität b. 50°	bei 100	Hart- asphalt %	Asche %
Pennsylvanien	0,904	295	279	32,2	4,0	0,08	0,11
	0,898	304	288	42,0	4,8	0,10	0,10
	0,904	317	292	46,2	5,1	0,10	0,11
	0,906	314	300	52,1	5,7	0,08	0,01
	0,911	323	291	58,3	6,1	0,12	0,06
Mid-Continent	0,931	285	270	49,3	4,4	0,30	0,18
	0,921	301	278	40,0	4,6	0,43	0,10
	0,927	278	—	58,3	5,2	0,70	0,19
	0,938	257	243	67,0	6,0	0,25	0,15
Kalifornien	0,945	231	—	25,3	2,7	0,44	0,22
	0,901	310	—	39,6	4,3	0,16	0,13
Rumänien	0,958	250	235	33,5	3,6	0,24	0,15
Rußland	0,926	270	256	—	3,6	0,13	0,10
	0,926	300	288	—	7,1	0,17	0,10
Deutschland	0,954	270	263	31,8	3,4	0,21	0,11
	0,959	290	262	44,6	4,0	0,50	0,05

Aus Ehlers: Schmiermittel. Leipzig: Otto Spamer 1928.

Nach der Art der Maschine, speziell unter Berücksichtigung, ob es sich um solche mit Ventilsteuerung oder um Schiebersteuerung handelt, ist die Ölauswahl zu treffen. Bei Maschinen mit Schiebersteuerung müssen besonders gute Öle gewählt werden.

Eine in der Praxis beliebte Probe zur schnellen Beurteilung des Öles ist die sog. Fettfleckprobe. Man gibt einen Tropfen Öl auf ein gehärtetes Stück Filtrierpapier und beobachtet im durchfallenden Lichte. Reine Zylinderöle geben ein klares und gleichmäßiges Bild. Rückstandsöle zeigen viele wahllos verteilte schwarze Punkte, die von nicht gelösten kohle- und asphaltartigen Teilchen herrühren.

Bezüglich des Ölverbrauchs mögen einige Zahlen folgen, die Götze [1] angibt. Der Verbrauch an Dampfzylinderöl liegt zwischen 2,5 bis 4 g auf 10000 qm der von dem Kolben im Zylinder durchlaufenen Gleitfläche. Die oberen Werte kommen bei kleineren Maschinen mit Schiebersteuerung und nassem Dampf, die unteren bei großen Verbundmaschinen mit Ventilsteuerung in Frage. Auf Krafterzeugung berechnet verbraucht man 0,24 g Zylinderöl je Pferdestärke und Stunde.

Neben der Qualität des Zylinderöles kommt auch die Art der Ölzufuhr in Frage. Für die Zylinderschmierung empfiehlt Falz [2] die sog. Hubtakt-Aussetzerschmierung, wobei das gesamte Öl nur dem Kolben, und zwar zwischen den Ringen zugeführt wird, so daß sich die Schmierung nur auf die reibenden Teile erstreckt, wo-

---

[1] Z. V. d. I. 1920, S. 286. [2] Grundzüge der Schmiertechnik.

durch jede Ölverschwendung vermieden wird. Und zwar erfolgt die Zufuhr in der Nähe der Zylinderenden, am besten von oben her, durch eine besondere Schmierpumpe für jedes Zylinderende, wobei die Pumpen zwangsläufig miteinander verbunden sind. Auf enge und nicht allzu lange Ölleitungen lege man besonderen Wert. Schließlich möge noch erwähnt sein, daß die Tragflächen der Kolben und Kolbenringe keilförmig und schlanke Abrundungen besitzen sollen, damit ein möglichst verschleißloser Betrieb und jegliche Ölverschwendung vermieden wird.

2. Öle für Zylinder der Explosionsmaschinen.

Wesentlich anders als bei den mit Dampf betriebenen Maschinen liegen die Bedingungen für die Schmierung der Zylinder von Explosionsmotoren jeglicher Art, nämlich von Großgasmaschinen, Dieselmotoren, Auto- und Flugzeugmotoren. Herrschen in den Heißdampfzylindern Temperaturen von 300—350°, so steigen die Temperaturen im Zylinder der Verbrennungsmotore bis auf 1400° im Augenblick der Explosion, sinken aber im Stadium der Expansion bis auf ca. 300°. Infolgedessen müssen alle die mit den heißen Gasen in Berührung kommenden Maschinenteile durch geeignete Luft- oder Wasserkühlung dem Einfluß der Hitze möglichst schnell entzogen werden, da sie sonst zu schnell zerstört werden würden. Infolge der im Zylinder herrschenden hohen Temperatur verbrennt der Teil des Öles mit dem Verbrennungsstoff, welcher vom Kolben abgestreift in den Explosionsraum eintritt oder sonstwie aus der Zone der gekühlten Wandungen entfernt wurde. Erfolgt die Ölverbrennung nicht vollkommen, so liegt der Grund darin, daß die hohe Temperatur nur so kurze Zeit anhält und daß der Sauerstoff zur Verbrennung nicht ausreiche. Von großem Einfluß ist hierbei auch die Qualität des Öles. Reine Mineralöle verbrennen besser und vollständiger als fette Öle. Aus diesem Grunde verwendet man selten kompoundierte Öle. Sehr zähflüssige Öle nach Art der Zylinderöle sind für diese Schmierung ebensowenig geeignet infolge ihres hohen Kohlenstoffgehaltes, ihres hohen Flammpunktes und ihres Gehalts an Asphalt, denn sie verbrennen nur schwierig. Es ist nämlich in Betracht zu ziehen, daß die Zylinderwandungen durch die Kühlung selten Temperaturen annehmen, die hoch über 150° ansteigen, so daß diese hochviskosen Öle den Verhältnissen absolut nicht angepaßt wären. Auch die Geschwindigkeit der Bewegung ist meist sehr viel größer als im Dampfzylinder. Ungeeignete Öle geben daher Veranlassung zur Bildung halbverbrannter Produkte und zur Abscheidung kohliger Rückstände. Die unvollständige Verbrennung der Öle im Explosionszylinder erkennt man durch das Auftreten sehr übelriechender, bläulich gefärbter Verbrennungsgase aus dem Auspuffrohr. Wenn sich Rückstände im Kolben ansetzen, so geschieht dies häufig in den Ventilsitzen, wodurch diese versagen. Harte Rückstände im Kolben verursachen ein Abschleifen der Zylinderwandungen und geben Veranlassung zu weiteren unliebsamen Betriebsstörungen. Es hat sich nun gezeigt, daß sich für diese recht empfindlichen Zwecke mäßig viskose und nicht zu kohlenstoffreiche Raffinate am besten bewährt haben. Während das Öl einerseits mindestens so viskos sein muß, daß es bei den an der Zylinderwand herrschenden Temperaturen an dieser noch haften muß, müssen andererseits die beim Abstreifen von den Kolbenringen in den Explosionsraum gelangenden Schmierölmengen restlos verbrennen. Man wählt daher für Explosionszylinder zumeist gut raffinierte Öle, mit einer Viskosität von 6—8 E bei 50^0, nicht unter 4 E bei 50^0 und einem Flammpunkt von etwa 200^0. Unter 180^0 soll der Flammpunkt keinesfalls sein, denn die niedrig siedenden Anteile können leicht zu unliebsamen Frühzündungen Veranlassung geben. Aus diesem Grunde ist auch die Feststellung des Flammpunktes nach Pensky-Martens erwünscht, um eben derartige Verunreinigungen feststellen zu können. Für die Auswahl der Viskosität müssen folgende Punkte berücksichtigt werden: Dimension des Zylinders, Anzahl der Explosionen in der Minute, Art der Kühlung, ob mit Wasser oder mit Luft. Raschlaufende, luftgekühlte Motore verlangen ein viskoseres Öl als langsam laufende mit Wasser gekühlte Maschinen; einzylindrige Motoren beanspruchen hinwiederum zähere Öle als mehrzylindrige. Schmieröle mit niedrigem Flammpunkt geben infolge Verdampfung und Verbrennung auf den Laufflächen der Zylinder einen erhöhten Verbrauch, was eine Verschwendung bedeutet. Auf die Mängel der allzu viskosen und hochflammenden Öle wurde bereits hingewiesen.

Das Öl muß selbstverständlich säurefrei sein (bei Dieselmotoren Säurezahl nicht über 0,6, wenn Raffinate verwendet werden, nicht über 2,0 bei Destillaten, nicht über 5,0 bei gefetteten Ölen, bei Automotoren: Säurezahl 0,2 für Raffinate, bei Last- und Pflugmotoren 0,5, Fliegeröl nicht über 0,2). Auch Asche darf im Öl nicht vorhanden sein. Die Grenze beträgt 0,02%.

Ein zu hoher Gehalt an freien Fettsäuren ist die Ursache zur Bildung von Metallseifen, die ihrerseits zu Rückständen im Zylinder führen. Die Forderung der Aschefreiheit ist darin begründet, daß man festgestellt hat, daß Öle, z. B. gewisse amerikanische, mit einem Gehalt von 0,1—0,2% zu sehr unangenehmen Störungen im Betriebe geführt haben. Nach Marcusson[1] fand sich in einem Wasserstoffkompressor eine Ölkohle folgender Zusammensetzung:

6% Mineralöl,
14% chloroformlösliche unverseifbare Asphaltene,
63% größtenteils chloroformunlösliche Asphaltogensäuren,
27% Asche Na_2CO_3 und SnO_2.

Diese Rückstände stammten aus einem Texasraffinat:

Spez. Gewicht 0,938,
Säurezahl 0,5,
Verteerungszahl 0,8,
Asche 0,16%,
entsprechend einem Seifengehalt von 0,7%.

Ein Kriterium für die Eignung der Raffinate, um in Explosionsmotoren Verwendung zu finden, ist auch die Höhe der Teerzahl, woraus die Neigung zum Verharzen erkannt werden kann. Die pennsylvanischen und russischen Öle haben meist niedrige Teerzahlen, während die Midcontinentöle, die westlichen amerikanischen, sowie die deutschen Öle meist höhere Teerzahlen aufweisen. Bei einem guten Öl soll die Teerzahl nicht über 0,25 sein. Öle auf Paraffinbasis geben meist harte koksartige Ablagerungen, während naphten- und asphaltbasische Öle weiche, flockige Rückstände geben, die leicht mit den Auspuffgasen herausgerissen werden[2].

In Amerika wird zur Beurteilung der Explosionszylinderöle und ihrer Neigung, kohlehaltige Rückstände im Zylinder zu bilden, der sog. Conradson-Test verwendet (s. S. 124). Je geringer der Conradson-Test, um so besser das Öl. Nachstehende Tabelle zeigt die Werte bei guten amerikanischen und polnischen Ölen[3].

Viskosität bei 50°	amerik. Autoöl	poln. Autoöl
4—5	0,10	0,08
7—8	0,35	0,25
13—14	1,20	0,20 Rückstandsöl 1,10
17—18	1,75	1,80

Öle, welche Graphit enthalten, sind für Explosionsmotoren weniger geeignet, da der Graphit schwer verbrennbar ist und mithin zu Rückstandsbildung Veranlassung gibt.

Von gewisser Bedeutung ist schließlich auch der Stockpunkt der Öle. Bei Motoren, welche im Freien arbeiten, speziell bei Automobilen und Flugzeugen, ist ein niedrig stockendes Öl unbedingt zu fordern. Für Dieselmotoren, Kleingasmaschinen wird im

---
[1] C 1921 II, S. 150.
[2] Robertson u. Bewers: Oil u. Gas Journ. 1928, S. 139.
[3] Burstin S. 232.

Sommer ein Öl mit einem Stockpunkt von $+5^0$ C, für den Winter von nicht über -5^0 C verlangt. Bei Automobilen und besonders bei Flugmotorenöl können die Bedingungen je nach Bauart des Zylinders, Klima und Verwendungsort schärfer gestellt werden.

Sehr geeignet haben sich die russischen Öle allein und mit einem Zusatz von amerikanischem filtriertem Zylinderöl erwiesen.

Was nun die Zähflüssigkeit betrifft, so richtet sich diese nach der Größe der Motoren. Bei Dieselmotoren soll die Zähflüssigkeit nicht unter 4 E bei 50^0 gewählt werden. Für Automobile verwendet man im allgemeinen Öle von 3,5—8 E bei 50^0. Gelegentlich werden auch Öle mit höherer Viskosität erforderlich, doch vermeide man es, allzu große Zähflüssigkeiten zu wählen, indes für die schweren Motoren für Lastkraftwagen und Motorpflüge kommen Viskositäten bis 18 E bei 50^0 bzw. 2 E bei 100^0 und darüber in Frage, und zwar für den Sommer, für den Winter jedoch sind Öle mit 5—8 E bei 50^0 im allgemeinen ausreichend.

Es ist notwendig, darauf hinzuweisen, daß die Bildung von Rückständen nicht ohne weiteres der mangelhaften Qualität der Öle zuzuschieben ist. Sehr oft vielmehr ist die Reinheit der Verbrennungsluft bzw. der zu verbrennenden Gase oder Treiböle die eigentliche Veranlassung für die Störung. Die Gegenwart von Staub und Schmutz, die mit den Gasen in den Zylinder gelangen, begünstigen die Bildung von Ölrückständen. Vielfach enthalten die Verbrennungsgase auch Teer und schwefelhaltige Verbindungen, welche aus dem Generator herrühren, oder aber die Koksofengase sind noch staubhaltig und geben dann Veranlassung zu den obengenannten Störungen. Eine Reinigung der Verbrennungsgase vor dem Zutritt in den Verbrennungsraum ist daher durchaus erwünscht.

Die Zähflüssigkeit der für **Großgasmaschinen** verwendeten Öle ist von deren Größe abhängig. Normale Viertaktmaschinen verlangen ein Öl mit einer Viskosität von 4,5—8,5 E bei 50^0, Zweitaktmaschinen solche mit 6—8,5 E bei 50^0 und bei sehr großen Maschinen geht man mit der Viskosität herauf bis zu 15 E bei 50^0. In solchen Fällen verwendet man Mischungen von Maschinenölen mit pennsylvanischen, hellen Zylinderölen. Infolge der Verbrennung im Zylinder und der vorherrschenden, ziemlich hohen Temperaturen soll der Flammpunkt nicht unter 180^0 betragen. Das Öl muß gut raffiniert, säurefrei und frei von Asphalt sein. Nach den „Richtlinien" verlangt man:

Stockpunkt nicht über $+5^0$ im Sommer, im Winter nicht unter 0^0, evtl. niedriger;

Flammpunkt nicht unter 180^0;

Säurezahl bei Raffinaten nicht über 0,4, Destillaten 1,0, ebenso bei gefetteten Ölen 5,0, die aber selten verwendet werden; Asche nicht über 0,02.

Wichtig ist festzustellen, inwieweit die verwendeten Öle zur Neubildung von Asphalt neigen. Man macht eine Erhitzungsprobe, wobei 50 g Öl in einem offenen Erlenmeyerkolben im Ölbade 50 Stunden auf 150° erhitzt werden und dann nicht mehr wie 0,3% Asphalt aufweisen dürfen. Im allgemeinen verwendet man für Großgasmaschinen erstklassige amerikanische und russische Öle, gelegentlich auch Voltolöle.

Der Ölverbrauch schwankt bei den Großgasmaschinen in weiten Grenzen. Er beträgt für Zylinderschmierung 0,5—0,9 g pro PS/st und 0,85—1,6 g pro KW/st, für die übrige Schmierung 0,3—0,7 g pro PS/st oder 0,5—1,3 g pro KW/st, bzw. 1,5—3 g Gesamtverbrauch pro KWst. Bei diesen mit unveränderter Drehzahl laufenden Maschinen kann bei der Zylinderschmierung der Ölverbrauch auch auf die vom Kolben durchlaufene Gleitfläche bezogen werden. Dabei wurde ein Verbrauch von 3,5—5 g für 1000 qm Gleitfläche, die im Zylinder und Stopfbuchse durchlaufen wurde, gefunden [1]. Im allgemeinen ist es nicht zweckmäßig, für Zylinder und Stopfbuchsen das gleiche Öl zu verwenden, wie für die Umlaufschmierung der übrigen Maschinenteile. Eine Übersicht, welche Öle bei einer Dieselmaschine zweckmäßig verwendet werden, gibt die nachstehende Tabelle.

Qualitätsvorschriften für Schmieröl, für liegende, doppeltwirkende M. A. N.-Dieselmotoren:

Verwendung	Visk. bei 50	Flammp. P. M.	Kältebeständigkeit
Zylinder und Kolbenstange	9—12	220—240°	—5° fließend
Kurbelzapfen, Kreuzkopf-Kurbellager	7—8	220—240°	—5° fließend
Luftpumpenzylinder	4—5 bei 100°	nicht unter 300°	+8° fließend

„Die Öle sollen vollständig rein, frei von Säure, Harzen, Fetten und Wasser sein. Sie müssen sich in Benzin klar und ohne Rückstand lösen, der Gehalt an Substanzen, die durch konzentrierte Schwefelsäure zerstörbar sind, darf höchstens 6%, beim Öl zum Schmieren der Luftpumpe höchstens 5% betragen." Zweckmäßig ist es nämlich, ein „Einheitsöl" zu verwenden, indessen ist es schwierig, ein für alle Schmierarten geeignetes Öl zu wählen [2].

---

[1] Siehe auch Baum, G.: Ber. d. Schmierstelle, V. d. Eisenhüttenleute Nr. 4, 1925; Stahleisen 1926, 125.
[2] Ernst, W.: Z. V. d. I. 1924, 431.

Autoöle und Flugmotorenöle. Mit Rücksicht auf die große Bedeutung der Kraftwagen und Flugzeuge sei auf die Schmierung der hierfür in Frage kommenden Motore etwas eingehender hingewiesen. Für die verschiedenen Automotore unterscheidet man nach ihrer Viskosität folgende Qualitäten:

Autoöl	Viskosität bei 50° C
dünnflüssig	4—6 E
mittelflüssig	7—10 E
dickflüssig	12—14 E
extradickflüssig	über 14 E

Wenn man bedenkt, daß die Automobilmotore sehr schnell laufen und in ihnen eine große Anzahl (500—1000) Explosionen in der Minute erfolgen, so erklärt sich hieraus, daß es schwierig ist, selbst mit Wasser eine ausreichende Kühlung der Zylinderwände zu erreichen. Es muß daher das Öl so gewählt werden, daß es sowohl den hohen Temperaturen widersteht, als auch bei den hohen Geschwindigkeiten nicht abgeschleudert wird. Hieraus ergibt sich, daß bei den Autoölen verhältnismäßig hohe Zähflüssigkeiten verlangt werden. Mischöle sind tunlichst zu vermeiden, da sie eher zu Rückstandsbildung neigen als reine, einheitliche Fraktionen. Die Conradson-Probe (s. S. 124) gibt einen Hinweis bezüglich der Eignung des Öles. Bei luftgekühlten Motoren ist ein noch viskoseres Öl erforderlich als bei wassergekühlten. Auch übt die Jahreszeit einen nicht unbeträchtlichen Einfluß aus, so daß man im allgemeinen zwischen Sommer- und Winteröl unterscheidet. Im Sommer verwendet man zähflüssigere Öle mit hohem Stockpunkt, während im Winter dünnflüssigere Öle mit niedrigerem Stockpunkt verlangt werden. Im allgemeinen besteht bei den Verbrauchern die Neigung, ein möglichst dickflüssiges Öl zu verwenden. Das bedeutet jedoch Verschwendung, sowohl an Kraft wie an Geld. Für neue Motore ist ein verhältnismäßig dünnflüssiges Öl im allgemeinen vollkommen ausreichend und erst wenn sich die Kolben bereits ausgelaufen haben, soll man zu zähflüssigeren Ölsorten übergehen. Nicht vergessen werden darf, daß man im allgemeinen auch die übrigen Maschinenteile des Motors mit der gleichen Ölsorte zu schmieren pflegt, obwohl hierfür nicht die hohen Ansprüche gestellt zu werden brauchen, wie für die Zylinderschmierung. Man muß also die hier obwaltenden Umstände gleichfalls in Betracht ziehen und sich zu einem Kompromiß entschließen zwischen den Forderungen des Explosionszylinders und den Erfordernissen der Kurbel und Zapfenschmierung des Wagens.

Eine besondere Stellung nehmen die Öle für die Schmierung

der Umlaufmotore ein. Diese Maschinen sind dadurch gekennzeichnet, daß eine unpaare Zahl von Zylindern um eine zentral angeordnete Achse rotiert. Temperatur und Geschwindigkeit sind hier außerordentlich hoch und die Schmierstoffzufuhr erfolgt, indem das Öl mit dem Brennstoff zusammen direkt in den Zylinder eingespritzt wird. Reines Mineralöl ist hierfür weniger geeignet, weil es von dem Treibmittel, dem Benzin, gelöst wird; es kommt daher nicht zur Bildung einer schmierenden Schicht an den Zylinderwandungen und die Kolben fressen sich schnell fest. Für diesen ganz speziellen Zweck eignet sich das Rizinusöl ganz besonders; denn es hat die Eigentümlichkeit, im Benzin nahezu unlöslich zu sein. Das Rizinusöl hat eine sehr hohe Viskosität und zeichnet sich durch eine außerordentlich flache, also günstige Viskositätskurve aus. Viskosität bei 20° C 140 E, bei 50° ca. 17 E. Rizinusöl haftet gut an den Kolbenwandungen und verbrennt nahezu rückstandslos; infolge des Säuregehaltes ist allerdings die Gefahr der Rückstandsbildung immer gegeben. Die Kältebeständigkeit ist außerordentlich gut, je nach Qualität bei —10° bis —18°, so daß auch im Winter keine Störungen zu befürchten sind. Auf möglichst große Säurefreiheit muß besonders geachtet werden. In Amerika stellt man an Rizinusöl für Flugzeugmotore folgende Anforderungen:

Spez. Gewicht 0,959—0,968,
vollkommen löslich in 4 Teilen 90%igem Alkohol,
freie Fettsäuren nicht über 1,5%,
Jodzahl 80—90,
Verseifungszahl 176—187,
Unverseifbares weniger als 1%,
Flammpunkt 232°,
Stockpunkt — 17,8° C,
Harz, Harzöl und Baumwollsaatöl sollen nicht zugegen sein.

Es ist gelungen, Rizinusöl durch geeignete Behandlung in Mineralöl löslich zu machen, und für manche Zwecke werden derartige Mischungen als wertvolle Autoöle empfohlen. An Stelle von Rizinusöl können jedoch auch die elektrisch behandelten Voltolöle benutzt werden. Besonders für Umlaufmotore haben sich die Voltolöle außerordentlich gut bewährt[1], da sie wie das Rizinusöl sich durch eine sehr flache Viskositätskurve auszeichnen (s. S. 73) und widerstandsfähig gegen die lösende Wirkung des Benzins sind. Man hat ferner festgestellt, daß die Voltolöle im Aluminiumzylinder rückstandslos verbrennen. Sie geben beim Verbrennen einen feinen Ruß, der leicht aus dem Zylinder aus-

---

[1] Becher: Motorwagen **29** (1926), 187 ff.

geblasen wird. Hierbei werden zugleich die zäheren Verbrennungsrückstände des Mineralöls mit entfernt[1].

Nach Stanton[2] gibt es Mineralöle, die auch unter den Bedingungen, wie sie im Flugzeugmotor vorliegen, nämlich hohe Temperatur und hoher Druck, wirksam sind, weil auch sie in der Lage sind, einen ebenso beständigen Schmierfilm zu bilden wie das Rizinusöl. Neben dem Säuregrad des Öles und der Viskosität und Dichte sind es die bereits früher erwähnten innermolekularen Eigenschaften, die bestimmend sind für die sog. Grenzreibung, welche von der Beständigkeit allerdünnster Schmierfilme abhängig ist.

Während den Hauptanteil an der Schmierung des Automobilzylinders die Umlaufschmierung übernimmt, wobei, wie bereits erläutert, eine Zahnradpumpe das Öl aus dem Kurbelkasten ansaugt und an die zu schmierenden Stellen fördert, wird für die oberen Triebwerksteile, vor allem der Ventilschafte und der oberen Teile des Kolbens die sog. Obenschmierung angewendet. Bei der Obenschmierung werden ca. $\frac{1}{2}$—$1\frac{1}{2}\%$ des Schmierstoffes den Kraftstoffen zugesetzt, und zwar unterscheidet man zwei Sorten von Oben-Schmiermitteln:

1. solche, die neben Mineralölen ca. 50% Petroleum, fette Öle und evtl. noch Geruchsstoffe enthalten;
2. leichte Mineralöle.

Die ersten haben eine Viskosität von ca. 3—4/20 E, weswegen sie sich leicht und schnell mit dem Brennstoff vermischen. Die geringe Viskosität läßt von diesen Gemischen keinen hohen Schmierwert erwarten, dagegen soll das Petroleum lösende Eigenschaften für die im Verbrennungsraum gebildeten Rückstände besitzen. Die reinen Mineralöle dürfen nicht allzu zähflüssig sein, damit sie sich schnell und gleichmäßig im Benzin lösen. Ein Öl von 5,5 E bei 50° dürfte hier genügen. Über den Wert der Obenschmierung sind die Meinungen geteilt. Beim Einlaufen und beim kalten Motor, wenn nicht genügend Öl aus dem Kurbelgehäuse in die Zylinder gelangt, leistet die Obenschmierung sicherlich gute Dienste, jedoch bei normalem Gang dürfte die Schmierung, die durch die Bewegung der Kolben gebildet wird, völlig ausreichen. Schließlich ist es wohl als sicher anzusehen, daß ein großer Teil des Öles mit dem Brennstoff im Zylinder verbrannt wird und gar nicht zur Wirkung kommt, weswegen auch durch Obenschmierung Brennstoffersparnis sicherlich nicht erwartet werden kann.

---

[1] Holde: Kohlenwasserstofföle S. 263.   [2] Engg. 1927, 312—13.

Beim Gebrauch des Autoöles muß noch auf einen besonderen Umstand hingewiesen werden, den die Amerikaner mit „crankcase dilution", zu deutsch Autoölverdünnung, bezeichnen.

Man hat beobachtet, daß unter gewissen Umständen bereits nach kurzer Zeit das Öl im Kurbellagerkasten sich sehr stark verschlechterte, d. h. sehr dünnflüssig wurde. Es konnte festgestellt werden, daß diese Verdünnung auf eine Vermischung des Öles mit nicht verbranntem Benzin zurückzuführen ist. Diese Erscheinung tritt dann besonders auf, wenn Brennstoffe, d. h. Benzine mit einer sog. „Schwanzfraktion" verwendet wurden, und zwar besonders stark im Winter. In welchem Umfange die Verdünnung durch Benzin die Zähflüssigkeit beeinflußt, zeigt die nachstehende Tabelle.

Verdünnung in Proz.	Viskosität bei			
	20° C	50° C	50° C	50° C
neues Öl	27,5	7,5	12,0	28,0
10%	11,5	4,5	6,8	16,0
20%	7,2	3,1	3,7	6,9
30%	3,3	1,9	2,3	3,1
40%	1,8	1,4	1,5	1,8
50%	—	—	1,1	1,3

Man sieht, daß bei einer Verdünnung von 15—20% eine Abnahme der Zähigkeit auf $\frac{1}{2}$—$\frac{1}{3}$ des ursprünglichen Wertes eintritt. Während man ursprünglich glaubte, daß die Verdünnung durch die mangelhafte Dichtung der Kolbenringe verursacht wurde, so konnte später festgestellt werden, daß diese Tatsache mit der Zusammensetzung der Brennstoffe eng verknüpft ist. Im Winter, wenn die Wandungen des Zylinders verhältnismäßig kalt bleiben, werden die hochsiedenden Fraktionen des Benzins von dem Schmieröl aufgenommen und nicht mehr verbrannt. Bei warmem Kühlwasser und entsprechend wärmeren Zylinderwänden findet Verdunstung des bereits vom Öl aufgenommenen Benzins statt. Selbstverständlich wirkt die Temperatur im Kurbelkasten in ähnlicher Weise. Will man im Winter den Motor anwerfen, so ist häufiges Einspritzen von Benzin notwendig, um eine Explosion einzuleiten. Die unverbrauchten Benzinmengen vermischen sich mit dem Öl, und die Menge ist um so größer, je häufiger man versucht, den Motor anzukurbeln. Aus diesem Grunde wärme man das Kühlwasser an, um den Motor schnell zum Anspringen zu bringen[1].

Man hat nun festgestellt, daß bei normalem Betriebe sich

---

[1] Orelup u. Lee: Ind. Eng. Chem. 1925, 731; Sparrow-Eisinger: Ind. Eng. Chem. 1926, 482.

im Kurbelkasten sehr schnell ein Gleichgewichtszustand der Verdünnung einstellt. Man hat daher in Vorschlag gebracht, von vornherein ein solches Gleichgewichtsöl zu verwenden, also bereits vor Gebrauch mit der entsprechenden Benzinmenge zu verdünnen. Auf diese Weise erhält man dann ein Öl, bei dem der Motor leicht anspringt und daß, da es sich bereits im Gleichgewicht befindet, ständig eine gute Schmierwirkung aufweist. Ein solches Öl hatte z. B. ursprünglich folgende Daten:

> Viskosität bei 50 3,2 E,
> Flammpunkt 80°,
> Stockpunkt — 10.

Nach längerem Gebrauch war die Viskosität auf 2,8 gesunken. Einen Apparat, um die Ölverdünnung festzustellen, ist von Kiemstedt beschrieben worden[1].

Beim Neuauffüllen des Öles, z. B. beim Auswechseln von Sommeröl und Winteröl, oder wenn das Öl im Kurbelkasten bereits allzusehr verschmutzt ist, beachte man folgendes: Man lasse das Öl ab, wenn der Motor warm ist, und gebe nun zunächst nur 2—3 Liter frisches Öl in den Kurbelkasten und lasse den Motor dann kurze Zeit laufen. Hierdurch werden alle Teile mit frischem Öl durchgespült und von Unreinlichkeiten befreit. Auch dieses Öl läßt man nun restlos ablaufen und füllt nun erst das gesamte Quantum Frischöl ein.

Das Nachspülen mit Petroleum kann nicht empfohlen werden, weil durch die verbleibenden Reste das Öl zu sehr verdünnt würde. Selbstverständlich müssen auch die Siebe stets sorgfältig gesäubert werden.

Das Schmutzöl kann gesammelt und nach den bereits früher besprochenen Methoden gereinigt werden (s. S. 201)[2].

Eine einwandfreie Beurteilung der Autoöle auf ihre Eignung ist außerordentlich schwierig. Erwähnt wurde bereits, daß die chemischen und physikalischen Daten allein keine einwandfreien Kriterien für die Beurteilung geben, aber auch die Versuche auf der Landstraße geben stets ungleiche Zufallswerte, infolge der verschiedenen Witterungsverhältnisse, Staub, Temperatur usw. Daher sind die Prüfstandsversuche, die natürlich nur von der Fabrik vorgenommen werden können, einigermaßen geeignet, ein klares Bild zu geben. Es hat sich dabei gezeigt, daß die bekannten

---

[1] Chem. Ztg. 1929, 459; Brennstoffchem. 1926, 309.
[2] Es wird Behandlung mit Wasserglaslösung unter Zusatz von Metallresinaten und Stearinsäure empfohlen, wobei die Unreinlichkeiten niedergeschlagen werden. Das gelöste Benzin wird durch Erwärmen beseitigt. Brunt u. Schuyler-Miller: Ind. a. Eng. Chem. 1925, 416.

Markenöle kaum nennenswerte Unterschiede zeigten. Bei diesen Versuchen wird festgestellt: der Ölverbrauch, der Kraftstoffverbrauch, Motorleistung, Menge der Rückstände, Reibungsverluste bei bestimmter Drehzahl und Viskositätsverlauf. Die Proben wurden mit einem „Wanderer" 6/30 PS Motor vorgenommen[1]. Inwieweit sich das Öl im Dieselmotor und auch im Automotor chemisch ändert, läßt sich aus nachstehenden Tabellen erkennen.

Dieselmotorenöl.

	Ursprüngl. Öl	Nach dem Gebrauch	
		I	II
Spez. Gewicht . . .	0,910	0,915	0,912
Asphaltgehalt . . .	—	0,0162%	0,0219%
Flammpunkt . . .	246°	236°	238°
Säuregehalt	0,026% SO_3	0,1377% SO_3	0,122% SO_3

Autoöl.

	Süd-Texas		Pennsylvanien	
	vor	nach	vor	nach
	dem Gebrauch		dem Gebrauch	
Spez. Gewicht	0,934	0,920	0,875	0,860
Freie Kohle	0,0	0,08%	0,0	0,9%
Meilen, die der Wagen bei Gebrauch lief	1000		600	
Verbr. Schmierstoff	8%		40%	

Man beobachtet also eine Steigerung der Säurezahl, eine Vermehrung der asphaltartigen Bestandteile und eine Senkung des Flammpunktes. Über die Alterungserscheinungen der Öle soll ausführlicher bei den Turbinen und Transformatorenölen gesprochen werden. Welche Wirkungen bereits geringste Mengen Säure (0,002% SO_3) ausüben können, zeigt H. I. Young[2].

Der Verbrauch an Öl bei einem Viertaktmotor wurde zu 0,25—0,3 g pro PS bei großen Maschinen zu 0,4—0,5 g pro PS gefunden.

Eine besondere Beachtung verdient noch die Schmierung des Autogetriebes, jenes Aggregats von Zahnrädern, welche die Kraftübertragung auf die Räder und die Übersetzung der Geschwindigkeit übermittelt. Das Getriebe ist in einem geschlossenen Gehäuse eingekapselt. Dieses enthält das Schmiermaterial, welches den Boden gut bedeckt und in das die Zahnräder eintauchen.

---

[1] Lion, A.: Petr. 1930, Heft 7, Seite 9.   [2] Engg, 1927/11. 526.

Verwendet wird entweder ein zähes, hochviskoses Zylinderöl oder ein Gemisch von Naturvaseline mit einem Fett oder eine Mischung von konsistentem Fett mit einem viskosen Öl. Man verlangt von diesem Schmierstoff folgende Eigenschaften: Er darf bei dem hohen Druck, unter dem die Zahnräder übereinanderlaufen, nicht beiseite gedrückt werden und bei den großen Geschwindigkeiten nicht von den Zahnflanken abgeschleudert werden, es muß ihm also auch eine gewisse Klebrigkeit innewohnen; auch soll diese Masse das Bestreben zeigen, am Boden des Gehäuses zusammenzufließen, darf aber wiederum nicht so zähflüssig sein, daß die Reibungsarbeit unverhältnismäßig vergrößert wird[1]. Auch Grafitfett ist für das Autogetriebe sehr geeignet, denn Zahnräder und Lager bedecken sich mit Grafit, wodurch direkte Metallreibung vermieden wird. Der Grafitzusatz beträgt zumeist ca. 6—12%.

Als Getriebeöl verwendet man Öle mit folgenden Daten[2]:

Spez. Gew.	Flpkt. °C	Viskosität b. 50°	100°	20°	Farbe	Stpkt. °C	Herkunft
0,919	270	28,0	3,5	salbig	hellgr.	+ 12	penns- + midcont.
0,888	260	24,0	3,0	„	„	+ 12	pennsylvan.

Getriebefett soll einen Tropfpunkt nicht unter 85° C, einen Aschengehalt nicht über 4,0% und einen Wassergehalt nicht über 20% besitzen. Reichswehr, Reichspost und ABOAG verlangen

    Tropfpunkt nicht unter . 120°
    Asche nicht über . . . 2%
    Wasser nicht über . . . 0,5%
(s. Richtlinien).

3. Kompressorenöle.

Im Anschluß an die im Verbrennungszylinder zu verwendenden Öle soll nun über die zur Schmierung der Kompressoren von Dieselmaschinen verwendeten und über andere Kompressorenöle gesprochen werden. Auch hier handelt es sich wieder um die Schmierung eines hin- und hergleitenden Kolbens, welcher unter hohem Druck steht und hohen Temperaturen ausgesetzt ist. Somit sind die Verhältnisse denen im Dampfzylinder und Explosionszylinder nicht unähnlich. Während aber im Dampfzylinder der Einfluß des Wasserdampfes und die hohe Temperatur, beim Explosionszylinder der Verbrennungsvorgang, der plötzliche

---

[1] Deckham: Auto 14 (1926), 75 ff.
[2] Ehlers: Schmiermittel, S. 64.

Temperaturabfall für die Wahl des Öles bestimmend sind, ist bei den Kompressoren vor allem der hohe Druck, mit dem die Luft oder das Gas zusammengedrückt werden, und die damit verbundenen Temperaturänderungen zu beachten.

Wie bei den Explosionsmaschinen werden die Zylinderwandungen der Kompressoren durch Wasserkühlung auf möglichst niedriger Temperatur gehalten. Trotzdem muß man mit Hitzegraden bis etwa 500° C rechnen, zumal wenn einmal ein Ventil versagt. Normalerweise herrscht im Kompressor eine Temperatur von 100—150°. Ferner ist darauf zu achten, daß die Ölzufuhr nicht zu reichlich wird, weil sonst der Überschuß leicht zu Schmierölexplosionen führen kann, besonders wenn leicht verdampfbare Öle mit niedrigem Flammpunkt verwendet wurden. Die Luft wirkt bekanntlich auf die Öle stark oxydierend, in erster Linie auf die ungesättigten Verbindungen; durch die Erhitzung bilden sich Gemische von leichtflüchtigen Zersetzungsprodukten des Öles, die mit der erhitzten Luft leicht zur Entzündung gelangen. Gleichzeitig tritt Abscheidung von Asphalt und Kohle ein, die sich an den Kolbenwandungen, den Kolbenringen und dem Schieberkasten festsetzen und dadurch weitere Störungen veranlassen.

Verwendungsfähig als Kompressorenöle sind daher nur hochraffinierte Mineralöle von großer Reinheit. Für Kompressoren mit sehr hoher Druckerzeugung, etwa von 20—150 Atm. — solche Maschinen arbeiten meist in mehreren Stufen — werden Öle mit hohem Flammpunkt nach Art der Heißdampfzylinderöle verwendet. Der Flammpunkt dieser Hochdruckluftkompressorenöle soll nicht unter 200° liegen. Für Maschinen, die nur bis zu 20 Atm. komprimieren, verwendet man gewöhnliches Luftkompressorenöl, ebenfalls mit einem Flammpunkt nicht unter 200, nur Maschinen, die niedrige Drucke, 8 Atm. erzeugen (Hochofengebläse usw.), bedürfen eines Öles von nur 180° und darüber.

Gemischte, aus mehreren Fraktionen zusammengesetzte Öle sind nicht geeignet, ebensowenig fette Öle. Kompressorenöle sollen wegen ihrer Beständigkeit gegenüber der oxydativen Wirkung im Druckzylinder tunlichst aus einer Fraktion bestehen.

Die Zähigkeit der Kompressorenöle ist verhältnismäßig hoch zu wählen, weil das Öl an den Wänden des Zylinders anhaften soll, es muß dem eingepreßten Luftstrom widerstehen. Für Hochdruckkompressoren kommen, je nach Größe, Öle mit einer Viskosität 4 E bei 100° in Frage, für Luftkompressoren genügt ein weniger viskoses Öl, und zwar für Ventilkompressoren 3,5—8 E bei 50°C, für Schieberkompressoren 6—8 E bei 50°C. Für die Ventilkompressoren sind dünnere Öle ausreichend, weil das Schmieröl nur an den gut gekühlten Zylinderwandungen wirksam ist, während die Ventile selber keiner Schmierung bedürfen. Diese Art Kompressoren dienen für Niederdruck (bis 12 Atm.), Mitteldruck (bis 35 Atm.) und Hochdruck (bis 70 Atm. und darüber). Bei den Schieberkompressoren indessen, die fast ausschließlich für Niederdruck hergestellt werden, ist ein viskoseres Öl notwendig, weil die dünneren Öle durch die Luft fortgeblasen würden; der Entzündungsgefahr sucht man durch hochflammende Öle zu begegnen.

Wichtig für die Schmierung ist die Beschaffenheit der angesaugten Luft. Es ist ohne weiteres verständlich, daß durch Staub und chemisch wirksame Gase verunreinigte Luft schädliche Wirkungen ausüben werden. Der Staub besonders verbindet sich mit dem Öl und gibt zu Krustenbildung Veranlassung. In staubigen Räumen ist daher entweder ein Luftfilter in die Ansaugeleitung einzubauen, oder aber die Luft aus der freien Atmosphäre zu entnehmen. Auch die Temperatur der in den Kompressor gelangenden Luft soll nicht allzu hoch sein, weil auch dieser Umstand Anlaß zu leichterer Rückstandsbildung im Öl gibt. Ist die Luft feucht, so schlägt sich bei starker Kühlung Wasser im Kolben nieder, und das Öl netzt die Zylinderwände nicht. In diesem Fall ist ein geringer Zusatz von fetten tierischen oder pflanzlichen Ölen von Vorteil, weil sich dann eine Emulsion bildet und die Schmierung nicht gestört wird. Reine fette Öle kommen wegen ihrer Zersetzlichkeit natürlich gar nicht in Frage.

Arbeitet ein Kompressor nicht einwandfrei, sei es, daß die Kanal- und Ventilquerschnitte durch Krustenbildung oder überhaupt zu eng sind, so wird die Luft zu schnell hindurchgepreßt und es finden abnorme Temperaturerhöhungen statt. In Fällen, wo die Kolbenringe durch längere Benutzung abgenutzt sind, läßt sich dieser Übelstand durch Verwendung von dickerem Öl kompensieren.

Bei den Dieselmotoren ist für den Luftpumpenzylinder des Kompressors ein Öl erforderlich, dessen Werte in der Tabelle auf Seite 234 angeführt sind. Bei Verwendung eines einheitlichen Öles für Luftpumpe und Arbeitszylinder ist ein Öl mit einer Viskosität von 7—8 E bei 50° C und einem Flammpunkt von 200—220° C am passendsten.

Weiter wird von einem guten Kompressorenöl gefordert: die Säurezahl soll nicht über 0,4 betragen; das spezifische Gewicht nicht über 0,940 sein. Das Öl muß frei von Wasser, Harz, klebenden Stoffen, Leim, verseifbaren Ölen (bei Hochdruckkompressoren evtl. geringe Prozentsätze) und mechanischen Verunreinigungen sein. Der Stockpunkt soll nicht über $+5^0$ C liegen, niedrigere Stockpunkte sind ein Kriterium für die guten russischen Öle. Diese Provenienz eignet sich nämlich besonders für Luftdruckkompressoren und die Luftpumpen der Dieselmotoren. Es ist einleuchtend, daß die sauerstoffhaltigen Öle leichter Veränderungen unterworfen sind als die sauerstoffreien. Daher bewähren sich gut raffinierte Öle auf Naphthenbasis besonders gut. Destillate oder schlecht raffinierte Zylinderöle mit einem Asphaltgehalt von 1,2% kommen als Kompressorenöle heute überhaupt nicht mehr in Frage.

Zur Schmierung der Preßluftzylinder, der Preßluftwerkzeuge und Grubenlokomotiven eignen sich Spindelöle und leichte Maschinenöle von 4,5 E bei 50^0 C, die von guter Kältebeständigkeit sein müssen, da sich die Apparate beim Arbeiten stark abkühlen. Wo Sauerstoffverdichtung vorliegt, verwendet man wasserlösliche Öle, um Explosionen zu vermeiden; doch dürfen nur wirklich einwandfreie Bohröle verwendet werden. Hierüber siehe S. 154.

Für die Kompressoren von Eismaschinen, die unter wesentlich geringeren Drucken arbeiten, dagegen dauernd sehr niedrigen Temperaturen ausgesetzt sind, sind natürlich Spezialöle am Platze. Zur Schmierung der Eismaschinen verwendet man Spindelöle von besonders hoher Kältebeständigkeit, hervorragend geeignet sind die russischen Spindelöle und die aus ihnen hergestellten Raffinate. Dieselben besitzen durchschnittlich folgende analytische Daten:

Spezifisches Gewicht 0,880—0,885,
Viskosität 2—3,5 E bei 50^0 C,
Stockpunkt unter — 20^0 C.

Man unterscheidet nach Art des Betriebsstoffes Eismaschinen mit Ammoniakbetrieb, mit Kohlensäurebetrieb und mit Schwefligsäurebetrieb. Infolge der innigen Berührung mit diesen chemisch teilweise stark wirksamen Stoffen ist das Öl der Veränderung leicht ausgesetzt. Demnach sind nur gut raffinierte, sehr reine Öle verwendungsfähig. Sofern beispielsweise nur Spuren saurer Bestandteile, wie Fettsäuren oder Naphthensäuren im Öl vorhanden sind, vermögen sich diese mit dem Ammoniak zu verbinden und Seifen zu bilden. Das Öl verdickt sich und verstopft die Ventile. Die Zylinder, die mit Schwefligsäurebetrieb arbeiten, laufen meist ohne Öl, vielmehr wirkt die flüssige schweflige Säure selber als Schmierstoff. Ist indessen ein Öl heranzuziehen, so muß dieses besonders präpariert sein. Bekanntlich werden, wie dies bei dem Edeleanu-Verfahren bereits beschrieben wurde, die ungesättigten und aromatischen Verbindungen durch die flüssige schweflige Säure aus dem Öl herausgelöst. Bei Sauerstoffkompressoren sind Mineralölprodukte nicht verwendbar. Hier schmiert man mit Glyzerinlösungen, und zwar soll das Glyzerin chemisch rein sein und ein spezifisches Gewicht von 1,26 bei 20° C besitzen. Chlorverdichtungsmaschinen werden mit konzentrierter Schwefelsäure geschmiert, weil das Chlor das Mineralöl zerstören würde. Bei Eismaschinen mit Kohlensäurebetrieb endlich ist die erforderliche Unempfindlichkeit der Öle nicht so groß. Hierfür ist bei kleineren Kompressoren ein hochkältebeständiges Spindelölraffinat ausreichend. Maschinen zur Verflüssigung der Kohlensäure werden mit einer völlig geruch- und geschmacklosen Naturvaseline, Tropfpunkt über 40°, geschmiert, da die flüssige Kohlensäure keinen Mineralölgeschmack annehmen darf. Um Eismaschinenöle rein äußerlich zu kennzeichnen, färbt man sie häufig mit roter öllöslicher Anilinfarbe.

Anschließend noch einige Verbrauchszahlen nach Götze (loc. cit.). Niederdruckkompressoren von 6—7 Atm. Luftdruck verbrauchen an Zylinder- und Kompressorenöl für den Dampf und Luftteil 40—50 g Öl für 1000 cbm angesaugte Luft. Gesamtverbrauch einschließlich des Maschinenöls 70—80 g für 1000 cbm Luft.

Hochdruckkompressoren für 150—200 Atm. Druck haben einen Gesamtölverbrauch von 700—750 g einschließlich Maschinenöl für 1000 cbm angesaugte Luft, für den Dampf- und Luftzylinder allein etwa 500—550 g. Turbokompressoren verbrauchen nur ca. 5—6 g Öl pro 1000 cbm angesaugte Luft, denn hier wird ein dem Turbinenöl analoges Schmiermittel verwendet (siehe diese). Man sieht also, daß der Ölverbrauch bei den Kompressoren ein recht hoher ist.

4. Dampfturbinenöl.

Bereits bei der Besprechung der Umlaufschmierung war darauf hingewiesen worden, daß die hierfür verwendeten Öle ganz besonders hohen Ansprüchen genügen müssen. Das gilt in erhöhtem Maße von den Turbinenölen. Die starke Bewegung des Öles in den Röhren der Umlaufschmierung, seine ständige Berührung mit dem Wasser, der Luft und dem Metall, der häufige Temperaturwechsel, dem das Öl unterworfen ist, sowie die große Oberfläche, die es dem Wasser und der Luft darbietet, bewirken eine starke Veränderung des Schmiermittels. Demzufolge muß man für Dampfturbinenschmierung Öle wählen, die diesen Einflüssen großen Widerstand entgegensetzen. Durch Untersuchung gebrauchter Öle und Vergleich mit noch ungebrauchten Ölen ist man bemüht, festzustellen, welche Eigenschaften gute Turbinenöle besitzen müssen. Gebrauchte Öle haben einen höheren Säuregehalt, enthalten einen Bodensatz, bestehend aus Wasser, Öl und Eisenseife, das spezifische Gewicht und die Viskosität haben zugenommen, und es zeigt sich die Neigung, mit Wasser schwer trennbare Emulsionen zu bilden. Ein gutes Dampfturbinenöl muß folgenden Bedingungen genügen:

Es muß vollkommen frei von Asphalt sein, die Verteerungszahl muß äußerst gering sein, Schwefel darf nicht zugegen sein, ebensowenig Zusätze tierischer oder pflanzlicher Öle und Fette, Säure- und Aschengehalt sollen praktisch gleich Null sein.

Selbst bei den bestkonstruierten Maschinen dringt stets Wasserdampf durch die Stopfbuchsen der Lager, zuweilen halten auch die Kühlschlangen nicht dicht und schließlich kondensieren sich aus der mit Wasserdampf gesättigten Luft reichliche Mengen Feuchtigkeit beim Abkühlen, so daß das Öl stets mit Wasser in innige Berührung kommt. Obwohl man annehmen sollte, daß diese Wassermengen chemisch rein sind, so wurde doch häufig von der Kesselwasserreinigung herrührende Soda festgestellt. Säuren und basische Stoffe erhöhen aber die Emulsionsfähigkeit ganz bedeutend[1].

Da nun die Öle beim Altern stets Säuren bilden, so findet in diesem Falle leicht eine Verseifung statt und solche seifenhaltigen Öle geben dann überaus starke Emulsionen und führen zu sehr unangenehmen Betriebsstörungen. Es ist ferner einleuchtend, daß die Differenz zwischen dem spezifischen Gewicht des Öles und dem des Wassers (d = 1) von bestimmendem Einfluß für die Entmischungsgeschwindigkeit ist. Im gleichen günstigen Sinne wirkt eine nicht zu große Zähigkeit für eine schnelle Trennung des Öles vom Wasser. Gute Turbinenöle haben ein spezifisches Gewicht von 0,875—0,890, nicht über 0,930 und besitzen eine Zähflüssigkeit von 2,5—5 E bei 50° C. Zähere Öle demulsionieren meist zu langsam, können aber für sehr große Turbinen gelegentlich verlangt werden. Verwendet man schlechte Öle, so bilden sich große Schlammassen und die Rohrleitungen und Kühler der Umlaufschmierung setzen sich mit diesen zu. Dieser Übelstand führt dann zur Temperatursteigerung im Lager und schließlich

---

[1] Stäger u. Bohnenblust: Z. V. I. 1927, 1821; s. a. Arch. f. Wärmewirtschaft, Bd. 8, 349, Bd. 9, 59; Bd. 9, 383.

zur vollständigen Betriebseinstellung der Turbine. Das Öl muß dann völlig aus der Turbine entfernt werden und kann erst nach gründlicher Reinigung wieder zur Verwendung gelangen. Ein wirklich einwandfreies Öl dagegen ist außerordentlich lange haltbar und nur die unvermeidlichen Verluste müssen von Zeit zu Zeit ersetzt werden.

Von einem guten Turbinenöl kann man folgende Eigenschaften verlangen:

Spezifisches Gewicht 0,850—0,900, möglichst niedrig,
Viskosität bei kleinen Turbinen, 2,5—3 E/50° für größere bis 5 E/50°,
Kleinturbinen ohne Drucköldschmierung 3,0—4,5 E/50°,
für Großturbinen mit Drucköldschmierung 3,8—6 E/50°.
Das Öl soll schwefelfrei sein.
Die Säurezahl soll 0,2 nicht überschreiten.
Aschegehalt unter 0,01.
Asphalt 0,0.
Verteerungszahl nach 50stündigem Erhitzen auf 120° ohne Zuleitung von Sauerstoff nicht über 0,2%.
Fette Öle und Seifen dürfen absolut nicht zugegen sein.

Eine praktische Vorprobe um die Eignung des Öles festzustellen, gibt die Prüfung der Demulsibilität. (Vgl. Kap. II, S. 129.) Ein gutes Öl muß sich sehr schnell ohne Hinterlassung eines Seifenringes entmischen.

Bei Drucköldschmierung wird das Öl zwangsläufig gekühlt. Derartige Anlagen, speziell die Druckölllager, schützen indessen vor dem Eindringen des Wassers. Auf sorgfältige Wartung der Dampfturbinen und ihrer Schmiereinrichtung ist besonderer Wert zu legen, vor allem ist zu vermeiden, daß Wasserschläge vorkommen, da hierdurch unter Umständen gar alkalisches Wasser mit dem Öl in Berührung kommt, ebenso ist jeglicher Luftzutritt möglichst zu vermeiden.

Über die Veränderungen der Öle, speziell der Turbinenöle, sind in den letzten Jahren eine Reihe sehr wichtiger Arbeiten geleistet worden[1]. Eine zusammenhängende Abhandlung siehe ,,Dauerversuche über die Alterung von Dampfturbinenölen im Betrieb"[2]. Es würde zu weit führen, auf diese zahlreichen und äußerst interessanten und wichtigen Untersuchungen im einzelnen einzugehen. Zusammenfassend möge nur gesagt sein, daß es in erster Linie Oxydationserscheinungen sind, welche die Veränderungen im Mineralöl, die sog. Alterungserscheinungen,

---

[1] Frank: Petr. 1928, S. 641; Braunkohle XXIII, 18. X. 24; Z. angew. Chem. 1930, Nr. 10; Bader: Petr. 1928, S. 512; Frank:Petr. 1930, Heft 7, S.10.
[2] Herausgeber: Vereinigung D. Elektriz.-Werke E. V. und V. Dtsch. Eisenhüttenleute, Gemeinschaftsstelle Schmiermittel, Düsseldorf 1927.

hervorrufen. Bei Abwesenheit von Sauerstoff findet selbst bei Gegenwart von Metallen, die sonst als Katalysatoren wirken, keinerlei Veränderung statt. Sobald jedoch Sauerstoff hinzutritt, treten den Lebensvorgängen durchaus vergleichbare Veränderungen im Öle auf, die sich durch Oxydation, Polymerisation, Bildung von harz- und asphaltartigen Produkten und Abbau der Öle bis zum Kohlenoxyd und zur Kohlensäure kenntlich machen. Metalle, wie Blei, Kupfer und Eisen, dienen nur als Reaktionsvermittler und kommen nur in zweiter Linie zur Wirkung. Versuche, durch antikatalytische Reagenzien die Einwirkung des Sauerstoffs hintanzuhalten, sind vielfach gemacht worden[1]. Im übrigen ist die Widerstandsfähigkeit des Öles auch durch seine molekulare Struktur bedingt, die ihrerseits durch die Art der Aufarbeitung (Stärke der Raffination) beeinflußt werden kann. Um sich über die erforderliche Lebensfähigkeit eines Öles bereits von vornherein ein Bild machen zu können, sind eine Reihe von Untersuchungen notwendig, die zumeist darauf hinauslaufen, zu prüfen, inwieweit die Öle der Oxydation bei den verschiedenen Temperaturen und bei Anwesenheit verschiedener Metalle zu widerstehen vermögen.

In der nebenstehenden, der Broschüre „Die Schmiermittelnot" entnommenen Tabelle ist ersichtlich, in welcher Weise sich Öle im Laufe eines längeren Betriebes ändern. Die Verminderung des Aschengehaltes bei einigen Ölen läßt sich durch die Auslaugung des aus der Raffination stammenden Natriumsulfates erklären. Die Flamm- und Brennpunkte ändern sich nur wenig, sie sind daher für die Bewertung des Öles ohne besondere Bedeutung. Am besten bewährt haben sich paraffinkohlenwasserstoffreiche Öle mit niedrigem Gewicht und relativ hoher Viskosität, doch eigneten sich auch einige leicht nachraffinierte, russische Öle recht gut. Rumänische und schwefelhaltige Midcontinent-Öle sind für Turbinenöl ungeeignet.

Der Ölverbrauch der Turbine wird am besten auf die Leistung pro Betriebsstunde berechnet[2]. Maschinen mit 3000 Umläufen pro Minute haben einen geringeren Ölverbrauch als solche mit 1500. Die Bauart der Maschine spielt hierbei eine große Rolle. Für die am häufigsten vorkommenden Größen zwischen 1000—5000 KW wurde ein Zusatz von 50—100 g Öl für die Betriebsstunde festgestellt. Zuweilen wurde noch ein wesentlich höherer Verbrauch beobachtet, doch ließ sich dieser Mehrverbrauch meist auf Un-

---

[1] Moureu u. Dufraise; I. S. C. J. **47**, 819 T. 1928. v. d. Heyden u. Typke: Petr. 1927, 1253; Mead. Ind. Eng. Chem. **19**, 1244 (1927).
[2] Götze: Z. V. d. I. 1920, 286.

	Friedensöle				Kriegsöle			
	ungebr.	gebr. 800 st.	ungebr.	gebr.	ungebr.	gebr. 2500 st.	ungebr.	gebr. 3400 st.
Spez. Gew. bei 15° C	0,905	0,908	0,880	0,884	0,932	0,933	0,928	0,932
Flammpunkt im offenen Tiegel	186	186	225	225	181	—	163	166
Brennpunkt im offenen Tiegel	214	214	256	256	229	237	—	—
Viskosität bei 50° C	2,64	2,74	4,2	4,37	4,3	6,1	3,81	4,12
Säuregehalt als SO₃	0,02%	0,012%	0,004%	0,010%	0,136%	0,60 %	0,021%	0,132%
Aschengehalt					0,062%	0,017%	0,018%	0,016%
Emulsionsfähigkeit		schwach		schwach	schwach	stark		
Benzinasphalt							0,47%	0,49%
Teerzahl							0,76%	1,68%
Verteerungszahl								1,84%

dichtigkeiten der Ölkühler und Eindringen von Wasser aus den Stopfbuchsen in das Lager zurückführen.

Ähnlich wie bei den Dampfturbinen liegen die Verhältnisse für das Wasserturbinenöl, wenn schon die Ansprüche nicht so hoch sind, besonders bezüglich der Emulgierbarkeit der Öle. Die Viskosität richtet sich nach dem jeweiligen Lagerdruck und schwankt zwischen 3—8 E bei 50° C. Gelegentlich werden auch Fettölzusätze gefordert, wodurch natürlich die geringe Emulgierbarkeit beeinträchtigt wird. Neben pennsylvanischen und russischen Ölen werden gelegentlich auch westamerikanische Öle auf Asphaltbasis verwendet.

5. Transformatoren- und Schalteröle.

Die allergrößten Ansprüche, die an Öl überhaupt gestellt werden, beanspruchen die Transformatoren- und Schalteröle. Die Transformatoren wurden ursprünglich nur mit Luft gekühlt, jedoch, da die Wärmeableitung nur gering, verwendete man als Isoliermaterial anfangs Harzöl, später gut raffinierte Mineralöle, die eine fünffache Isolationsfähigkeit besitzen. Erst hierdurch war es möglich, Transformatoren mit den heute üblichen Leistungen zu bauen. Die anfänglich verwendeten Harzöle finden infolge ihres hohen Preises heute kaum mehr Verwendung, obwohl sie wegen ihres hohen Gehaltes an aromatischen Kohlenwasserstoffen besonders gute Isolatoren sind. Auch steht ihre hohe Verdampfbarkeit der allgemeinen Verwendung entgegen. Fette Öle sind infolge ihrer großen Zersetzlichkeit nicht brauchbar.

Bei längerem Gebrauch findet je nach Qualität des Öles eine mehr oder weniger schnelle Veränderung des Transformatorenöles statt. Bei dem hohen Preise und bei der wirtschaftlichen Bedeutung dieser elektrischen Kraftumwandler ist es selbstverständlich von größter Wichtigkeit, einerseits nur wirklich brauchbare Öle zu verwenden, andererseits genauestens zu beobachten, in welcher Weise das Öl sich verändert, und durch rechtzeitige Erneuerung eine Zerstörung des Transformators zu vermeiden.

Die an die Transformatoren- und Schalteröle zu stellenden Anforderungen sind in großen Zügen die folgenden:

Das Öl muß völlig frei sein von irgendwelchen mechanischen Verunreinigungen, selbst geringe Spuren von Staub und Faserteilchen bewirken eine erhebliche Minderung der Isolationsfähigkeit, so daß die Gefahr besteht, daß der elektrische Strom das Öl durchschlägt und der Funke überspringt. Da Mineralöle hygroskopisch sind, müssen sie vor dem Einfüllen in den Transformator sorgfältig von den letzten Spuren von Feuchtigkeit durch vorsichtiges Erwärmen auf 100° C befreit werden. Auch wenn das Öl auf Durchschlagsfestigkeit geprüft werden soll, muß es zunächst ausgekocht werden. Das Öl muß völlig neutral reagieren, da es sonst die metallischen Teile der Apparatur und die Isolationen angreifen würde, während des Gebrauchs soll das Öl eine bestimmte Säurezahl nicht überschreiten, und feste Bestandteile sollen sich nicht in größeren Mengen abscheiden. Während des Betriebes, d. h. wenn der Transformator unter Strom steht, erwärmt sich das Öl ständig und zirkuliert innerhalb des Apparates, wobei es mit der Außenluft in Berührung kommt. Bis zu einem gewissen Grade läßt sich dieses vermeiden durch Anbringung eines Ausdehnungsgefäßes. Es ist auch versucht worden, die Einwirkung des schädlichen Luftsauerstoffes dadurch zu vermeiden, daß man eine Stickstoffatmosphäre schafft. Kleine Mengen von schlammartigen Rückständen bilden sich stets im Transformator und lagern sich zwischen den isolierenden Drahtspulen ab, sie unterbinden damit die freie Zirkulation des Öles und eine Überhitzung des Transformators ist die Folge. Die normale Temperatur eines arbeitenden Transformators soll zwischen 60—80° C liegen, es ist daher erwünscht, daß der Flammpunkt möglichst hoch ist und die Verdampfbarkeit des Öles tunlichst gering sei. Zwecks guter Isolations- und Kühlwirkung wählt man Öle mit nicht zu hoher Viskosität, damit sie innerhalb des Apparates gut zirkulieren können. Für Umformer, sowie für Schalter, die im Freien stehen, ist ein hochkältebeständiges Öl erforderlich, damit es bei Winterkälte nicht einfriert. Eine Erneuerung des Öles wird dann erforderlich, wenn die Säurezahl über 1,0 steigt und das Öl Neigung zeigt, Schlamm abzusetzen. Die Vereinigung der Elektrizitätswerke hat eine Reihe von Bedingungen ausgearbeitet, denen ein gutes Transformatorenöl unbedingt genügen muß. Nachstehend finden sich die wesentlichsten Punkte, während sich Ausführliches über Prüfung, Überwachung und Pflege in dem Buch ,,Die Ölbewirtschaftung" findet[1].

Bedingungen für Transformatoren- und Schalteröle.

Aus den am 1. Oktober 1927 in Kraft getretenen Vorschriften, herausgegeben vom Verband Deutscher Elektrotechniker, seien folgende als besonders wichtig wiedergegeben:

1. Als Transformatoren- und Schalteröle sollen nur reine, unvermischte Mineralöle verwendet werden, die in eisernen Fässern oder Kesselwagen anzuliefern sind.

2. Das spezifische Gewicht darf nicht mehr als 0,920 bei 20° C betragen. Bei Transformatoren und Schaltern, deren Kessel von der Außenluft umspült werden und die keine besondere Heizvorrichtung haben, soll Öl verwendet werden, dessen spezifisches Gewicht nicht mehr als 0,895 bei 20° C beträgt.

3. Der Flüssigkeitsgrad nach Engler bezogen auf Wasser von 20° soll bei einer Temperatur von 20° nicht über 8 E sein.

4. Der Flammpunkt im offenen Tiegel, nach Marcusson bestimmt, soll nicht unter 145° liegen. Bei Schaltern, die außen von Luft umspült und die keine Heizvorrichtung haben, soll der Flammpunkt nicht unter 120° C liegen.

5. Der Stockpunkt darf nicht höher als —15° sein. Bei Schalterölen, die von Außenluft umspült und keine Heizvorrichtung besitzen, nicht über — 40° betragen.

6. Das neue Öl muß bei 20° völlig klar sein und frei von Mineralsäure. Der Gehalt an organischer Säure soll höchstens 0,05 betragen, berechnet als Säurezahl. Der Gehalt an Asche soll 0,01% nicht übersteigen.

7. Fremde Beimischungen, Verunreinigungen dürfen nicht vorhanden sein.

8. Die Verteerungszahl des neuen, ungekochten Öles darf 0,1% nicht überschreiten. Das Öl soll beim Erkalten klar bleiben, darf keinen in Benzin unlöslichen Schlamm enthalten und es dürfen beim Erhitzen mit alkoholischwäßriger Natronlauge keine asphaltartigen Ausscheidungen entstehen.

9. Die elektrische Festigkeit des Öles im Betrieb soll nicht unter 80 kV/cm, des zum Einfüllen bereiteten Öles mindestens 125 kV/cm sein.

---

[1] Die Ölbewirtschaftung, herausgegeben von der V. d. Elektr.-Werke e. V., Berlin W 62, 1930.

10. Auf 150° erhitzt darf das Öl kein knackendes Geräusch geben, da sonst Wasser vorhanden ist. Es muß dann getrocknet werden.

Genaueres über die Prüfvorschriften findet sich in der ETZ 1927, Seite 473, 858 und 1089.

Über die Veränderungen der Transformatorenöle und der hierfür maßgebenden Faktoren, sowie über die Aufarbeitung und Reinigung gebrauchter Transformatorenöle ist in den letzten zehn Jahren eine ganze Literatur von den verschiedensten Fachleuten geschrieben worden. Es dürfte den Rahmen dieses Buches bei weitem überschreiten, wenn man auf alle Einzelheiten, die auf diesem Gebiete erschienen sind, eingehen wollte. In Anlehnung an die sehr übersichtliche zusammenfassende Arbeit von Typke[1] seien die Faktoren, die für die Veränderung des Öles maßgebend sind, sowie die Schutzmaßnahmen, die zweckmäßig gegen die Veränderung der Öle ergriffen werden müssen, in kurzen Worten angeführt. Hier und in dem oben erwähnten Buche findet sich auch ein sehr umfangreicher Literaturnachweis, geeignet für denjenigen, der sich eingehender mit diesem Gebiet beschäftigen will[2].

Der Sauerstoff der Luft ist es in erster und überwiegender Linie, der die Veränderung im Öle hervorruft. Sauerstoff löst sich in warmem Öle mit 16—18 Volumen Prozenten. Sofern der Sauerstoff durch ein indifferentes Gas verdrängt wird, ist die Geschwindigkeit und Stärke der Veränderung ganz bedeutend geringer, selbst wenn Kupfer und andere katalytisch wirkende Stoffe zugegen sind. Die Intensität und Art und Weise, wie der Sauerstoff auf das Öl einwirkt, ist bedingt durch

1. den Raffinationszustand des Öles,
2. die Temperatur,
3. die Stoffe, mit denen das Öl in Berührung kommt,
4. durch Zumischen anderer Öle und
5. durch Licht und das elektrische Feld.

1. Bezüglich des Raffinationszustandes findet man in der Praxis zwei Sorten von Öl im Gebrauch, solche, die milde raffiniert sind, und solche, die sehr intensiv mit Schwefelsäure behandelt wurden. Bei den ersteren werden ca. 10—15% aus dem Destillat herausraffiniert, bei den anderen 35—40%. Die schwach raffinierten Öle versäuern langsam und schwer, neigen jedoch dazu, bereits nach kurzer Zeit Schlamm abzusetzen. Bei den stark raffinierten Ölen ist das umgekehrte der Fall. Die Provenienz der Öle soll kaum Einfluß besitzen, sondern ausschließlich der

---

[1] Z. angew. Chem. 1928, S. 148, 418.
[2] Siehe auch Elektrot. u. Masch.-Bau **47**, Heft 17.

Raffinationsgrad, dieser muß jedoch bei den verschiedenen Provenienzen verschieden stark sein.

2. Die Schlammbildung setzt bei den verschiedenen Ölen meist bei Temperaturen über 100° ein, und zwar erst dann, wenn die Säurebildung zu einem gewissen Abschluß gelangt ist[1].

3. Die Veränderung des Öles wird durch die Stoffe, mit denen das Öl in Berührung kommt, sehr stark beeinflußt. Ungünstig wirken vor allem Kupfer, Eisen und Messing, weniger stark Zink, Aluminium und Zinn. Ungünstigen Einfluß hat auch Holz, dessen Zersetzungsprodukte sich im Öle lösen und damit seine Widerstandsfähigkeit mindern. Über den schädlichen Einfluß des Wassers speziell wurde bereits gesprochen. Auch irgendwelche Spuren von Salzen sind zu vermeiden, denn ihre Leitfähigkeit ist im allgemeinen größer als die der freien Säuren. Aldehyd soll das Öl haltbarer machen[2].

4. Wenn man hochraffiniertem Öl, das bereits im Gebrauch stark sauer geworden ist, unraffiniertes Öl zusetzt, so verliert es seine schlechten Eigenschaften, bei nicht schlammendem Öl steigt bei Zusatz von schlammenden Ölen die Bildung dieses schädlichen Stoffes. Gelegentlich kommt es auch vor, daß beim Vermischen von neuem und altem Öl Schlammausfällung eintritt; es ist daher stets zu prüfen, ob bei Zugabe von frischem Öl nicht eine schädliche Veränderung Platz greift.

5. Die Einwirkung des Lichtes macht sich durch die beschleunigte Veränderung des Öles geltend. Auch das elektrische Feld scheint chemisch auf die Öle einzuwirken, denn wie bei der Voltol-Bereitung findet auch im Transformator eine Aufspaltung des Ölmoleküles statt.

Über die Art der Veränderung und der gebildeten Produkte kann hier im einzelnen nicht eingegangen werden. Transformatorenöle werden beim Gebrauch dunkler, sie nehmen einen unangenehmen Geruch an, das spezifische Gewicht und die Viskosität steigt, besonders wenn es zur Seifenbildung kommt; Flamm- und Stockpunkt ändern sich nur wenig, während der Aschengehalt, die Säure- und Verseifungszahl, sowie die Teerzahl beim Gebrauch zunehmen, die Jodzahl nimmt im allgemeinen ab. Auch gebrauchte und veränderte Öle können noch gute Durchschlagskraft besitzen, wenn sie trocken und frei von mechanischen Verunreinigungen sind, indessen verringern die sauren Teerstoffe das Isolationsvermögen und mit der Bildung von Salzen steigt die Leitfähigkeit. Neben öllöslichen Veränderungs-

---

[1] Stäger: Z. angew. Chem. 1925, S. 478.   [2] C 1929 II, 3268.

produkten bilden sich allmählich auch ölunlösliche, sog. Schlammstoffe, und zwar unterscheidet man nach Rodman[1] drei Arten von Schlamm, verseifbaren, unverseifbaren und kohlehaltigen. Dieser letztere tritt auf, wenn ein elektrischer Funke das Öl durchschlagen und teilweise verbrannt hat.

Der Oxydationsverlauf im Öle selbst ist bisher noch nicht vollkommen geklärt worden. Man kann sich denselben jedoch in einer Weise vorstellen, wie ihn Rodman[2] schematisch wiedergibt.

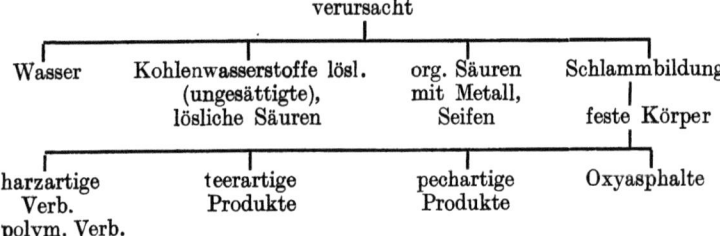

Nach Frank[3] bilden sich 1. Säuren und sekundäre Zersetzungsprodukte, 2. tritt Vermehrung der Einwirkung des Sauerstoffs durch Bildung von katalytisch wirkenden Metallverbindungen ein. Nach Stäger entstehen folgende Reaktionsprodukte: Wasser, hochmolekulare Säuren, sog. Asphaltogensäuren, Polymerisationsprodukte, Oxydationsprodukte, wie Asphaltene und Karbene[4].

Auf die Verschiedenartigkeit des Abbaues der Öle verschiedener Provenienz, sowie auf die Einzelheiten bezüglich der Bildung der Säuren und des Schlammes soll hier nicht näher eingegangen werden, es muß vielmehr auf die Arbeit von Typke[5] verwiesen werden.

Von wesentlichem Wert für die Beurteilung der Güte des Transformatorenöles und zur Feststellung der Widerstandskraft gegen die Einwirkungen des Sauerstoffs ist die Bestimmung der Verteerungszahl, d. h. die Erhitzung des Öles auf 120°, 70 Stunden lang unter gleichzeitigem Durchleiten von Sauerstoff. In dem so behandelten Öl soll die nach Kießling festgestellte Teerzahl (s. S. 122) bei guten Ölen 0,1 nicht übersteigen. Ferner darf es keinen Benzin unlöslichen Schlamm enthalten und muß nach dem Erkalten vollkommen klar sein. Evers beschreibt im DRP. 493 724 ein Prüfverfahren, wobei das Öl bei Gegenwart von Fullererde

---
[1] Vgl. a. Stäger: Sonderheft 77, D. V. M., S. 7.
[2] Elect. journ. 51. 1923.   [3] Petr. 1924, 1490.
[4] Z. angew. Chem. 1925, 476; Chem. Ztg. 1930, 401.
[5] Z. angew. Chem. 1928, S. 423.

und polyvalenten Metalloxyden mit O zusammengebracht wird. Der O wird elektrolytisch entwickelt, wobei aus der Strommenge der Sauerstoffverbrauch berechnet werden kann[1].

Sehr heftig ist zuweilen die Einwirkung des bereits oxydierten Öles infolge der in ihm enthaltenen Bestandteile auf die baumwollenen und Papierisolationen, mit denen die Spulen umwickelt sind. Zur Feststellung dieses Angriffs verwandte man die sog. Bänderprobe, wobei das in Frage stehende Wicklungsband mehrere Tage im Öl auf 120° erhitzt wurde und das Verhältnis der Zerreißfestigkeit vor und nach der Einwirkung des Öles festgestellt wurde. Für die Prüfung der Durchschlagsfestigkeit dienen besondere Prüftransformatoren. Die Festigkeit soll 125 kV/cm nicht unterschreiten für Öle, die in Betrieb genommen werden sollen. Ist bei einem gebrauchten Öl die Festigkeit unter 80 kV/cm gesunken, so muß das Öl gereinigt bzw. erneuert werden. Für Schalteröle gelten im wesentlichen dieselben Bestimmungen wie für Transformatorenöle. Nur wird ein tieferer Stockpunkt verlangt, da die Schalter vielfach im Freien stehen und nicht einfrieren dürfen. Durch den Lichtbogen tritt eine örtliche, außerordentlich hohe Erhitzung ein, die zugleich mit einer tiefgreifenden Zersetzung des Öls verbunden ist. Es scheidet sich Kohlenstoff in elementarer Form ab, während Wasserstoff und Kohlenwasserstoffe z. B. Methan und Äthan usw. entweichen. Der in feinster Form abgeschiedene Kohlenstoff färbt das Öl dunkel und mindert allmählich seine isolierende Kraft. Durch Reinigung und Abfiltrieren läßt sich ein Öl von annähernd gleich guten Eigenschaften wie das ursprüngliche wiedergewinnen.

6. Lagerschmieröle.

Bisher sind nur solche Fälle von Schmierungen beschrieben worden, bei denen die in Frage stehenden Maschinenteile besonders schwierigen Bedingungen unterworfen oder irgendwelchen spezifischen Einflüssen ausgesetzt waren, so daß an die zu verwendenden Schmierstoffe auch ganz besonders hohe Anforderungen gestellt werden mußten. Bei den Dampfzylindern war es hoher Druck und hohe Temperatur, ebenso bei den Explosionsmaschinen und Kompressoren. Bei den Kältekompressoren hinwiederum war es der Einfluß der niedrigen Temperatur und der chemisch wirksamen Stoffe, die zu berücksichtigen waren. Wieder anders lagen die Verhältnisse bei den Turbinen- und Transformatorenölen. Für die nun in Frage kommenden Lagerschmieröle liegen einfachere

---

[1] Brennstoff-Chem. 1930, 214 ff.

Bedingungen vor; die Maschinenteile laufen unter atmosphärischem Druck und bei gewöhnlicher Temperatur. Es variieren die Schmiervorrichtungen, die Größe der Lager und die Geschwindigkeit der Bewegung.

Nach der Art des Schmierapparates kann man, wie bereits angeführt wurde, unterscheiden zwischen Tropf-, Stift-, Dochtöler, Ringschmieröler, Umlaufschmierung und Druckschmierung. Bei den Tropfölern und den Dochtölern wird das ablaufende Öl nicht direkt wieder verwendet, höchstens als Lecköl gesammelt und nach gründlicher Reinigung den Schmierstellen wieder zugeführt. Für diese weniger schwierigen Verwendungszwecke haben sich Destillate, Schiefer- und Braunkohlenteeröle, sowie auch Steinkohlenteeröle als durchaus brauchbar erwiesen. Bei Werkzeugmaschinen, Arbeits- und Zerkleinerungsmaschinen, bei Vorgelegen und Transmissionen, bei Walzen, Pumpen, kleineren Antriebsmaschinen, bei Förderwagen, Förderlokomotiven, Weichen, Drehscheiben, Walzenzapfen und Rollgängen, kurz gesagt, an allen Stellen, wo die Schmierstelle dem Einfluß der Luft ausgesetzt ist, und bei denen ein großer Teil des Öles verlorengeht, speziell bei Lokomotiven, Wagen und anderen nicht ortsfesten Maschinen, ist es immer angebracht, Rückstandsöle oder eine der oben erwähnten Ölsorten zu verwenden. Man muß natürlich darauf achten, daß der Asphaltgehalt nicht zu groß ist, und daß das Öl keine verharzenden Bestandteile enthält, da sich hierdurch die Dochte und Zuführungskanäle zusetzen würden.

Seit dem Kriege hat man die Ansprüche für die hier in Frage kommenden Öle wieder etwas höher geschraubt. Vielfach verwendet man Steinkohlenschmieröl, ein der Anthrazenfraktion entstammendes Öl von verhältnismäßig geringer Zähflüssigkeit. Sofern es von den sich leicht abscheidenden Anthrazenkristallen befreit ist, gibt dieses Öl wenig Anstände. Häufig wird es zwecks Erzielung einer höheren Viskosität mit Pech und Destillationsrückständen zusammengeschmolzen (Mischöle). Bei unsachgemäßer Herstellung scheiden sich in der Kälte leicht feste, harte Massen ab, wodurch das Öl für die Schmierung unbrauchbar wird. Gut bewährt haben sich viskosere Öle, die man durch konzentrierende Destillation erhält oder durch sachgemäße Vermischung mit zähflüssigem Mineralöl. Man verwendet das Steinkohlenschmieröl an allen kaltgehenden Maschinenteilen bei nicht zu großer Belastung. Versuche, diese Produkte auch an schwerbelasteten Lagern von Dampfmaschinen, an Kurbel- und Wellenlagern zu verwenden, haben keine günstigen Ergebnisse gezeigt, so daß man heute hierfür in der Regel Destillate verwendet. Die

Besprechung der Bedingungen bei speziell. Verwendungszwecken. 257

leichtere Verdampfbarkeit der Steinkohlenschmieröle, die damit verbundene Verschlechterung der Luft, sein Lösungsvermögen gegenüber Lacken und den Isolierungen elektrischer Maschinen, haben sich der Einführung dieser Produkte hemmend in den Weg gestellt.

Für leichtbelastete Lager verlangen die „Richtlinien" für Teeröle folgende Daten:

> Spezifisches Gewicht: nicht über 1,15,
> Flammpunkt: nicht unter 150°,
> Viskosität: nicht unter 2,8 E bei 50° C,
> Stockpunkt: nicht über —10° C,
> Wassergehalt: nicht über 0,5%,
> Aschegehalt: nicht über 0,1%,
> feste Fremdstoffe: nicht über 0,5%.

Feste Ausscheidungen sollen sich bei 0° C nicht zeigen und der Gehalt an sauren Ölen (Kreosot) soll 3% nicht übersteigen[1].

Für schwerbelastete Lager werden folgende Verschärfungen der Bedingungen verlangt:

> Viskosität: nicht unter 4,5 E bei 50° C,
> Stockpunkt: nicht über —15° C,
> Wassergehalt: nicht über 0,1%,
> Aschegehalt: nicht über 0,3%.

Eine Mischung mit Erdöl im Verhältnis 2 : 1 soll keine Ausscheidungen geben.

Anders liegen die Bedürfnisse bei der Ringschmierung und Umlaufschmierung. Bei den sehr vollkommen arbeitenden Einrichtungen dieser Art, die gut gegen äußere Einwirkungen, Staub, Feuchtigkeit und Schmutz, geschützt sind, verwendet man bessere, gut raffinierte Mineralöle, welche sich während langer Gebrauchsperioden unverändert halten. Für diese Öle gilt ungefähr das gleiche, was über das Turbinenöl gesagt worden ist. Vielleicht sind die Anforderungen nicht ganz so streng zu stellen. Zähigkeit, Flammpunkt und Stockpunkt richten sich nach der Schwere der Lager, nach der Geschwindigkeit der Zapfen und nach den übrigen äußeren Arbeitsbedingungen.

Wenn auch nach Falz[2] und den anderen Forschern die günstigen Reibungsziffern sich bei der halbflüssigen Reibung ergeben, so ist dieser Zustand nicht anzustreben, weil er keinen

---

[1] Der Gehalt an sauren Ölen wird in der Weise bestimmt, daß in einem 250 ccm Schüttelzylinder 100 ccm Natronlauge (d = 1,15) mit 100 ccm des Öles und 50 ccm Benzol 2 Minuten innig geschüttelt werden. Bei 60—70° erfolgt die Trennung der Schichten, bei 20° C wird die Volumenzunahme der Natronlauge abgelesen. Prüffehler ±0,5%, Toleranz +1%, Abweichungen nach unten sind zulässig. [2] Grundzüge der Schmiertechnik.

verschleißlosen und genügend sicheren Betrieb garantiert. Fortschritte und Verbesserungen in dieser Richtung sind aber durch zweckmäßige Lagerausbildung, Bearbeitung der Gleitflächen, überhaupt durch Verbesserungen von seiten des Ingenieurs, nicht durch den Schmiermittelfachmann erreichbar. So erlangte man beispielsweise durch das sog. Michell-,,Einringdrucklager" eine hundertfache Tragfähigkeit, eine Verbesserung, die weder durch das Schmiermittel noch durch das Lagermetall möglich gewesen wäre[1].

Um nun für den jeweilig vorliegenden Zweck die geeignetste Zähigkeit ausfindig zu machen, d. h. ein Öl zu wählen, das geringsten Kraftverbrauch bei genügender Betriebssicherheit ergibt, läßt man bei sonst gleichen Bedingungen das Lager mit Ölen wechselnder Viskosität laufen und beobachtet nach einiger Zeit die Lagertemperatur bzw. die Differenz zwischen Lager- und Außentemperatur. Erhält man eine höhere Temperatur nach Erreichung des Beharrungszustandes bei Verwendung eines viskoseren Öles, so ist man mehr aus dem Bereiche der an und für sich günstigen, aber weniger betriebssicheren halbflüssigen Reibung herausgekommen. Steigt die Lagertemperatur bei Verwendung eines dünneren Öles, so setzt die halbflüssige Reibung ein und geht allmählich zu halbtrockner Reibung über. Man wähle daher ein Öl in der Nähe des Minimums, und zwar ein solches, das im Bereich der flüssigen Reibung liegt. Auf diese Weise gelangt man zu Ölen mit günstiger Zähflüssigkeit. In wenigen Worten zusammengefaßt: Nimmt man zu viskose Lageröle, so erleidet man Kraftverlust durch Überwindung der inneren Reibung. Nimmt man zu dünne Öle, läuft man Gefahr, daß das Lager warm läuft, und es besteht die Notwendigkeit, reichlich zu schmieren, was Verschwendung bedeutet.

Ausreichende Zuführung und Schmierung ist im wesentlichen abhängig von der sorgfältigen Herstellung der Lager, sowie der zweckmäßigen Anordnung der Schmiernuten. In sachgemäß konstruierten Ringschmierlagern und bei zweckmäßigen Umlaufschmiervorrichtungen läßt sich ein gutes Öl nahezu unbegrenzte Zeit verwenden; nur die unvermeidlichen kleinen Verluste müssen von Zeit zu Zeit ersetzt werden, und die Lager nach längerer Betriebsdauer gereinigt werden.

Sind indessen die Maschinenteile nicht sorgfältig und präzis gearbeitet, so genügt es meist, wenn ein Erdöldestillat, Schieferöl oder Teeröldestillat als Schmierstoff herangezogen wird. Die Ver-

---

[1] Falz: Schmiertechnik, S. 212 und 231.

wendung wertvoller Produkte bei solchen an und für sich weniger exponierten Stellen der Maschine würde unrationell sein.

Bei Kreislaufschmierung läuft das gebrauchte Öl in einem Sammelgefäß zusammen, wird daselbst geklärt, gekühlt und dann der Schmierstelle wieder zugeführt. Destillate neigen, besonders wenn Wasser hinzutritt, zur Schlammbildung und geben untrennbare Emulsionen. Destillate, welche durch Auflösen von Rückständen verdickt sind, kommen für diese kontinuierliche Schmierung überhaupt nicht in Frage. Eine Möglichkeit, auch sie für die Umlaufschmierung heranzuziehen, bestände in der Anbringung einer Filtrieranlage an Stelle der Klärvorrichtung, was immerhin mit einer etwas kostspieligen und kompendiösen Apparatur verbunden wäre.

Zu gewöhnlichen Lagerölen eignen sich von den Mineralölraffinaten sowohl die russischen, rumänischen, polnischen, deutschen, wie auch die Midcontinentraffinate. Anders ist es bei Ringschmierlagern, Umlauf- und Preßölschmierung. Infolge der höheren Beanspruchung und da diese Öle langem Gebrauch ausgesetzt sind, fordert man hier bessere Provenienzen.

Bei der Schmierung der Lager, z. B. an Gleitbahnen von Dampfmaschinen und Großgasmaschinen, wählt man die Zähflüssigkeit nach Druck und Geschwindigkeit, und zwar verwendet man bei einem Wellendurchmesser bis 80 mm und mittlerer bzw. hoher Zapfengeschwindigkeit, d. h. 100—150 Umdrehungen pro Minute, Öle von 2,5—4 E bei 50°C; bei Lagern mit einem Durchmesser von über 80 mm und bei langsam laufenden Wellen, also unter 100 Umdrehungen pro Minute, die mit Tropföler versehen sind, Öle mit Viskositäten von 4—8 E bei 50°C. Der Flammpunkt soll nicht unter 160°C sein, der Stockpunkt im Sommer nicht über $+5°C$, im Winter nicht über $-5°C$. Die Säurezahl sei, wenn auch nicht so gering wie bei den Turbinenölen, bei Raffinaten nicht über 0,6, bei Destillaten nicht über 1,5 und bei gefetteten Ölen nicht über 1,0. Destillate dürfen bis 0,25% Asphalt aufweisen, Wasser soll nicht mehr als 0,1, Asche nicht über 0,05% im Öl enthalten sein. Ein gelegentlicher Zusatz von grünem Zylinderöl zu dickflüssigem Maschinenöl ergibt gute hochviskose Lageröle, z. B. für Pleuelstangen, bei denen eine Viskosität von 10—14 E bei 50° verlangt wird. Auf die günstige Wirkung eines Zusatzes von kolloidalem Graphit wurde bereits hingewiesen (s. S. 158).

Über den Verbrauch für die Lagerreibung der Dampf- und Gasmaschinen sei folgendes bemerkt: Bei Verwendung von Raffinaten ist der Verbrauch 0,09—0,18 g pro PS/Stunde und stieg bei Verwendung von Destillaten, beispielsweise während des Krieges, auf 0,2—0,4 g. Demnach dürfte man mit Raffinaten im allgemeinen billiger arbeiten, doch richtet sich dies nach der jeweiligen Preisspanne zwischen dem rohen und veredelten Produkt.

Eine besondere Klasse der Lageröle bilden die Marineöle. Bekanntlich stellen Schiffsmaschinen die größten Aggregate dar, die man unter den Maschinen kennt. Die Dimensionen der Kolben, Lager und Wellen usw. sind bei den Schiffsmaschinen von ganz besonderer Größe. Es wird daher für diese Zwecke ein Öl von ganz hervorragender Schmierwirkung gefordert, außerdem tritt als erschwerender Umstand hinzu, daß das Öl häufig mit Seewasser in Berührung kommt, mit dem es emulgieren muß. Läuft auf einem Schiff ein Lager heiß, kühlt man es mit Wasser, wodurch die Schmierung nicht aufhört und es nicht notwendig wird, die Maschinen abzustellen.

Als zweckmäßig und erfolgreich für Marineöle haben sich Mischungen erwiesen, bestehend aus einem Mineralölraffinat und hohen Prozentsätzen an fettem Öl. Die dadurch bedingte höhere Säurezahl im Öl muß mit in Kauf genommen werden. Das fette Öl wird nicht in reinem Zustande verwendet, sondern in verdickter Form, d. h. als kondensiertes oder geblasenes Öl. Meist verwendet man geblasenes Rüböl, zuweilen jedoch auch geblasenen Tran, Sojaöl oder Baumwollsaatöl. Der Zusatz wechselt von 5—25%, je nach dem Grade der Zähflüssigkeit, den man zu erreichen sucht. Für gewöhnliche Schiffsmaschinen genügen meist Zusätze von 5—8% kondensiertem Rüböl. Die Reichsmarine verwendet für hochbeanspruchte Lager eine Mischung aus Raffinat mit 23% reinem, eingedicktem Rüböl, mit 6—7 E bei 50° Viskosität und Säurezahl nicht über 2,8. Das spezifische Gewicht muß zwischen 0,910 und 0,940 bei 20° C, der Stockpunkt nicht über —10° C liegen. Der im Pensky-Martens bestimmte Flammpunkt soll nicht unter 160° betragen.

Maschinen bis 1000 PS benötigen Öle mit einer Viskosität von 7 E bei 50° und einem Gehalt von 10% geblasenem Öl; für stärkere Kolbenmaschinen ist eine Viskosität von 8—9½ E bei 50° mit einem Zusatz von 12—20% kondensiertem Öl erwünscht. Die Säurezahl soll möglichst niedrig sein. Die mit Voltol versetzten Mineralöle wirken in gleicher Weise wie Marineöle, sie bilden in den Lagern und auf den Gleitbahnen der Kreuzköpfe eine sahneartige, aus emulgiertem Öl bestehende Schmierschicht, welche durch die hin- und hergehende Bewegung der Maschinenteile nicht weggenommen wird. Es ist also nur eine geringe Schmierölzufuhr nötig, die Schmierung wirkt äußerst sparsam und eine reine Flüssigkeitsschmierung ist auch bei den schwersten Belastungen gewährleistet.

Eine besondere Beachtung verdienen die Elektromotoren- und Dynamoöle. Unter diesen energieerzeugenden und energieumwandelnden Maschinen kommen solche mit sehr hohen Umlaufzahlen vor und die Wahl der Schmiermittel hat demgemäß auszufallen. Langsamlaufende Motore (bis 1000 Umdrehungen) benötigen Öle von 2,5—4,5 E bei 50° C, schnellaufende Motore (1000—2500 Umdrehungen und darüber) 3,5—8 E bei 50° C. Bei langsamlaufenden Dynamos haben sich Öle bewährt, denen man einige Prozente helles amerikanisches Zylinderöl zugesetzt hat. Zur Erhöhung der Schmierwirkung setzt man auch gelegentlich einige Prozente fettes Öl zu. Jedoch ist darauf zu achten, daß die Säurezahl möglichst niedrig ist, damit die Metallteile nicht angegriffen werden und durch Bildung von Metallseifen sich schleimige, klebrige Massen bilden, die zu einer Verdickung des Öles und damit erhöhtem Kraftverbrauch führen. Die Seifen bilden überdies in den Lagern eine zähe, schmierige Schicht und verstopfen die Zulaufstellen des Öles. Recht gut bewährt haben sich Voltolöle, z. B. Raffinate mit einem Zusatz von 2—5% Rüböl oder Tranvoltol. Die Säurezahl bei diesen gefetteten Ölen soll 0,4 nicht überschreiten. Verwendet man Destillate, betrage die Säurezahl nicht über 0,6, bei Raffinaten nicht über 0,3. Im großen und ganzen sollen die Elektromotorenöle im Charakter den Dampfturbinenölen entsprechen, d. h. sie dürfen sich auch bei längerem Gebrauche in den Ringschmierlagern nicht verändern. Falls jedoch das Öl durch langen Gebrauch bereits gealtert ist, erneuere man die ganze Ölfüllung und vermeide es, frisches Öl zu altem Öle hinzuzusetzen, wodurch nur dieses durch das gebrauchte verdorben würde.

Was die anderen physikalischen Daten der Elektromotoren- und Dynamoöle betrifft, so soll der Flammpunkt bei langsamlaufenden Motoren nicht unter 160° C, bei schnellaufenden Motoren nicht unter 180° betragen. Der Stockpunkt sei im Sommer nicht unter +5°, im Winter nicht unter —5°. Etwas abweichend sind die Bedingungen für Straßenbahnen, Kleinbahnen und Privateisenbahnen. Bei Verwendung im Freien verlangt man im Sommer einen Stockpunkt nicht über +0°, im Winter nicht über —15° C. Die Zähflüssigkeit der Sommeröle ist 6—9 E bei 50°, der Winteröle 4,5—7 E bei 50°, des Einheitsöles 6—7 E bei 50°, diese Öle werden zugleich auch als Getriebeöl verwendet. Im übrigen verlangt man die üblichen Reinheitsbedingungen, die für Raffinate überhaupt gefordert werden, nämlich

        Wassergehalt nicht über 0,1%,
        Aschengehalt nicht über 0,02%,
        feste Fremdstoffe nicht über 0,01%.

Zur Schmierung der Eisenbahnachsen, Loren und Bergwerkswagen, sowie für ähnliche nicht ortsfeste Vehikel verwendet man die billigsten, überhaupt erhältlichen Öle. Hier sind Destillate, Rückstandsöle und die Steinkohlenteerfettöle recht gut verwendbar. Gefordert wird von diesen Ölen nur ausreichende Schmierwirkung und sparsamer Verbrauch. Die Produkte müssen frei sein von Wasser, Schmutz und mechanischen Verunreinigungen. Vielfach verwendet man Vulkanöle, Produkte, die bei der Destillation des Rohöls gewonnen werden, und zwar versteht man darunter ein Rohöl, aus dem die leichten Fraktionen durch Destillation entfernt sind, die gesamte Schmierölfraktion und die kohle- und asphalthaltigen Anteile sind hingegen noch darin enthalten. Der Gehalt an Asphalt soll nicht höher als 2% sein, damit sich die Lager nicht verstopfen. Die verschiedenen Eisenbahnverwaltungen haben für diese Öle besondere Bedingungen herausgegeben. Die Viskosität schwankt zwischen 4—10 E bei 50°. Bei Straßen- und Kleinbahnen verlangt man

        für Sommeröl . . . . 6 —9 E bei 50°,
        „ Winteröl . . . . 4,5—7 E bei 50°,
        „ Einheitsöl . . . . 6 —7 E bei 50°.

Der Flammpunkt ist verhältnismäßig gering, jedoch nicht unter 145° C. Sommeröl und Winteröl unterscheiden sich auch mit Bezug auf ihren Stockpunkt. Jenes soll nicht über $\pm 0°$, dieses nicht über $-12°$ C stocken. Die Staatsbahnen verlangen die Bestimmung dieses Wertes in einem eigens hierfür vorgeschriebenen Apparat. (Steighöhe im U-Rohr.) Die Säurezahl soll 1,4 nicht übersteigen, und das Öl darf keine verharzenden Eigenschaften zeigen. Der Aschegehalt soll nicht über 0,2%, der Wassergehalt nicht über 0,1% betragen. Über die Eigenschaften der als Achsenöle verwendbaren Steinkohlenteeröle wurde bereits auf S. 257 berichtet.

Patentachsenöl ist ein Kugellageröl und besteht ausschließlich aus Mineralölraffinaten, denen man gelegentlich geringe Mengen Fettöl zusetzt. Wälz- und Kugellager, Präzisions- und Rollenlager schmiert man mit Raffinaten von 3—8 E bei 50° C, wobei auch hier die Wahl der Zähflüssigkeit abhängig ist vom Druck und von der Geschwindigkeit. Wenn Preßölbetrieb vorliegt, genügen weniger viskose Öle, z. B. 3—5 E bei 50° C. Der

Flammpunkt ist von geringerer Bedeutung, soll aber nicht unter 160° liegen, dagegen muß der Stockpunkt den örtlichen und klimatischen Verhältnissen angepaßt sein. Er beträgt im Sommer nicht über $+5°$ C, im Winter nicht über $-5°$ C. Äußerst wichtig ist die völlige Säurefreiheit, die Säurezahl der Kugellageröle soll nicht höher als 0,2 sein, sofern Raffinate vorliegen. Sie kann etwas höher bis 0,35 sein, wenn man einige Prozente fettes Öl, meist kältebeständiges Knochenöl, zusetzte.

Erwähnt sei noch das Vakuumpumpenöl, das eine niedrige Dampftension besitzen muß, d. h. bei 50° unter 0,005 mm Hg-Druck. Es können hierfür pennsylvanische Öle mit einem Flammpunkt im Pensky-Martens über 215° verwendet werden, und zwar wähle man keine Gemische von dünnem und dickem Öl, sondern nur solche, die aus einer einheitlichen Fraktion stammen. Wenn die Vakuumpumpe nur zum Abführen von Gasen und Dämpfen dient, ist die niedrige Tension des Öles weniger wichtig, vielmehr ist darauf zu achten, daß der Schmierstoff von den abziehenden Gasen nicht chemisch angegriffen wird. Meist verwendet man russische und pennsylvanische Öle mit einer Zähigkeit von 4—6 E bei 50°.

Spindelöle. Spindelöle sind leichte Öle mit einer Viskosität von 3—12 E bei 20° und einem Flammpunkt von 130—170° C im offenen Tiegel. Sie unterscheiden sich durch ihren Stockpunkt, der je nach der Herkunft des Öles und gemäß dem Paraffingehalt in den weitesten Grenzen von $-25°$ bis $+10°$ schwanken kann. Für leichte und sehr schnellaufende schwach belastete Maschinenteile benutzt man Spindelöldestillate, und zwar hauptsächlich an solchen Schmierstellen, an denen die Wiedergewinnung des ablaufenden Öles durch die örtlichen Verhältnisse nicht angängig ist. Es gelten auch hier bezüglich des Reinheitsgrades und der Zähflüssigkeit die gleichen Gesichtspunkte wie für die Maschinenöle. Je größer die Geschwindigkeit, je leichter die Belastung, um so dünnflüssiger kann das Öl gewählt werden. Das Verwendungsgebiet der Spindelöle ist groß. Für besonders subtile Zwecke nimmt man raffinierte Spindelöle und Vaselinöle. Zur Schmierung der Spindeln in Woll-, Baumwoll-, Jute- und Flachsspinnereien verschmiert man ausschließlich hellraffinierte Öle mit einem möglichst geringen Gehalt an freien Säuren, damit die Eisenteile der Spindellager nicht angegriffen werden. Um bei Kugellagern, Separatoren und Zentrifugen die Schmierwirkung noch zu erhöhen, gibt man oft einen geringen Zusatz an fettem Öl, Rüböl oder Knochenöl hinzu. Man achte bei Spindelschmierung auf genügende Zähflüssigkeit, damit durch Abschleudern keine Öltröpfchen auf die Faser verspritzt werden. Gelegentlich findet an Webstühlen ein solches Verspritzen des Öles auf das Gewebe statt; die durch Öl erzeugten Flecke sind außerordentlich lästig, da sie nur sehr schwer bei der weiteren Verarbeitung aus dem Gewebe zu entfernen sind. Man setzt daher dem Spindelöl größere Mengen verseifbarer Öle zu.

Diese Mischungen gehen unter dem Namen Webstuhlöl im Handel. Beim Waschen des Gewebes mit Seife und Sodawasser wird das fette Öl verseift, das Mineralöl emulgiert und dann leicht aus der Faser herausgelöst. Meist enthalten die Webstuhlöle 5—10% Rüböl oder Knochenöl. In der Textilfabrikation sind niedrigflammende Öle tunlichst zu vermeiden, da die mit Öl getränkten Faserstoffe leicht zur Selbstentzündung neigen. Ganz besonders gefährlich sind die reinen tierischen und pflanzlichen Fette, besonders solche, die an und für sich schon leicht oxydieren, während die Mineralöle bedeutend weniger Gefahren bieten. Immerhin ist es unzweckmäßig Öle mit einem Flammpunkt unter 140° zu verwenden. Zusätze von Petroleum sind von den Feuerversicherungen verboten. Der Stockpunkt richtet sich nach dem Verwendungszweck.

Je nach der Geschwindigkeit der Spindeln wählt man dünnere oder viskosere Spindelöle. Gewöhnlich genügen Öle von 4—6 E bei 20°. Je nach Art der verarbeiteten Garne und Gewebe wählt man die Farbe der Öle; für Feinflyer und dgl. benutzt man Weißöl. Bei Kratzenmaschinen wird Zugabe von Fettöl, meist Knochenöl, bevorzugt und als Webstuhlöl verwendet man viskosere Öle, meist dünne Maschinenölraffinate von 3—8 E bei 50°, gelegentlich mit Fettzusatz, um das Auswaschen der Flecken zu erleichtern. Restlos auswaschbare Öle, sog. wasserlösliche Öle, siehe S. 154.

Bei Strick- und Stickmaschinen wiederum verwendet man kältebeständige, ebenfalls verfettete Vaselinöle. Durch den Fettzusatz wird überdies die Schlüpfrigkeit erhöht. Selbstverständlich sollen alle Öle möglichst säurefrei sein — Säurezahl nicht über 0,4.

Für mechanische Meßinstrumente, Präzisionsapparate, Uhren, Telegrafen und andere elektrische Apparate sind Öle im Gebrauch, welche ganz besonders sorgfältig hergestellt sein müssen. Es dienen hierfür sehr hellraffinierte, gänzlich säurefreie Vaselinöle, welche häufig zur Erhöhung der Haftfestigkeit mit größeren Prozentsätzen von Knochenöl oder Olivenöl verschnitten sind. Da das Öl das Rosten verhindern soll, so ist die Hauptbedingung für alle diese Öle große Beständigkeit, völlige

Abwesenheit von sauren und verharzenden Bestandteilen. Es eignen sich neben dem in Amerika vielgebrauchten Spermöl und Lardöl vor allen Dingen das sehr sorgfältig entsäuerte Knochenöl und Olivenöl. Dieselben müssen auch sehr kältebeständig sein, damit bei Winterkälte das Öl durch Stearinabscheidung nicht innerhalb des Apparates fest wird und damit den Gang beeinträchtigt. Für Uhren usw. werden je nach der Größe verschieden viskose Öle in den Handel gebracht, die durch Zusatz von sehr sorgfältig raffiniertem Vaselinöl oder Maschinenöl meist paraffinum liquidum auf die gewünschte Viskosität gestellt werden. Die Zähigkeit soll sich mit der Temperatur möglichst wenig ändern und hier erweisen sich die fetten Öle als wesentlich günstiger als die Mineralöle. Nach Cuypers[1], der über die Uhrenöle viel gearbeitet hat, wird für ein Präzisionstaschenuhrenöl für Gangteile und Steinlöcher eine Viskosität von 9,4 E bei 10^0, von 5,25 E bei 20^0 gefordert, für das Räderwerk eine Viskosität von 11,65 E bei 10^0, von 7,25 E bei 20^0. Für Turmuhren und ähnliche schwere Räder müssen entsprechende viskosere Öle gewählt werden. Bei der geringen Geschwindigkeit und dem hohen Lagerdruck tritt hier nur halbflüssige Reibung auf.

Für die Maschinerie der Torpedos hat die Marine eine präzisierte Vorschrift herausgegeben, und zwar lautet diese:

„Das Torpedoschmieröl muß ausschließlich eine Mischung von reinem Knochenöl und reinem raffiniertem Rüböl sein, hellgelb, klar und durchsichtig, sowie von mildem Geruch. Viskosität zwischen 12—13,5 E bei 20^0, spez. Gewicht 0,913—0,917 bei 15^0. Das Öl soll nach vierstündiger Abkühlung auf -10^0 noch fließend und klar sein. Bei -15^0 (neue Probe) nach mindestens vierstündigem Abkühlen wenigstens noch dünnsalbig sein. Fließen bei -15^0 erwünscht. Flammpunkt (P. M.) über 200^0; Jodzahl zwischen 77 und 84, Verseifungszahl zwischen 185 und 190. Der Säuregrad darf 0,14%, berechnet als Ölsäure, nicht übersteigen. Im Durchschnitt soll das Öl säurefrei sein. Harzöl, Teeröl und Mineralöl sollen nicht zugegen sein."

Bei den obenerwähnten Uhrenölen müssen die verwendeten Mineralöle natürlich auch kältebeständig sein; geeignet sind die aus russischen Ölen hergestellten Raffinate. Das Knochenöl wird durch wiederholtes Ausfrieren und Abpressen bis zu einer Kältebeständigkeit von -15^0 hergestellt. Ein solches reines Knochenöl hat folgende Analyse:

---

[1] Dtsch. Uhrmacher Ztg. 43, S. 368—70; Chem. Ztg. 1927, S. 841, 1930, S. 30—31.

Spez. Gewicht 0,915
Flammpunkt 225°
Viskosität 3,6 E bei 50°
Stockpunkt —15°.

Dasselbe eignet sich aber nicht, im reinen Zustand verwendet zu werden, da es mit der Zeit verdickt. Besser sind daher Mischungen mit Mineralölen, wie sie die nachstehenden Analysen wiedergeben.

Analysen von Uhrenölen.

Spez. Gew. bei 15° C	Flammpunkt 0° C	Viskosität bei 20° C	Stockpunkt 0° C	Knochenöl %
0,895	172	7,2	—19	50
0,890	176	5,8	—21	30

Zum Schmieren von **Fahrrädern** und **Nähmaschinen** werden helle Vaselinöle, meist allerdings ohne Zusatz von Fettöl, verwendet. Die Öle sind oft entscheint, zuweilen auch schwach gefärbt. Die Wünsche nach möglichst hellen Ölen von seiten der Verbraucher sind meist übertrieben, gelbliche Vaselinöle reichen vollkommen aus. Wichtig ist eine niedrige Säurezahl von nicht über 0,05 bei reinen Raffinaten und von nicht über 0,5 bei gefetteten Ölen. Der Zusatz von 5—15% Fettöl, speziell hellem Knochenöl oder Olivenöl erhöht den Schmierwert, gefährdet indessen die Maschinenteile, da Rostansatz zu befürchten ist. Die Zähigkeit von Fahrrad-, Nähmaschinen- und Büromaschinenölen, für Öle für Magnetapparate der Autos soll nicht unter 3,5 E bei 20° sein und muß vor allen Dingen auch kältebeständig — Stockpunkt nicht über —15° — sein. Ganz besondere Bedingungen gelten für die Öle zum Schmieren der Maschinengewehre. Nach den Vorschriften des Reichswehrministeriums soll hier ein Öl mit folgenden Daten geliefert werden:

Spez. Gewicht ca. 0,910 bei 15°
Flammpunkt 160°
Viskosität 6—8 E bei 20°
Viskosität 2 E bei 50°
Stockpunkt —20°
Säurezahl unter 0,2
Asche unter 0,01.

Schließlich seien noch die **Stellwerksöle** erwähnt, für die Raffinate von ca. 3 E bei 50° oder 13—15 E bei 20° sich eignen, mit einem Flammpunkt von mindestens 160° und niedrigem Stockpunkt (—15°). Auch bei diesen Ölen soll Aschengehalt und Säurezahl gering sein.

7. Kühl- und Bohröle.

Um beim Bohren, Fräsen und Schneiden von Metallen zu einer glatten Schnittfläche zu gelangen und um das Bohr- resp. Metallinstrument vor allzu schneller Abnutzung zu schützen, pflegt man zwischen Werkzeug und Werkstück Flüssigkeiten einzuschalten, sog. „Hilfsflüssigkeiten", welche einerseits schmierend, andererseits kühlend wirken. Nach Gottwein[1], der über die hier vorliegenden Verhältnisse und Bedingungen ausführlich geschrieben hat, und bei dem über Einzelheiten nachgelesen werden mag, kommen Flüssigkeiten in Frage, deren Wirkung entweder stark kühlend oder in erster Linie reibungsvermindernd ist. Während dem Wasser eine große Kühlwirkung zukommt, wirken Öle aller Art vorzüglich als Schmierstoff. Der Einfluß der Ölqualitäten auf die Güte des Schnittes und die Haltbarkeit der Werkzeuge ist bedeutend[2]. Durch das Eindringen des Öles in die feinsten Poren des Metallstücks gelangt man zu einem leichten und widerstandslosen Hinweggleiten der Instrumente über das zu bearbeitende Werkstück, und die Werkzeuge selber bewahren längere Zeit ihre Schärfe. Bei gröberen Arbeiten verwendet man im allgemeinen Wasser, Soda oder Seifenlösung, endlich auch wässerige Emulsionen von Ölen, bei subtilen Schnitten dagegen reine, fette Öle z. B. Schmalzöl, Doglingsöl oder Gemische von solchen mit Mineralöl. Diese Mischungen, die das früher allgemein verwendete Rüböl ersetzen, werden auch Rübölersatz genannt. Durch die Praxis ist bewiesen worden, daß reines Mineralöl so günstig wirkt, wie ein mit einem fetten Öl verschnittenes Schmieröl. Es dienen daher als Kühlöl und Automatenöl Gemische von Raffinaten oder Destillaten mit 5—15% Rüböl oder Knochenöl[3]. Die als Zusatz verwendeten Fettöle dürfen unter keinen Umständen Neigung zeigen zu verdicken oder zu verharzen. Die Zähigkeit dieser Öle soll nicht zu hoch gewählt werden, weil hierdurch nur ein übermäßig großer Verbrauch an Öl verursacht wird, denn die Menge des am Werkstück verbleibenden Öles ist um so größer, je viskoser es ist. Meist schwankt die Viskosität zwischen 2—5 E bei 50°. Man zieht Raffinate vor, da sie infolge ihres geringen Säuregehaltes weniger leicht zu Rostansatz an den Eisenteilen Veranlassung geben. Jedoch hat man auch mit gutem Erfolge Destillate verwendet, deren Asphaltgehalt jedoch nicht über 0,05% betragen soll. Die Säurezahlen dürfen bei Raffinaten

---

[1] Kühlen und Schmieren bei der Metallbearbeitung, 2. Aufl. VDI-Verlag. [2] Machinery 1928, Heft 6, 418 ff.
[3] Obeltshauser Maschinenbau, Bd. 6, Heft 5, S. 224.

nicht über 0,6, bei Destillaten nicht über 1,0, bei gefetteten Ölen nicht über 5,0 betragen. Bei der Verwendung von Teerfettölen beobachtete man häufig Hautreizungen, die auf einen Gehalt von freien Säuren usw. zurückzuführen sind. Man verlangt daher Ausschaltung von Teerölen und Gewißheit, daß die Öle die Haut der Hände nicht angreifen. Hautausschläge werden auch dadurch verursacht, daß das heiße Öl abspritzt, kleine Brandwunden erzeugt, in die sich dann feine Metallsplitterchen absetzen und Entzündungen hervorrufen. Gute Reinigung und Einreiben mit Lanolin und Rizinusöl vor der Arbeit wird empfohlen[1].

Die Zuführung und Verteilung des Öles erfolgt zweckmäßig durch Zentralschmierapparate und Preßöler[2].

In den Fällen nun, wo Rostgefahr nicht so groß, wo eine intensive Kühlwirkung verlangt und andererseits die Werkzeuge nicht so empfindlich sind und sorgsam gegen die Abnutzung gewahrt werden müssen, verwendet man die sog. wasserlöslichen Bohröle oder Bohrfette. Die Bezeichung ,,wasserlöslich" ist insofern nicht völlig korrekt, da sich das Öl nicht im Wasser vollkommen löst, sondern nur in Form feinster Tröpfchen verteilt, emulgiert und dann eine weiße, milchige Flüssigkeit darstellt. Über die Eigenschaften, sowie über die an Bohröle zu stellenden Anforderungen wurde bereits gesprochen (s. S. 154). Die Haupterfordernisse guter Bohröle sind: gute Emulsionsfähigkeit im Wasser, d. h. die Öle müssen sich schnell beim Eingießen in Wasser verteilen, Beständigkeit der Emulsion, eine 10%ige Lösung soll nach dreitägigem Stehen bei Zimmertemperatur kein blankes Öl abscheiden. Auch das unverdünnte Öl soll nach 24 stündigem Stehen in offener Schale bei Zimmertemperatur keinerlei irgendwie erkennbare Veränderung zeigen. Ferner verlangt man von diesen Bohrölen Säurefreiheit, um das Rosten der mit ihnen behandelten Teile zu vermeiden. Die gute Benetzbarkeit der Emulsionen prüft man in der Weise, daß ein sauber gereinigtes Metallstück in eine 5%ige Ölemulsion eingetaucht wird, nach dem Herausziehen soll die gesamte Oberfläche benetzt sein[3].

Ein gutes Bohröl soll nur aus Mineralöl und Seife bestehen, der Gesamtfettgehalt, d. h. von fettem Öl und Mineralöl soll nicht unter 85% sein. Es muß durchsichtig sein und klar und die Farbe eines Mineralöles aufweisen. Die im Handel befindlichen Bohrpasten von salbiger Konsistenz sind erzeugt durch Ver-

---

[1] Maschinenbau 1926, 1039.
[2] Maschinenbau 6 (1927), 899 ff.
[3] Siehe auch v. d. Heyden und Typke: Petr. 1925, 921.

seifung eines festen Fettes (Talg u. dgl.). Sie müssen leicht und schnell sich in Wasser lösen und eine bleibende Emulsion bilden. Beim Kauf lasse man sich einen bestimmten Wassergehalt und Fettgehalt garantieren. Zur Herstellung der 5—10%igen Emulsionen löst man das Öl in einem mit Rührwerk versehenen Bottich auf unter Verwendung von mäßig warmem Wasser, zweckmäßig Kondenswasser, und führt nun die Emulsion durch eine Rohrleitung den einzelnen Verbrauchsstellen zu. Auf die Bedeutung, das Öl an die richtige Stelle zu bringen, hat Gottwein ausführlich berichtet. Seinem Buch entnehmen wir auch die nebenstehende Tabelle, aus der ersichtlich, welche Arten von Ölen für die jeweiligen Verwendungszwecke sich als am geeignetsten erwiesen haben (Tab. auf S. 270)[1]. Die an den einzelnen Verbrauchsstellen ablaufende Flüssigkeit wird einem Sammelgefäß zugeleitet, woselbst sich Schmutz und Metallspäne absetzen. Die geklärte Flüssigkeit pumpt man dann wieder an die Werkbänke, nachdem man sie durch Zugabe geringer Mengen frischen Öles regeneriert hat. Man erhält auf diese Weise eine gleichmäßige und gut emulgierende Bohrflüssigkeit. Ersparnisse lassen sich auch dadurch erzielen, daß man die Späne in einer Zentrifuge abschleudert. Das gilt besonders bei Verwendung von nicht wasserlöslichen Ölen. Man hat auf diese Weise bedeutende Mengen bis zu 60% wiedergewonnen und dem Verbrauch zurückführen können.

Beim Ziehen von Drähten verwendet man Drahtziehöl, das die Reibung zwischen Draht und Ziehring vermindern soll. Es eignet sich hierfür ein Mineralöl mit hohem Flammpunkt, das zweckmäßig mit Rüböl vermischt wird. Um einen Glanz auf den Drähten zu erzielen, setzt man dem Öl gelegentlich auch Talkum zu, während Graphitzusatz die Drähte unansehnlich macht. Die Zähflüssigkeit der verwendeten Öle liegt zwischen 4—5 E bei 50° C. Über die Ziehfette siehe S. 287.

8. Öle zum Härten und Vergüten von Stahl und Eisen.

Zum Härten und Vergüten von Stahl- und Eisenwerkzeugen und Maschinenteilen werden diese auf hohe Temperaturen erhitzt und sodann mehr oder weniger schnell abgekühlt. Hierbei findet eine physikalische Veränderung im Gefüge des Materials statt, je höher die Erhitzung, um so gröber das Gefüge und um so geringer die Zähigkeit des Materials. Auch treten je nach der Geschwindigkeit des Abkühlens mehr oder minder starke Span-

---

[1] Tabelle siehe auch Stahleisen 1928, S. 909.

Übersicht über zweckmäßige Kühl- und Schmiermittel bei verschiedenen Metallbearbeitungsverfahren.
Kühlen und Schmieren bei zerspanender Metallbearbeitung.

Lfd. Nr.		a Stahl, Eisen Flußeisen	b Werkzeugstahl	c Legierte Stähle	d Stahlguß, Temperguß	e Gußeisen	f Messing (Tombak)	g Bronze	h Kupfer	i Blei
1	Drehen Schruppen	*) E	E	E	E	E	E Luftkühlung	E Luftkühlung	E	—
	Drehen Schlichten	Für *sehr feines Schlichten*: Petroleum**) E Rüböl Lithoponweiß + Rüböl	Rüböl Petroleum	Rübölersatz Schmalzöl	trocken	trocken bei *Hartguß*: Petroleum	trocken	trocken	trocken	—
2	Gewindeschneiden	E Rüböl Lithoponweiß + Rüböl	Rüb-, Lard- Öl Gekochtes Schweinefett	Benzol Terpentinöl + Petroleum 1:1 Schmalzöl	E Lithoponweiß + Rüböl	Lithoponweiß + Rüböl Petroleum auch trocken	trocken oder Rüböl beim Schneiden auf *Automaten*	trocken oder Rüböl	trocken oder Rüböl auch Wollfett	—
3	Bohren	E	Rübölersatz oder E	Rübölersatz oder Benzol	E	trocken oder E bei *Hartguß*: Petroleum	trocken oder E	trocken oder E	E oder Rüböl	Rübölersatz
4	Reiben	Rübölersatz Talg	Rübölersatz	Rübölersatz	*Temperguß*: trocken *Stahlguß*: Rüböl	trocken Rüböl oder Maschinenöl	trocken oder Rüböl	Rüböl	E	—
5	Räumen	Rübölersatz oder Rüböl	Rübölersatz	Rübölersatz	*Temperguß*: trocken *Stahlguß*: Rüböl	trocken Rüböl oder Maschinenöl	trocken oder Rüböl	Rüböl	E	—
6	Fräsen Schruppen	E	E	E	E	Luftkühlung Wasser + 5% Soda	E		E	Rübölersatz
	Fräsen Schlichten	E *Gewinde*: Rüböl	Rübölersatz bei *feinen Arbeiten*	E Rübölersatz bei *feinen Arbeiten*	E Rübölersatz bei *feinen Arbeiten*	trocken	E	trocken	E	Rübölersatz
7	Sägen	E oder Rübölersatz	E oder Rübölersatz	E oder Rübölersatz	E	trocken Luftkühlung oder E	trocken oder E	trocken oder E	E	trocken

Aus Gottwein, Kühlen und Schmieren in der Metallbearbeitung. 2. Aufl. VDI-Verlag 1927.

8	**Hobeln**	trocken für *Schlichten*: Rüböl oder E bei *tiefem Span*: Bohröl s. Bemerk.	trocken für *Schlichten*: Rüböl E bei *tiefem Span*: Bohröl	trocken für *Schlichten*: Rüböl E bei *tiefem Span*: Bohröl	trocken für *Schlichten*: Rüböl E bei *tiefem Span*: Bohröl	trocken bei *Hartguß*: Petroleum	trocken	trocken	trocken	trocken
9	**Stoßen**	Rübölersatz oder Terpentinöl	Rüböl oder Terpentinöl	Rüböl oder E	Rüböl oder E	trocken bei *Hartguß*: Petroleum	trocken	trocken oder Rüböl	trocken oder Maschinenöl	—
10	**Schleifen**	Wasser + 5% Soda oder klare E s. Bemerk.	Wasser + 5% Soda oder klare E s. Bemerk.	Wasser + 5% Soda oder klare E s. Bemerk.	Wasser + 5% Soda oder klare E s. Bemerk.	Wasser + 5% Soda oder klare E s. Bemerk.	Wasser + 5% Soda oder klare E s. Bemerk.	Wasser + 5% Soda oder klare E s. Bemerk.	Wasser + 5% Soda oder klare E s. Bemerk.	—

Kühlen und Schmieren bei spanloser Metallbearbeitung.

11	**Ziehen auf Pressen**	E Rüböl	Rüböl der E	—	—	—	E Seifenwasser aus Schmierseife	E Seifenwasser aus Schmierseife	E	Talg oder Ziehfett
12	**Ziehen auf Bänken**	*Rohre*: E *Stangen*: Ziehfett Teerziehfett	—	—	—	—	*Rohre*: E *Stangen*: Ziehfett + E Rüböl	*Rohre*: E *Stangen*: Ziehfett + E Rüböl	Wollfett	—
13	**Walzen warm**	*Walzen* mit Wasser kühlen	*Walzen* mit Wasser kühlen	*Walzen* mit Wasser kühlen	—	—	trocken	trocken	Bei *dicken Platten* obere Schicht Fett oder Speck. Bei *dünnen Platten* trocken	trocken
14	**Walzen kalt**	Mineralöl, Petroleum oder Kaltwalzenöl	—	—	—	—	trocken	trocken	trocken oder Petroleum + Maschinenöl	50% Schmalz 30% Seife 20% Paraffin, trocken

*) E = Bohrölemulsion. **) bei Petroleum ist die Feuergefährlichkeit zu beachten.

Übersicht über zweckmäßige Kühl- und Schmiermittel bei verschiedenen Metallbearbeitungsmaschinen. (Fortsetzung)

Kühlen und Schmieren bei zerspanender Metallbearbeitung.

Lfd. Nr.		k Nickel	l Neusilber	m Zink	n Zinn	o Aluminium	p Duralumin	q Elektron ***)	r Silumin	Bemerkungen
1	Drehen Schruppen	trocken	E	E	—	E	trocken	4% wässerige Natrium-Fluoridlösung	E	—
	Drehen Schlichten	trocken	trocken	trocken	—	trocken oder Petroleum	Petroleum	trocken	Öl	—
2	Gewindeschneiden	E	trocken oder E	E	Rüböl	Petroleum oder trocken auch E	Rüböl	trocken oder 4% wässerige Natrium-Fluoridlösung	Petroleum mit Rüböl E	bei größeren Gewinden mit Gewindebohrer geschnitten: Talg
3	Bohren	E	trocken oder E	—	Rübölersatz	E, wenn Werkstoff schmiert	Petroleum + Rübölersatz oder E	trocken oder 4% wässerige Natrium-Fluoridlösung	E	—
4	Reiben	E	trocken oder E	—	—	Terpentinölersatz + Petroleum 4:5	Rüböl	trocken oder 4% wässerige Natrium-Fluoridlösung	Petroleum oder Terpentinöl	—
5	Räumen	E	trocken oder E	—	—	Terpentinölersatz + Petroleum 4:5	Rüböl	trocken oder 4% wässerige Natrium-Fluoridlösung	Petroleum oder Terpentinöl	—
6	Fräsen Schruppen	E	E	—	Rübölersatz	E	Rübölersatz	4% wässerige Natrium-Fluoridlösung	E	—
	Fräsen Schlichten	E	E	—	Rübölersatz	trocken	Rübölersatz	trocken	E	—
7	Sägen	trocken	E	—	trocken	Petroleum oder Maschinenöl auch trocken	Rübölersatz	trocken oder 4% wässerige Natrium-Fluoridlösung	Maschinenöl	—

Kühlen und Schmieren bei spanloser Metallbearbeitung.

8	**Hobeln**	trocken	trocken	—	trocken	Petroleum oder E oder trocken	trocken oder Petroleum	trocken oder 4% wässerige Natrium-Fluoridlösung	Petroleum E	bei *hartem Stahl* über 70 kg Festigkeit und *starkem Span* Wasser + 5% Soda
9	**Stoßen**	trocken oder E	trocken	—	trocken	Petroleum oder E auch trocken	—	trocken oder 4% wässerige Natrium-Fluoridlösung	E	—
10	**Schleifen**	trocken	—	—	—	Spindelöl + Petroleum 1:1	Rüböllersatz	4% wässerige Natrium-Fluoridlösung *Niemals trocken*	—	zum Sodawasser kann auch 2% Maschinenöl od. 15% E zugegeben werden
11	**Ziehen auf Pressen**	E auch Ziehfett	E bei kleinen Teilen, sonst Ziehfett	Talg oder Ziehfett mit kornfreiem Graphit, heißes Seifenwasser	Talg oder Ziehfett	Maschinenöl für kleine Teile, sonst Ziehfett	Ziehöl	Talg oder Ziehfett	—	Bei *tiefen Zügen* Rizinusöl mit kornfreiem Graphit und Talkum syrupartig mischen
12	**Ziehen auf Bänken**	Ziehfett	E	Talg oder Ziehfett mit kornfreiem Graphit	—	Petroleum	Wollfett	trocken oder Fett	—	—
13	**Walzen warm**	Wasser	trocken	trocken	trocken	Paraffin + Talg + Spindelöl, Petroleum	Petroleum	—	—	—
14	**Walzen kalt**	Mineralöl	Ziehfett	trocken	Soda + Seife + Schmalz + Spiritus + Wasser, trocken	Reines Petroleum *Kaltwalzen* bei Vorzeichen: helles Walzöl mit Zusatz von braunem Walzöl, Verschiedene Prozentsätze	Petroleum	—	—	—

***) Bei Elektron unter keinen Umständen Wasser verwenden.
Aus Gottwein: Kühlen und Schmieren in der Metallbearbeitung. 2. Aufl. VDI-Verlag 1927.

nungen auf. Zum Ausgleich dieser beläßt man die Werkzeuge oder Maschinenteile längere Zeit in einem Vergütebad, in dem es Temperaturen von 250—280° ausgesetzt ist. Da beim Härten die Abkühlungsgeschwindigkeit auf die Struktur des Stahles von maßgebendem Einfluß ist, so ist der chemische Charakter des Öles für diese Verwendungszwecke weniger bestimmend, hingegen die Wärmeleitfähigkeit, Verdampfbarkeit und die spezifische Wärme des Kühlmittels von maßgebender Bedeutung.

Wasser mit hoher spezifischer Wärme und hoher Verdampfungswärme wirkt sehr schroff, dagegen sind die entsprechenden Werte für Mineralöl, Petroleum und fette Öle niedriger und nahezu übereinstimmend untereinander. Die spezifische Wärme ist etwa halb so groß und die Verdampfungswärme siebenmal geringer. In früheren Jahren wurde zum Härten des Stahls fast ausschließlich reines Rüböl verwendet, später ein Gemisch von Mineralöl und Rüböl. Es ist auf Grund der physikalischen Eigenschaften zu beweisen, daß auch reines Mineralöl in gleicher Weise wirksam ist. Man hat daher auch mit gutem Erfolge Rückstandsöle und Ablauföle benutzt. Steinkohlenteeröle entwickeln beim Eintauchen des glühenden Werkstückes sehr unangenehme, die Arbeiter belästigende Dämpfe. Gelegentlich mit gutem Erfolg wird jedoch Schieferöl aus Messel verwendet.

Um einen schnellen, aber auch gleichförmigen Wärmeaustausch zu erzielen, wird das glühende Stahlstück während des Abkühlens im Öl hin- und herbewegt und das Ölbad selber durch ein es umgebendes Wasserbad stark gekühlt. Ein hoher Flammpunkt des Öles, nicht unter 180° C, ist natürlich Haupterfordernis, da beim Einsenken eine Entflammung erfolgt. Durch geeignete Abdichtungsvorrichtungen verhindert man das Ausbrennen des Ölbades. Entsteht indes wirklich einmal ein Brand, so pumpt man das Öl von unten her in ein bereitstehendes Reservegefäß ab. Öle mit niedrigem Flammpunkt verdunsten natürlich auch stärker und bedürfen daher einer aufmerksameren Wartung. Die Zähflüssigkeit dieser Öle wählt man zwischen 3—6 E bei 50° C. Zum Anlassen können viskosere Öle verwendet werden. Beim Gebrauch sinkt der Flammpunkt und Brennpunkt, steigt das spezifische Gewicht und die Viskosität. Es scheiden sich flockige gallertige Massen ab, welche hart und schaumig werden und das Ölbad dann unbrauchbar machen. Destillate zeigen insofern Nachteile, als durch die jeweils auftretenden Überhitzungen sie mehr Zersetzungsprodukte liefern als die raffinierten Öle. Die sich so bildenden Rückstände setzen sich in den Ölkühlern fest und diese verlangen dann eine öftere Reinigung. Mit der Viskosität dieser Öle gehe man nicht zu hoch, da die zähflüssigen Öle in größeren Mengen am Metall haften bleiben und bei der Umlaufschmierung eine größere Arbeitsleistung für die Bewegung verlangen. Durch Kühlung wird das Ölbad auf eine Temperatur von ca. 30° gehalten und soll während der Dauer des Betriebes nicht über 100° steigen.

Als Vergüteöl dient ein hochflammendes Produkt von größerer Zähflüssigkeit. Beim Anlassen oder Vergüten wird das Eisen- oder Stahlstück in das auf 200—220°, ja bis zu 280°,erhitzte Ölbad getaucht und längere Zeit darin belassen. Um Entzündungen zu vermeiden, wählt man den Flammpunkt möglichst hoch, sehr zweckmäßig sind Zylinderöle, die sich auch bei dauernder Erwärmung nicht zu stark zersetzen und geringe Verdampfungsverluste aufweisen. Das Öl spielt also hier nur die Rolle eines Wärmeträgers, auf seine spezifischen Eigenschaften kommt es dabei nicht an. In den meisten Fällen wird ein genügend hochflammendes Mineralöl vollauf genügen[1].

9. Kernöle.

Kernöle dienen zum Herstellen von Sandkernen, wie sie in der Eisengießerei verwendet werden, und spielen dabei die Rolle des Bindemittels. Sie bestehen in der Hauptsache aus Leinöl, Kornöl, auch Bernsteinöl, mit Zusätzen von Harz, Harzöl, Pech und dünnflüssigem Mineralöl. Es ist außerordentlich schwierig, hierfür geeignete Produkte zu finden, die befähigt sind, beim Erhitzen die Sandkörner miteinander so innig zu verkleben, daß eine haltbare und nicht zusammenschrumpfende Form erzielt wird. Nach A. Crossby[2] soll sich ein Öl mit folgenden Daten bestens bewährt haben:

Spez. Gewicht höchstens 0,931 bei 16°,
Flammpunkt 74—91°,
Brennpunkt 82—99°,
Jodzahl mindestens 155°,
Verseifungszahl mindestens 148,
Säurezahl 34—41,
Farbe: wie heller Bernstein,
Geruch: frei von jedem Fischgeruch.

Dieses Öl liefert stets gleichmäßig backende Kerne, die beim Gießen keinen lästigen Geruch entwickeln. Es stellt dieses ein Gemisch von Harz, tierischem und pflanzlichem Fett (Leinöl) und niedrig siedenden petroleumähnlichen Kohlenwasserstoffen

---
[1] Hoppe: Petr. 1926, S. 564.
[2] Siehe Stahleisen 1927, S. 1411/12.

dar. Verwendung billiger Harze ist zu vermeiden, da bei Gegenwart des letzteren die Kernbüchsen zu sehr verschmieren. Zusatz von riechendem Tran ist mit Rücksicht auf die im Werk beschäftigten Arbeiter zu vermeiden[1].

10. Starrschmieren.

Nach den „Richtlinien" kann man Starrschmieren definieren als Schmiermittel, die bei gewöhnlicher Temperatur fest oder salbenartig sind. Sie sollen sich beim Lagern und im Gebrauch nicht entmischen, eine völlig homogene Masse bilden und auch beim Liegen an der Luft weder eintrocknen noch hart werden. Man kann die Starrschmieren einteilen in

I. reine Starrschmieren,
   a) mit Seifengrundlage unter 5% Asche,
   b) ohne Seifengrundlage unter 1% Asche;
II. gefüllte Starrschmieren mit einem Gehalt von über 5% Asche,
   a) solche, die nur Graphit enthalten neben der zur Verseifung dienenden Base,
   b) solche, die andere Beschwerungsstoffe enthalten, z. B. Schwerspat, Talkum oder dgl.

Chemisch analog, jedoch physikalisch durch ihre Struktur und Konsistenz von den Starrschmieren abweichend sind die Walzenfette und Vaselinebriketts, die anschließend besprochen werden sollen.

Zunächst ist die Frage zu erörtern, ob und unter welchen Umständen die Schmierung mit einer Starrschmiere der Ölschmierung vorzuziehen ist. Zum Schmieren langsam laufender Maschinen mit geringer Pressung, wie Transmissionen, Kurbelzapfen, Zahnräder usw., haben sich die Fette bewährt, zwar haben sie eine größere innere Reibung, sind aber sparsamer im Gebrauch. Es ist daher fraglich, welche Art der Schmierung letzten Endes wirtschaftlicher ist. Indessen ist die Fettschmierung speziell an schwer zugänglichen Maschinenteilen und überhaupt dort, wo eben Ölschmierung nicht möglich, unvermeidlich. Es nimmt mithin die Fettschmierung im gesamten Schmiermittelgebiet einen recht weiten Rahmen ein und die hierher zu rechnenden Produkte zeichnen sich durch die größte Mannigfaltigkeit aus.

Die Starrschmieren ohne Seifengrundlage bestehen meist aus einem zusammengeschmolzenen Gemenge der verschiedensten Fettstoffe wie Paraffin, Zeresin, Talg, Wollfett, Wachs, Destillationsrückstände der verschiedensten Art mit Mineralöl,

---

[1] West, Foundry Trade J. **33** (1926), S. 69/73; Stahleisen 1926, 221; siehe auch Foundry Trade J. **30**, S. 17; Stahleisen 1925, 150.

Teeröl unter Beimengung von anorganischen Stoffen wie Graphit, Talkum u. dgl. Diese Produkte zeigen meist einen niedrigen Schmelzpunkt und geringen Gehalt an Wasser. Gemäß den wechselnden Verwendungszwecken sind die Mischungszutaten zu wählen. Zur Erreichung von Klebrigkeit und genügendem Haftvermögen werden Harz, Harzöl und Wollfett zugesetzt, zur Erzielung einer höheren Fettigkeit Talg, Wollfett und andere fette Öle. Die Konsistenz dieser Produkte wird durch die Menge der festen, hochschmelzenden Substanzen wie Paraffin, Zeresin, Wachs und goudronartigen Rückstände reguliert.

Aus der großen Zahl der hierher zu rechnenden Produkte seien nur einige wenige angeführt. Auf die Eigenart und die zahlreichen Verwendungszwecke kann nur ganz kursorisch eingegangen werden. Beschrieben werden hier nur solche Artikel, die sich in größeren Betrieben allgemein vorfinden, und zwar zunächst diejenigen, welche durchweg ohne Verseifung hergestellt werden.

Zahnradglätten und Kammradschmieren dienen zum Schmieren von Eisen- und Holzzahnrädern, auch Förderketten werden mit ähnlichen Produkten gefettet. Diese Schmieren sollen einerseits die Reibung vermindern, die Zähne der Räder und die Kettenglieder vor Abnutzung schützen und das Heißlaufen verhüten. Die Geschwindigkeit der Bewegung an diesen Maschinenteilen ist meist gering, dagegen der Druck häufig außerordentlich groß. Die hierfür verwendbaren Fette müssen ein gutes Anhaftvermögen besitzen und einen nicht zu niedrigen Tropfpunkt — nicht unter 45° — aufweisen. Die Konsistenz soll fester sein als bei gewöhnlichen Fetten, dagegen darf das Material nicht bröcklig werden, wie beim Paraffin. Meistens bestehen diese Mischungen aus Wollfett oder Wollfettprodukten mit Zusätzen von Talg, Paraffin und gewissen Mengen an Graphit. Auch Rückstände aller Art werden mit hineinverarbeitet. Der Wassergehalt solcher Kammrad- und Zahnradfette soll nicht über 6%, der Gehalt an fremden mineralischen Zusätzen nicht über 3% betragen, wobei allerdings Graphit nicht als Fremdstoff angesehen wird. Graphitfreie Schmieren sollen nicht über 6% Asche aufweisen.

Die Hanf- und Drahtseilschmieren dienen zum Einfetten der Draht- und Hanfseile in Bergwerken, der Seilbahnen von Kränen, Trossen und Aufzugsanlagen. Zugleich sollen sie das Seil mit einer Schicht bedecken, welche es gegen die äußeren Einflüsse, Staub, chemisch wirksame Dämpfe, die aus dem Betrieb stammen, und Feuchtigkeit, also kurz gesagt, gegen das

Rosten schützen. Gleichzeitig sollen die Fette so zusammengesetzt sein, daß das Seilmaterial konserviert und nicht angegriffen wird. Für Drahtseilschmieren werden vielfach Gemische von Wollfett, Graphit, Mineralöl und Paraffin, auch Harz und Leinöl verwendet. Für minderwertigere Produkte verarbeitet man auch Steinkohlen- und Braunkohlenteerprodukte. Bei Hanfseilschmiere fehlt meist der Leinölzusatz. Die Produkte müssen frei sein von Sand und schleifenden Bestandteilen. Die Säurezahl soll nicht über 1 betragen, Asche sowohl wie Wassergehalt nicht über 6% steigen. Der Tropfpunkt dieser Produkte liegt zwischen 50 und 60°. Besondere Beachtung verdienen die Kettenfette von Fahrrädern, dieselben müssen genügend fest und hochschmelzend sein, damit sie bei Sommerwärme nicht abschmelzen und dann die Kleider beschmutzen. Auch die Kettenschmieren von Brunnen und Aufzügen haben ähnliche Zusammensetzung.

Es mögen auch noch die Drahtseilöle erwähnt werden, welche zumeist aus Steinkohlen- oder Braunkohlenschmieröl bzw. aus Mischungen dieser mit Mineralöl bestehen. Es kommen hierfür verhältnismäßig viskose Produkte mit einer Viskosität von 5—10 E bei 50°, einem Flammpunkt von nicht unter 140° und einer Säurezahl von nicht über 1,0 in Frage. Der Stockpunkt soll im Sommer nicht über 0°, im Winter nicht über —5° betragen. Um den Ölen eine gewisse Haftfähigkeit zu geben, können gelegentlich Harz und harzähnliche Stoffe zugesetzt werden.

Dampfhahnschmieren. Die am Manometer und den Schaugläsern befindlichen Hähne bedürfen eines Dichtungsmaterials, das bei den hier herrschenden hohen Temperaturen einen hohen Schmelzpunkt aufweisen muß. Der Tropfpunkt soll nicht unter 120° liegen. Es können daher nur hochschmelzende Produkte hierfür verwendet werden. Zuweilen bedient man sich verseifter Fette, häufig jedoch werden Gemische von Wollfett, Harz, Graphit mit Gummi als Dampfhahnschmieren gebraucht. Auch Zusätze von Schwefelblüte werden hinzugegeben, wodurch ein hoher Schmelzpunkt erzielt wird, je nach der Art der Dämpfe, ob sauer, alkalisch oder sonst chemisch wirksam, muß man das Dichtungsmittel wählen. Bei Dämpfen, welche Kautschuk lösen, darf dieser natürlich nicht verwendet werden. Der gelegentliche Zusatz von Graphit wird nicht als Fremdstoff angesehen.

Stopfbüchsenpackungen. Ganz ähnlichen Bedingungen sind die Stopfbüchsenpackungen unterworfen. Auch hier wirken hohe Temperaturen und chemisch wirksame Flüssigkeiten oder Dämpfe auf die Dichtungsmasse ein. Sie müssen dementsprechend ausgewählt werden. Das Packungsmaterial der Stopfbüchsen wird mit dem Schmierstoff getränkt und soll zugleich dichtend und schmierend wirken. Die für Baumwoll-, Hanf- oder Asbestpackungen dienenden Imprägniermassen bestehen vielfach aus einer Mischung von Zylinderöl mit Graphit oder Talkum unter Zusatz irgendwelcher fetten Öle, auch kondensierter Öle. Zur Erzielung der gewünschten Konsistenz fügt man genügende Mengen Zeresin oder Paraffin hinzu. Die Wahl einer brauchbaren Stopfbüchsenpackung ist von großer Wichtigkeit, da schon häufig mangelhafte Schmierung an dieser Stelle der Grund war zu Rückstandsbildung im Zylinder und somit zu bedeutsamen Schädigungen der Maschine geführt hat.

Ein Gebiet, das für den Betriebsmann von großem Interesse sein sollte und seine Aufmerksamkeit durchaus verdient, ist die sachgemäße Behandlung und Konservierung der Treibriemen, vorzüglich der Ledertreibriemen. Die Treibriemen stellen einen nicht unbedeutenden Wertfaktor innerhalb des Betriebes dar. Das Bestreben des Betriebsleiters wird es also sein, diesen Posten seines Etats möglichst niedrig zu halten, und für die Erhaltung der Treibriemen, sowie für die Erhöhung der Leistungsfähigkeit der Maschinen, die wiederum durch einen geeigneten Riemenantrieb bedingt ist, Sorge zu tragen. Es dürfte daher wohl angebracht sein, auf die Eigenart der Riemenkonservierung mit einigen Worten einzugehen. In früheren Zeiten legte man den Hauptwert darauf, die Triebriemen mit einem Stoff zu bestreichen, der ein Abgleiten von der Scheibe verhindern und ein gutes Anhaften bewirken sollte. Solche „Adhäsionsfette" sind zum Schaden der Lederriemen auch heute noch vielfach im Gebrauch und setzen sich zusammen aus großen Mengen Harz, Paraffin, Mineralöl und auch geringen Mengen von Tran, welche als Lederkonservierung dienen sollen, wobei nicht berücksichtigt wird, daß sowohl das Harz, wie das Mineralöl das Leder hart und brüchig machen und zu seiner schnellen Vernichtung beitragen. Ganz zu verwerfen sind solche Produkte, die zur Erzielung eines niedrigen Preises mit Talkum oder sonst einem Beschwerungsmittel versetzt sind. Die Adhäsionsfette kommen in fester und halbfester Form in den Handel, entweder in Stangen oder in Tüten, wobei man das Produkt direkt auf dem Riemen schleifen läßt. Halbflüssige Produkte werden durch Erwärmen erst völlig verflüssigt und dann mit einem Pinsel aufgetragen.

Ein guter Riemen soll aber elastisch und das Verhältnis von federnder zu gesamter Dehnung ein günstiges sein. Seine Geschmeidigkeit, Haftfähigkeit und Festigkeit sollen erhalten bleiben und zwar erzielt man dieses durch geeignete Behandlung und

Pflege. Es ist aber nun eine Tatsache, daß gut gefettete und geschmeidige Riemen keines besonderen Adhäsionsfettes bedürfen, da sie glatt auf der Scheibe aufliegen und sich durch ihre Geschmeidigkeit an diese voll anlegen. Somit erreicht man einen viel besseren Erfolg und trägt auch zur Erhaltung der teueren Ledertreibriemen bei, wenn man die Riemen sachgemäß behandelt. Geeignete Lederkonservierungsmittel sind Mischungen von Tran mit Rindertalg im Verhältnis 3 : 1, auch reiner Tran, ferner Mischungen mit Rizinusöl und Wollfett. Im allgemeinen genügt eine Behandlung nach sechs Monaten. In wärmeren Räumen ist eine öftere Anwendung von Vorteil. Zur Erzielung einer entsprechenden Konsistenz kann Stearin und auch Wachs dienen, jedoch soll das Öl gut eindringen, da sonst ein zu hoher Gleitschlupf stattfindet. Die Poren des Ledertreibriemens dürfen unter keinen Umständen verstopft werden, weil diese wie Saugnäpfe wirken. Harz ist daher unter allen Umständen zu verwerfen, gelegentlich verwendet man Wollfett, dessen Klebrigkeit durch geeignete Zusätze von Tran evtl. Cottonöl, Rüböl oder Rizinusöl ausgeglichen werden kann. In Räumen, in denen explosive Stoffe vorhanden, reibt man die Riemen mit einem Gemisch von Wasser und Glyzerin 1 : 1 ein, um das Auftreten von Reibungselektrizität und Funkenbildung zu vermeiden. Auch durch das Anbringen von geerdeten Metallbürsten, sowie durch die Verwendung von mit Kupferdraht durchflochtenen Riemen erreicht man dieselbe Wirkung. Zu verwerfen ist das Aufrauhen der Scheibenoberfläche, weil hierdurch die Riemen schnell zerstört werden.

Für Textilriemen, die aus irgend einem Faserstoff geflochten oder gewebt sind, bedarf es wesentlich anderer Mittel. Statt den Riemen geschmeidig zu machen, ist hier eine Art Appreturmasse notwendig, die das Gewebe verklebt. Man nimmt hierzu Leinölpräparate, die mit Rizinusöl geschmeidig gemacht sind. Um alte, eingetrocknete Riemen dieser Art wieder aufzufrischen, hat sich das Bestreichen mit Benzin oder Terpentinöl, in dem die spröde Imprägnierung quillt, gut bewährt. Auch die leicht klebenden Wollfettpräparate können als Adhäsionsfette für Textilriemen verwendet werden. Balata und Gummiriemen dürfen mit Öl und Fett nicht in Berührung kommen[1]. Harze, Kolophonium und ähnliche Stoffe, Mineralöl, Olein und Vaseline sind nicht zu empfehlen, da sie auf den Stoff schädlich wirken.

Endlich sei noch auf die Konservierung der Köpeseile hin-

---

[1] Etwa entstandene Risse sind durch Gummilösung und dgl. auszufüllen.

gewiesen. Man benutzt hierfür ein niedrig schmelzendes Fettgemisch, das eine Säurezahl nicht über 1, geringen Asche- und Wassergehalt aufweisen muß und frei ist von Sand und irgendwelchen schleifenden Bestandteilen. Im übrigen sind Normen und spezielle Prüfungsverfahren für die oben angeführten Produkte bisher noch nicht ausgearbeitet worden, vielmehr ist der Käufer darauf angewiesen, durch direktes Erproben an Ort und Stelle sich über die Brauchbarkeit des Artikels ein Urteil zu bilden. Indessen dürfte es nicht allzu schwer sein, bei klarem Abwägen der obwaltenden Umstände das Geeignete herauszufinden[1].

Die verseiften Starrschmieren. Einen weiten Raum des Schmiermittelgebietes nehmen Herstellung und Verwendung der verseiften Starrschmieren ein, über die im Kapitel II, S. 145 ff. schon eingehend gesprochen worden ist. Gegenüber der Verwendung von Ölen zeigen die Fette den Vorteil, daß sie die Maschinen weniger beschmutzen. Über ihre Verwendung an schwer zugänglichen Stellen und die größere Sicherheit beim Schmieren schwer zu kontrollierender Maschinenteile mit ihnen wurde bereits hingewiesen. Man wird also dort zur Fettschmierung greifen, wo die Zuführung und Erhaltung des Schmieröles auf den Gleitflächen mit Schwierigkeiten verbunden ist, z. B. bei den Leerscheiben der Triebwerke, bei Kreuzkopf- und Kurbelzapfen, für Getriebe und Zahnradvorgelege, bei Wälzlagern, Kugellagern und an solchen Stellen, die infolge Strahlwärme sich übermäßig erhitzen. Zur Füllung der Staufferbüchse, wie sie allgemein an den Lagern, speziell an stehenden Wellen angebracht sind, bedient man sich eines gewöhnlichen Maschinenfettes (Staufferfett) von mittlerer Konsistenz. Der Schmelzpunkt beträgt bei hellen Fetten nicht unter 75°, zu niedrig schmelzende Fette fließen zu schnell fort und sind auch zu wenig sparsam im Gebrauch. Zu hoch schmelzende Fette hinwiederum geben zu wenig Fettstoff ab, und setzen sich leicht in den Schmierkanälen fest. Die Wahl der Konsistenz hat sich daher nach der Schwere der Lager und nach der Höhe der Lagertemperatur zu richten.

Die Beurteilung und Bewertung der Fette leidet noch immer unter dem Mangel an wirklich einheitlichen und brauchbaren Methoden. Neben dem Kißlingschen Konsistenzmesser ist kein verwendungsfähiger Apparat bekannt, und erlaubt dieser kein Urteil über die eigentliche Schmierwirkung des Fettes. Ebensowenig ist der Tropfpunkt ein bindendes Kriterium für die Be-

---

[1] Titschack, H.: Stahleisen 1930, S. 742; Kutzbach: Masch. B. **7**, 1928, S. 17—19.

urteilung des Fettes; immerhin ist der Punkt des beginnenden Fließens, sowie die Differenz zwischen Fließ- und Tropfpunkt ein Anhalt dafür, ob das Material ordnungsmäßig verarbeitet worden ist. Bei einem gewöhnlichen Staufferfett beträgt diese Temperaturspanne ca. 5—10°, hingegen kann sie bei hochschmelzenden Fetten 30—50° und mehr betragen. Die Güte des Fettes ist ferner bedingt durch die Abwesenheit von freien Säuren, von überschüssigem Alkali und fremden Bestandteilen. Die äußerste Grenze des Gehaltes an Fremdstoffen beträgt 0,5%, jedoch dürfen unter keinen Umständen sich hierin Sand oder andere schleifende Bestandteile finden, da sie die Lager zerstören würden. Häufig finden sich Holzspäne und Sand im Rückstande, die aus dem schlecht gesiebten Kalk stammen. Auf völlige Homogenität des Schmierstoffes ist besonderer Wert zu legen, da Klumpen und Knoten die Zuführungskanäle leicht zustopfen würden. Dabei ist zu bedenken, daß das Fett in den Schmiergefäßen und Zuleitungskanälen unter starkem Druck steht und bei beschwerten und nicht verseiften Starrschmieren kann leicht eine Entmischung stattfinden. Sind die Lager hohen Temperaturen ausgesetzt, so tritt sehr schnell eine Verflüssigung des Fettes ein, es fließt an der Berührungsstelle direkt ab, ohne das man hiervon etwas wahrnimmt und die Schmierbüchse scheint noch völlig mit Substanz gefüllt. Von einzelnen Verbrauchern wird immer noch ein Maschinenfett mit Zusatz von gelbem Farbstoff gewünscht, wobei nicht bedacht wird, daß der Schmierwert hierdurch eher verschlechtert als verbessert wird, da es notwendig wird, dem Fett gewisse Mengen Zinkweiß zuzusetzen, um der Farbe die nötige Deckfähigkeit zu geben. Hierdurch wird nur der Aschengehalt der 4% nicht übersteigen sollte, erhöht, es empfiehlt sich daher, naturfarbene Fette zu verwenden.

Für die Schmierung von Kugellagern dient vorzüglich ein unbeschwertes konsistentes Fett, von geeignetem, der Temperatur des Lagers angepaßtem Tropfpunkt, der nicht unter 60° liegen soll. Diese Fette müssen möglichst säurefrei — Säurezahl nicht über 1 sein — und auch geringen Aschegehalt — nicht über 3% — und Wassergehalt — nicht über 2% — besitzen. Für kleinere Kugellager, wie man sie z. B. an Fahrrädern findet, und die zumeist hermetisch verschlossen sind, verschmiert man gern eine leicht schmelzende Vaseline oder ein mittelflüssiges Öl mit oder ohne Fettölzusatz. Da es sich hier um empfindliche Eisenteile handelt, ist absolute Säurefreiheit und Neutralität erforderlich.

Eine besondere Art Schmierstoff verlangen die bereits früher erwähnten Netzpolster. Das dichte Gewirr von Wollfäden des

Netzpolsters ist mit einem dickflüssigen Keystonefett durchtränkt, das die Eigenart besitzt, große Ölmengen aufzunehmen und dadurch die Vorteile des dünnflüssigen Öles mit denen des bei der Schmierung sehr wirksamen Fettes vereinigt. Für besonders exponierte Stellen, z. B. für Rollgangslager von Walzwerken, Lager von Gießkranen, für Fettlager der Drehöfen und horizontale Führungsrollen von Drehöfen, für Kalander, Papiermaschinen und auch zum Schmieren der Blattfedern der Automobile, also überall dort, wo die leitende und strahlende Hitze groß und die Temperatur übermäßig steigt, verwendet man die über 120° fließenden, bei 140° und darüber schmelzenden Heißlagerfette oder Kalypsolfette. Die unter diesem Namen bekannten Schmiermittel und Schmierungsart stammt aus Amerika. Die heißen Lager sind von großen kistenförmig ausgestalteten Schmierbehältern umgeben, deren Innenwände schräg zur Welle ablaufen. An diese Flächen sind mit Kalypsolfett getränkte Wollfäden angebracht, die dicht an der Welle anliegen. Der Behälter selbst ist mit dem Heißlagerfett angefüllt. Es handelt sich hier um ein auf Basis einer Natronseife hergestelltes, nach besonderem Verfahren bereitetes konsistentes Fett. Bei der im Lager auftretenden Wärme wird es noch nicht flüssig, erweicht dagegen durch die Reibung und gibt ohne zu tropfen genügend Fett an die zu schmierende Welle ab. Die Heißlagerfette besitzen eine eigenartige, fasrige Struktur und fühlen sich fettig, nicht ölig an. Ihr Wassergehalt ist äußerst gering, meist nicht über 0,5%. Ihr Aschengehalt soll 4% nicht übersteigen, Sand u. dgl. dürfen selbstverständlich nicht zugegen sein.

Sind die Anforderungen bezüglich der Temperatur nicht so sehr groß, sondern handelt es sich um schwer belastete Maschinenteile, so eignen sich die hochfetthaltigen, hochschmelzenden Keystonefette. Diese Starrschmieren zeigen große Widerstandskraft gegen Druck, sie schmelzen bei 90—100° und erleiden beim Gebrauch keine oder nur sehr geringe Veränderungen. Es wurde nämlich festgestellt, und zwar durch die Arbeiten von Clubow und Taylor[1] daß bei der Verwendung die konsistenten Fette ihre Eigenschaften wesentlich verändern. Die Schmierfette zeigen nach dem Gebrauch eine veränderte Viskosität, obwohl die Temperatur während der Verwendung im Lager konstant geblieben ist. Konsistenz und Viskosität der Fette sind also keine feststehenden Eigenschaften, sondern Veränderungen unterworfen. Dies ist um so erklärlicher, als es ja

---

[1] C. 1921, II, S. 517; Journ. Soc. Chem. Ind. 39, I, 291—95.

bekannt ist, daß die Fette kolloidale Auflösungen von Seife im Mineralöl sind, welche nun durch die dauernde Reibung und Bewegung in ihrem Quellungszustande verändert werden. Es hat sich auch gezeigt, daß ein langsam gekühltes Fett eine höhere Anfangsviskosität besitzt und diese auch länger beim Schmieren behält, als ein schnell abgekühltes Fett. Zur Verbilligung der Fette und um ihnen die Schwimmfähigkeit zu nehmen, werden gelegentlich Füllmaterialien den Fetten einverleibt. Die Menge dieser beträgt meist 10%, und soll 25% nicht überschreiten. Für gewisse Spezialzwecke wie Radschmieren und Kammwalzenfette setzt man Graphit zu. Dieser Zusatz ist nicht als eigentliche Beschwerung anzusehen, jedoch rechnet man hierzu Schwerspat, Gips und ähnliche Füllmaterialien.

Für die Schmierung der untergeordneten Maschinenteile, für Achsen von Lastwagen und Fuhrwerken aller Art, für landwirtschaftliche Maschinen, Förderwagen mit offenen Lagern, Bergwerkswagen mit sog. Patentachsen oder Rollenlagern, also an Schmierstellen die weniger empfindlich sind, entsprechend denen, wo als Öl Teeröle und Rückstandsöle verwendet werden, verschmiert man Fette, die als **Wagenfett** bzw. **Wagenschmieren** in den Handel kommen. Über die verschiedenen Herstellungsverfahren aus Harzöl und Kalk auf kaltem Wege, sowie aus Montanwachs in Verbindung mit Rückstandsölen, Teer und Teerfettölen und Rückständen aller Art wurde bereits eingehend gesprochen, ebenso auf verschiedene Ersatzstoffe, wie Emulsions- und Kolloidfett mit hohem Wassergehalt hingewiesen. Die Verwendung dieser Produkte an Stellen, die keine sehr hohen Anforderungen an die Schmierwirkung und Unveränderlichkeit der Produkte stellen, hat zur Folge, daß die verschiedenartigsten, zuweilen auch minderwertigen Stoffe verarbeitet werden, so daß die Darstellungsmethoden und die Anzahl der Qualitäten unverhältnismäßig groß sind. Wie bei den Achsenölen muß man aber ein Mindestmaß von Schmierwirkung fordern und verlangen, daß keinerlei Beimengungen, die die Lager und Achsen schädigen können, vorhanden sind. Der Tropfpunkt der Wagenfette liegt zwischen 60° und 80°, Asche und Wassergehalt soll 6% nicht übersteigen. Zum Schmieren der Patentachsen von Förderwagen verwendet man halbflüssige Fette, sog. **Spritzfette**. Deren Tropfpunkt beträgt 50—70°. Sie werden mittels einer Spritze an die betreffenden Schmierstellen herangebracht. Sofern sie unbeschwert sind, soll ihr Aschengehalt nicht über 4%, ihr Wassergehalt nicht über 8% betragen. Wagenfettähnliche Produkte dienen gelegentlich auch als Seilschmiere, Kettenschmiere und zu ähnlichen Zwecken.

c) Walzenfettbriketts, Heißwalzenfette und Kaltwalzenfette.

Bei der Besprechung der Kalypsolschmierung und Heißlagerfette wurde bereits auf die Schmierung mit Briketts hingewiesen. An sehr heißen Lagern, die einer von außen herzutretenden Erwärmung ausgesetzt sind, sei es durch Strahlung, sei es durch Leitung, werden Vaselinebriketts angewendet. Für die Schmierung der hocherhitzten Kalander in der Papierfabrikation, an den horizontalen Lagern von Drehöfen und ähnlichen Schmierstellen sind diese Produkte, die in Form von Blöcken und Riegeln Verwendung finden, durchaus geeignet. Die Vaselinebriketts sind mit Natron verseifte Fette, speziell Harz und Wollfett, verbunden mit Raffinat, welche nicht wie bei den konsistenten Fetten üblich, kaltgerührt werden, sondern in Blöcke gegossen, erstarren, um dann in geeignete Riegel zerteilt zu werden. Sie zeichnen sich durch ihren hohen Schmelzpunkt aus, durch hohe Schmierfähigkeit und eine gewisse Biegsamkeit und Elastizität. In dünne Scheiben geschnitten sind sie durchscheinend, gegen Wasser sind sie, da ja Natronseife ihr Hauptbestandteil ist, äußerst empfindlich, sie lösen sich darin und werden leicht weggespült.

Mit den Vaselinebriketts nicht zu verwechseln sind die Walzenfettbriketts, welche zur Schmierung der Walzenzapfen, der Kaltwalzen, ferner für Rollgänge und Kippen, der Lager an den Walzenstraßen usw. dienen. In der Vorkriegszeit verwendete man für diesen Spezialzweck passend geschnittene Speckstücke oder Talg, Schmierstoffe, die uns heute reichlich kostbar erscheinen, die aber infolge ihrer außerordentlich günstigen Wirkung durchaus preiswürdig waren. Heute verwendet man aus Wollfett, Wollfettpech, Stearinpech und dunklen Ölen hergestellte verseifte Produkte, denen man gelegentlich auch Montanwachs und andere aus der Teerdestillation entstammende Produkte zusetzt. Die bei der Schmierung der Walzen vorliegenden Verhältnisse sind ganz besonderer Art und als abnorm zu bezeichnen. Die nach ihrer Größe stark verschieden ausgebildeten Zapfen ruhen in den Lagern der Walzenständer und sind während des Ganges sehr starken und plötzlich einsetzenden Drucken unterworfen. Die Geschwindigkeiten wechseln, kleinere Walzen rotieren relativ schnell. Bemerkenswert ist, daß die Lager hohen Temperaturen ausgesetzt sind, denn die durch die Walzen getriebenen glühenden Blöcke, Schienen, Bleche und Drähte strahlen eine bedeutende Hitze aus. Man kühlt daher Lager und Zapfen mit einem intensiv wirkenden Wasserstrahl, um sie auf diese Weise vor allzu schneller Vernichtung zu bewahren.

Zwischen Zapfen und Ständer sind Aussparungen gelassen,

in welche die passend geformten Brikettstücke derart eingelegt werden, daß sich die Walzenzapfen mit Schmierstoff überziehen. Aus den dargelegten Verhältnissen ergeben sich die zu fordernden Eigenschaften. Um dem großen Druck zu widerstehen, müssen die Briketts bei gewöhnlicher Temperatur fest und hart sein, so daß bei kräftigem Fingerdruck nur ein schwacher Eindruck hinterbleibt. Jedoch dürfen sie nicht so hart und spröde sein, daß sie beim Auffallen auf den Boden zerspringen. Gewöhnliche Walzenfettbriketts erweichen nicht unter 50^0 und tropfen über 80^0, die hochschmelzenden Walzenfettbriketts erweichen über 80^0 und sollen nicht unter 120^0 abtropfen. Die Abgabe von Fettstoff bei der Schmierung muß genügend groß sein und hängt von der Größe der aufliegenden Fläche ab. Beim Aufspritzen des Wassers darf das Brikett nicht weggespült werden, sich nicht zu intensiv verseifen, aber immerhin soviel Schmierstoff abgeben, daß der Walzenzapfen mit einer glatten, gleichmäßigen, schwach verseiften Emulsionsschicht überzogen ist. Von gewissem Einfluß ist natürlich auch die Stärke des Wasserstrahles, sowie die Beschaffenheit des Wassers. Hartes Wasser erschwert die notwendige, geringe Verseifung. Schmelzpunkt, Fettgehalt und Form richten sich nach der Temperatur, Schwere, Größe und Geschwindigkeit der Welle. Es ist anzustreben, für Blockstraßen, Blech- und Drahtwalzen sich den jeweiligen Verhältnissen entsprechende Produkte zu beschaffen. Während gewöhnliche Walzenfettbriketts mit niedrigem Tropfpunkt Wasser bis 6% enthalten können, sind die hochschmelzenden Walzenfettbriketts nahezu wasserfrei. Gelegentlich wird Graphit zugesetzt, um dadurch die Schmierwirkung zu beeinflussen, denn da sich der Zapfen mit einer Graphitschicht überzieht, kann das Wasser nicht direkt zutreten, und Rostansatz wird vermieden[1].

Über die Wichtigkeit und die Bedeutung einer guten Schmierung der Walzenstraßen usw. bekommt man eine Vorstellung, wenn man erfährt, daß in einem Werk die Ausgaben für die Ergänzung des Lagermetalls in einem Monat allein mehrere 100 000 M betrugen, weil es an geeignetem Schmiermaterial fehlte. In modernen Anlagen erfolgt die Schmierung durch Öl, und zwar durch eine Art Umlaufschmierung[2]. Man bildet das Walzenlager als ein geschlossenes Lager aus und schmiert in ähnlicher Weise wie bei den Maschinenlagern[3].

---

[1] Koethen, F. L.: Ind. a. Eng. Chem. 1926. 497.
[2] Ch. H. Bromley: Mechanical engineering 1926, 1344/46; Stahleisen 1927, 319; ferner: Brewer: Iron Age 114 (1924) 434/7; Stahleisen 1924, 1384.   [3] Türk: Stahleisen 1927, 1437.

Kurz erwähnt werde noch die Schmierung der Feinblechwalzen, weil hier ganz besonderer Verhältnisse vorliegen. Während bei den groben Walzen, solange das Material noch nicht zu größter Feinheit ausgewalzt ist, die direkte Wasserkühlung zulässig ist, besteht beim Auswalzen der Feinbleche nicht die Möglichkeit die Zapfen zu kühlen, da die an und für sich nur schwach glühenden Bleche eine zu starke Abkühlung erfahren würden. Daher kommt es, daß bei den Feinblechwalzen Lager und Zapfen eine besonders hohe Temperatur annehmen. Schmierung mit Heißwalzenfettbriketts ist nicht mehr angängig. Als **Heißwalzenfett** verwendet man daher zwischen 60—80° erweichende Erdölrückstände, die im flüssigen Zustande über den Zapfen gegossen werden. Gefordert wird ein Flammpunkt von über 250° C, damit die Qualmentwicklung nicht zu stark und die Gefahr der Selbstentzündung nicht zu groß wird. Steinkohlenteerrückstände sind weniger geeignet. Der Aschengehalt dieser Produkte muß gering, nicht über 6% sein, schleifender Sand ist strikt zu vermeiden. Man hat versucht, durch direkte Kühlung, indem man Kühlrohre in das Lager einbaute, die Temperatur herunterzudrücken und hat hiermit auch gute Erfolge erzielt, ohne daß die Güte der Bleche hierdurch irgendwie gemindert worden wäre[1].

Zum Ziehen von Drähten verwendet man, je nachdem ob trocken oder naß gezogen wird, verschiedenartige Produkte. Als **Trockenziehfette** kommen Produkte mit einem Tropfpunkt über 70° nach Art der konsistenten Fette in Frage, während für **Naßziehfette** wasserlösliche Produkte verwendet werden, die mit der 4—6fachen Menge Wasser eine beständige Fettemulsion bilden und auch bei Gegenwart von Schwefelsäure keine Klumpen abscheiden dürfen.

d) Schlußbemerkung.

Während in den Zeiten vor dem Kriege die Tendenz vorherrschte, für jeden Verwendungszweck ein besonders, eigens für diesen Zweck ausgewähltes und erprobtes Öl zu liefern und zu verwenden, hat die Not des Krieges und die nachfolgende Zeit zu Bestrebungen geführt nach einer rationellen und ökonomischen Ölbewirtschaftung zu suchen. Wie auf allen Gebieten, haben sich speziell auf dem Schmierölgebiet, auf dem wir in Deutschland ja stark von der Einfuhr aus dem Auslande abhängig sind, die Vereinheitlichungsbemühungen mehr und mehr durchgesetzt.

In einem industriellen Werk läßt sich der höchste mecha-

---

[1] Stahleisen 1926, 972 und 1877.

nische Wirkungsgrad nicht erzielen, wenn nicht die Schmierwirtschaft so vollkommen als möglich ist.

Schmierwirtschaft und Schmiertechnik bedeutet aber fachmännisch geleitete Verwendung der gesamten Schmiermittel im Betriebe, d. h. richtige Verwendung und das rechte Öl am rechten Platz verwenden. Mit den Faktoren, welche die Auswahl beeinflussen und die Eignung der Schmierstoffe bestimmen, beschäftigen sich die letzten Kapitel dieses Buches.

Wenn gute Schmierstoffe an falscher Stelle verwendet werden, ist die Betriebssicherheit gefährdet, es treten Betriebsstörungen auf, die Produktion wird gehemmt und das Konto der Reparaturkosten wird unverhältnismäßig belastet. Der Maschinenbestand wird vorzeitig entwertet und die Wirtschaftlichkeit des gesamten Betriebes wird durch alle diese Faktoren aufs empfindsamste gemindert.

In immer stärkerem Maße legt die Industrie daher der richtigen und sparsamen Schmierung Bedeutung bei und als Ergebnis dieser Bemühungen sei hier nochmals auf die ,,Richtlinien für den Einkauf und die Prüfung von Schmiermitteln'' hingewiesen, welche gemeinsam vom Verein Deutscher Eisenhüttenleute und dem Deutschen Verband für die Materialprüfung der Technik in engster Zusammenarbeit mit dem Schmiermittelproduzenten ausgearbeitet und herausgegeben sind.

Die ,,Richtlinien'' dürften jetzt wohl allgemein die Unterlage für die Beschaffung und die Untersuchung der Schmiermittel in allen mehr oder weniger großen Betrieben bilden.

Wie bereits gesagt, ist Endziel, die Erhöhung des Wirkungsgrades innerhalb des Betriebes. Das bedeutet Verminderung des Kraftverbrauches, somit Kraftkostenersparnis und diese wiederum kann höhere Ausgaben für Schmiermittelkosten rechtfertigen, zumal wenn auch das Erhaltungs-, Reparatur- und Maschinenkonto hierdurch gemindert wird. Es hat sich gezeigt, daß die Bearbeitung der Schmierwirtschaft durch einen erfahrenen und erprobten Fachmann nicht nur empfehlenswert, sondern auch überaus nutzbringend sein kann.

Eine Kostenberechnung des Schmiermittelverbrauches und sein wirtschaftlicher Einfluß wird in den wenigsten Betrieben von der Betriebsleitung aufgestellt, führt aber zu höchst interessanten Ergebnissen. In den Spinnereien beispielsweise wird der größte Teil der Kraft zur Überwindung der Reibung verbraucht und um die Geschwindigkeit der Spindeln aufrecht zu erhalten, während in Fabriken mit schweren Maschinen der größte Teil der erzeugten Kraft direkt ausgenutzt wird.

Schlußbemerkung.

Um sich ein ungefähres Bild über die Schmierkosten zu machen, muß man folgende Zahlen feststellen:

1. Menge der verbrauchten Schmiermittel.
2. Wert der verbrauchten Schmiermittel.
3. Größe der geschmierten Oberfläche.
4. Kraftverluste infolge Reibung.
5. Kraftverlust beim Dampfzylinder z. B. infolge undichter Stellen und anderer Beschädigungen.
6. Material und Arbeitskosten bei Reparaturen infolge zu großer Abnutzung durch mangelhafte Reibung.
7. Produktionsausfall infolge Stillstand der Maschinen bei der Reparatur.

Über das Ergebnis solcher Berechnungen finden sich verstreute Literaturstellen[1].

Es möge betont werden, daß die Fabrikanten bei der Auswahl geeigneter Schmierstoffe dem Käufer aus dem Schatz ihrer Erfahrungen weitgehendste Förderung zuteil werden lassen. Es muß Aufgabe des Betriebsleiters sein, einen möglichst einfachen Plan für den Betrieb unbedingt notwendiger Schmierstoffe aufzustellen. Dabei ist natürlich weitere Folge, daß bei Einkaufs-, Verwaltungsbeamten und bei den mit der Schmierung betrauten Arbeitern die Kenntnis der Eigenarten und Begriffe wie: Maschinenöldestillat, Maschinenölraffinat, Dampfzylinderöl und Explosionsmotorenzylinderöl usw. vorliegt. Durch übersichtliche Listen, auf denen in klarer Weise Kennwort und Verwendungszweck angegeben sind, soll eine Aufklärung bei Werkbeamten und Arbeitern erzielt werden, so daß das zweckentsprechende Öl an die richtige Stelle gelangt. Für den Einkäufer sind auf der Liste noch die Normen anzugeben, die vom Fabrikanten oder Händler einzuhalten sind. Durch Beschränkung des Einkaufs auf einige wenige leistungsfähige Firmen ist eine Garantie gegeben für einheitliche Bezeichnung sowie regelmäßigen Ersatz, der mit der notwendigen Pünklichkeit zu erfolgen hat. Auch dürften dann nicht mehr Fälle vorkommen, daß, wie es in einem großen Werk geschehen, Dampfzylinder mit flüssigem Raffinat, Kugellager mit beschwertem Maschinenfett und heiße Lager mit gewöhnlicher verseifter Starrschmiere geschmiert wurden.

Als Typen kämen also folgende Schmierstoffe beispielsweise in Betracht:

1. Maschinenölraffinat, Visk. 3—4 bei 50°.
2.   ,,   ,, 6—8 ,, 50°.

---

[1] Duguid: Mech. Engg. 47 (1925), 887/94; ferner Goetze: Zeitschr. V. d. Ing. 1920, S. 286; Baum, G.: Schmierölverbrauch bei Großgasmaschinen (Ber. d. Fachausschüsse. d. Ver. d. Eisenhüttenleute. Verl. Stahleisen, Düsseldorf 664.

3. Maschinenöldestillat Visk. 5—7 bei 50°.
4. Heißdampfzylinderöl „ 3—4 „ 100°.
5. Dampfturbinenöl.
6. Transformatorenöl.
7. Kons. Maschinenfett.
8a. Heißlagerfettbrikett.
8b. Heißlagerfett.
9. Kugellagerfett.
10. Zahnradfett.

Die Sorten haben bezüglich ihrer physikalischen und chemischen Eigenschaften den in der folgenden Tabelle angegebenen Eigenschaften zu gehorchen und sind für die darin genannten Verwendungszwecke geeignet:

Kennworte	Lieferungsbedingungen	Verwendungszwecke
Maschinenölraffinat I.	Reines Mineralöl Flammpunkt o. T. ca. 175°, Visk. 3—4 b. 50° C.	Ringschmierlager von Transmissionen, Dynamomaschinen und elektrischen Motoren jeglicher Tourenzahl bis Wellendurchmesser 80 mm, Preßluftwerkzeuge, Werkzeug-, Eismaschinen
Maschinenölraffinat II.	Reines Mineralöl, Flammpunkt o. T. ca. 185—195°, Visk. 6—8 b. 50° C.	Tropföler, nicht unter Dampf arbeitende Maschinenteile von Dampfmaschinen und Kolbenmaschinen, Zylinder von Luftkompressoren, Ringschmierlager mit über 80 mm Wellendurchmesser, Ringschmierlager die unter äußeren Wärmeeinflüssen stehen.
Maschinenöldestillat.	Reines Mineralöl, Flammpunkt o. T. 185°, Visk. 5—7 b. 50° C. Fettfleckprobe klares, gleichmäßiges Bild, ohne Asphaltpunkte.	Nicht unter Dampf gehende Teile von Lokomotiven, Transportbänder, Führungen von Aufzügen, Staub- und Witterungseinflüssen ausgesetzte offene Schmierstellen.
Dampfzylinderöl.	Reines Mineralöl, Flammpunkt o. T. 180°, Visk. 4 b. 100° C.	Unter Dampf stehende Organe der Dampfmaschinen und Lokomotiven, Dampfpumpen, Schneckenantrieb der Generatoren, Exzenter von Schüttelsieben, Ringschmierlager von Drehöfen.

Schlußbemerkung.

Kennworte	Lieferungsbedingungen	Verwendungszwecke
Dampfturbinenöl.	Reines Mineralölraffinat, Flammpunkt o. T. 170°, Visk. 3,2 b. 50° C, frei von Alkali und Säuren.	Kreislaufschmierung der Dampfturbinen.
Transformatoren- und Schalteröl.	Reines Mineralölraffinat, Flammpunkt o. T. 180°, Visk. ca. 5 b. 20°, wasserfrei, Säurezahl höchstens 0,05. Verteerungszahl b. 70 stündigem Erwärmen auf 120° bei Durchleiten von reinem Sauerstoff höchstens 0,1%, Schalteröl —15° Stockpunkt.	Elektrische Transformatoren und Schalter.
Konsistentes Maschinenfett.	Tropfpunkt bei ca. 72°C. Die Masse muß homogene Konsistenz haben und unbeschwert sein. Trennung von Mineralöl und Seife darf nicht eintreten.	Staufferbüchsen, Fettlager bei Transmissionen und Transporteinrichtungen u. dgl. bei Lager- und Außentemperatur bis 60°.
Heißlagerfette oder Heißlagerbrikett.	Tropfpunkt ca. 130°, unbeschwert.	Fettlager an Drehöfen, Staufferbüchsen für horizontale Führungsrollen an Drehöfen, Kalander.
Zahnradfett.	Dunkle, konsistente Fettmasse von homogener Beschaffenheit u. gutem Anhaftvermögen.	Zahnräder.
Kugellagerfett.	Frei von Säure und Beimengungen.	Kugellager, feine Mechanismen Kugellager an Elektromotoren

Dieses Schema ist natürlich nicht allgemein anwendbar, soll vielmehr nur ein Bild geben, in welcher Weise sich Verbraucher und Produzent zu verständigen haben, um mit wenigen einheitlich gearteten Schmierstoffen die gesamten Mechanismen einer Fabrik mit Schmierstoffen zu versorgen. Bei der Aufstellung solcher Normen und Bedingungen wird es zweckmäßig sein, wenn Fabrikant und Verbraucher gemeinsam hierüber beraten, damit keine unmöglichen und gar zu weitgehende Forderungen festgelegt werden.

Die im Laufe der Abhandlung zahlreich verstreuten Bemerkungen über Eigenarten, Verhalten und Verwendungszweck der verschiedenen Schmierstoffe seien hier am Schlusse noch einmal zusammengefaßt.

Bei den Maschinenölen unterscheidet man Destillate und Raffinate. Destillate enthalten Teer, Harz und Asphaltbestandteile, den Raffinaten sind diese auf chemischem Wege entzogen. Hieraus ergibt sich, daß die Destillate nicht verwendbar sind für Kreislaufschmierung, für Turbinen- und Ringschmierlager und an solchen Stellen, wo ein Verstopfen der Schmierkanäle und Schmiernuten zu befürchten ist. Hier und an Stellen, wo Ölverdunstung infolge erhöhter Temperatur eintritt, verwendet man Raffinate. Überdies zeigen die Raffinate ihre Überlegenheit gegenüber Destillaten durch ihren geringen Säuregehalt und ihre geringere Neigung zu oxydieren. Destillate sind dort verwendbar, wo untergeordnete Schmierzwecke in Frage stehen und durch Beimengung von Staub und Schmutz usw. eine Verschlechterung des Öles ohnedies nicht zu vermeiden ist.

Die Anpassung der Maschinenöle bezüglich der Viskosität vollzieht sich nach folgenden Gesichtspunkten: Leicht belastete Maschinenteile, die mit großer Geschwindigkeit laufen, bei Ring- und Kreislaufschmierung, die unter Druck stattfinden, werden mit dünnflüssigen Ölen geschmiert. Bei schweren und langsam laufenden Maschinenteilen, die auch dem Einflusse äußerer Erwärmung ausgesetzt sind, verwendet man viskosere Öle, die auch weniger leicht verdunsten. Sie werden nicht so leicht aus den Lagern gepreßt und bleiben auch bei höheren Temperaturen genügend schlüpfrig.

Die Zylinderöle mit Zähflüssigkeiten von 2,3—3 bei 100° C und darüber dienen zum Schmieren der unter Dampf stehenden Maschinenteile. Verlangt wird von ihnen ein hohes Anhaftvermögen, hoher Flammpunkt und niedriger Asphaltgehalt.

Nicht zu verwechseln mit diesen Zylinderölen sind die Öle zur Schmierung der Zylinder von Explosionsmotoren und von Kompressoren. Hier sind nur hochviskose Raffinate geeignet, die frei von Asphalt sein müssen, da andernfalls sich die Ventile und Schieber mit sich bildenden Rückständen zusetzen und zu Frühzündungen und Explosionen Veranlassung geben. Je höher der Kompressorendruck im Zylinder, um so zäher ist das Öl im allgemeinen zu wählen.

Konsistente Fette kommen zur Anwendung an langsam laufenden Maschinenteilen, die nur kleine Bewegungen ausführen und an solchen Stellen, an denen eine Ölschmierung schwer anzubringen ist. Die Qualität der Fette richtet sich in der Hauptsache nach der Temperatur und der Belastung der Lager. Heißlagerfette werden zur Schmierung solcher Lager verwendet, die der Erwärmung durch Leitung oder Strahlung ausgesetzt sind. Unter gewissen Umständen werden die Fette durch Heißwalzenbriketts ersetzt, die durch ihr Eigengewicht auf der Welle aufliegen und daher zuverlässiger schmieren.

Für Kugellager und feine Mechanismen sind neutrale und absolut säurefreie Produkte, Öl oder Fett zu wählen. Die Spezialfette genauer zu erläutern, ist hier unmöglich. Die Eigenschaften sind den jeweiligen Verwendungszwecken anzupassen.

Bei genauer Beobachtung der örtlichen Schmierverhältnisse einerseits und der Eigenart der Schmierstoffe andererseits wird es auch dem weniger bewanderten Fachmann gelingen, auf diesem speziellen für die rationelle Bewirtschaftung seines Betriebes indessen nicht unwichtigen Gebiet seine Kenntnisse soweit zu vertiefen, daß es ihm gelingt, einen in jeder Beziehung „reibungslosen" Betrieb aufrecht zu erhalten. Die Ersparnisse, die er im eigenen Werk erzielt, werden zugleich mit dazu beitragen, die wirtschaftliche Abhängigkeit Deutschlands zu mindern und dadurch dessen innere Stärke zu vermehren.

Literaturverzeichnis.

a) Zeitschriften.

Allg. Öl- u. Fettztg.	= Allgemeine Öl- und Fettzeitung
Ber.	= Berichte der Deutschen Chem. Gesellschaft
Braunkohle	= Braunkohle, Zeitschrift für die Gewinnung und Verwertung der Braunkohle
Brennstoffchem.	= Brennstoffchemie
C.	= Chemisches Zentralblatt
Chem. Umsch.	= Chem. Umschau auf dem Gebiete der Fette, Öle, Wachse und Harze
Chem.-Techn. Wochenschr.	= Chemisch-technische Wochenschrift
Chem. Ind.	= Chemistry and Industry
Chem. Ztg.	= Chemiker Zeitung
C. r.	= Comptes rendues des séances de l'académie des sciences
Erdöl und Teer	= Erdöl und Teer
Eng.	= Engineering
E. T. Z.	= Elektrotechnische Zeitschrift
Ges. Abh.	= GesammelteAbhandl. zur Kenntnis der Kohle
Glückauf	= Glückauf
Ind. Eng. Chem.	= Industrial and Engineering chemistry
I. Am. Chem. Soc.	= Journal of the American chemical society
J. Soc. chem. ind.	= Journal Society of chemical industry
Koll. Ztschr.	= Kolloid-Zeitschrift
Maschinenbau	= Maschinenbau
Mat. gr.	= Matières grasses
Mitteilungen	= Mitteilungen aus dem Materialprüfungsamt Berlin-Lichterfelde
Ölmotor	= Ölmotor
Österr. Chem. Ztg.	= Österreichische Chemikerzeitung
Öl u. Gas J.	= Öl- und Gas-Journal
Petr.	= Petroleum, Zeitschrift für die gesamten Interessen der Petroleumindustrie und des Petroleumhandels
Stahleisen	= Stahl und Eisen, Düsseldorf
Seifensd. Ztg.	= Seifensiederzeitung, Augsburg
Werkst. Techn.	= Werkstättentechnik
Z. f. ang. Chem.	= Zeitschrift für angewandte Chemie
Z. V. D. J.	= Zeitschrift des Vereins Deutscher Ingenieure
Z. f. phys. Ch.	= Zeitschrift für physikalische Chemie

b) Bücher.

Benedikt, R., und Ulzer: Analyse der Fette und Wachsarten. 5. Aufl. Berlin: Julius Springer.

Böge, J.: Zweckmäßige Schmierverfahren, AWF 218. Berlin: Beuth-Verlag.

Budowski, J.: Die Naphtensäuren. Berlin: Julius Springer 1922.

Burstin, H.: Untersuchungsmethoden der Erdölindustrie. Berlin: Julius Springer 1930.

v. Dallwitz-Wegener: Über neue Wege zur Schmiermitteluntersuchung. München und Berlin: R. Oldenbourg 1919.
Ehlers, C.: Schmiermittel und ihre richtige Verwendung. Leipzig: O. Spamer 1928.
Eichwald, E.: Mineralöle. Dresden: Th. Steinkopff 1925.
Engler-Höfer: Das Erdöl, seine Physik, Chemie, Geologie, Technologie und sein Wirtschaftsbetrieb. Band I—V. Leipzig: S. Hirzel 1913—19.
Faber, A.: Die neueste Entwicklung der Welterdölwirtschaft und die Mineralöllager Deutschlands. Halle: W. Knapp.
Falz, E.: Grundzüge der Schmiertechnik. Berlin: Julius Springer 1926.
Fischer, F.: Ges.Abhandl. zur Kenntnis d. Kohle. Berlin: Gebr. Borntrager.
Friedmann, W.: Die Verflüssigung der Kohle nach Friedr. Bergius. Berlin: Allg. Ind. Verl. 1928.
Gottwein: Kühlen und Schmieren bei der Metallbearbeitung. 2. Auflage. VDI-Verlag.
Gluud, W.: Die Tieftemperaturverkohlung der Kohle. Halle: Knapp.
Graefe, E.: Laboratoriumsbuch für die Braunkohlenindustrie. Halle: W. Knapp 1908.
— Die Braunkohlenteerindustrie. Halle: W. Knapp 1922.
Großmann, J.: Die Schmiermittel. Wiesbaden: C. W. Kreidel 1909.
Gurwitsch, L.: Wissenschaftliche Grundlagen der Erdölbearbeitung. Berlin: Julius Springer 1913.
Hefter, G.: Technologie der Fette u. Öle. Berlin: J. Springer 1906—12.
Herbig: Die Öle und Fette in der Textilindustrie. Stuttgart: Wissenschaftliche Verlagsgesellschaft 1929.
Höfer: Das Erdöl u. seine Verwandten. Braunschweig: Vieweg & Sohn. 1912.
Hoffmann, Karl: Ölpolitik und angelsächsischer Imperialismus. Berlin: Ringverlag.
Holde, D.: Kohlenwasserstofföle und Fette. 6. Auflage. Berlin: Julius Springer 1924.
Hurst, G. H.: Lubricating oils, fats and greases. 3rd edition. London: Scott, Greenwood & Son.
Kißling: Laboratoriumsbuch für die Erdölindustrie. Halle: Knapp 1908.
— Chemische Technologie des Erdöls. Braunschweig: Vieweg & Sohn 1923.
Lange, O.: Technik der Emulsionen. Berlin: Julius Springer 1929.
Marcusson, J.: Laboratoriumsbuch für die Untersuchung der Öle und Fette. Halle: W. Knapp 1928.
— Die natürlichen und künstlichen Asphalte. Leipzig: Engelmann 1921.
Ölbewirtschaftung, Die, von der V. D. El. Werke. Berlin 1930.
Prüfung der Schmiermittel. Berlin: Beuth-Verlag 1930.
Ost, H.: Lehrbuch der chemischen Technologie. Hannover: Jänicke 1907.
Rakusin, M. A.: Die Untersuchung des Erdöls. Braunschweig: Vieweg & Sohn.
Richtlinien für den Einkauf und die Prüfung von Schmiermitteln. Düsseldorf: Verlag Stahleisen 1928.
Scheithauer, W.: Fabrikation der Mineralöle und des Paraffins aus Schwelkohle usw. Braunschweig: Vieweg & Sohn 1895.
— Die Schwelteere und ihre Gewinnung und Verarbeitung. Leipzig: Spamer 1922.
Schmiermittelnot. Düsseldorf: Verlag Stahleisen.
Schrauth, M.: Handbuch der Seifenfabrikation. Berlin: J. Springer 1921.
Ubbelohde, L.: Handbuch der Chemie und Technologie der Öle und Fette. Leipzig: S. Hirzel.
Walther, C.: Schmiermittel. Leipzig: Steinkopff 1930.

Namenverzeichnis.

Albrecht 68. 100.
Allinda 148.
Allner 24, 116.
Anglo-Persian-Burmah 18.
Archbutt 172.
Aufhäuser 80.

Baader 119, 200, 247.
Bachmann 173.
Barnard 172.
Baum, G. 34.
Baum 234.
Becker, A. E. 167.
Bergius 40, 41.
Bethnagar 172.
Bensmann 206.
Bewers 232.
Biel 73.
Bingham 151.
Biot 7.
Birck 21.
Bleyberg, W. 93.
Böge, J. 185 ff.
Bohnenblust 246.
Bolley 67.
Börnstein 37.
Bragg 176.
Brandt 27.
Brieger 173.
Bromley, Ch. H. 286.
Brower 286.
Brückmann 40.
Brühlmann 104.
Brunt 239.
Burstin 11, 75, 129, 232.
Byrd 125.

Challenger 6.
Chapman 9.
Chemische Fabrik Nördlinger 59.
Chevreul 44.
Clubow 283.

Coats 87.
Conradson 124, 129.
Cuypers 265.
Crossby, A. 275.

v. Dallwitz-Wegner 103. 172.
Deckham 241.
Deutsche Erdöl-A. G. 33
Diehl 171.
Dittmar 67.
Dodge, R. 59.
Donath 8.
Dubowitz 131.
Duffing 172, 179.
Dufraise 248.
Dunstan 6, 21, 87.

Edeleanu 6, 27, 93, 128.
Ehlers, C. 155, 211 ff, 229, 241.
Eichwald 40, 69.
Eisinger 238.
Engler 7.
Erk, S. 100.
Ernst, W. 234.
Evans 176.
Evers 254.

Faber, A. 15.
Fahrion 142.
Falz, E. 164 ff., 170, 182, 185, 229, 257/58.
Fischer, F. 37, 41, 68, 99, 163.
Flemming 16, 17.
Frank, F. 21, 24, 67, 114, 117, 200, 247, 254.
Frash 6.
Friedmann, W. 41.
Friesenhahn 163.
Fröhlich, Fr. 181.
Fuchs 140.

Gaisser 31.
Gans 93.
Garner 172.
Gewerkschaft Siegfried Giesen 162.
Gibson 99.
Gilson 175.
Gluud, W. 37.
Göckel, H. 84.
Götze 229, 245, 248.
Gottwein 267, 269.
Graefe 32, 34.
Graf 204.
Green 151.
Großmann 1.
Grün 8, 68, 163.
Gruse 10.
Gümbel 167.
Gurwitsch 6, 173.

Hamburger 34.
Hanus 140.
Harries 68.
Hart 155.
Heimpel 226.
Heitmann 149.
de Hemptinne 68.
Herbst 110.
v. d. Heyden 163, 248, 268.
Hill 87.
Hilliger 111, 172, 179, 183, 228.
Hoblyn, B. 116.
Höfer 9.
Hoffmann 2, 18.
Holde 49, 75, 80, 142, 169, 172, 237.
Hönig 132, 139.
Hoppe 275.
Hurst, G. H. 30.

I. G. Farbenindustrie 6, 41 ff., 74.

Namenverzeichnis.

Jacobs 99.
Jacobsohn, F. 147.
Jacubowitsch 67.
Jalen 24.
Jentsch 116.

Kahn 24.
Kaleta 154.
Karplus 159, 161, 175, 176.
Kattwinkel 80.
Kelber 67.
Keßler 154.
Kießkalt, S. 167.
Kißling 6, 122, 151.
Koethen, F. L. 286.
Kötschau 68.
Kohout 124.
Krämer 109.
Kurrein 171.
Kutzbach 281.

Lange, O. 202.
Langer 228.
Lasche 168.
László 40.
Lazar 27.
Lee 238.
Lifschütz 65.
Lion, A. 240.
Ludwig 208.
Lüttgen 127.

Mac. Michael 99.
Mailhe 7.
Mallison 110.
Marbery 9.
Marcusson 7, 8, 68, 75, 80, 120, 121, 128, 134, 137, 138, 142, 152, 156, 223, 232.
Margosches 140.
Martens 177.
Mastbaum 9.
Mendelejeff 7.
Merill 150.
Meyer, H. 18.
Meyer, K. H. 176.
Meyerheim 114, 117.
Moureu 248.
Müller 176.

Nastjukoff 128.
Neumann 27.

Newton 167.
Norman, D. W. 151.

Obeltshauser 267.
Oehlschläger 99, 103.
Offermann 93.
Orelup 238.
Osborn 167.
Ost 2, 19.

Parsons 167.
Petroff 166.
Pflug, K. 81.
Pictet 9.
Potonié 7.
Pschorr 34.
Pyhälä 153.

Rakusin 7.
Ramsay 7.
Reiner 81.
Rendte 15.
Reynolds 167.
Robertson 232.
Rodman 254.
Rosenberg 27.
Royal-Dutch-Shell 18.
Roy Cross 97.

Sabatier 7.
Sander 30.
Sarnow 109.
Schaal 67.
Scheel, K. 93.
Scheithauer 32, 34.
Schering, P. 176.
Schläpfer 200.
Schlesinger 171.
Schlüter, H. 92.
Schmid, K. 183.
Schneider 68, 204.
Schulz 124.
Schulze 24.
Schuyler-Miller 239.
Schwedhelm, H. 99, 102.
Senderens 7.
Seyderhelm, K. 208, 209 ff.
Shearer 176.
Sheppard 99.
Shukoff 107.
Siemens & Halske 74.

Singalowski 172.
Singer, L. 36.
Sommerfeld 167.
Southcombe 172.
Sparrow 238.
Spiegel, A. 147.
Spilker 88, 162, 163.
Spitz 132, 139.
Stäger 200, 246, 253, 254.
Standard Oil 18.
Stanton 237.
Steinschneider 24.
Stevens 128.
Stribeck 167.

Tauß 15, 127.
Taylor 167, 283.
Thole 87.
Titschak, H. 281.
Trillat 176.
Tropsch 41.
Tsujimoto 9.
Tuchschmidt 67.
Turk 286.
Typke 25, 121, 200, 248, 252, 254, 268.

Ubbelohde 95, 103, 108 ff.

Vieweg 167, 168.
Vieweg, R. 176.
Vilbrandt 125.
Vogel 69, 94, 105.
Voitländer 163, 180.

Walther 99, 104.
Weiß 183.
Wells 172.
West 276.
Wilson 172.
Wirth 8.
Wischin 206.
Wolf, K. 69.
Wolf, Karl 182.
Wolff 100.
Woog 139, 172.
Wulff 162, 164.

Young, H. J. 240.

Zaloziecki 137.
Zopf 208.

Sachverzeichnis.

Abdampfentöler 202 ff.
Abdeckereifett 64.
Abfälle, saure 29.
Abfallfett 64.
Ablaugen, alkalische 29.
Abstreicher 188.
Abwasserentölung 202.
Achesongraphit 159.
Adeps lanae 65.
Adsorptionsfilm 175.
Ätherzahl 55.
Agitator 25.
Akzise-Probe 121.
Alkali, Prüfung auf 54, 119.
Alkoholschwimmethode 86.
Ameisensäureester 6.
Ammoniak aus Schiefer 30.
Ammonsulfat 30.
Anthrazenöl 219.
Antifriktionsschmiere 1.
Aquadag 159.
Arachisöl 58.
Asche, Best. d. 150.
Aschegehalt in tier. u. pflanzl. Ölen 55.
Asphaltene 254.
Asphaltgehalt 125 ff.
Asphaltogensäuren 120 ff., 254.
Asphaltzahl 123.
Äthylenkohlenwasserstoffe 5.
Auskochen im Autoklaven 48.
Autogetriebeöl 240 ff.
Automatenöl 267.
Autoöl 235 ff.
Autoölverdünnung 238 ff.
Azetonmethode 152.
Azetylzahl 54, 142.

Baader-Kolben 119, 132.
Badschmierung 191.
Bänderprobe 255.
Ba Q-Öl 35.
Baumwollsaatöl 60.
Benetzungswärme 173.
Berginverfahren 41.
Bernsteinöl 275.
Benzin, klopffreies 42.
Benzolring 5.
Bienenwachs 65.
Bleicherde 25.
Bleitetraäthyl 200.
Bohrfett 155.
Bohrfette 268.
Bohröle 154, 267.
Bohröl, Anforderungen 155.
Braunkohlenteeröl 31 ff. 33 ff, 133.
Brechen des Öles 139.
Brennpunkt 114, 115.
Brikettschmierung 285.
Butanon 128.

Calypsolfett 147.
Carbonstifte 161.
Centipoise 101.
Cerotinsäure 65
Cholesterin 56.
Conradson-Test 124 ff. 232.
Coulomb'sches Gesetz 165.
Crankcase-dilution 238 ff.
Cyclohexanol 163.

Dampfemulgierprobe nach Conradson 129.
Dampfahnschmiere 278.
Dampfturbinenöl 245 ff.
Destillate und Raffinate, Unterschiede 28.

Destillation der Erdöle 18.
Diazoreaktion 33, 133.
Dikafett 51.
Dikresylkarbonat 163.
Dimethylsulfat 133.
Dieselmotorenöl 233 ff.
Dochtöler 188.
Dochtreinigung 204.
Dochtschmierung 188.
Döglingstran 65.
Dorschtran 63.
Drahtseilöl 278.
Drahtseilschmiere 277.
Drahtziehöl 269.
Druckschmierapparate 189.
Düsentropfer 187.
Dynamoöle 261.

Edeleanu-Verfahren 27.
Einfuhr von Erdölerzeugnissen 17.
Einringdrucklager 258.
Eisenbahnachsenöle 262.
Eisenseifen 227.
Eismaschinen-Kompressoren 244 ff.
Eiweiß 55.
Elektromotorenöle 261.
Emulgierbarkeit von Bohrölen 156.
Emulsionsfette 162.
Emulsionsprobe 129.
Emulsionszylinderöle 228.
Engler-Viskosimeter 87.
Entscheinungsmittel 78.
Erdnußöl 58.
Erdöl, pennsylvan. 2.
Erdöl, russisches 2.
Erdölasphalt 137.
Erdöl, Entstehung 8, 9.
— Geologie 9.

Sachverzeichnis.

Erdöl, Klassifizierung 11, 12.
Erdölpech 137.
Erdölproduktion 16.
— Deutschland 3, 4.
Erdölverbrauch 17.
Erdölvorkommen, afrikanische 3.
— australische 3.
— amerikanisches 2, 3.
— asiatische 3.
— Balachany 12.
— Bibi-Eybat 12.
— Deutschland 15.
— Fergana 13.
— Galizien 14—15.
— Grosny 12.
— Kalifornien 14.
— Kansas 14.
— Maikop 13.
— Mexiko 14.
— Oklahoma 14.
— polnische 3.
— rumänisches 3.
— Rumänien 14.
— russisches 3.
— Ssurachany 12.
— Swatoi-Ostrow 13.
— Taman 13.
— Tscheleken 13.
Erdwachs 137.
Ersatzschmiermittel 184.
Erstarrungspunkt 53/54.
Erweichungspunkt nach Krämer-Sarnow 110.
Erythol 160.
Esterzahl 140.
Explosionsmotorenöl,— Ölverbrauch des 240.

Fahrradöl 266.
Fallapparat nach Fischer 99.
Faulschlamm 7, 30.
Fettbehälter 209.
Fettemulsionen 149.
Fettfleckprobe 144, 229.
Fettgewinnung durch Auskochen 48.
Fettkammer 195.
Fettpech 138.
Fettschmierung 194.
Flammpunkt 28.

Flammpunktsprüfer für Eisenbahnöle 114.
— nach Schlüter 114.
Flammpunkts-Universalapparat 114, 115.
Floridin 25, 59.
Floridinverfahren, Bensmannsches 206.
Flugmotorenöl 235 ff.
Formolit-Reaktion 128.
Frischölschmierung 186.
Fullererde 25.

Gasmotorenöl 233.
Gatsch 23.
Generatorteer 38.
Gittermetall 174.
Gleitöle 154.
Glyzerin 163.
Goudron 137.
Graefesche Diazoreaktion 133.
Graisse blanche 65.
— jaune 65.
Graphit 151, 158 ff., 174 ff.
Graphitfett für Autogetriebe 241.
Grudekoks 32.
Gruppen, aktive 176.

Halphensche Reaktion 57.
Hammeltalg 64.
Hanfseilschmiere 277.
Härteöl 269.
Hartasphalt 120 ff., 126.
Harz 66.
Harzöl 66.
Harzöle 135.
Harzsäuren 135.
Harze in Schmierölen 120.
Hehnerzahl 55, 140.
Heißlagerfett 283.
Heißwalzenfett 148, 287.
Heringstran 63.
Hexabromid 57.
Holdesche Metallviskosimeter 90 u. 92.
Holzöl 61.
Hubtakt-Aussetzerschmierung 229.

Hydrodynamische Theorie 167.
Hydrolyse 46.

Japanwachs 62.
Jodzahl 50, 55—56, 140.
— nach Hanus 140.
— nach Hübl-Waller 140.
— nach Wijs 141.

Kältemischungen 106.
Kalimineralfette 162.
Kalypsolfett 283.
Kammradschmiere 277.
Kammwalzenfett 284.
Kapillarität 165.
Kaprylsäure 61.
Karbene 254.
Karnaubawachs 65.
Kautschuk 134.
Kernöl 275.
Kerosin 12.
Kettenschmiere 149.
Kettenschmierung 191.
Keystonefett 147, 283.
Kissenschmierung 192.
Klauenöl 64.
Kleinanalyse von Schmierölen 116.
Knochenöl 64.
Köpeseilschmiere 280.
Kohlenverflüssigung 40 ff.
Kokosfett 61.
Kokszahl 123.
Kollag 159.
Kolophonium 66.
Kompoundfett 149.
Kompressorenöle 241 ff.
Konsistenzmesser nach Kißling 151.
Kottonöl 60.
Kracking 20.
Kreislaufschmierung 189, 193, 259.
Kreosotgehalt 134.
Kreuzkopfschmierung 169.
Kühlmittel, bei der Metallverarbeitung 270—273.
Kühlöl 267 ff.
Kugellagerfett 282.

Sachverzeichnis.

Lagermetall 174.
Lagerschmieröle 255 ff.
Laktat, Na-, K- 163.
Lardöl 63.
Laurinsäure 61.
Lebertran 62.
Lederfett 158.
Leichtspat 151.
Leim 158.
Leimfett 64.
Leinöl 61.
Leistungsgewinn 183.
Letteton 162.
Liebermannsche Reaktion 57.
Löslichkeit tierischer u. pflanzlicher Öle 53.
Lorenöle 262.
Lubrikatoren 189.
Lurgiöfen 33.
Luxsche Probe 131.

Marcusson-Flammpunkt Apparat 112 ff.
Marineöle 260.
Masut 19.
Mechanische Verunreinigungen 54.
Meiderol 36, 133.
Menhadentran 63.
Metallviskosimeter nach Holde 90.
Methankohlenwasserstoffe 5.
Methyläthylketon 128.
Mineralöl-Einfuhr 17.
Mineral jelly 22.
Mineralschmieröle, gebrauchte 135.
Mohnöl 61.
Mohr-Westphalsche Waage 86.
Montanwachs 31 ff., 34.
Moosburger Erde 25.
Morawskische Reaktion 57, 135.
Motyl 42.
Muskatbutter 51.
Myristinsäure 61.

Nadelöler 187.
Nähmaschinenöl 266.
Naphthasulfosäuren 67.

Naphtensäuren 67.
Nastjukoche Reaktion 128.
Netzpolsterschmierung 192.
Neutralisationszahl 118.
Nitrobenzol 200.
Nitrokresol 200.
Nitronaphtalin 78.
Normalbenzin 126.

Obenschmierung 237.
Oberflächenspannung 172.
Öläraometer 83.
Öle auf Asphaltbasis 13.
— — Paraffinbasis 13.
— geblasene 68.
— kompoundierte 144.
Ölkohle 232.
Ölprüfmaschinen 176 ff.
Ölreinigung 201 ff.
Ölschiefer 30.
Ölverbrauch, Zylinderöle 229.
Oildag 159.
oiliness 171.
Oktobromid 57.
Olefinkohlenwasserstoffe 5.
Olivenöl 57 ff.
Ossag-Ölprüfmaschine 179.
Oxycholesterin 65.
Oxyfettsäuren 142.
Ozokerit 137.

Pacura 19.
Palmkernfett 61.
Palmkernöl 61.
Palmöl 61.
Paraffin 136.
Paraffingehalt in Mineralölen 128.
Paraffinum liquidum 24.
Paraffinkohlenwasserstoffe 5.
Patentachsenöl 262.
Patent-Antifriktionsschmiere 1.
Pendelzähigkeitsprüfer 100.
Pensky-Martens Proben 111, 113.
Petrolrückstände 137.

Pflanzenschleim 158.
Pfützenbildung 171.
Phenolphosphorsäureester 163.
Phytosterin 56.
Planetrührwerk 147.
Plastometer 151.
Poise 101.
Polymethylenverbindungen 5.
Potenzol 160.
Preßluftzylinder 244.
Preßölschmierung 194.
Probenstecher nach Allen-Auerbach 77.
Pyknometer 84.

Raffination 24 ff.
Rasterverfahren 169.
Redwood Viskosimeter 96.
Reibung, halbflüssige 165.
— vollkommen flüssige 165 ff.
— trockene 165.
— halbtrockene 165.
Reibungskraft 167.
Reichert-Meißl-Zahl 55, 140.
Richtlinien 75.
Riemenfett 149.
Rindertalg 64.
Ringschmierung 190.
Rizinusöl 58 ff.
—, als Flugmotorenöl 236.
Robbentran 63.
Rollenschmierung 192.
Rolleöfen 33.
Rositzer Öl 33.
Rüböl 49, 59.
Rübölersatz 267.
Rüböl, kondensiertes 68.
Rübölvoltol 73.
Rückstandsbildung 224 ff.
Ruß 162.
Russinol 36.
Rütgersol 36, 133.

Sapropel 7, 30.
Sardinentran 63.
Sauerstoffverbindungen 6.

Sachverzeichnis.

Säuregehalt von Schmierölen 118.
Säuregoudron 29.
Säurezahl 55—56, 140.
Saybolt-Universal Viskosimeter 96 ff.
Sayboltviskosität 87.
Schalteröle 249.
Schiefer, bituminöse 8.
Schieferol, schottisches 2.
Schieferöl 30 ff.
— v. Messel 31.
Schleuderschmierung 192.
Schleimstoffe 55.
Schlüpfrigkeit 171.
Schmalzöl 63.
Schmelzpunkt 53.
Schmiedepech 66.
Schmierapparate 185 ff.
Schmierfilm-Messung 169.
Schmierigkeit 171.
Schmiermittel, bei der Metallverarbeitung 270—273.
—, Kennzeichnung 214 ff.
—, Lagerung 208.
—, Normung 214 ff.
—, synthetische 162.
—, Verteilung im Betriebe 207.
Schmiernuten, Wirkung bei der Schmierung 170.
Schmieröle, Altern der 199 ff.
—, Destillation 18 ff.
Schmieröleinfuhr 15.
Schmierölreinigung 201 ff.
Schmierölverbrauch 259.
Schmierverfahren 185 ff.
—, Tabelle 196 ff.
Schneckengangschmierung 192.
Schwefel im Erdöl 6.
Schwefelgehalt 128.
Schwefelsäurereaktion auf Rüböl 57.
Schweineschmalz 64.
Schwerspat 151.

Seifengehalt 151.
— der Mineralöle 129ff.
Seilschmiere 149.
Silicagel 25
Skalenviskosimeter von Dallwitz-Wegner 100.
Solaröl 12.
Sonnenblumensamenöl 61.
Soyabohnenöl 61.
Spermöl 65.
Spez. Gewicht 28.
— — tier. u. pflanzl. Öle 53.
Spindelöl 263 ff.
Spiralbohrer 77.
Spritzfett 284.
Spülschmierung 193.
Starrschmieren 145 ff.
Starrschmiere 276 ff.
Stanzöl 220.
Staufferbüchsen 195.
Staufferfette 144.
Stearinpech 138.
Stechheber 76.
Steinfutterlager 174.
Steinkohlen-Schmieröl „Ess" 34.
Steinkohlenteer 133.
Stellwerksöl 266.
Stiftöler 187.
Stockpunktsbestimmung mit Äther 107.
Stopfbüchsenfett 149.
Stopfbüchsenpackung 278.
Strickmaschinenöl 264.
Sulfatharz 67.
Sulfitpech 158.
Sulfofettsäuren 154.
Sulfonaphthensäuren 154.
Synklinale 10.

Talg 64.
Talkum 151, 162.
Tallöl 67,
Tauchheber 76,
Technische Vaseline 158.
Teerfettöl 35 ff.
Teerzahl 122 ff.
Terpentinöl 66.
Tetrachlorkohlenstoff 48.

Tetralin 163.
Tieftemperaturteer 37ff.
Titertest 53.
Tonsil 25.
Torpedoschmieröl 265.
Torsionsviskosimeter 99.
Tovotefette 145 ff.
Tran 62.
— Härtung 63.
Tranvoltol 73.
Transformatorenöle 249.
—, Altern der 200.
—, Alterung 252.
—, Bedingungen 251 ff.
Treibriemenkonservierung 279.
Trichloräthylen 48.
Trinatriumphosphat 206.
Tropföler 186 ff.
Tropfpunkt 53, 150.
Tropfschmierung 186 ff.
Turbinenöle, Altern der 200.
Turbinenöl, Alterung 247 ff.
Türkischrotöl 59.
T-Teer 37 ff.

Uhrenöl 264, 266.
Umlaufmotorenöl 236.
Umlaufschmierung 193ff.
Unverseifbares 55, 56.
—, Bestimmung nach Spitz u. Hönig 139, 152 ff.
U-Rohr-Methode 106.
Urteer 37 ff.

Vakuumpumpenöl 263.
Valenta-Reaktion 133.
Vaseline 136.
Vaselinbrikett 148.
—, Prüfung 153.
Ventiltropfer 188.
Verdampfbarkeit 116, 226 ff.
Vergüteöl 275.
Verseifung 46.
Verseifungszahl 55, 56, 140.
Verteerungszahl 123.
Verunreinigungen, mechanische 81.
Viskosimeter nach Dallwitz-Duffing 99.

Viskosimeter nach Engler-Ubbelohde 94.
Vogel-Ossag-Viskosimeter 94.
Voltolisieren von T-Teer 40.
Voltolöl als Umlaufmotorenöl 236.
Voltolöle, Schmierwert der — 171.
Voltolverfahren 68 ff.

Wachse 64 ff.
Wagenfett 148, 284.
Waltran 63.
Walzenfettbrikett 148, 285 ff.
—, Prüfung 153.
Wasserbestimmung in Fetten 81.
— in Teerölen 81.
Wassergehalt 54.
Wasserturbinenöl 249.
Webstuhlöl 264.
Weichasphalt 120, 127.
Werkzeugöl 220.
Westphalsche Waage 85.
Wollfett 65.
Wollfettpech 138.
Wollfettolein 65.

Xylolmethode 80.

Zahnradglätte 277.
Zahnradschmieren 149.
Zähflüssigkeit von tier. u. pflanzl. Ölen 54.
Zähigkeit 28.
— absolute 95, 100.
— dynamische 101.
— hochviskoser Flüssigkeiten 99.
Zähigkeit spezifische 96.
— von Ölgemischen 99.
Zehntelgefäß für Viskosimeter 94.
Zellstoffablaugen 158.
Zentrifugenöl 263.
Zeresin 137.
Ziehfett 287.
Zuckerlösung als Schmiermittel 163.
Zündpunkt 115 ff.
Zylinderöle, filtrierte 22.
Zylinderöl für Explosionsmotore 230 ff.
— für Großgasmaschinen 233.
— für Lokomotiven und Dampfmaschinen 224 ff.

Verlag von Julius Springer / Berlin

Grundzüge der Schmiertechnik. Gestaltung u. Berechnung vollkommen geschmierter Maschinenteile auf Grund der hydrodynamischen Theorie. Praktisches Handbuch für Konstrukteure, Betriebsleiter, Fabrikanten und Studierende des Maschinenbaufaches. Von Oberingenieur E. Falz. Zweite Auflage in Vorbereitung.

Untersuchungsmethoden der Erdölindustrie (Erdöl, Benzin, Paraffin, Schmieröl, Asphalt usw.). Von Dr. Hugo Burstin. Mit 86 Textabbildungen. XII, 300 Seiten. 1930.
Gebunden RM 22.—

Wissenschaftl. Grundlagen d. Erdölverarbeitung.
Von Professor Dr. L. Gurwitsch, Baku. Zweite, vermehrte und verbesserte Auflage. Mit 13 Abbildungen im Text und 4 Tafeln. VI, 399 Seiten. 1924. Gebunden RM 20.—

Technologie der Fette und Öle. Handbuch der Gewinnung und Verarbeitung der Fette, Öle und Wachsarten des Pflanzen- und Tierreichs. Unter Mitwirkung von G. Lutz, Augsburg, O. Heller, Berlin, Felix Kaßler, Galatz und anderen Fachmännern herausgegeben von Direktor Gustav Hefter, Triest.

Erster Band: **Gewinnung der Fette und Öle.** Allgemeiner Teil. Mit 346 Textfiguren und 10 Tafeln. XVIII, 742 Seiten. 1906. Unveränderter Neudruck 1921. Gebunden RM 33.50

Zweiter Band: **Gewinnung der Fette und Öle.** Spezieller Teil. Mit 155 Textfiguren und 19 Tafeln. X, 974 Seiten. 1908. Unveränderter Neudruck 1921. Gebunden RM 46.—

Dritter Band: **Die Fett verarbeitenden Industrien.** Mit 292 Textfiguren und 13 Tafeln. XII, 1024 Seiten. 1910. Unveränderter Neudruck 1921. Gebunden RM 50.—

Vierter (Schluß-) Band: **Die Fett verarbeitenden Industrien.** Zweiter Teil. Seifenfabrikation u. Glyzerinindustrie. In Vorbereitung.

Kohlenwasserstofföle und Fette sowie die ihnen chemisch und technisch nahestehenden Stoffe. Von Professor Dr. D. Holde, Dozent an der Technischen Hochschule Berlin. Sechste, vermehrte und verbesserte Auflage. Mit 179 Abbildungen im Text, 196 Tabellen und einer Tafel. XXVI, 856 Seiten. 1924. Geb. RM 45.—

Analyse der Fette und Wachse sowie der Erzeugnisse der Fettindustrie. Von Dr. Adolf Grün, Grenzach.

Erster Band: **Methoden.** Mit 77 Abbildungen. XII, 575 Seiten. 1925. Gebunden RM 36.—

Zweiter Band: **Systematik, Analysenergebnisse, Bibliographie der natürlichen Fette und Wachse.** Unter Mitwirkung von Professor Dr. Adolf Grün, Grenzach. Verfaßt von Dr. W. Halden, Graz. XV, 806 Seiten. 1929. Geb. RM 98.—

Verlag von Julius Springer / Berlin

Einzelkonstruktionen aus dem Maschinenbau.
Herausgegeben von Dipl.-Ing. C. **Volk**, Berlin.

Erstes Heft: Die Zylinder ortfester Dampfmaschinen. Von Ingenieur H. **Frey**, Berlin-Waidmannslust. Zweite, erweiterte, auch Höchstdruck und Gleichstrom umfassende Auflage. Mit 131 Textabbildungen. IV, 42 Seiten. 1927. RM 3.—

Zweites Heft: Kolben. I. Dampfmaschinen- und Gebläsekolben. Von Dipl.-Ing. C. **Volk**, Berlin. II. Gasmaschinen- und Pumpenkolben. Von A. **Eckardt**, Deutz. Zweite, verbesserte Auflage, bearbeitet von C. **Volk**. Mit 252 Textabbildungen. V, 77 Seiten. 1923. RM. 3.60

Drittes Heft: Zahnräder. I. Teil: Stirn- und Kegelräder mit geraden Zähnen. Von Professor Dr. A. **Schiebel**, Prag. Dritte, neubearbeitete Auflage. Mit 159 Textabbildungen. VI, 132 Seiten. 1930. RM 10.—

Viertes Heft: Die Wälzlager, Kugel- und Rollenlager. Unter Mitwirkung des Herausgebers bearbeitet von Ingenieur **Hans Behr**, Berlin (Berechnung, Konstruktion und Herstellung der Wälzlager) und Oberingenieur **Max Gohlke**, Schweinfurt (Verwendung der Wälzlager). Zugleich zweite Auflage des von W. **Ahrens**, Winterthur, verfaßten Buches „Die Kugellager und ihre Verwendung im Maschinenbau". Mit 250 Textabbildungen. V, 126 Seiten. 1925. RM 7.20

Fünftes Heft: Zahnräder. II. Teil: Räder mit schrägen Zähnen (Räder mit Schraubenzähnen und Schneckengetriebe). Von Professor Dr. A. **Schiebel**, Prag. Zweite, vermehrte Auflage. Mit 137 Textfiguren. VI, 128 Seiten. 1923. RM 5.50

Sechstes Heft: Schubstangen und Kreuzköpfe. Von Ingenieur H. **Frey**, Berlin-Waidmannslust. Zweite, erweiterte Auflage. Mit 158 Textabbildungen. IV, 48 Seiten. 1929. RM 4.20

Siebentes Heft: Sperrwerke und Bremsen. Von Dipl.-Ing. **Richard Hänchen**, Berlin. Mit 188 Textabbildungen. V, 94 Seiten. 1930. RM 9.60

Achtes Heft: Zapfen und Gleitlager. Von Professor Dr. A. **Schiebel**, Prag. In Vorbereitung.

Zehntes Heft: Die Bauteile der Dampfturbinen. Von Dr.-Ing. **Georg Karrass**, Berlin-Steglitz. Mit 143 Textabbildungen. VI, 99 Seiten. 1927. RM 10.—

Elftes Heft: Kupplungen bzw. Reibungskupplungen. Von Oberingenieur Dr.-Ing. E. A. **vom Ende**, Charlottenburg. In Vorbereitung.

Rationeller Dieselmaschinen-Betrieb.
Anleitung für Betrieb, Instandhaltung und Reparatur ortfester Viertakt-Dieselmaschinen. Von **Josef Schwarzböck**. Mit 62 Abbildungen im Text. VI, 143 Seiten. 1927. RM 8.—; geb. RM 9.—

MIX
Papier aus verantwortungsvollen Quellen
Paper from responsible sources
FSC® C105338

If you have any concerns about our products,
you can contact us on
ProductSafety@springernature.com

In case Publisher is established outside the EU,
the EU authorized representative is:
**Springer Nature Customer Service Center GmbH
Europaplatz 3, 69115 Heidelberg, Germany**

Printed by Libri Plureos GmbH
in Hamburg, Germany